Unity 3D
完全自学教程

马遥 陈虹松 林凡超 编著

電子工業出版社
Publishing House of Electronics Industry
北京•BEIJING

内 容 简 介

Unity 作为一个成熟的游戏引擎，其设计和使用都是有层次的。本书共 13 章，第 1 章至第 3 章为基础知识部分，主要介绍 Unity 的基本操作、基本概念、编写脚本的方法、导入和使用资源的方法，学完这部分内容后，你已经可以做出很多有趣的小游戏了。第 4 章至第 11 章主要介绍 Unity 重要的系统模块、功能，包括物理系统、UI 界面系统、动画系统、3D 数学基础、场景管理、导航系统、着色器系统、打包与发布等，读完以后可以掌握高级的开发技术并解决实际问题。第 12 章和第 13 章是两个有代表性的 Unity 游戏示例，一个是 3D 跑酷游戏，另一个是 2D 的弹球游戏，综合展示了 Unity 的大部分功能，具有较强的代表性。除了这些内容，每章都会有一些小的示例，以方便大家实践并理解具体概念。由于实例部分的内容操作流程较多，不易用图文展现，本书还特别附赠了视频教程来方便读者学习。

本书适合广大 Unity 初学者入门时使用，也适合 Unity 用户查阅和参考软件具体的使用方法、注意事项等，所以也可以作为一本 Unity 的参考手册使用。

图书在版编目（CIP）数据

Unity 3D 完全自学教程 / 马遥，陈虹松，林凡超编著. —北京：电子工业出版社，2019.3
ISBN 978-7-121-35515-8

Ⅰ. ①U… Ⅱ. ①马… ②陈… ③林… Ⅲ. ①游戏程序－程序设计－教材 Ⅳ. ①TP317.6

中国版本图书馆 CIP 数据核字（2018）第 252500 号

策划编辑：孔祥飞
责任编辑：牛 勇
印　　刷：北京天宇星印刷厂
装　　订：北京天宇星印刷厂
出版发行：电子工业出版社
　　　　　北京市海淀区万寿路 173 信箱　　邮编：100036
开　　本：787×1092　1/16　印张：24.00　字数：630 千字
版　　次：2019 年 3 月第 1 版
印　　次：2021 年 3 月第 13 次印刷
定　　价：89.00 元

凡所购买电子工业出版社图书有缺损问题，请向购买书店调换。若书店售缺，请与本社发行部联系，联系及邮购电话：（010）88254888，88258888。

质量投诉请发邮件至 zlts@phei.com.cn，盗版侵权举报请发邮件至 dbqq@phei.com.cn。

本书咨询联系方式：010-51260888-819，faq@phei.com.cn。

前　　言

Unity 引擎已经流行了很多年，时至今日，可以说已经进入了成熟期。进入了成熟期的 Unity 一直在保持平稳而持续的更新节奏，但是官方资料和文档的更新并不是很及时，特别是对广大国内游戏开发者来说，官方迟迟没有推出中文文档，这对学习 Unity 来说就形成了不大不小的阻碍。

除官方资料外，目前市面上也有大量 Unity 的相关书籍和学习资料。但现在新手学习 Unity 的最常见途径是通过视频，这种新的学习方法值得推广，笔者自己也做过一些免费的视频教程。不过，视频教程、图文教程有一个很大的弊端，那就是知识碎片化、难以形成体系，这导致学习者在一些重要的细节上不知其所以然。笔者认为学习时间可以碎片化，但知识体系是不能碎片化的。

本书的几位作者在阅读 Unity 官方文档时曾受到过很大的启发，官方文档中的一些原理和注意事项对我们的帮助尤其大。例如，在介绍动画系统、物理引擎的相关概念，以及场景拆解合并的内容中，都包含了很多极其有用却容易被忽略的信息。我们在游戏开发工作中对引擎的一些错误使用，其实都源于我们对引擎理解得不完整，而这些问题在官方文档中都已经有过提示和讲解。

一直以来，我们都渴望将这些帮助过我们的、精华的知识分享给所有开发者。这次电子工业出版社给了我们一个难得的机会，让我们可以编写一本适合 Unity 初学者的具有比较完整的知识体系的书籍，所以我们满怀热情地开始了这本书的编写工作。本书既可以作为初学者的入门书籍，又可以作为进阶者查阅知识点的资料。

专为Unity初学者量身打造

本书面向 Unity 的初学者，无论是对 Unity 一无所知的初学者，还是有一定基础、想要了解更多知识的 Unity 用户，都可以从书中轻松获取需要的内容。

图书结构科学合理

凭借深入细致的市场调查和研究，我们针对 Unity 初学者的特点和需求，精心安排了适合的学习结构，通过将知识点和实例相结合帮助读者轻松、快速地学习。

学练结合，理论联系实际

本书以实用为宗旨，大量知识点都力求贴近实战，并提供了众多精彩且颇具实用价值的综合实例，希望能帮助读者轻而易举地理解重点和难点，并有效地提高动手能力。

配有精彩、超值的教学视频

本书附赠配套教学视频，让读者学习知识更加轻松自如！

本书在编写过程中遇到了很多困难，但最终在“皮皮关”的老师们的通力合作之下顺利完成。在此特别感谢本书的组织者杨奕，吴江川、黎大林、伍书培、沈琰也为本书贡献了部分内容。最后还要感谢电子工业出版社的孔祥飞老师，没有他的敦促与细心审校，本书肯定难以完成。

由于编者水平有限，书中的错误和疏漏在所难免，如有任何意见和建议，请读者不吝指正，感激不尽。

马遥　陈虹松　林凡超

读者服务

轻松注册成为博文视点社区用户（www.broadview.com.cn），扫码直达本书页面。

- 下载资源：本书如提供示例代码及资源文件，均可在 下载资源 处下载。
- 提交勘误：您对书中内容的修改意见可在 提交勘误 处提交，若被采纳，将获赠博文视点社区积分（在您购买电子书时，积分可用来抵扣相应金额）。
- 交流互动：在页面下方 读者评论 处留下您的疑问或观点，与我们和其他读者一同学习交流。

页面入口：http://www.broadview.com.cn/35515

目　　录

第 1 章　初识 Unity

本章将介绍 Unity 的安装和初步使用。学习完本章后，你应当搭建好了一个开发环境，并知道了如何进行基本操作。

1.1 下载与安装

1.1.1 下载 Unity 安装程序

在 Unity 官网上下载 Unity 个人版（网址：https://unity.cn/）。

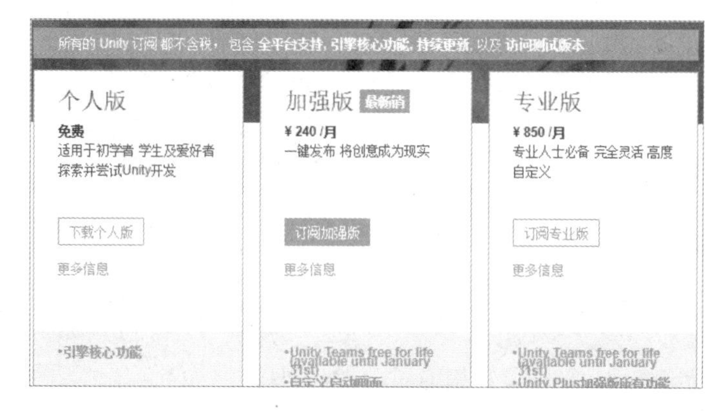

阅读个人版的使用条件，确认后下载安装程序。

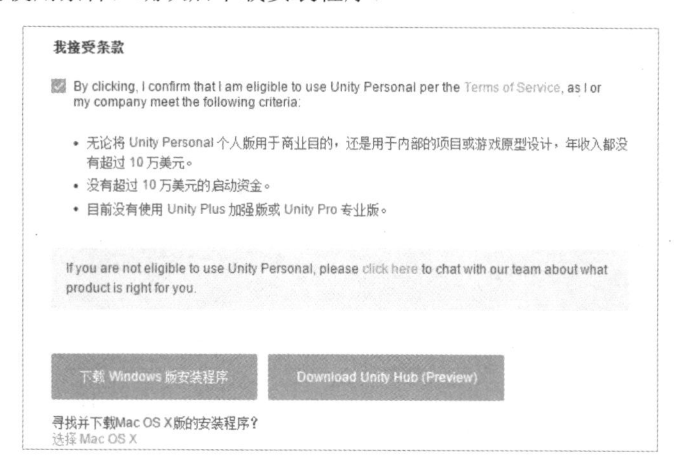

一般选择“下载 Windows 版安装程序”即可，macOS 系统下默认下载 Mac 版本的安装程序。上图中右边的“Unity Hub”是 Unity 新推出的一个方便同时管理多个 Unity 版本共存的工具，对初学者来说，可以不用关心 Unity Hub，直接用最新版本的 Unity 即可。而对于职业开发者来说，则很有必要了解 Unity Hub。

1.1.2 安装 Unity

安装程序 Unity Download Assistant 是一个很小的程序，执行后它会引导你下载并安装 Unity。其中选择组件的一步需要特别注意。

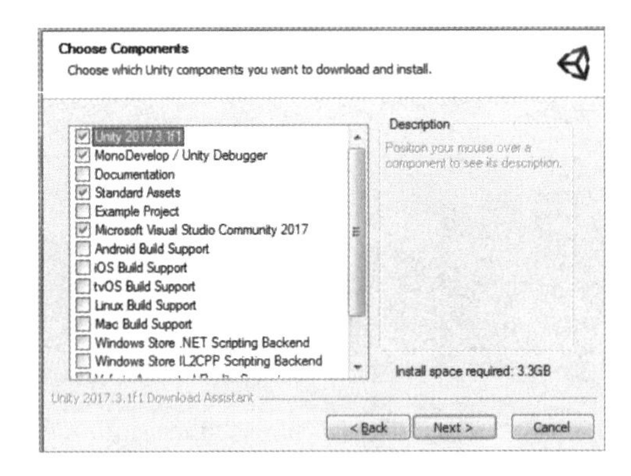

建议勾选 Standard Assets（标准资源）以及 Example Project（示例工程），以便学习使用。如果这时候没有勾选标准资源，未来也可以在 Asset Store 中重新获取。

建议勾选 Microsoft Visual Studio Community 2017，目前 Visual Studio 2017 已经是大量 Unity 开发者的首选 IDE，且 Visual Studio 2017 已经有微软官方的 macOS 版本。

1.1.3 多版本并存

Unity 支持同时安装多个版本，这在实际开发中非常方便，因为某些旧的项目可能需要使用低版本的软件进行开发。

如有多版本共存的需求，请下载使用 Unity Hub 工具。

1.2 初次运行

1.2.1 工程页面

运行 Unity 程序，会打开下面的工程页面。

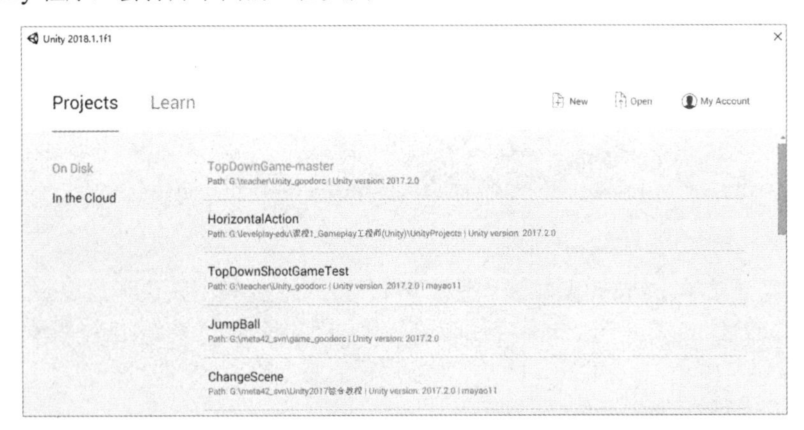

在上图左边可以选择建立本地或者云端的项目，一般我们建立本地项目即可。

上图中间较大的区域是所有项目的列表，每项都标明了项目路径和版本号，以便查阅。单击某个项目即可打开该项目。

上图右上角分别是新建项目、打开现有项目以及账户功能。

1.2.2 学习资料页面

Unity 很人性化地提供了学习资料页面，单击这个窗口的 Learn 选项卡即可看到。

如下图所示，Unity 提供了基本教程、工程案例、资源、链接共四大类学习资源。工程案例可以下载学习；链接是一些文档，可在网页上阅读。

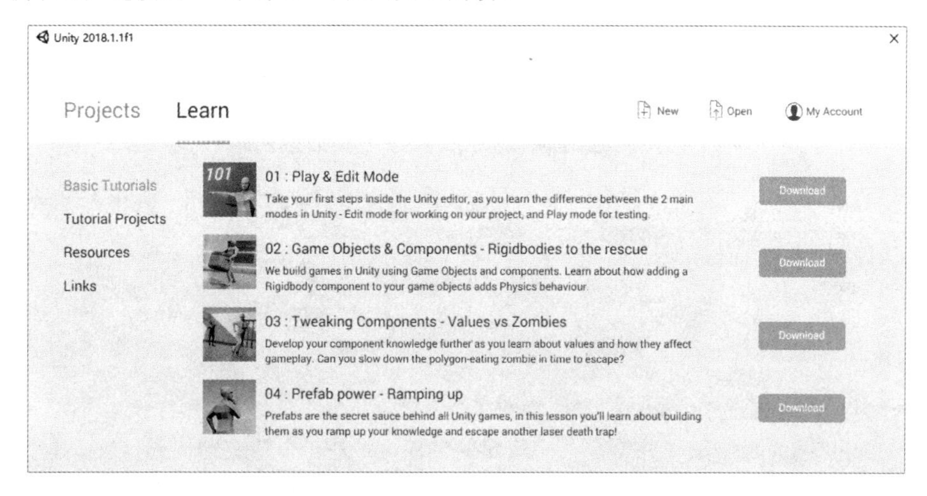

1.2.3 新建工程

我们回到工程页面，单击右上角的 New 按钮，即可来到新建工程的页面。我们可以设置工程名称、项目在磁盘上的位置，指定 3D 或 2D 项目，导入资源包，以及打开或关闭 Unity Analytics 开关。

工程名称（Project Name）：建议输入一个有意义的名称。

目录位置（Location）：可以自选，保证充足的磁盘空间即可。

3D/2D 项目选项：是为了能更方便地新建 3D 或 2D 工程。但是可以放心，Unity 工程并不严格区分 3D 或 2D，未来可以通过简单的设置在两种模式之间切换。如果不确定项目类型，设置为默认的 3D 即可。

添加资源包（Add Asset Package）：用于新建工程时便导入资源包。资源包可以以后再导入，或者稍后在 Asset Store 上面下载，所以这步不是必需的。

Unity 分析开关（Enable Unity Analytics）：Unity 官方为开发者提供的用于优化工程的一个服务。若开启此开关，则 Unity 会通过网络上传项目的部分数据，以便与许多其他工程进行对比分析，为开发者评测自己的项目提供参考。此开关默认关闭。

1.2.4 打开工程

使用工程页面的 Open 按钮，可以打开现有项目。

在 Open existing project（打开现有工程）窗口中选择或者进入一个 Unity 工程目录，则“选择文件夹”按钮就会变为可用，单击它就可以打开工程。

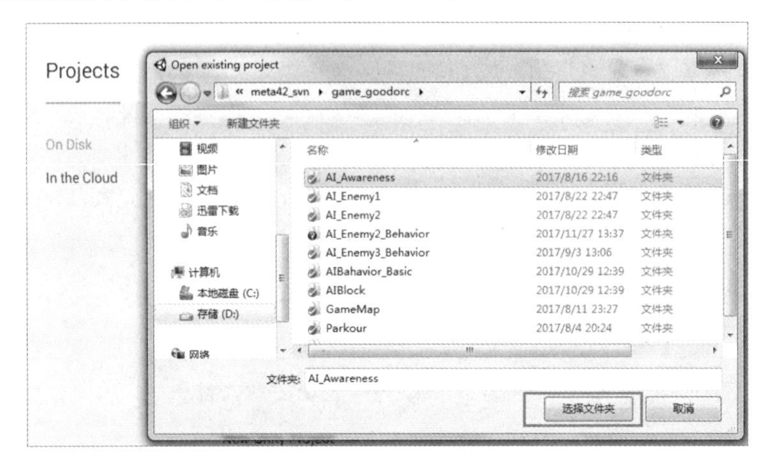

如上图所示，单击“选择文件夹”按钮后，工程窗口就会关闭，Unity 会开始加载项目。根据项目需要处理的资源量，打开会耗费一定的时间。

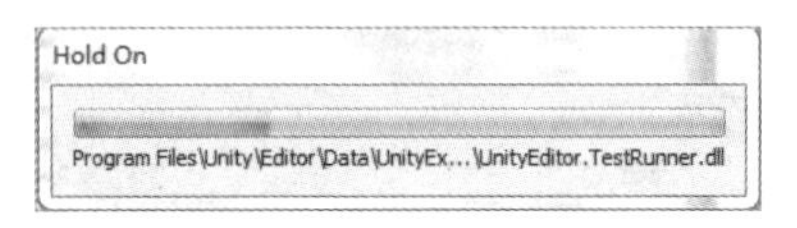

稍等一会儿就正式进入 Unity 的工作界面了。

值得注意的是，Unity 工程并不是某个特定的文件，而是一个特定结构的目录。典型的 Unity 工程包含 Assets、Library、ProjectSettings 和 UnityPackageManager 四个目录。有时某些目录可能暂时缺失，但是 Assets 目录是一定存在的，如下图所示。

1.3 工程窗口

从本节开始，我们将逐一介绍 Unity 中最常用的一些窗口，以及它们的详细用法。主要包括：

1. 工程窗口（Project Window）；
2. 场景视图窗口（Scene View）；
3. 层级窗口（Hierarchy Window）；
4. 检视窗口（Inspector Window）；
5. 工具栏（Toolbar）；
6. 游戏视图窗口（Game View）。

在本书中，笔者称它们为六大界面，这里先从工程窗口开始介绍。

1.3.1　基本功能

在工程窗口中，可以访问和管理属于这个工程的所有资源，如下图所示。

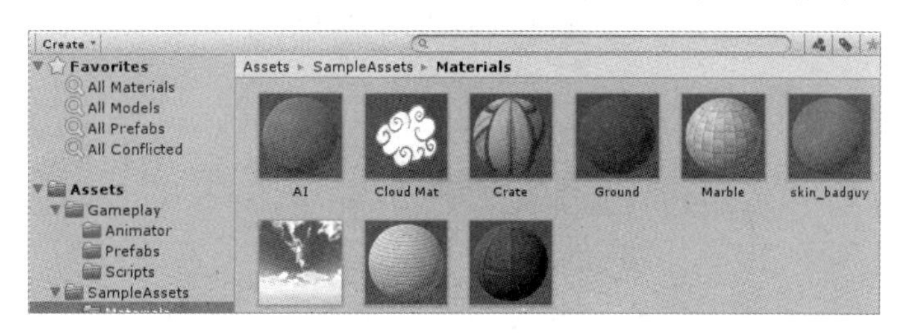

上图左侧的区域以树状结构展示了文件夹的结构。当选中左边的任何一个文件夹以后，右侧的窗口就会显示它的内容。可以单击文件夹左边的小三角形来展开或隐藏下一级文件夹，还可以按住 Alt 键来递归展开或隐藏所有的子文件夹。

右侧的每一项资源都以图标的形式展示出来，图标通常代表资源的类型（脚本、材质、子文件夹等）。最右下角的滑动条可以用来调整图标的大小，当滑动条滑到最左边的时候，就会换成另一种形式的展示。当选中某个资源的时候，滑动条左侧还会显示出资源的完整路径和名称，这在搜索资源时很有用。

文件夹结构的上方还有收藏夹（Favorites），你可以将经常用到的资源放在这里，以便快速找到。只需要直接将资源文件或文件夹拖到这里即可，此外，还可以保存查询条件，下面会详细说明。

在右侧资源的上方还可以看到一个路径指示，如下图所示。

Assets ▸ _Art ▸ _Materials

它展示了当前所看到的文件夹的具体路径。可以在上面进行单击以在文件夹之间进行跳转。当使用搜索功能时，它又会变成显示搜索区域（比如工程的 Assets 目录、选中的文件夹或是资源商店）。

整个工程窗口的上方还有一个工具栏，如下图所示。

工具栏最左边有一个 Create 按钮，可以用它在当前文件夹内新建资源或者子文件夹。它的右侧则是一系列搜索相关的工具。

1.3.2　搜索功能

工程窗口有着强大的搜索功能，特别适合在大型工程中使用，或者当用户不太熟悉工程结构的时候使用。它的基本用法很简单，就是可以过滤符合搜索条件的资源并显示到窗口中。

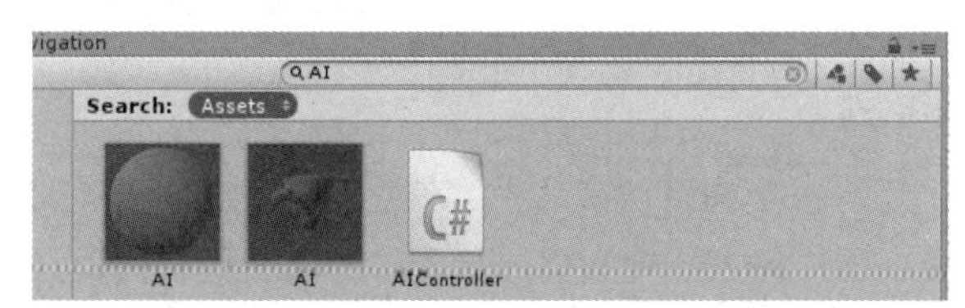

如果你多输入一个关键字，则搜索结果会进一步缩小。例如，如果输入 coastal scene，则会搜索名称中同时包含这两个单词的资源。

搜索栏的右侧有三个按钮，第一个按钮用来限定搜索的资源类型。

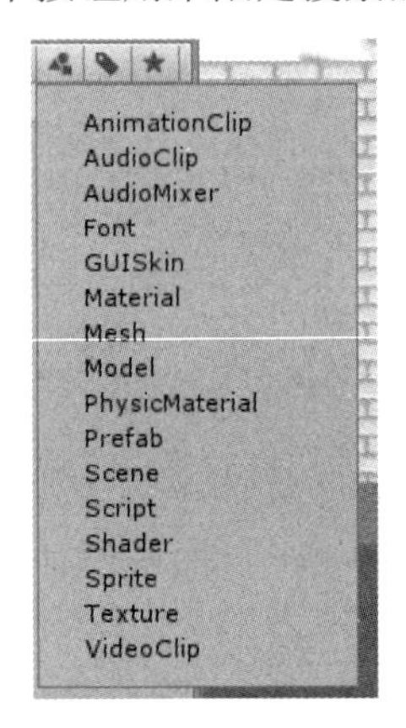

第二个按钮用来限定资源的标签（Label）。标签的概念会在后面讲解检视窗口时说明。由于标签可能会很多，标签按钮还带有一个微型搜索框。

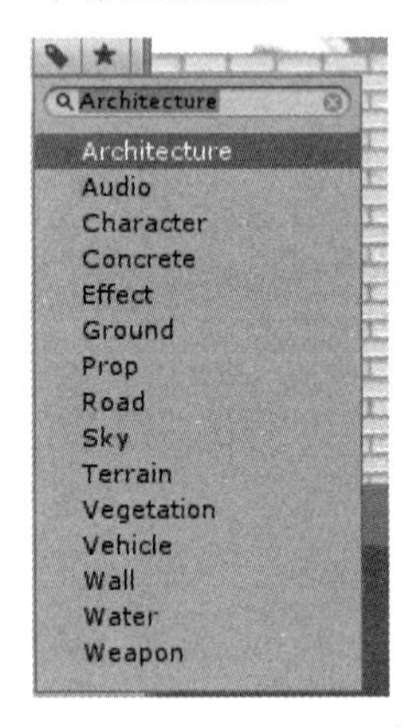

使用更多关键字会进一步缩小搜索的范围。还有一些高级的搜索技巧可以使用。比如，使用“t:+资源类型名称”就可以指定资源类型；使用“l:+标签名称”就可以指定搜索的标签。资源和标签也可以有多个，需要特别指出的是，指定多个类型可以同时搜索多种类型的资源，多个类型之间是“或”的关系。而相比之下多个标签和关键字之间是“且”的关系。

例如，搜索：

```
flash t:Material t:Texture l:Weapon
```

表示搜索名称为 flash，类型为材质或贴图，且标签为 Weapon 的资源。

第三个按钮用来将搜索的条件添加到书签中。

1.3.3 搜索资源商店

工程窗口的搜索功能还可以用在资源商店中。在搜索资源时，可以在路径显示那里切换到资源商店，这样就可以直接以同样的方式搜索并显示资源商店中所有的资源了。同样，前面所说的高级搜索技巧也可以用在资源商店中，且搜索资源商店时不仅会搜索资源的名称，还会搜索资源的描述信息，以便在大量资源中找到合适的内容。

选中资源商店中的某个资源之后，可以在检视窗口中看到购买或是下载的选项。某些资源具有预览功能，3D 模型甚至可以旋转查看。还可以跳转到专门的资源商店窗口中查看资源的详细信息。

1.3.4　快捷键

当窗口被激活时，可以使用该窗口的快捷键。以下是工程窗口的快捷键列表。

快　捷　键	功　　能
Ctrl/Cmd + F	选中搜索框
Ctrl/Cmd + A	全选当前文件夹的所有资源
Ctrl/Cmd + D	直接复制选中的资源（复制并粘贴）
Delete	删除（需要二次确认）
Delete + Shift	删除（不需要再次确认）
Backspace + Cmd	删除（不需要再次确认）（macOS 系统）
Enter	重命名资源或文件夹（macOS 系统）
Cmd +下箭头	打开选中的资源（macOS 系统）
Cmd +上箭头	回到上级文件夹（macOS 系统）
F2	重命名资源或文件夹（Windows 系统）
Enter	打开选中的资源（Windows 系统）
Backspace	回到上级文件夹（Windows 系统）
右箭头	展开文件夹或者右移
左箭头	折叠选中的文件夹或者左移
Alt +右箭头	展开某些带有子资源的对象
Alt +左箭头	折叠带有子资源的对象

1.4 场景视图窗口

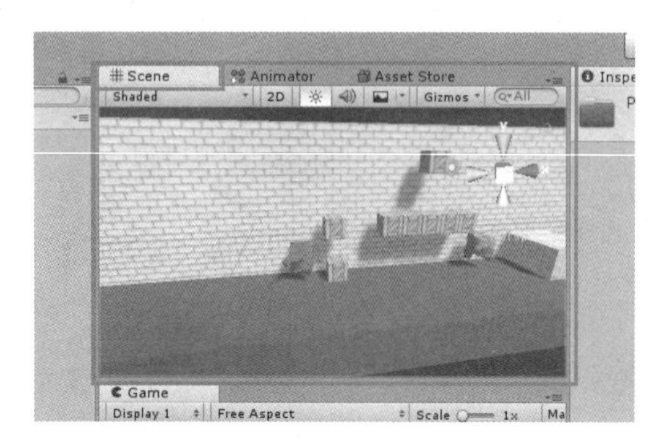

场景视图窗口是用来创造游戏世界的窗口。我们会用场景视图来选择和定位背景、角色、摄像机、灯光以及所有类型的游戏物体。在场景视图中选择和移动物体是大多数人学习 Unity 的第一步。

1.4.1 浏览场景

场景视图有一系列工具帮助你在场景中高效地移动和浏览。

1.4.2 场景辅助线框

场景辅助线框（Gizmo）位于场景视图的右上角。它显示了当前查看场景的视角方向，且可以通过单击它快速改变查看场景的视角。

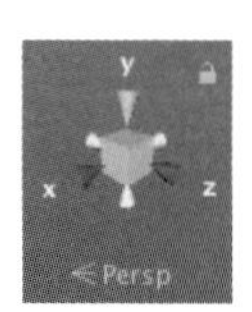

场景辅助线框图标的每个面都有一个柄，三种颜色的柄分别代表 *X* 轴、*Y* 轴、*Z* 轴。单击任意一个轴可以让视角立即旋转到该角度，所以可以分别得到顶视图、前侧视图和左侧视图。此外，还可以用右键单击它选择一些其他的预置角度。

也可以在这里切换透视摄像机和正交摄像机。具体方法是单击场景辅助线框中间的立方体，或者单击立方体下方的文字。正交视角适用于某些刻意不需要透视视角的游戏，在前面的章节中已经有了详细的介绍。另外，正交视角可以方便地从固定的视角查看场景的比例，下面两张图片是同一个场景的两个正交视角。

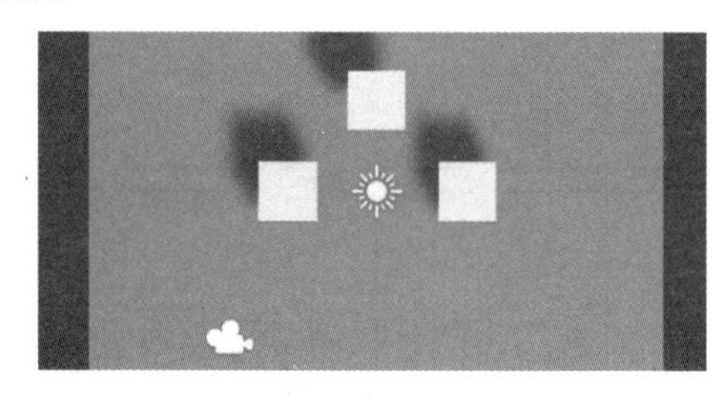

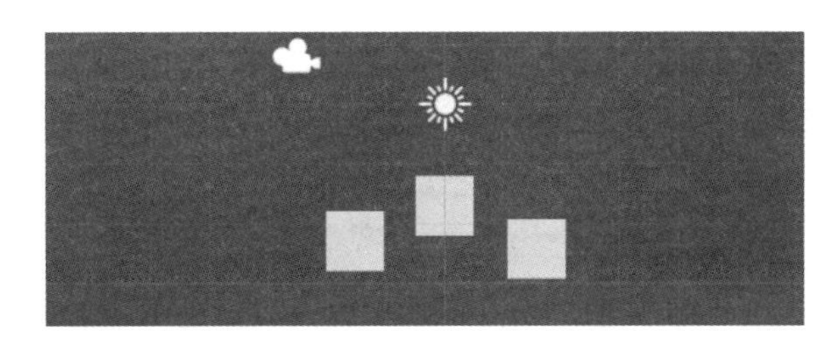

在 2D 模式下场景辅助线框是不显示的，因为 2D 模式下沿 *X* 轴、*Y* 轴旋转视角是没有意义的。

1.4.2.1　移动、旋转和缩放视角

移动、旋转和缩放视角是场景视图中最主要、最常用的功能。Unity 提供了多种方式来尽量提高操作的效率。

1. 按住方向键进行移动：可以使用 4 个方向键在场景中移动视角，就好像在场景中行走一样，按住 Shift 键可以加快速度。

2. 小手工具：当小手工具被选中时（快捷键：Q），以下鼠标操作会被启用。

用鼠标左键拖曳场景，可以在场景中移动视角。

按住 Alt 键并用鼠标左键拖曳场景，可以在场景中旋转视角。

按住 Alt 键并用鼠标右键拖曳场景，可以缩放视角（也可以看作前进和后退）。

以上操作都可以通过按住 Shift 键来加快速度。

1.4.2.2　飞行浏览模式

飞行浏览模式可以让你在场景中以主视角自由地穿梭浏览，就像在很多第一人称视角游戏中一样。

使用飞行浏览模式首先需要按住鼠标右键，然后用 W、A、S、D 键来分别朝前、左、后、右移动，Q 和 E 键用来向下和向上移动。按住 Shift 键可以移动得更快。

只能在透视摄像机下使用飞行模式，在正交摄像机下此功能的移动方式会不一样。

1.4.2.3　一些快捷的浏览操作

为了提高效率，Unity 还提供了另外一些移动方法，这些方法的优点是无论当前选中哪一种小工具，都可以快速浏览，而不用切换工具。

动作	三键鼠标	Windows 系统下双键鼠标或触控板	macOS 系统下单键鼠标或触控板
移动	按住 Alt 键和鼠标中键并拖动	按住 Alt 键、Ctrl 键和鼠标左键并拖动	按住 Alt 键、Command 键和鼠标左键并拖动
环绕当前显示的中心旋转	按住 Alt 键和鼠标左键并拖动	按住 Alt 键和鼠标左键并移动鼠标	按住 Alt 键和鼠标左键并拖动
前进后退	使用鼠标滚轮，或按住 Alt 键和鼠标右键并拖动	按住 Alt 键和鼠标右键并拖动	使用双指滑动的手势来操作，或者按住 Alt 键、Control 键和鼠标左键并拖动

1.4.2.4　将物体置于视野中心

具体观察一个物体时，我们需要将它置于视野范围的中间，我们可以这样操作：在层级窗口

中选中该物体，然后将鼠标移动到场景视图中，最后按 F 键，这样视野就会以物体为中心了。有时物体正在运动，此时使用 Shift+F 组合键就可以一直跟踪物体。这两种功能分别对应主菜单中的 Edit > Frame Selected 和 Edit > Lock View to Selected 选项。

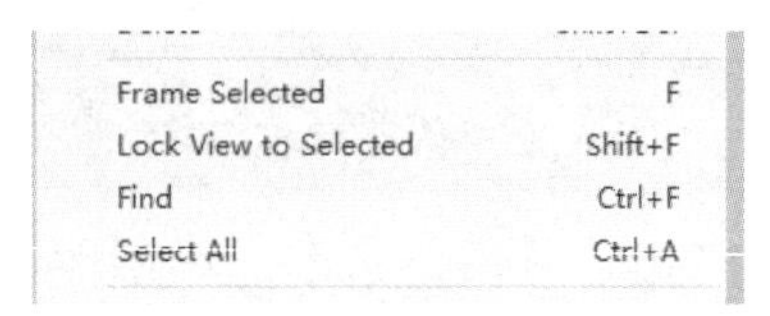

1.4.3 修改物体的位置

选中一个游戏物体最常用的方法有两种，在场景视图中单击该物体或者在层级窗口中单击它的名称。要选择或者取消选择多个物体，只需按住 Shift 键不放，同时单击鼠标或者拖曳方框进行多选即可。

被选中的物体在场景视图中会被高亮显示，默认高亮的方式是对物体进行一个显眼的描边处理。可以通过选择菜单的 Preference > Color 选项，修改 Selected Wireframe 和 Selected Outline 的颜色来改变默认的表示。另外，选中的物体上会出现可以操作的小图标，具体的图标由当前选中的工具决定。

1.4.3.1 移动、旋转、缩放以及矩形变换

场景视图工具栏中的第一个工具（小手工具）已经在前面介绍过了。接下来分别介绍移动、旋转、缩放、矩形变换工具，它们各有各的作用，我们可以借助它们来编辑游戏物体。编辑物体的 Transform 组件（也就是使得物体旋转、位移、缩放的工具），可以对选中的物体进行旋转、位移或缩放操作，并在场景视图中拖动来修改物体的 Transform 属性，也可以直接在检视窗口中修改物体的 Transform 组件的参数。

以上几种小工具的快捷键分别是 W、E、R、T、Y，顺序与按键在键盘的位置相对应，分别选中几种工具时，场景视图中有不同的表示方法，如下图所示。

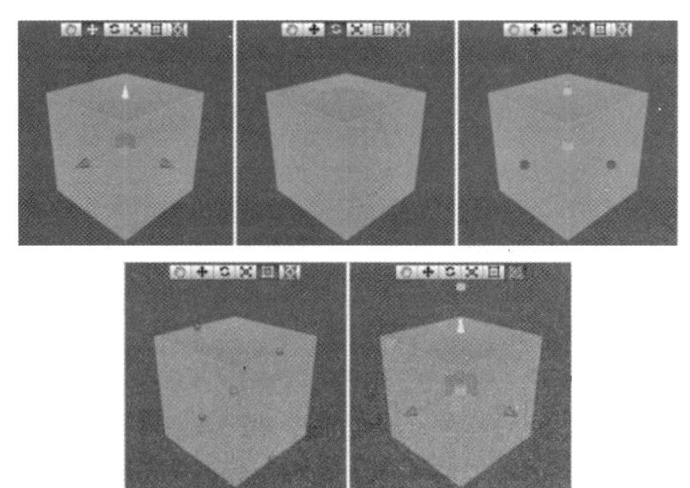

移动

可移动的图标在场景中以三个箭头表示，既可以分别拖动三个独立的箭头来修改物体在 *X* 轴、*Y* 轴、*Z* 轴的位置，也可以拖动三个箭头两两之间的小平面来让物体在该平面上移动。

还有一种有用的操作方法，按住 Shift 键时，图标会变成一个扁平的方块。这个扁平方块表示这时拖动物体会让物体在垂直于当前视线的平面上移动。

旋转

选中旋转工具后，就可以拖动窗口中物体中间表示旋转的图标。和移动一样，旋转轴也表示为红、绿、蓝三种颜色，*X* 轴、*Y* 轴、*Z* 轴分别与之对应，表示以三个轴为中心进行旋转。最后，最外面还有一层大的圆球，可以用来让物体沿着从屏幕外到屏幕内的这根轴进行旋转，可以理解为当前屏幕空间的 *Z* 轴。

缩放

缩放工具用来改变物体的比例，可以同时沿 *X* 轴、*Y* 轴、*Z* 轴放大，也可以只缩放一个方向。具体的操作方法可以尝试拖动红、绿、蓝三个轴的方块，还有中间白色的方块。需要特别注意的是，由于 Unity 的物体具有层级关系，父物体的缩放会影响子物体的缩放。所以，不等比缩放可能会让子物体处于一个奇怪的状态。

矩形变换

矩形变换通常用来给 2D 元素（比如精灵和 UI 元素）定位，但是在给 3D 物体定位时，它也是有用的。它把旋转、位移、缩放的操作统一为一种图标。

在矩形范围内单击并拖动，可以让物体在该矩形的平面上移动。

单击并拖动矩形的一条边，可以沿一个轴缩放物体的大小。

单击并拖动矩形的一个角，可以沿两个轴缩放物体的大小。

当把鼠标光标放在靠近矩形的点的位置，但又不过于靠近时，鼠标指针会变成可旋转的标识，这时拖曳鼠标就可以沿着矩形的法线旋转物体。

注意：在 2D 模式下，无法改变物体沿 *Z* 轴方向的旋转、位移和缩放，这种限制其实是很有用的。矩形变换工具一次只能在一个平面上进行操作，将场景视图的当前视角转到另一个侧面，就可以看到矩形图标出现在另一个方向，这时就可以操作另一个平面。

1.4.3.2　具体的操作说明

这里我们再深入介绍一下。

用户可以对场景中的任意物体使用位移、旋转、缩放工具。当你选中一个物体时，你就会看到下图所示的辅助线框，三种线框的表示方法不同，以后我们会经常用到。下图分别是位置、旋转、缩放三者的辅助线框。

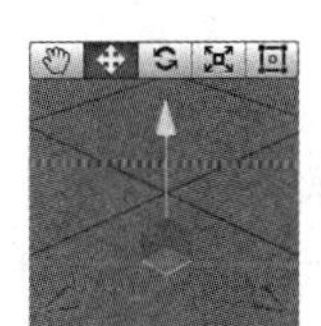

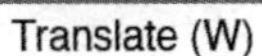

Translate (W)

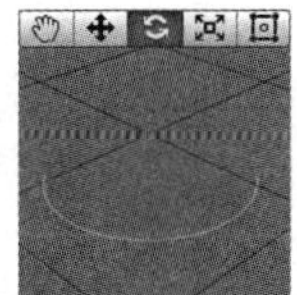

Rotate (E)

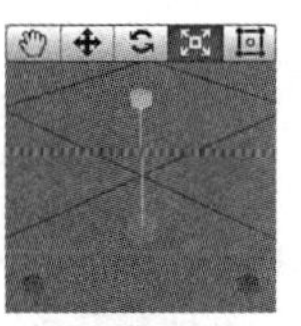

Scale (R)

当你选中某一个轴并拖动时，你会发现该轴变成了黄色，而且旋转、缩放变换时的情况也是类似的。你会发现物体只会修改和该轴有关的参数，而不会影响另外两个轴的参数。

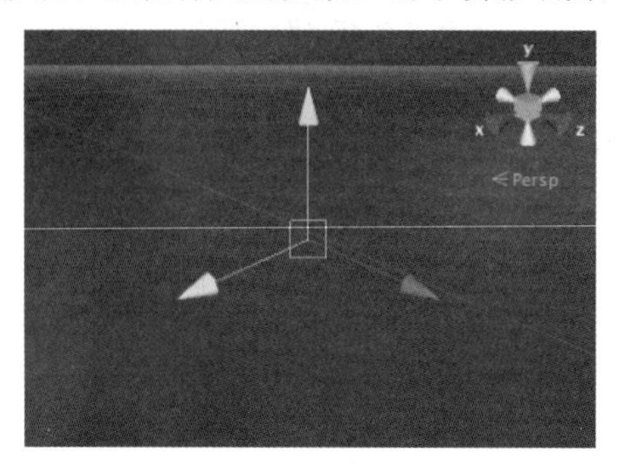

1.4.3.3 一些高效的操作方法

除了只调整某一个轴上的参数，我们也可以同时改变多个轴上的参数，但是改变多个值时，三种工具（位移、旋转、缩放）的具体操作不太一样。对于移动操作来说，我们可以同时修改两个轴上的位置，也就是让物体沿着某个平面滑动，例如，沿着 *XZ* 平面移动。具体做法是拖曳两个轴之间的平行四边形辅助线框，一共有 *XY*、*YZ*、*XZ* 三个平面。拖曳下图中圆圈所标注的区域，即可同时修改 *X* 轴和 *Z* 轴的位置。

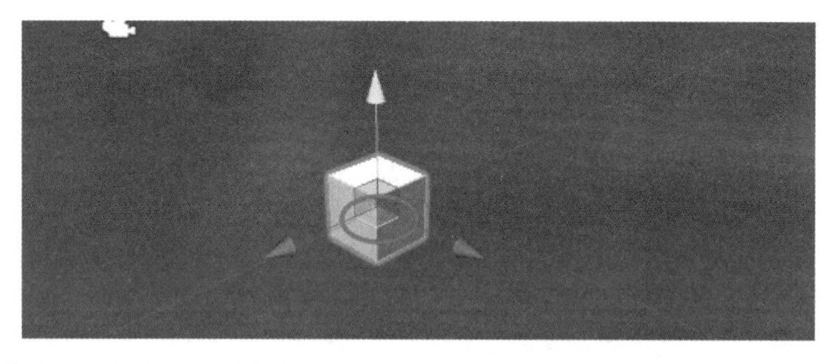

对旋转操作来说，拖曳非轴线的位置就可以自由旋转物体。但是在实际操作中，建议还是尽可能沿一个轴线进行旋转，否则会给自己带来混乱。

缩放工具也不太一样，因为等比例缩放可能比沿某一个轴缩放更为常用，所以缩放工具的辅助线框提供了四个点的位置，分别是周围的红色、绿色、蓝色方块以及中央的白色方块。拖动三个轴上的方块可以让物体只沿一个轴缩放，这个缩放实际上会产生拉长和压扁的结果。如果你需要等比例缩放物体，那么就可以拖动中央白色的方块，让物体在 *X* 轴、*Y* 轴、*Z* 轴三个轴上以等比例的方式放大或缩小，中央的白点可以用于等比例放大和缩小物体。

1.4.3.4　局部/世界坐标系切换，中心/基准点切换

3D 世界中物体的定位还有两个复杂的问题，它会影响到前面讲到的旋转、位移、缩放等工具的行为。单击下图中的 Center 和 Global 按钮，可以分别切换到另外两种模式：Pivot 和 Local。

- Pivot 模式：将用来操作的小图标显示在物体三维网格的基准点上。
- Center 模式：将用来操作的小图标显示到物体外形边界的中心。
- Local（局部坐标系）：用来操作小图标的旋转角度，使其和当前物体保持一致。
- Global（世界坐标系）：用来操作小图标的旋转角度，使其和世界坐标系保持一致。

在给物体定位时，局部坐标系和世界坐标系的切换会经常用到。比如，在一个常见的俯视角游戏中，摄像机会沿 *X* 轴向下旋转 45°～90°，以形成俯视的效果。这时，在 Local 模式下，移动摄像机的 *Z* 轴，摄像机会有拉近、拉远的效果；而在 Global 模式下，摄像机沿 *Z* 轴移动会和游戏场景的地面平行移动。

1.4.3.5　按照单位坐标移动

当移动物体时按住 Ctrl 键（macOS 系统下是 Command 键），物体会以指定的单位长度移动，这样可以很方便地在某些游戏中调整位置。这个单位坐标用默认的设定，也可以在菜单的 Edit > Snap Settings 里进行修改。

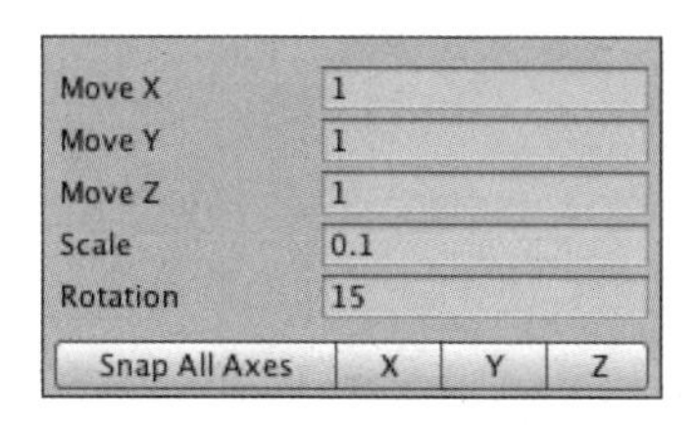

吸附到平面

当使用移动工具时，同时按住 Shift 键和 Ctrl 键（macOS 系统下是 Command 键），可以让物体快速吸附到碰撞体（Collider）的表面，这个功能在布置场景时十分有用。

吸附到顶点

吸附到顶点功能在搭建某些场景时特别有用，它可以将一个物体模型的某个顶点放在另一个物体模型的某个顶点上。例如，我们可以将赛车游戏的道路精确地放置在背景上，或是将一个道具精确地放置在某个模型上面。

操作步骤如下：

1. 选择你要移动的物体并选择移动工具。
2. 一直按住 V 键进入吸附顶点模式。
3. 将鼠标光标指向要移动的物体的某个顶点，会出现提示的白框指定以哪个顶点为准。
4. 拖曳该顶点到另一个物体上，就可以让拖曳的物体在目标物体的多个顶点之间进行移动。无论如何移动，编辑器都会保证要移动的物体的顶点和目标物体的顶点是重合的。
5. 松开 V 键和鼠标左键，移动完毕。另外，还可以同时按下 Shift+V 组合键持续开启或关闭这个功能，这样就不需要一直按住 V 键了。

注意：不仅可以让顶点和顶点对齐，还可以让顶点和平面对齐、顶点和模型基准点对齐。

1.4.4 场景视图工具条

场景视图工具条有多个选项来调整、查看场景的显示方式，如下图所示，包括是否显示光照、是否开启声音等。这些选项只对当前场景视图起作用，与最终的游戏效果无关。

1.4.4.1 渲染模式

工具条最左侧的下拉菜单用于选择要使用哪种渲染模式（DrawMode）来绘制场景，选项包含如下内容。

1. Shading Mode

- Shaded：显示物体的表面材质。
- Wireframe：以线框图的形式显示物体的模型网格。
- Shaded Wireframe：显示物体的表面材质并叠加网格线框。

2. Miscellaneous

- Shadow Cascades：显示方向光源的 shadow cascades。
- Render Paths：渲染路径，用每种颜色对应一种渲染路径。蓝色代表 deferred shading，绿色代表 deferred lighting，黄色表示 forward rendering，红色表示 vertex lit。
- Alpha 通道：显示透明通道。
- Overdraw：将物体显示为半透明的剪影，不透明度会叠加，用来展示各种物体交叠的情况。
- Mipmaps：展示纹理尺寸是否合适，以不同的颜色显示。红色表示纹理贴图比必要的大，蓝色表示纹理尺寸不太够。通常，需要的纹理尺寸的大小与分辨率以及镜头的远近有关系。

3. Deferred

包含几种模式，用来查看 G-buffer（Albedo、Specular、Smoothness、Normal），具体的含义需要查看 Deferred Shading 的相关文档。

4. Global Illumination

与全局光照有关。

1.4.4.2　2D模式、光照和声音的开关

渲染模式右边还有几个按钮，是一些开关，它们只在场景视图中发挥作用。

- 2D：在 2D 和 3D 视图之间切换。在 2D 模式下，摄像机会保持指向 *Z* 轴，且 *X* 轴在右侧、*Y* 轴指向上方。
- Lighting：开启和关闭光照，包括环境光和物体的着色器。
- Audio：开启和关闭音频。

1.4.4.3　渲染效果开关

小喇叭（音频）开关的右侧还有一个山形的按钮，是渲染效果开关。它里面有一些选项，用来开启和关闭一些渲染效果。

- Skybox：开启和关闭天空盒的显示。
- Fog：开启和关闭雾。
- Flares：灯光光晕的开关。
- Animated Materials：设置动态材质是否以动画方式显示。

另外，这个渲染开关本身可以一起改变以上四个子项的开启和关闭。

1.4.4.4　辅助线框

辅助线框菜单控制一系列的图标显示，辅助线框菜单的入口在场景视图和游戏视图中都可以看到，接下来的章节会详细介绍辅助线框菜单的具体用法。

1.4.4.5　搜索框

场景工具栏最右侧是一个搜索框，它主要是起到一个过滤器的作用。它以搜索框内的信息作为关键字，过滤场景中的内容。被过滤掉的物体会以减弱对比度的方式显得不明显，且会变成半透明，相对来说，要搜索的物体就很明显了，且这时层级窗口中也会只显示搜索到的物体。下图是搜索前（左图）和搜索 sphere 的效果（右图）。

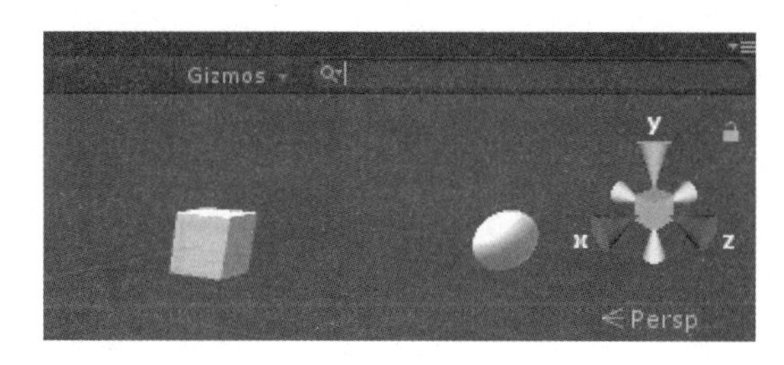

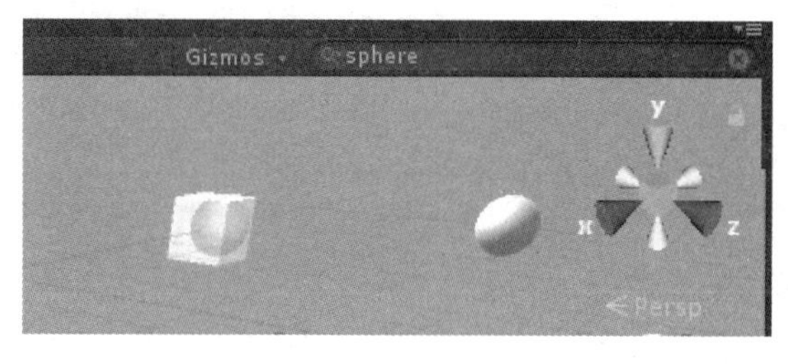

另外，搜索物体还可以指定几种模式：指定搜索物体的名称、指定搜索物体的类型、二者都包括。可以单击搜索框左侧的放大镜小图标进行选择，如下图所示。

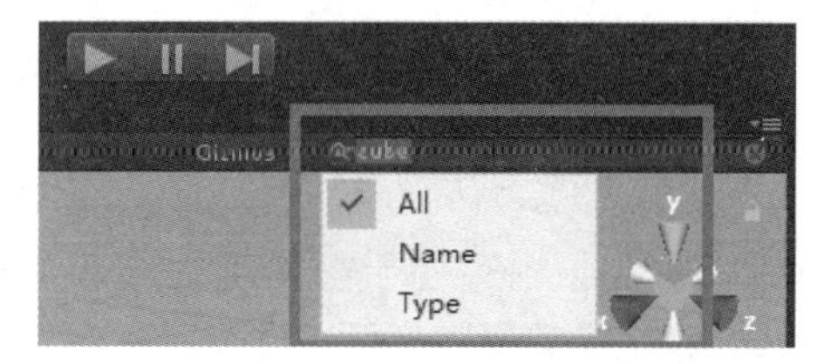

1.5 辅助线框菜单

场景视图和游戏视图都拥有各自的辅助线框（Gizmos）菜单。在工具条中单击辅助线框按钮就可以设置辅助线框。再次提示：辅助线框和图标只在编辑器中，开发时可以看到，它们不会出现在最终发布的版本中。

下图是场景视图中的辅助线框菜单。

下图是辅助线框菜单的具体设置，截图只是一部分。

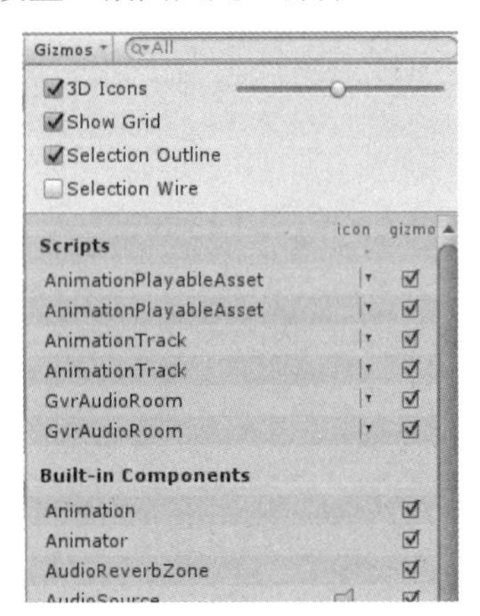

选　项	功　能
3D Icons	3D 图标的复选框，控制图标是否以 3D 方式显示。3D 方式和 2D 方式的区别在于：3D 图标会有近大远小的透视性，且会被遮挡。而 2D 图标会一直显示在界面最上层，且不会因距离远近而变化 当 3D 图标复选框被选中时，右侧的滑动条可以调节图标的整体大小
Show Grid	是否显示网格线。网格线在制作场景时可以当作标尺使用，方便估计物体的位置 这个选项是场景视图窗口特有的
Selection Outline	被选中的物体是否边缘高亮，默认是开启的 这个选项是场景视图窗口特有的
Selection Wire	是否显示选中物体的线框，默认是关闭的 这个选项是场景视图窗口特有的
Scripts	自定义组件的列表，也包含一些预制的组件。其下的几个自定义组件都可以单独开启和关闭它们的图标、辅助线框显示
Built-in Components	内置组件列表，下面许许多多的内置组件都可以单独开启和关闭它们的图标、辅助线框显示

1.5.1 辅助线框

辅助线框与场景中的游戏物体有关，某些辅助线框只在物体被选中时显示，某些辅助线框会一直显示。这些辅助线框通常都是程序生成的射线和线段，会根据当前视角实时变化。最常用和最有用的线框是灯光和摄像机的，自定义的脚本也可以拥有定制的线框，用来直观展示某些参数，但是那属于比较高级的应用了。

某些辅助线框只能单纯查看，但是某些辅助框线还能用来操作，比如，音源（Audio Source）范围的框线，就可以单击和拖曳，以调节音源的范围。

常用工具中，移动、旋转、缩放工具都有各自的辅助线框，可以进行交互操作。

下图是摄像机和光源的辅助线框，它们都只在物体被选中时才显示出来。

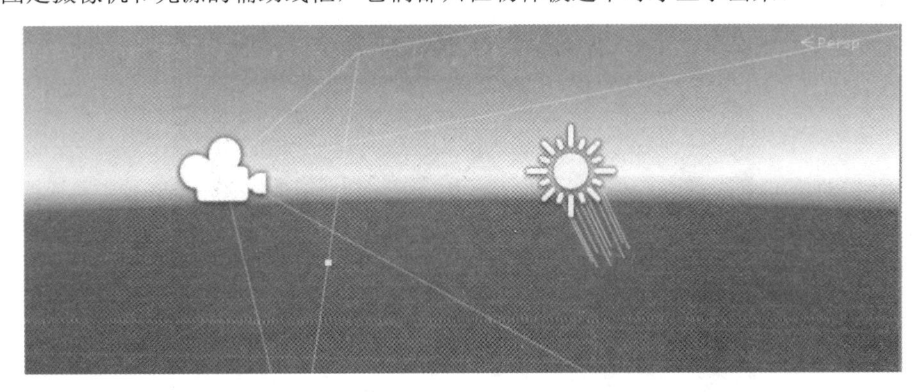

在脚本中可以通过实现 OnDrawGizmos 方法来自定义辅助线框的展示，详细方法这里先略过。

1.5.2　辅助图标

除了辅助线框，游戏视图窗口和场景视图窗口中还会显示辅助图标。它们从外观上看是扁平的、广告牌风格的图标，覆盖在界面的最上面一层，通过它们可以方便地看到一些没有外形的物体（比如摄像机和灯光本身是没有模型的）的大致位置。最常见的图标就是摄像机和灯光。和辅助线框一样，用户也可以在脚本中自定义辅助图标的外观。

下图是默认的摄像机和灯光的辅助图标，3D 图标的大小可调整。

下图是 2D 辅助图标，没有近大远小的透视效果。

1.5.3 显示网格

显示网格（Show Grid）选项用来控制是否在场景中显示辅助网格，下图是开启辅助网格的效果。

要改变网格的颜色，可以在主菜单的 Edit > Preferences > Colors 中改变 Grid 的颜色，下图是将 Grid 颜色改为蓝色的效果。

1.5.4 选中时高亮和选中框线

当选中时高亮（Selection Outline）被勾选时，被选中的物体会在边缘处出现橘色的描边。

当选中时显示线框（Selection Wire）被勾选时，在场景中或者层级窗口中选中物体以后，就会在物体上显示模型的线框。

框线的颜色和高亮的颜色都可以在 Edit > Preferences > Colors 中修改。

1.5.5 内置组件的显示

在辅助线框菜单中选中和取消内置组件的选择框或小图标，就可以控制辅助线框或辅助图标是否显示。

某些内置组件没有图标（比如刚体组件），所以在辅助线框菜单中也找不到它。

之前说过，除了内置组件，还有一些自定义脚本组件也会出现在菜单中，其中包含：

- 指定了图标的脚本。
- 实现了 OnDrawGizmos 方法的脚本。
- 实现了 OnDrawGizmosSelected 方法的脚本。

某些类型的组件具有图标，某些类型的组件具有辅助线框，某些类型的组件二者都有。它们在菜单中会有相应的显示效果。

简单地说，单击图标就可以显示/隐藏该组件的图标，单击复选框就可以显示/隐藏该组件的框线。只要简单尝试就可以理解该菜单的使用方法。

1.6 层级窗口

下图是默认的层级窗口的外观。

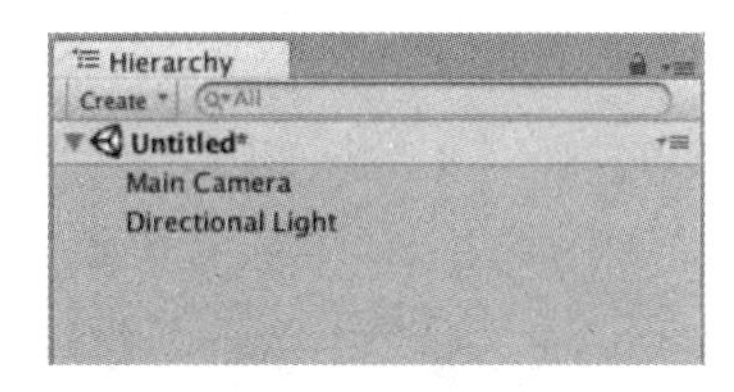

层级窗口包含当前场景中所有游戏物体的列表。其中某些游戏物体是独立的物体，而某些则是预制体（Prefab）。任何新建或者删除物体的操作都会在层级窗口中反映出来。

默认情况下，层级窗口中的顺序是物体被创建的顺序，但是这个顺序是可以任意改变的，只需要通过拖曳操作即可实现。层级窗口可以表示物体的父子（Parent 和 Child）关系，这也是层级窗口名称的由来。

1.6.1 父子关系

Unity 具有一个非常重要的概念——父子关系（Parenting）。举例来说，先创建一个对象，然后创建一系列对象，将后面这些对象置于第一个对象下级，这样第一个对象就被称为这一组对象的父物体(Parent Object)，而其他的对象可以被称为父物体的子物体(Child Object 或 Children)。可以创建嵌套的父子关系，也就是说，任何一个节点都可以拥有下一级子节点。

在下图中，Child 和 Child 2 都是 Parent 物体的子物体。Child 3 是 Child 2 的子物体，也是 Parent 的间接子物体（或者说孙物体）。

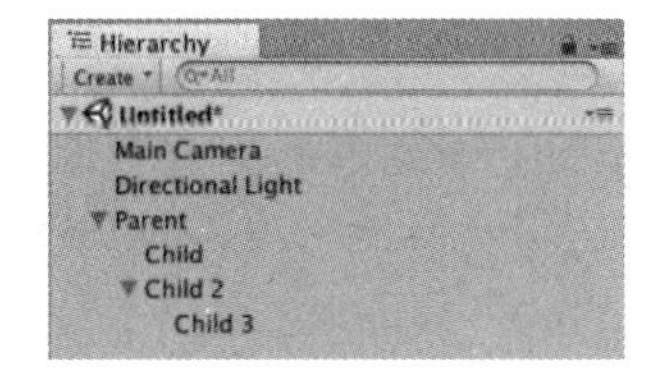

单击 Parent 物体左侧的三角形，就可以显示或隐藏它的子节点，这和资源管理器中操作类似。单击三角形只改变第一层的显示或隐藏状态，按住 Alt 键再单击可以递归显示或隐藏该物体所有层级的子节点。

1.6.2 将物体设置为子物体

要让一个物体成为另一个物体的子物体，只需要先选中它，然后将它拖曳到另一个物体上即可，拖曳时会有明显的指示。

在下图中，Object 4 是要拖曳的物体，将它拖曳到 Object 1 上即可，拖曳时会有胶囊形状的图标指示 Object 1。

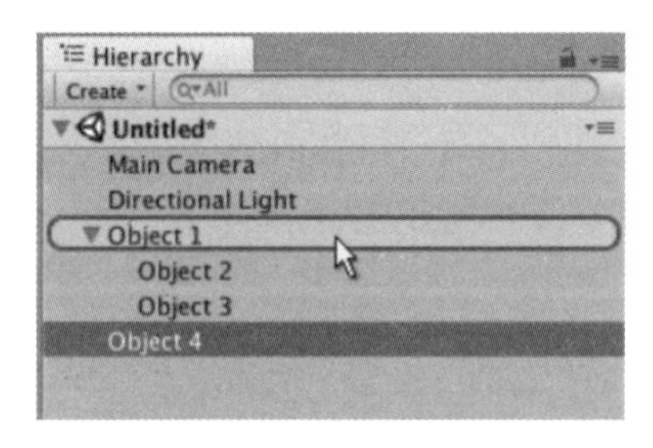

还有一种操作方法，可以让上图中的 Object 4 直接插入到 Object 2 和 Object 3 之间，同时成为 Object 1 的子物体。只需要选中 Object 4，拖曳它到 Object 2 和 Object 3 之间即可。

在下图中，Object 4 被拖动到 Object 2 和 Object 3 之间，目的地用一个蓝色的横线表示插入。另外，Object 1 依然会用胶囊图标指示，说明这个操作会引起父子关系的变化。

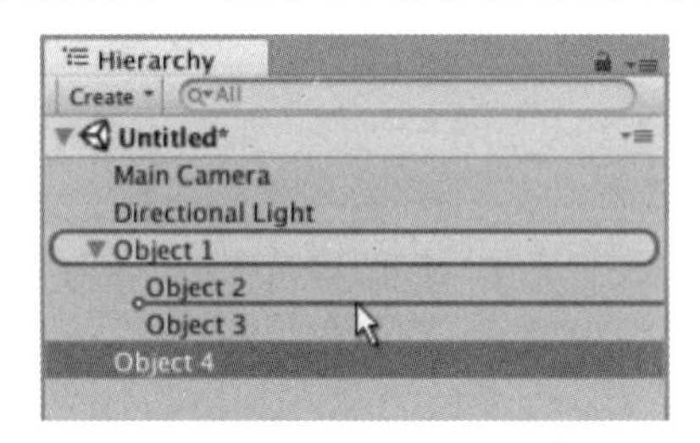

父子关系是一个很大的话题，比如，父物体的移动、旋转、缩放会直接影响子物体，这个问题将在未来继续讨论。

1.6.3 同时编辑多个场景

直接拖曳另一个场景到当前的层级窗口中，就可以启动多场景同时编辑模式。这种做法在同时处理两个场景时会比较有用，比如，复制一个物体到另一个场景里面。

1.7 检视窗口

Unity 的场景通常是由很多 GameObject 组成的，每个 GameObject 可能包含脚本、声音、模型等多个组件。检视窗口显示了当前选中物体的细节信息，包括 GameObject 所挂载的所有组件，而且还能在检视窗口中修改这些信息。

下图是默认的检视窗口。

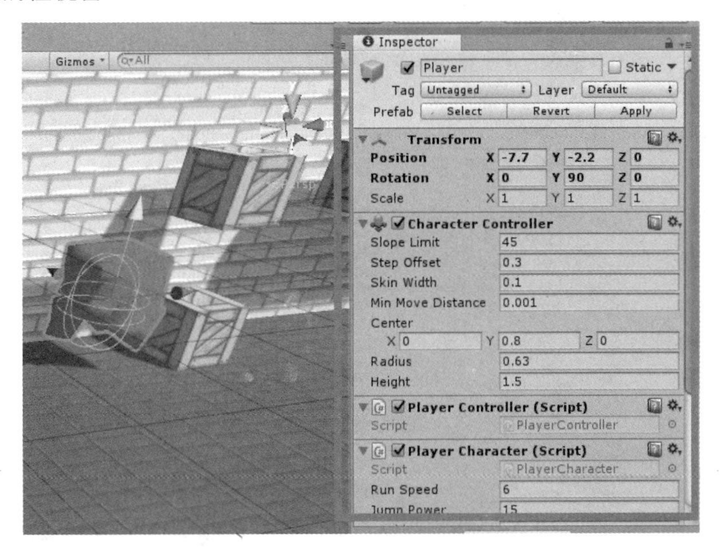

1.7.1　检视物体和选项

检视窗口可以查看和修改 Unity 编辑器中几乎所有东西的属性和设置，不仅对实体的物体（比如 GameObject、资源、材质）有效，修改编辑器设置和预设选项的时候，也会用到 Inspector。

下图是一个典型的例子，用检视窗口查看带有摄像机组件的物体。

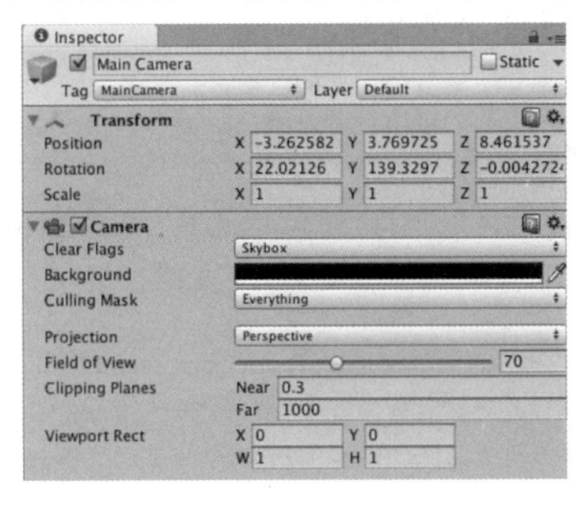

在层级窗口或场景视图中选中物体以后，检视窗口就会显示当前物体中所有组件的信息。使用检视窗口可以编辑这些信息和设置。

在上图的例子中，我们选中的是 Main Camera 物体，不仅包含物体的位置、旋转和缩放信息，很多其他信息也被显示并可以被编辑。

1.7.2　添加、删除组件

单击检视窗口下方的 Add Component 按钮，可以添加组件。单击后会显示一个各种组件的选择框。Unity 包含的组件非常多，并已经被分为很多组，可以分两步依次选择，也可以用附带的小搜索工具进行快速筛选，下图是为物体添加 Rigidbody 组件。

删除组件更为简单，只需要在组件标题处单击鼠标右键，即可打开组件快捷菜单，选择 Remove Component 即可删除，如下图所示。

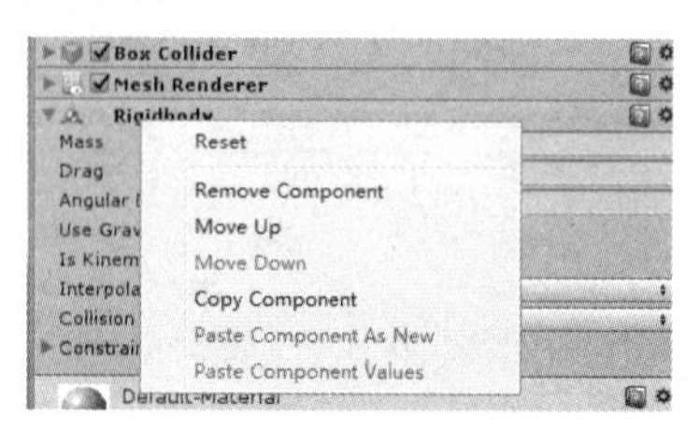

1.7.3 复制组件或组件参数

有时我们创建的组件需要复用另一个组件的参数，而某些组件参数较多，一个个手工填写参数比较费时且容易填写错误。这时，我们可以在组件标题上单击鼠标右键打开菜单，选择 Copy Component 选项来复制组件的参数。

复制组件参数之后，选中要操作的目标物体，有两种方法来复制组件属性。

1. 打开目标物体的任意一个组件菜单，选择 Paste Component As New，这样就新建了一个组件且参数和复制的组件一致。

2. 打开目标物体的同类组件的菜单，选择 Paste Component Values，这样不会新建组件，而是将原始组件的参数复制到同类型的目标组件上。

由于某些组件只允许存在一个，比如刚体组件，所以某些选项会是禁用状态。

1.7.4 查看脚本参数

右图是脚本组件，可以修改其中一些字段的值。

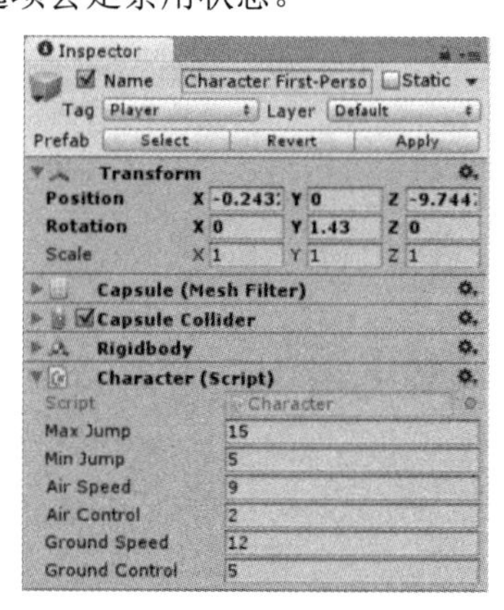

当游戏物体挂载了自定义脚本时，该脚本组件的部分字段（比如公共字段）是可以显示和被编辑的。编辑它们的方法和编辑常规组件一样。这意味着可以方便地修改自定义组件的参数和属性，而不需要去修改脚本代码。

1.7.5　查看素材

当在工程窗口中选中一个资源时，检视窗口也会显示该资源的设置和参数，这些设置影响了该资源如何被导入，以及在运行时会产生什么具体效果。

每一种类型的资源的参数和设置都不相同。比如，下面的查看材质与查看音频资源的参数和设置就完全不同。

下图是在检视窗口中查看一个材质。

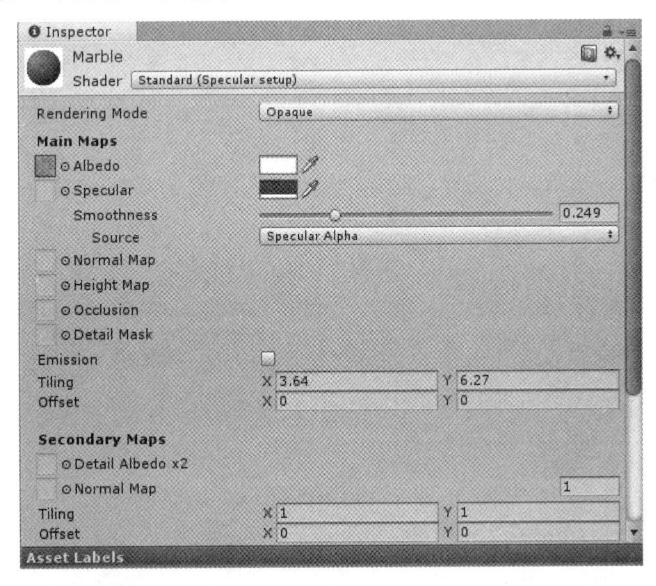

下图是在检视窗口中查看一份音频文件的设置。

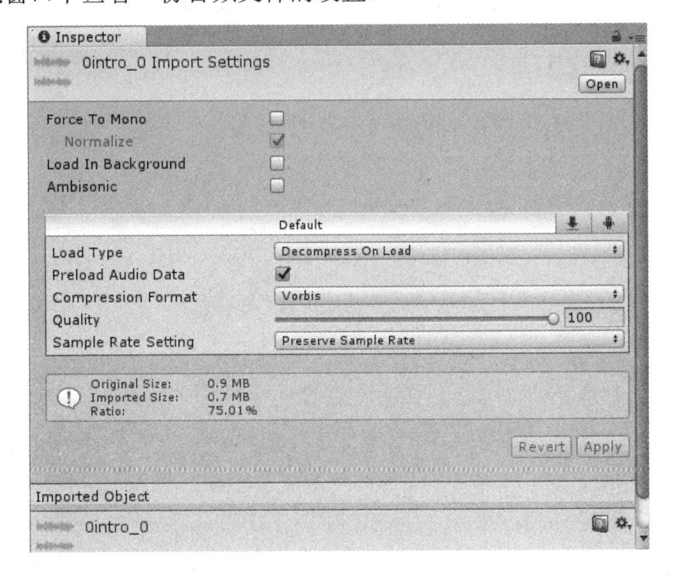

1.7.6 工程设置

下图是在检视窗口中查看 Tags & Layers 的设置。

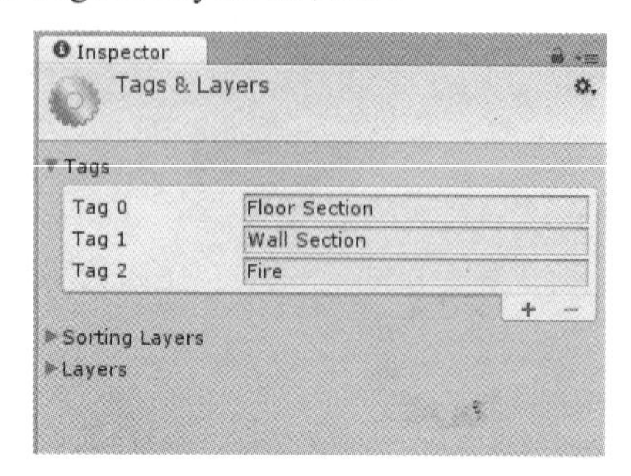

查看和修改工程设置也会用到检视窗口，比如在菜单中选择 Edit > Project Settings 下面的多个选项，就会在检视窗口中显示相应的工程设置。

如下图所示，有许多改变工程基本参数的设置，例如输入设置、Tags & Layers 设置、音频设置、时间设置、物理设置等。时间设置可以改变游戏运行的帧率，物理设置可以改变重力加速度的数值，这些工程设置会对整个工程中的所有相关功能造成影响。

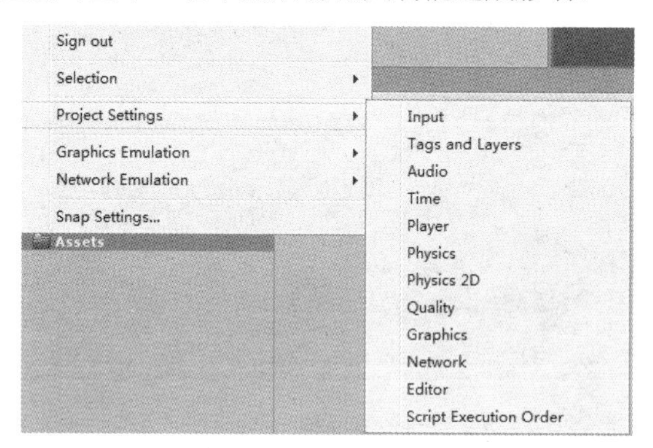

1.7.7 修改组件的顺序

要改变检视窗口中组件的顺序，只需要拖曳要改变的组件名称到目的地即可。操作过程中会有明显的蓝色标记提示，可以很清楚地看到组件从哪里移动到哪里。

下图是通过拖曳操作修改脚本组件的顺序。

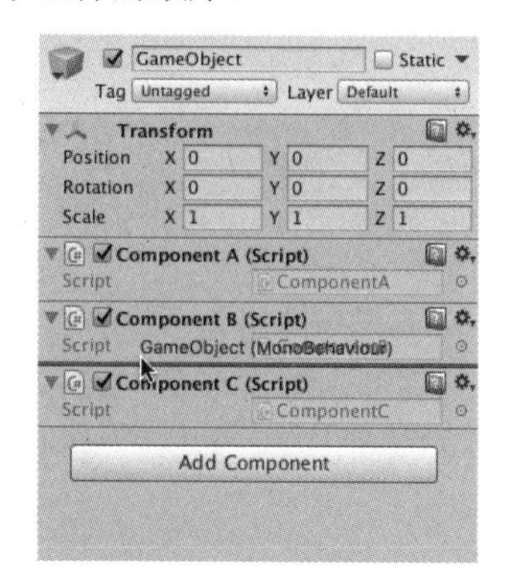

有几点值得说明：

1. 只能修改一个游戏物体中组件的顺序，不能直接将组件从一个物体拖曳到另一个物体。

2. 可以将脚本文件直接拖曳到检视窗口中，自动新建一个脚本组件。

3. 当同时选中多个游戏物体时，检视窗口中会显示所有物体共有的组件。这时改变这些物体中组件的顺序也是可行的。

4. 物体上挂载组件的顺序是真实存在的，比如在脚本中获取组件的时候，这些组件就会以这个顺序获取到。典型的情况是在物体上同时挂载多个同类型组件的时候。

1.8 工具栏

下图是工具栏所在的位置，每个按钮控制的是不同的模块，但都是比较常用的操作。

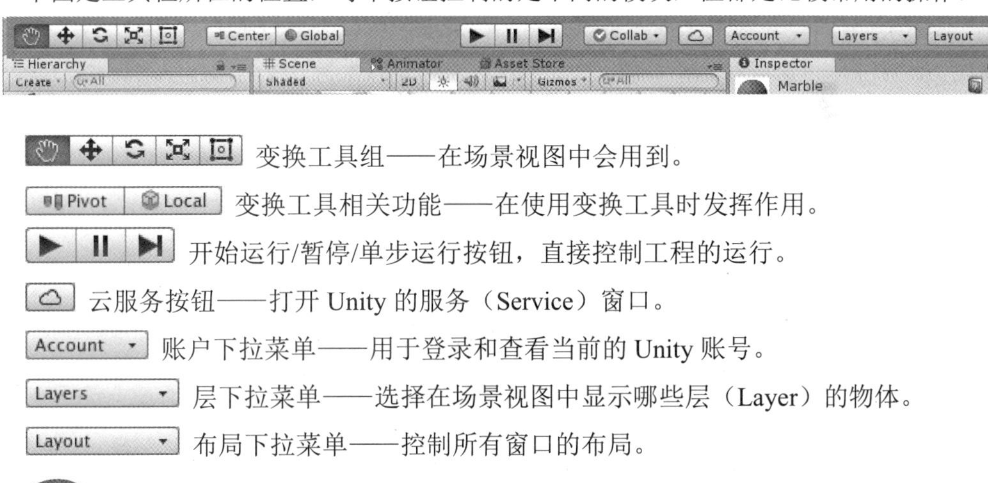

变换工具组——在场景视图中会用到。

变换工具相关功能——在使用变换工具时发挥作用。

开始运行/暂停/单步运行按钮，直接控制工程的运行。

云服务按钮——打开 Unity 的服务（Service）窗口。

账户下拉菜单——用于登录和查看当前的 Unity 账号。

层下拉菜单——选择在场景视图中显示哪些层（Layer）的物体。

布局下拉菜单——控制所有窗口的布局。

1.9 游戏视图窗口

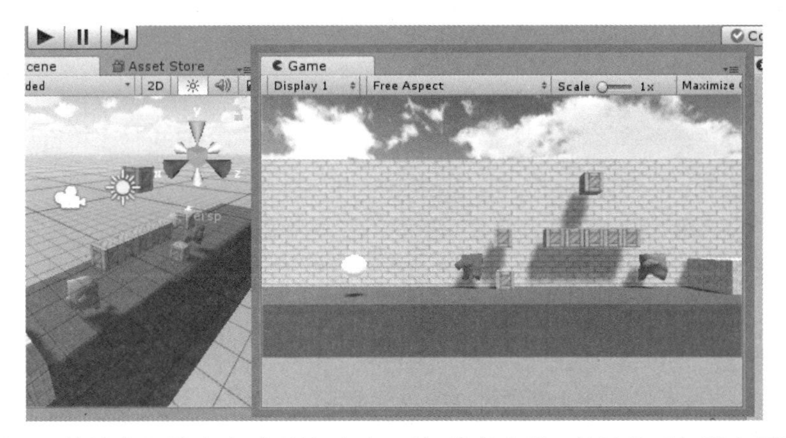

游戏视图显示的是实际游戏中看到的画面。对初学者来说，关键是要知道它所渲染的内容是从场景中的摄像机获得的。初始场景中只有一个 Main Camera 摄像机，所以游戏视图中显示的就是 Main Camera 所看到的画面。许多时候我们会用到多个摄像机，它们的切换、叠加关系是摄像机组件的章节所要讨论的内容。

1.9.1 播放和暂停

以下三个按钮分别是工具栏中的开始播放、暂停和单步执行按钮，它直接控制了游戏的运行状态，所以和游戏视图是密切相关的。我们在开发中每天都需要用到很多次播放、暂停功能，所以下面展开探讨一下。

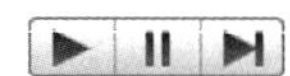

1.9.1.1 运行状态

当按下播放按钮以后，Unity 进入运行状态。游戏视图中所显示的画面大致就是最终发布后用户看到的画面（细节不完全一致）。这里有几个要点。

1. 工具栏中的播放按钮的外观会改变，且编辑器窗口整体会变暗，以提示我们 Unity 正处于运行状态。

2. 在播放状态下，我们依然可以进行绝大部分编辑操作，比如在场景视图中移动物体的位置，在检视窗口中添加、删除物体的组件等。但是，务必注意：播放过程中所有的改动，在退出运行模式之后，都会回到原始状态。

3. 再次按下播放按钮就停止播放，回到正常编辑模式。

1.9.1.2 暂停状态

在播放模式下按下暂停键，就可以进入暂停状态。暂停状态的本质依然是运行状态，只是游戏的时间被暂停，并不会触发事件，所以暂停状态下的修改也不会被保存。在这个状态下，我们可以方便地查看游戏瞬间的状态，比如物体的位置、当时的参数信息等。以下是一些需要注意的内容。

1. 除了在播放状态下按下暂停按钮，还可以先按暂停按钮，再按播放按钮，这可以帮助我们在游戏开始的一瞬间就暂停，这个操作专门调试游戏一开始运行就产生的问题。

2. 可以随时再次按下暂停按钮，使得系统在暂停和播放之间切换。

3. 在暂停状态下，按下暂停按钮右边的单步调试按钮，就可以让游戏前进一帧，然后再暂停，这专门用来调试一些时间点要求非常精确的问题。

4. 暂停只在游戏逻辑帧的间歇起作用，如果由于脚本原因，出现游戏逻辑进入死循环、因同步而停住等情况，按暂停按钮会无效。这种方法也可以用来判断游戏是否会出现“卡住”等严重问题。

1.9.2 游戏视图的工具条

下图是游戏视图的工具条。

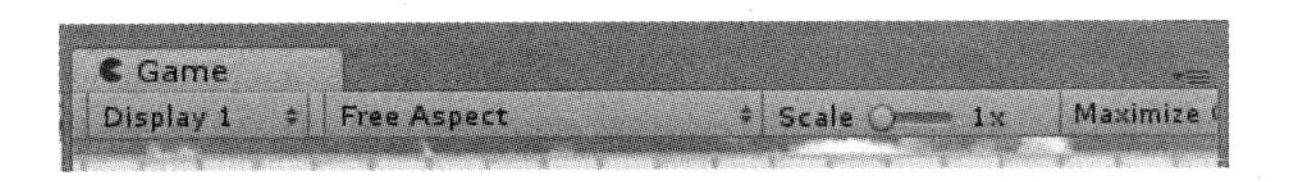

下面是对工具条中每个选项功能的具体介绍。

按　钮	功　能
Display	如果当前有多于一个摄像机，这个选项可以选择用具体哪一个摄像机做渲染。在摄像机组件中可以选择摄像机对应的显示序号，也就是目标显示对象（Target Display）
Aspect	显示器的大小和比例，不同的显示设备差异很大（小屏手机、大屏手机、平板、桌面显示器等），所以这个选项有助于测试各种情况下的显示效果。默认的 Free Aspect 是自由模式，自动根据窗口大小调整显示器参数 除了 Free Aspect，Unity 还内置了许多标准分辨率的设置（比如 WVGA 等）。另外，还可以自定义分辨率的大小，甚至还能只定义比例，不定义具体分辨率（例如，许多安卓设备都是 16:9 的分辨率，但是分辨率不同）
Scale slider	缩放滑动条，该滑动条只是在游戏视图中执行缩放操作，以方便用户查看细节或整体，并不影响实际的屏幕分辨率
Maximize on Play	该按钮为两态按钮，当处于按下状态时，一开始播放时游戏视图就会最大化，以方便用户预览游戏效果。当按钮处于弹起状态时不起作用
Mute audio	该按钮为两态按钮，控制是否屏蔽音频
Stats	该按钮为两态按钮，开启时，会在游戏视图上叠加一层统计信息。这个功能在监控游戏性能时非常有用，可以帮助开发者及早发现潜在的性能问题
Gizmos	显示或隐藏辅助线框，内含详细的辅助线框设置。辅助线框只能在开发时看到，并不会出现在游戏最终的发行版中。详见相关章节

关于辅助线框菜单：和场景视图一样，游戏视图也包含完整的辅助线框菜单。它在游戏视图中的用法和功能与其在场景视图中的用法和功能类似，这里不再赘述。

1.9.3　自定义 Unity 的开发环境

我们可以自定义 Unity 编辑器的窗口布局，让它更符合自己的操作习惯。首先，可以拖动任意一个窗口左上角的标签到任意位置。其次，当拖到另一个窗口的标签处时，可以和目标窗口共用一个区域，形成多标签页的形式。最后，当拖动窗口到可停靠（Dock）的位置时，编辑器就会划出一片区域专门放置该窗口，原来占据位置的窗口就会相应缩小。

窗口可以浮动移动，也可以停靠在现有窗口的侧面、顶部或底部，还可以以标签页的形式和另一个窗口共用一块位置。Unity 的窗口布局非常灵活，不同的人有不同的设置方法。总体来说，只要自己看着舒服、方便个人使用，就可以任意布局。在使用超宽屏显示器或多显示器时，可以采用的布局方式就更灵活了。

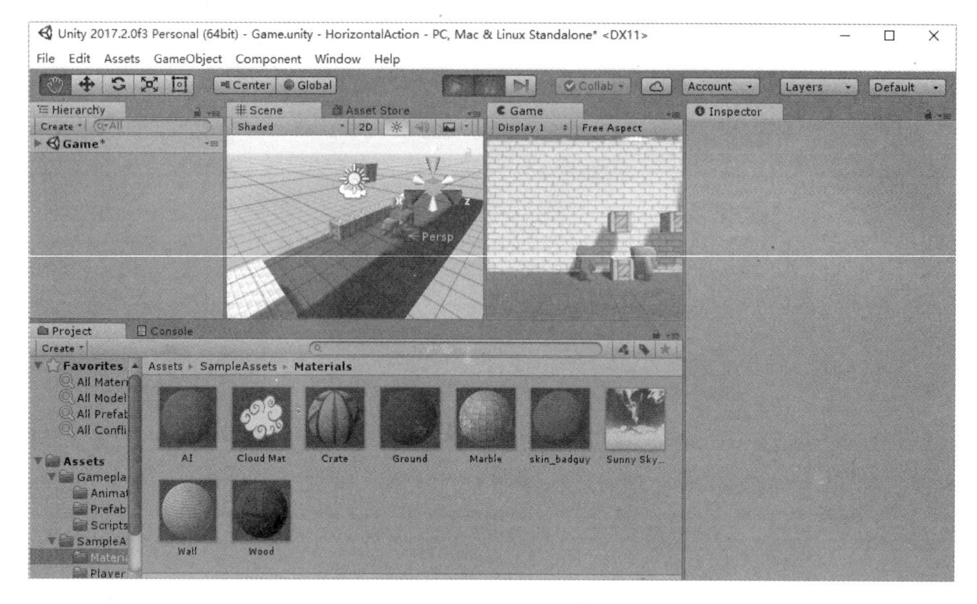

当我们将布局调整到合适的位置以后，就可以选择保存当前布局，未来可以随时将它还原。保存的方法是在主工具栏（Unity 上方）的右侧单击 Layout 下拉菜单，选择其中的 Save Layout 即可。只需要为当前布局取一个名字，之后就可以随时从 Layout 下拉菜单中还原它。

下图是一个完全自定义的布局。

在大部分窗口中，都可以右键单击窗口标签，然后选择 Add Tab 来添加一个选项卡。用这种方式也可以打开、关闭窗口，比如之前将场景视图窗口关闭了，可以在这里重新打开。

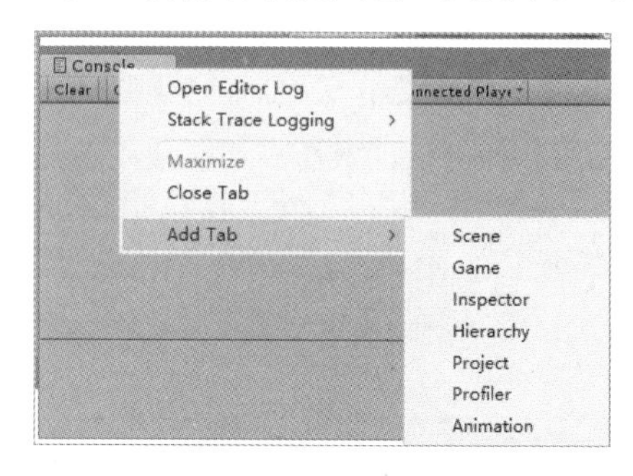

最后，Unity 还提供了几种默认布局，适用于某些典型的应用场景，可供参考。

要使用预置布局，请在菜单栏 Window > Layouts 里查找，典型的布局有如下几种。

- 2 by 3：很好用的常规布局，可以同时看到场景视图和游戏视图。
- 4 Split：四个场景窗口，和 3D 软件一样方便看到场景的标准四视图。
- Default：默认布局，场景视图和游戏视图在同一个窗口内，适合较小的显示器，也很常用。
- Tall、Wide：在这两种布局下，场景视图分别是较高的和较宽的。
- self：少量窗口配合多个标签页的布局。

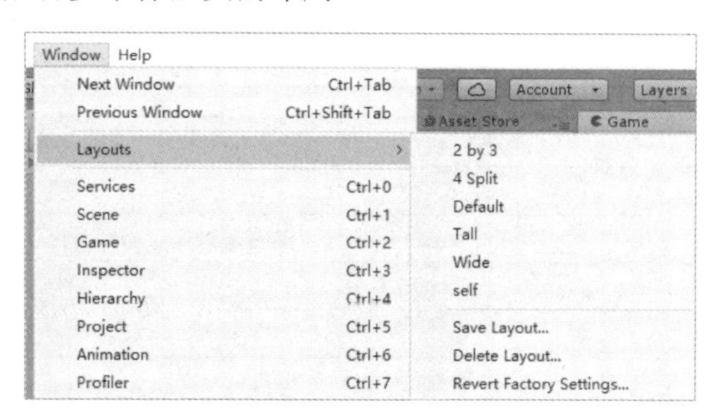

1.10 Unity 的常用快捷键

下面将总体介绍 Unity 中的快捷键，完整的文档请参考 Unity 网站上的官方文档。下面所说的 Ctrl/Cmd 键在 Windows 下代表 Ctrl 键，在 macOS 系统下代表 Command 键。

工具栏的快捷键	功　能
Q	小手工具
W	移动工具
E	旋转工具
R	缩放工具
T	矩形变换工具
Z	基准点模式切换
X	切换世界坐标系/局部坐标系
V	顶点吸附模式
Ctrl/Cmd+LMB	单位吸附模式

游戏物体的快捷键	功　能
Ctrl/Cmd+Shift+N	新建物体
Alt+Shift+N	新建物体，作为当前选中物体的子物体
Ctrl/Cmd+Alt+F	让场景视图移动到该物体上
Shift+F 或双击 F	让场景视图移动到该物体上并一直保持查看该物体

选择窗口的快捷键	功　能
Ctrl/Cmd+1	场景视图窗口
Ctrl/Cmd+2	游戏视图窗口
Ctrl/Cmd+3	检视窗口

续表

选择窗口的快捷键	功　　能
Ctrl/Cmd+4	层级窗口
Ctrl/Cmd+5	工程窗口
Ctrl/Cmd+6	动画窗口
Ctrl/Cmd+7	性能分析窗口
Ctrl/Cmd+9	资源商店窗口
Ctrl/Cmd+0	版本控制窗口
Ctrl/Cmd+Shift+C	控制台窗口

编辑的快捷键	功　　能
Ctrl/Cmd+Z	回退到上一步
Ctrl+Y (Windows only)	Windows 系统下的重复操作（与回退操作相反）
Cmd+Shift+Z (Mac only)	macOS 系统下的重复操作（与回退操作相反）
Ctrl/Cmd+X	剪切
Ctrl/Cmd+C	复制
Ctrl/Cmd+V	粘贴
Ctrl/Cmd+D	直接复制，相当于复制并粘贴
Shift+Del	删除
Ctrl/Cmd+F	查找
Ctrl/Cmd+A	全选
Ctrl/Cmd+P	开始/停止运行游戏
Ctrl/Cmd+Shift+P	暂停游戏
Ctrl/Cmd+Alt+P	单步调试游戏

选择的快捷键	功　　能
Ctrl/Cmd+Shift+1	读取选择范围 1。数字可以是从 1 到 9，分别代表 9 个栏位
Ctrl/Cmd+Alt+1	保存选择范围 1。数字可以是从 1 到 9，分别代表 9 个栏位

资源操作的快捷键	功　　能
Ctrl/Cmd+R	刷新

注意：以下快捷键用在动画窗口中。

动画的快捷键	功　　能
Shift+逗号	第一个关键帧
Shift+K	修改当前关键帧
K	设置或添加关键帧
Shift+句号	最后一个关键帧
句号	下一帧
Alt+句号	下一个关键帧
空格	播放动画
逗号	前一帧
Alt+逗号	上一个关键帧

1.11 动手搭建游戏场景

接下来，我们搭建一个最简单的游戏场景，一方面可以熟悉 Unity 的基本操作，另一方面，也为之后的学习做准备。我们要做的场景非常简单，如下图所示。

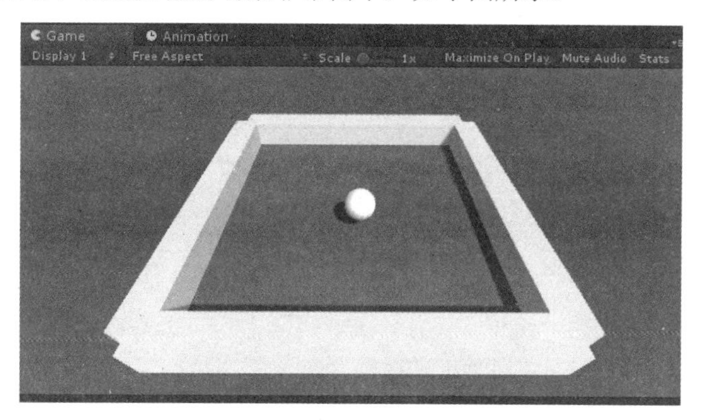

1. 创建工程

打开 Unity 并创建一个工程 HelloUnity。

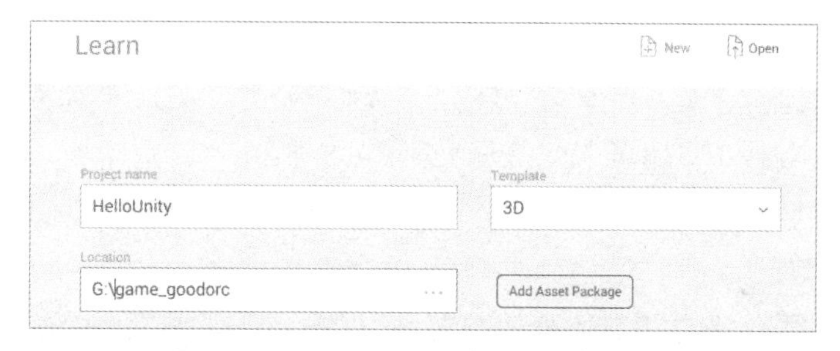

2. 添加地板

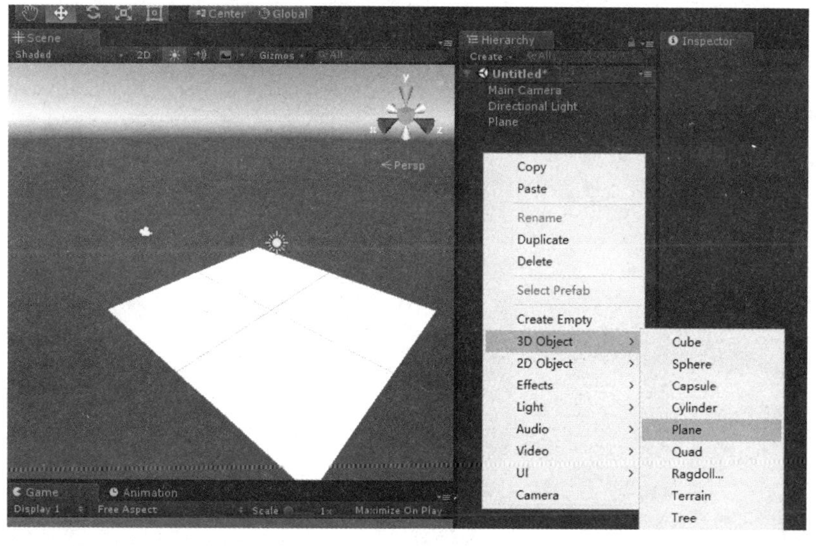

在层级窗口中单击鼠标右键，选择 3D Object > Plane，就可以新建一个平面。平面适合作为

简单游戏的地板。注意：

- 如果在创建之前选中了某个物体，则创建的物体会成为子物体。如果出现这种情况，只需要在层级窗口中拖动物体重新调整父子关系即可，见 1.6 节。
- 新创建的物体名为 Plane，将其改名为 Ground 是一种很好的习惯，否则物体多了不利于查看和查找。重命名物体类似于重命名文件，有多种操作，比如可以在右键菜单中选择 Rename（重命名），或者选中物体之后按下 F2 键，还可以再次单击名称。

确保平面层次正确之后，在检视窗口中设置其位置为(0, 0, 0)。

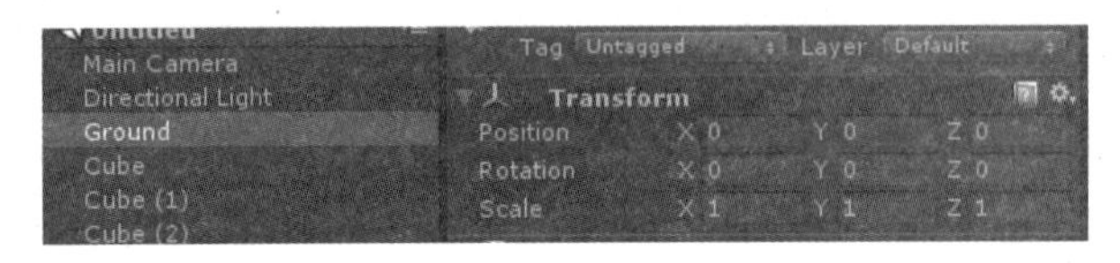

将地板放在坐标原点有助于我们以后计算坐标。

在这步操作以及接下来的操作中，读者会发现实际上经常需要调整查看场景的角度。也就是说，无论要制作什么样的场景，浏览场景的操作是最频繁出现的。关于浏览场景的基本操作，可以查看 1.6 节，对照阅读效果会更佳。

3. 添加第一道围墙

与添加地板类似，添加 4 道围墙，用 Cube（立方体）即可。

为方便起见，可以先只制作一个，之后可以再复制，将 Cube 命名为 Wall1。

通过设置正方体缩放的某个维度，可以拉伸正方体成长条状，这里我们拉伸 X 方向为原来的 10 倍左右。然后摆放正方体的位置到平面的一侧作为围墙。

正方体的参考位置和缩放如下图所示，用鼠标直接拖动得到的位置很不精确，可以在检视窗口中直接调节数值。

4. 其他三道围墙

有了第一道围墙以后，其他三道围墙也是同样的操作。在实际工作中有很多方法可以快速搭建这个场景。首先，制作和第一道围墙相对的围墙时，可以选中第一道墙后按 Ctrl+D 组合键进行复制（Duplicate），然后设定位置，改名为 Wall2 即可。

制作其他两道围墙有两种做法，一是将第一道围墙沿 Y 轴旋转 90°；二是重新创建一个方块并拉伸 Z 轴。这两种方法都可以达到目的。对于简单游戏来说，笔者通常更喜欢不旋转的方法，因为一旦加入了旋转，坐标系就变化了，问题变得更复杂。但是在这个简单的例子中没有太多问题，根据个人喜好来制作即可，如果以后想要改变方法，重新制作也不难。

四道墙搭建好之后的效果如下图所示。可以通过改变围墙的长度或位置让四个角更好看一些。

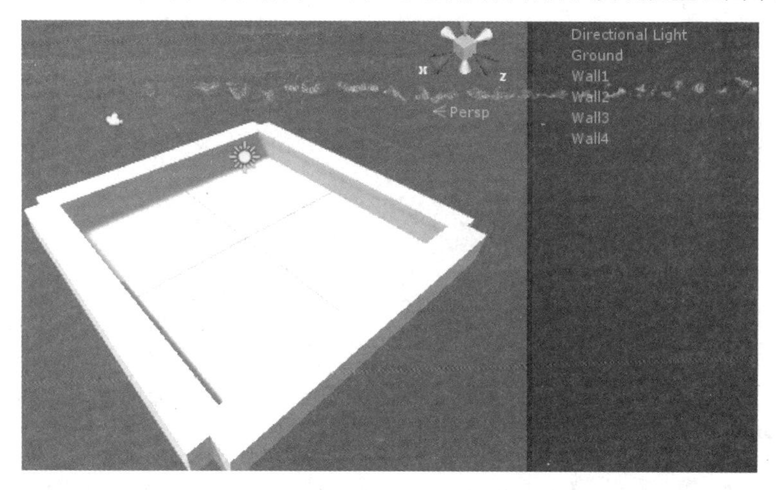

5. 修改物体的颜色

物体的默认材质是白色的基础材质，要改变默认材质时，不能直接修改颜色，而要先替换为新的材质，然后才能进行修改。首先在工程窗口的任意目录新建一个材质文件，在某个资源目录下单击鼠标右键，选择 Create > Material 即可新建材质。

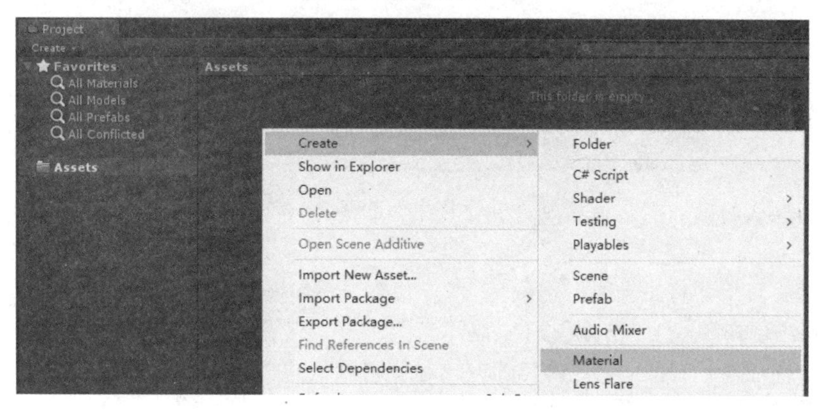

同理，一共需要两个材质，分别将材质文件命名为 Ground 和 Wall，表示地面和墙体的材质。

之后修改材质颜色，只要选中材质文件后，修改检视窗口中 Albedo（固有色）的颜色即可。这里甚至可以为 Albedo 指定一张贴图，实现带有图案的地板和墙面的效果。

之后用这两个材质替换墙和地板的材质，最简单的方法是将材质拖曳到场景视图中的物体上。

另外，也可以先选中物体，将材质拖动到物体的检视窗口里(要拖到最下面空白部分才可以)。这两种方法都会把默认材质替换为独立的材质文件，且不会添加新的组件。顺便说一句：材质是网格渲染器（Mesh Renderer）组件的参数。

如下图所示，调整后我们有了彩色的地板和墙，可以很方便地看到效果。

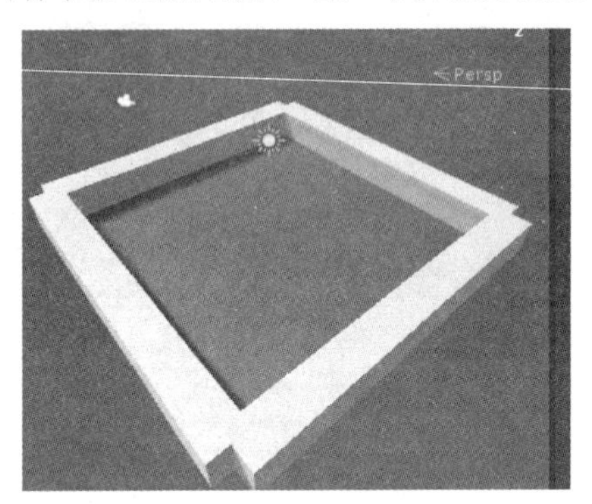

6. 调整摄像机

虽然目前在场景视图中的效果看起来很美好，但在游戏视图中看到的可能是下图这样的效果。

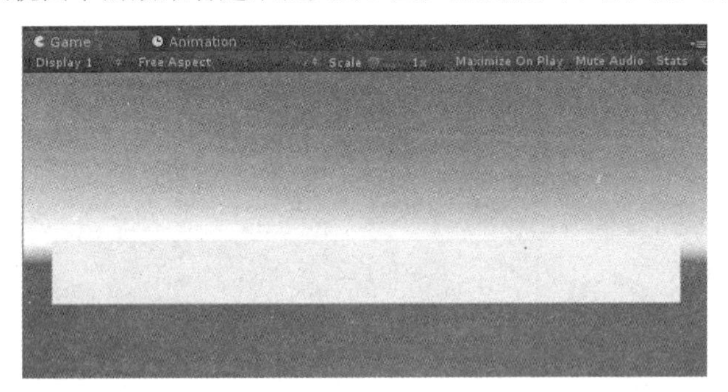

这是因为默认的摄像机是沿 Z 轴方向平视的，而不是向下的。接下来调整摄像机到一个合适的位置。

首先，用旋转工具将摄像机向下旋转 45° 左右。然后调节它的位置，先向上移动，再适当前进，让地板出现在游戏窗口的视野中。这里有两种方式查看场景，采用第一种方式时摄像机的预览窗口会出现在场景视图中；更推荐的方式是使用默认的 2 by 3 布局，同时看到场景视图和游戏视图，边看效果边调节摄像机。

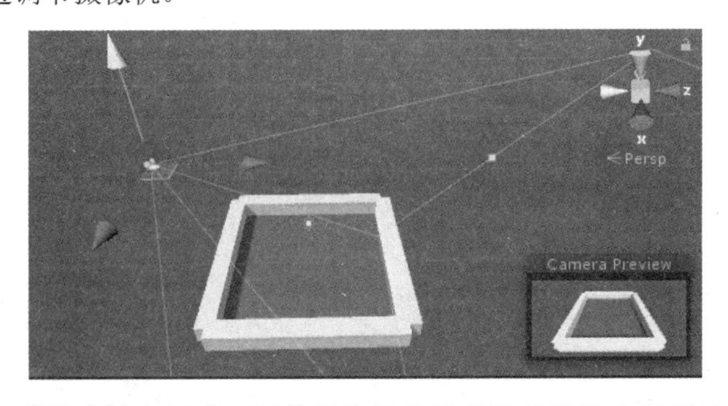

默认的工具坐标系是世界坐标系，调节摄像机位置是沿着世界坐标系的 Y 轴和 Z 轴移动的。

实际上，这里有一种更合适的方式，就是将工具坐标系切换为本地坐标系，如下图所示。

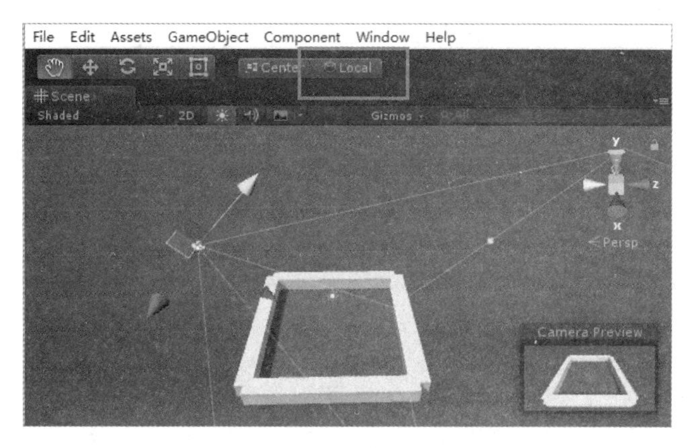

使用局部坐标系之后，你会发现利用摄像机的 Z 轴可以更直接调节摄像机到地板的距离。在搭建场景时往往需要根据要求反复切换工具的坐标系。

7. 添加一个小球

创建一个球体并放在合适的位置上，步骤不再赘述。

有趣的是，你可以把小球适当放高一些，然后加上刚体组件。只需要选中小球，在检视窗口中单击最下面的 Add Component 按钮，然后搜索 rigid 或者选择 Physics > Rigidbody 即可。

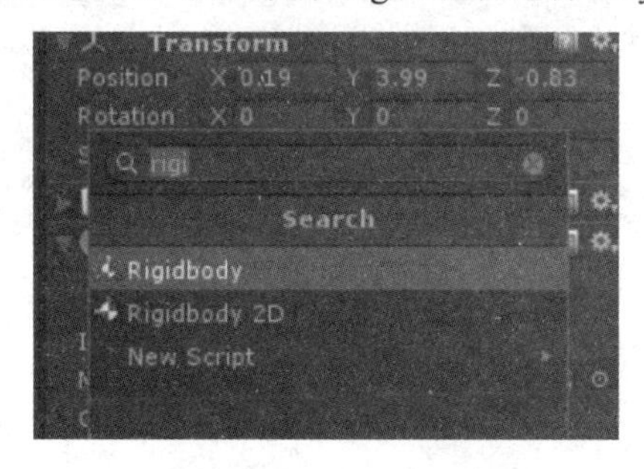

刚体默认是开启了重力的，所以播放游戏时，小球会落在地面上。

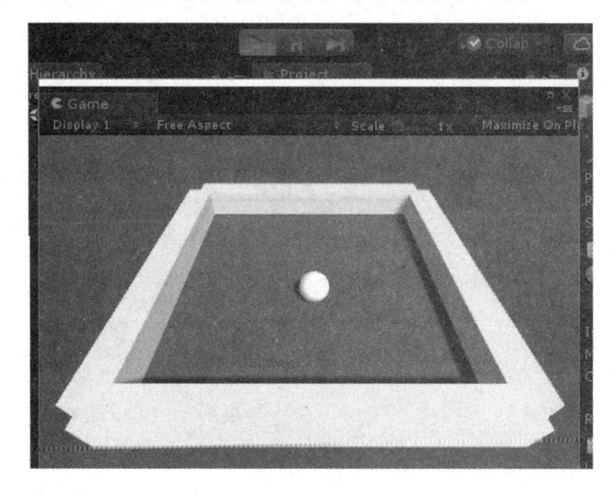

1.12 2D 与 3D 工程的区别

Unity 适用于开发 2D 或 3D 游戏。在刚开始创建工程的时候，你可以选择创建 2D 或 3D 工程。也许你已经想好了要建立哪种模式的工程，这里再次对 2D 和 3D 工程做一些说明，以加深读者对二者的理解。

选择创建 2D 还是 3D 工程主要是对一些初始设置有影响，比如，当导入图片资源时，默认为材质（textures）还是精灵（Sprites）。可以随时将项目在 2D 或 3D 之间切换。以下再次对典型的 2D 和 3D 游戏做一些介绍。

1. 全 3D游戏

下图是一个场景简洁的全 3D 游戏。

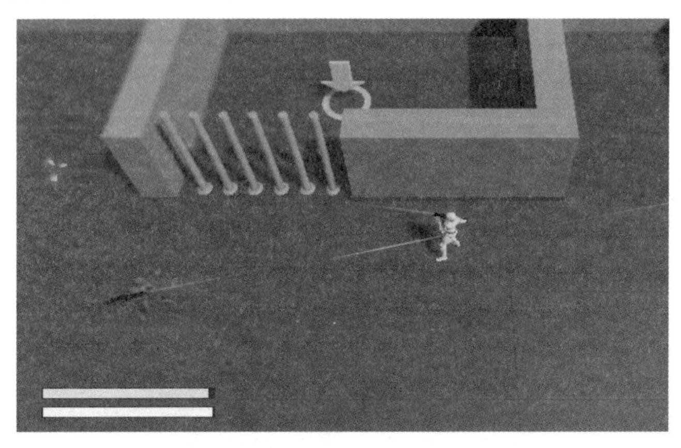

全 3D 游戏通常使用带有模型和材质的几何体来搭建游戏中的场景、角色与其他物体。在全 3D 游戏中，摄像机往往可以任意移动，不被限制在某个轴或者平面上；灯光与阴影也会用拟真的方式表现。3D 游戏通常采用透视摄像机，即近大远小的效果。

2. 正交 3D游戏

观察同一个简单场景。下方左图为透视摄像机的效果，右图为正交摄像机的效果。

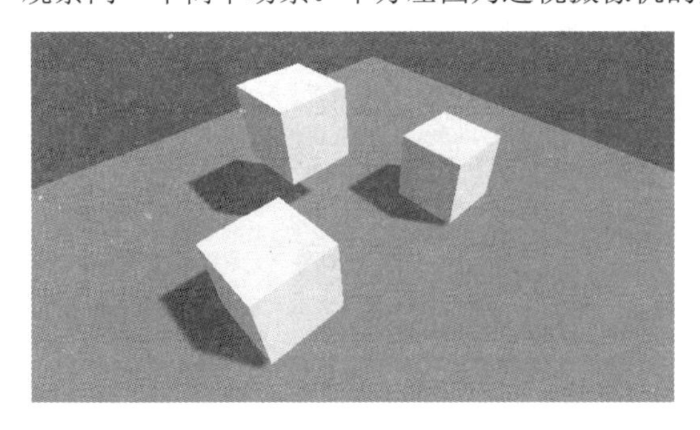

某些游戏也是使用 3D 模型，但是使用正交摄像机代替透视摄像机。正交摄像机没有近大远小的效果，适用于很多鸟瞰视角的游戏，比如，表现一个卡通城市，有时这种游戏被称作 2.5D。对这种游戏应当使用 Unity 的 3D 模式创建，只是在创建之后，将摄像机和场景视图改为正交模式。

3. 全 2D游戏

下图是纯 2D 游戏的例子，来自官方示例的截图。

许多 2D 游戏都使用扁平的图像（有时称之为精灵）来表现游戏画面。这种游戏的摄像机一般都是正交的。应当使用 Unity 的 2D 模式来制作这种游戏。

4. 具有 3D画面的 2D游戏

下图是一个具有 2D 玩法和 3D 画面表现的游戏。

某些游戏使用了 3D 的角色和场景，但是游戏玩法却依然限制在 2D 范围内。比如，摄像机始终对准人物侧面，主角也只能左右移动，但是依然使用 3D 场景和角色，摄像机也采用透视摄像机。对这种游戏来说，3D 效果只是一种为了增强表现力的手法，而不是为了实现游戏玩法。这种类型的游戏有时也会被称为 2.5D。尽管游戏玩法是 2D 的，但是物体还是有深度效果，在 Unity 中应当使用 3D 模式创建。

5. 2D玩法和画面+透视摄像机

这是另一种流行风格的 2D 游戏，使用 2D 场景加上透视摄像机来实现一种多重卷轴的效果。这种游戏中所有的物体都是扁平的，但是离摄像机有着不同的距离。这种游戏完全适合用 Unity 的 2D 模式创建，只要在创建以后将摄像机和场景视图设置为透视的（Perspective）即可。

1.13 总结

本章的主题是“初识 Unity”。我们从 Unity 的安装开始，初步介绍了 Unity 的主要组成部分，包括场景视图窗口、工程窗口、检视窗口等几大窗口。其中场景视图窗口的基本使用方法是学习的重点。相信学完本章之后，读者已经安装好 Unity 引擎，并且开始熟悉它了。

本章的最后补充了一个搭建简单场景的例子，这个例子本身用到的知识点不多，但是作者希望能通过一个非常简单的例子让读者养成动手实践的习惯。书籍作为静态的印刷品，很难平衡知识点的完备性和易于实践这两点。希望读者能自己平衡好阅读、查询资料、动手实践等方面，更好地使用本书。

第 2 章　开始 Unity 游戏开发

Unity 让游戏开发变得简单。使用 Unity 时，不需要你有多年的技术积累，也不需要你有任何艺术方面的技能，只需要学习和掌握一些基本的概念和工作流程，就可以使用 Unity 开发游戏了。当然，学习的过程少不了实践和练习，要想用好 Unity，需要花费时间对引擎功能和相关技术有深入的理解。而 Unity 作为一种游戏引擎，很多功能的使用还是离不开编写脚本的，所以本章也会介绍脚本开发的相关内容。

学习 Unity 最大的好处是，不需要等完全学会了所有功能以后再尝试开发自己的游戏。你完全可以在掌握了最基本的概念和使用方法之后，就试着制作自己的游戏原型。刚开始你的原型可能会比较简陋，但随着学习的进展，你会发现游戏的功能和效果会越来越丰富，可以解决的问题也越来越多。通过这种方式，你会发现学习 Unity 是一件非常自然的事情，随着时间的推移和经验的积累，你的开发技术也会越来越成熟。

在第 1 章里，我们学习了 Unity 的基础操作，对引擎界面有了大致的了解。本章开始我们正式学习 Unity 游戏开发，本章将从解释 Unity 的核心概念开始，逐步介绍游戏开发中必然用到的知识和基本操作，同时还会适时讲解脚本的基础知识。

本章作为整本书的核心，建议在学习时一边阅读，一边练习。读者只要理解好本章，就可以在较短时间内学会 Unity 的大部分使用方法，实现事半功倍的效果。

2.1 场景

2.1.1　场景的概念

场景包含了游戏环境、角色和 UI 元素。可以将每个场景看作一个独立的关卡。在每个场景中，都可以放置环境、障碍物和装饰（比如花、草、树木），在设计游戏时，可以将游戏划分为多个场景来分别实现。

下图是一个新建的空白场景，默认带有一个主摄像机（Main Camera）和一个方向光源（Directional Light）。

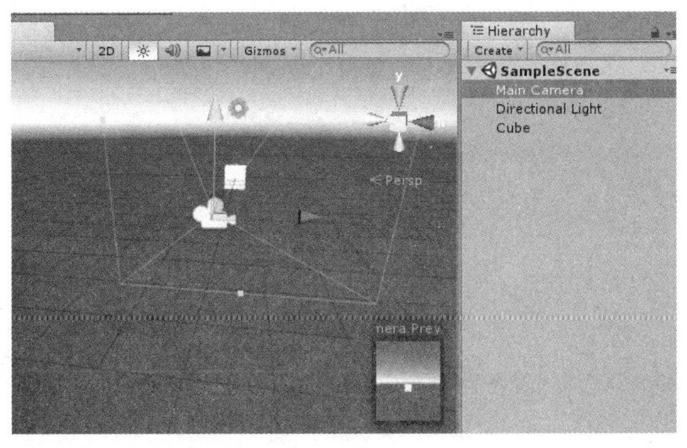

在创建新的 Unity 工程时，默认场景视图已经打开了一个新的场景，这个场景没有名称，也没有保存。

2.1.2 保存场景

若要保存当前制作的场景，在主菜单中选择 File > Save Scene，或者按下 Ctrl+S 组合键即可（在 macOS 系统下为 Cmd+S 组合键）。

Unity 的场景会以.unity 的后缀保存在 Assets 文件夹内，所以，你也可以在工程窗口中看到保存的场景文件。

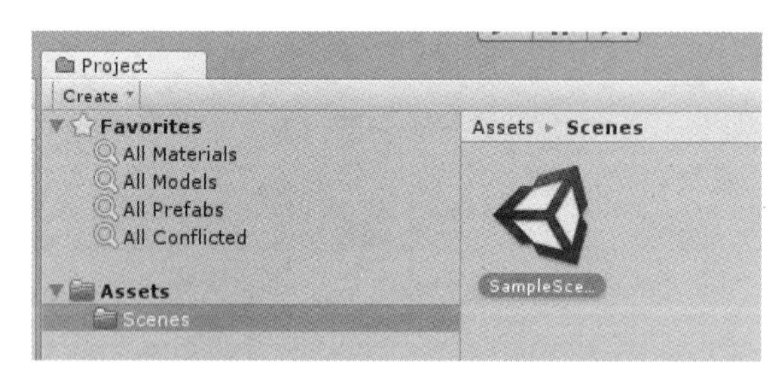

2.1.3 打开场景

我们在 Unity 中做的操作总是属于某个场景的，所以需要先新建一个场景，或者打开一个已有的场景。要打开一个场景，用鼠标左键双击工程窗口中的场景文件即可。如果当前场景还未保存，Unity 会弹出提示窗口。

2.2 游戏物体

游戏物体是 Unity 中最基本的元素之一。

游戏物体本身并不直接实现具体的功能，它们的核心功能是作为组件（Component）的容器。也就是说，游戏物体包含一个或多个组件，由组件完成具体的功能。

例如，要制作一个光源，就创建一个带有灯光（Light）组件的物体，下图是一个典型的光源，带有一个灯光组件。

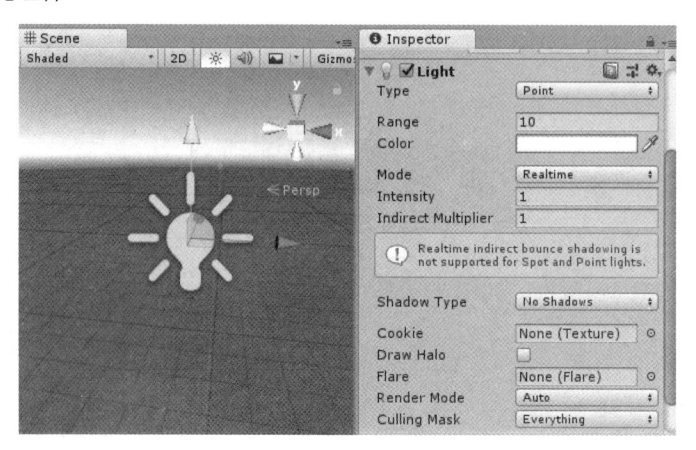

再举个例子，一个方块实体包含一个网格过滤器（Mesh Filter）组件和一个网格渲染器（Mesh Renderer）组件，这两个组件一起实现了方块的外形。另外，方块还包含一个盒子碰撞体（Box Collider），以实现方块在物理层面上的体积和外形。

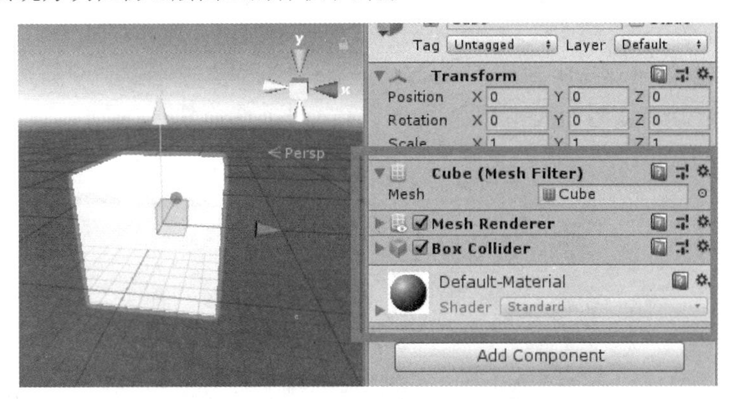

每个游戏物体总是有一个变换（Transform）组件，变换组件表示了物体的位置、旋转、缩放信息，所以 Unity 规定所有的游戏物体都必须包含变换组件且不可删除。变换组件与物体的父子关系有紧密的联系。

变换组件必须有且只能有一个。

其他组件通常都可以添加或删除，可以在编辑器中操作，也可以在游戏运行中通过脚本随时修改。有一些常用的基本游戏物体已经配置好了相关组件，比如方块、球体等。

以上就是游戏物体最基本的概念。之后我们还会继续介绍游戏物体的一些细节问题，另外，用脚本操作游戏物体也是重点内容。

2.3 组件

一个游戏物体可以包含多个组件。

之前说到过，变换组件是最基本、最重要的一种组件，它与游戏物体一一对应。

创建一个新的游戏物体，就可以在检视窗口中查看它的变换组件，如下图所示。

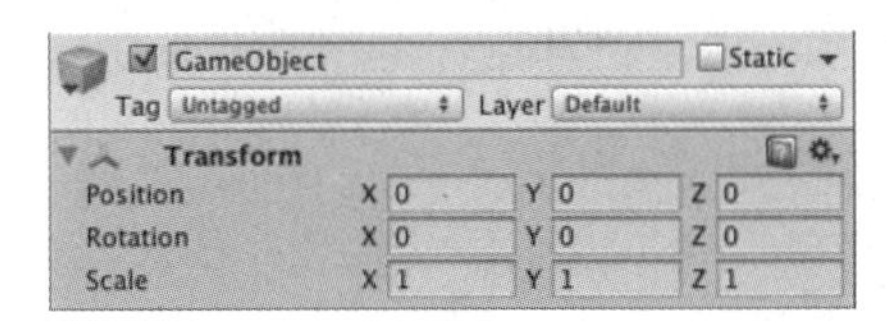

从上图中可以看到，最简单的空白游戏物体具有名称（上图中为 GameObject）、标签（Tag，上图中为 Untagged）、层级（Layer，上图中为 Default），以及变换组件（Transform）。

2.3.1　变换组件

不可能创建一个不带有变换组件的物体，变换组件定义了物体在游戏世界中的位置、旋转角度以及缩放比例。

另外，变换组件实现了游戏物体的父子关系功能，父子关系也是使用 Unity 的重点，在之后会详细介绍。

2.3.2 其他组件

游戏物体还可以包含其他组件，每种组件具有不同的功能，可以在使用中慢慢学习。某些类型的组件和变换组件一样，每个物体只能有一个，而另一些组件可以同时包含多个。

比如，选中默认的游戏物体 Main Camera，可以在检视窗口中看到以下详情：新建的场景默认有一个游戏物体——Main Camera，它已经预先添加了多个组件。

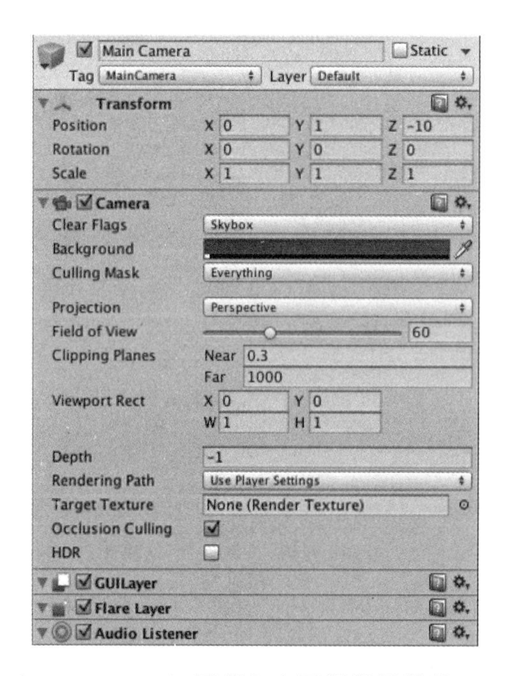

可以看到，主摄像机（Main Camera）已经包含了摄像机组件（Camera）、用户界面层组件（GUILayer）、耀斑层组件（Flare Layer）以及音频侦听器组件（Audio Listener）。以上每种组件都实现一种特定的功能，它们共同实现了一个完整的主摄像机功能。

还有一些其他常用组件，比如刚体组件（Rigidbody）、碰撞体组件（Collider）、粒子系统组件（Particle System）以及音频组件（Audio），可以试着将它们添加到游戏物体上。

2.4 使用组件

组件是实现具体游戏功能的基石，多个组件共同发挥作用，组成了具有特定功能的游戏物体。将本节内容与之前关于游戏物体的介绍联系在一起，就可以更好地理解游戏物体与组件的关系。

从功能角度看，游戏物体只是一个容器（可以类比为现实中的容器，如锅、碗、盆子）。容器本身在功能性上讲是空白的，只有当容器内装载了具有具体功能的实体时，才具有了具体的功能，这种功能性的实体就是组件。所有的游戏物体默认至少具有变换组件，因为物体至少要具有位置和方向信息。

在讲解每一个概念时，读者都可以随时查看检视窗口，为物体添加、删除或修改组件。

2.4.1　添加组件

选中一个游戏物体（比如一个方块或者球体），在检视窗口中单击 Add Component 按钮，之后选择 Physics > Rigidbody，就为这个物体添加了刚体组件。这时你播放游戏，就会发现在游戏运行时，这个物体的 *Y* 坐标一直在减小。这是因为刚体组件是一种物理组件，默认会受到重力影响，所以物体由于受重力影响而下落。

另外，从这个例子中也可以体会到在游戏停止或运行时，选中和查看物体的方法是类似的，但是在游戏运行时，参数会有动态的变化。下图是一个添加了刚体组件的游戏物体。

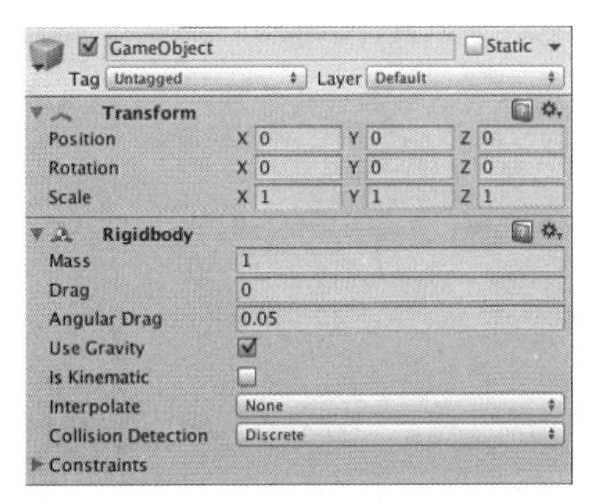

刚才在添加组件时，我们还看到了一个选择组件的菜单，可以称其为组件浏览器，如下图所示。

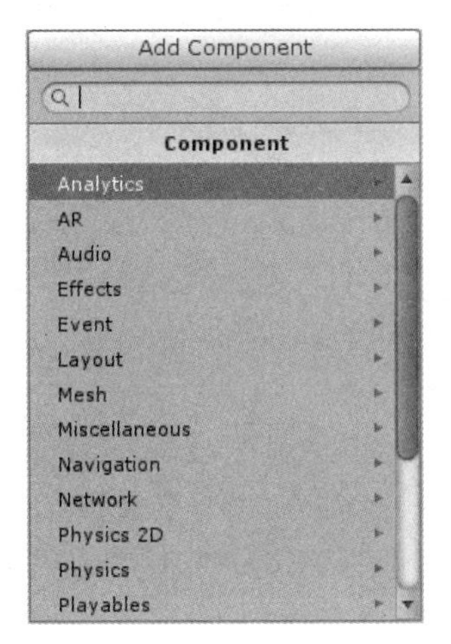

利用组件浏览器，我们可以分组查看所有组件的名称。此外，为了加快操作效率，组件浏览器还具有一个内置的搜索框，在你知道组件的大概名称时，就可以直接搜索组件名称的任何一部分以快速查找到该组件。

理论上，一个游戏物体可以挂载任意数量的组件，特别是某些组件往往需要和别的组件配合才能发挥作用，比如刚体组件要想模拟一个现实世界中的物体，往往就需要配合碰撞体组件，因为现实中的物体都具有一个物理外形。刚体组件内部利用了 NVIDIA PhysX 物理引擎来计算并更新物体的变换组件的信息（也就是位置、旋转和缩放），碰撞体组件赋予了这个物体与别的物体发生碰撞的能力。

本书其他章节中往往会针对某些刚体组件进行展开并详细介绍。也就是说，Unity 许多复杂功能的实现，背后实际上是由某几个特定的组件来支持的。

2.4.2 编辑组件

组件的编辑十分便捷，这是它的优点之一。组件的主要参数都会很明确地显示到检视窗口中，可以随时编辑（甚至可以在游戏运行时编辑，虽然这样做不会保存）。此外，在游戏运行时，由脚本来动态修改组件的参数，是脚本发挥作用的重要途径。比如，在游戏运行时，脚本一直慢慢增加变换组件在 X 轴的位置的值，你就会发现物体在慢慢地移动。

有两种基本的属性类型：值属性和引用属性。

下面是音源（Audio Source）组件的截图，图中是音源组件默认的设置。

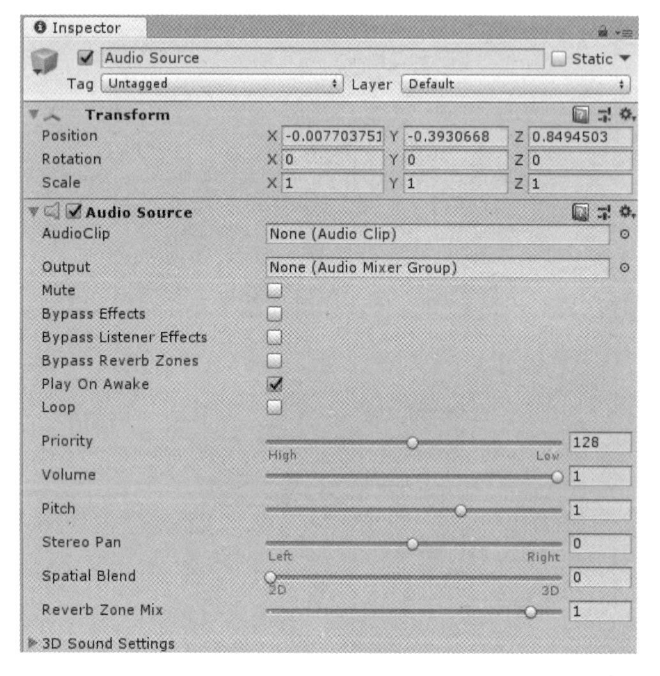

这个组件包含两个引用属性——音频剪辑（AudioClip）和输出（Output），其他能够看到的属性都是值属性。音频剪辑可以引用一个文件，当声音开始播放时，这个组件会尝试播放音频剪辑属性中所指定的文件。如果没有指定或在运行时没有正确找到该剪辑，就会发生错误。想要正确引用某个音频文件，只需要用拖曳的方式将音频文件拖到音频剪辑的编辑框中即可。也可以单击右边的圆形小按钮，用对象选择器来指定具体文件，下图指定了引用的声音文件为 0intro_0。

引用属性所引用的参数类型，根据属性本身的类型有所不同，可能性有很多，比如引用组件、游戏物体、某种素材文件。

该组件其他的属性都是值类型的属性。值类型的属性很简单，就是该属性由具体的数值（一个或多个具体的值）指定，这个数值直接在界面上调节或选择即可。值类型可以是勾选的（代表是或否，即布尔类型）、数值型的、下拉列表的（从多个选项中选择一个），也可以通过输入文本、颜色、曲线或其他方式来指定。

2.4.3　组件选项菜单

用鼠标右键单击组件名称处，就打开了组件常用菜单，里面有几项常用的命令，如下图所示。

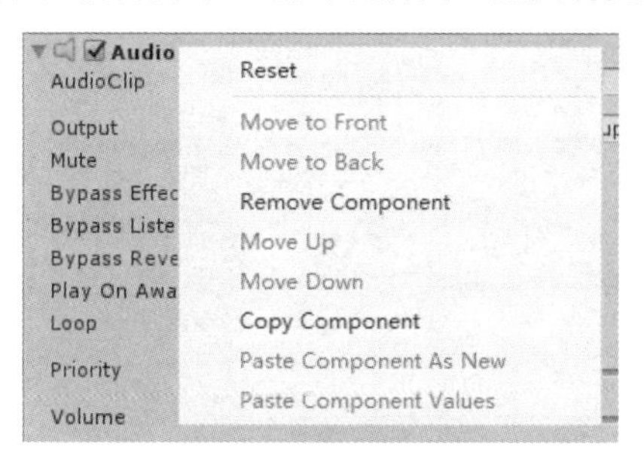

在组件右上角的齿轮图标处，也可以打开同样的菜单。

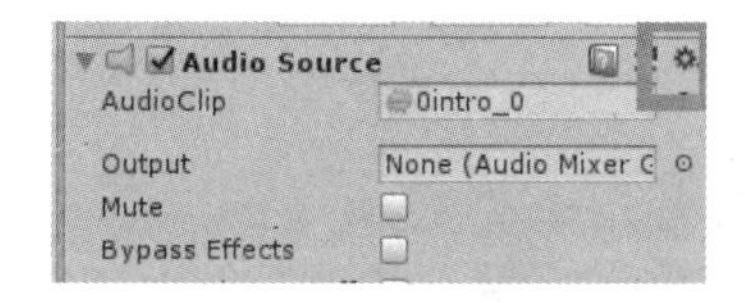

1. 复位（Reset）

将组件参数设置还原为默认的，也就是新添加组件时的默认值。

2. 删除组件（Remove Component）

从游戏物体上删除这个组件。值得一提的是，某些组件之间具有依赖关系，比如物理关节组件（Joint）要求必须有刚体组件才能工作，当删除被依赖的组件时，会弹出警告。

3. 上移/下移（Move Up/down）

将组件向上或向下移动。这个功能不仅仅影响界面上的外观，也会影响组件挂载的顺序，这个顺序在某些情况下对运行结果有影响。

4. 复制/粘贴组件（Copy/Paste Component）

复制组件会将组件当前的参数暂存下来。之后有两种粘贴方式：一种是粘贴为一个新的组件，即新建并粘贴参数（Paste Component As New）；另一种是将这些参数粘贴到另一个同类型的组件上，而不新建组件（Paste Component Values）。

2.4.4　测试组件参数

当游戏进入运行模式后，依然可以随意修改组件的参数。例如，开发游戏时需要反复测试并调整跳跃的高度。如果在某个脚本组件中有一个公开的跳跃参数，那么就可以直接运行游戏，一边测试跳跃，一边修改参数的值。在游戏运行中，你可以反复修改这个参数以最终确定合适的值。

注意：在得到合适的值以后，一旦退出播放模式，所有的参数就会重置到播放之前的状态，这个设计的好处是如果你在播放模式下改乱了多个参数，停止运行就会回到最初的状态。当然，反过来说，这要求我们在找到合适的参数以后，务必记录参数或者复制参数的值，在停止运行以后，再修改为记录的值。

在运行模式下实时修改参数并测试是一个非常强大的功能，不仅多年以前的游戏引擎不具备这种特性，甚至今天的某些游戏引擎也没有实现这一功能。

2.5 最基本的组件——变换组件

变换组件决定了物体的位置、朝向和放缩比例。每个游戏物体必定有且只有一个变换组件。

Transform			
Position	X -0.007703751	Y -0.3930668	Z 0.8494503
Rotation	X 0	Y 0	Z 0
Scale	X 1	Y 1	Z 1

2.5.1 属性列表

属　性	功　能
Position	位置，以 *X*、*Y*、*Z* 的方式表示的物体坐标
Rotation	旋转（朝向），是以绕 *X* 轴、*Y* 轴、*Z* 轴旋转的角度表示的，这种旋转的表示方式也被称为欧拉角
Scale	缩放，表示物体沿 *X* 轴、*Y* 轴、*Z* 轴的缩放比例，1 表示原始比例，0.1 表示缩小为原来的 10%，10 表示放大 10 倍。这个值甚至允许是负数，代表沿着该轴翻转

以上三个属性（位置、旋转和缩放）指的都是相对父物体的位置，而不一定是世界坐标系中的位置。当一个物体没有父物体时，它的局部坐标系与世界坐标系是一致的。

2.5.2 编辑变换组件

在 3D 空间中，变换组件具有 *X* 轴、*Y* 轴、*Z* 轴三个轴的参数，而 2D 空间中只有 *X* 轴和 *Y* 轴的参数。在 Unity 中约定 *X* 轴、*Y* 轴、*Z* 轴分别以红色、绿色和蓝色表示，无论表示旋转还是表示位置，都尽可能用同样的颜色来展示，用户在熟悉之后就会觉得很方便。下面为移动物体时的图示，三个轴的颜色为红色、绿色、蓝色。

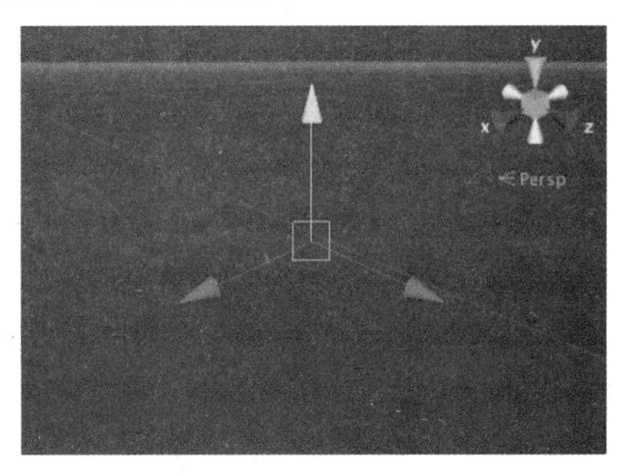

修改物体位置、旋转、缩放的操作，实际上就是修改变换组件的参数。具体的操作方法可以参考第 1 章，里面已详细讲解。

2.5.3 父子关系

父子关系是 Unity 中重要的基本概念之一。当一个物体是另一个物体的父物体时，子物体会严格地随着父物体一起移动、旋转、缩放。可以将父子关系理解为你的手臂与身体的关系，当身体移动时，手臂也一定会跟着一起移动，且手臂还可以有自己下一级的子物体，比如手掌就是手臂的子物体、手指是手掌的子物体等。任何物体都可以有多个子物体，但是每个物体都只能有一个父物体。这种父子关系组成一个树状的层级结构，最基层的那个物体是唯一不具有父物体的物体，它被称为根节点。

由于物体的移动、旋转、缩放与父子关系密切相关，所以在 Unity 中，游戏物体的层级结构完全可以理解为变换组件的层级结构。由于游戏物体和变换组件是一一对应的，所以这两种理解方式是等价的，在后面学习编写脚本时，你会发现父子关系的操作在脚本中确实是在变换组件上进行的。

第 1 章中曾介绍过，可以在层级窗口中将一个物体拖曳到另一个物体上创建父子关系，下图是父子关系的例子。

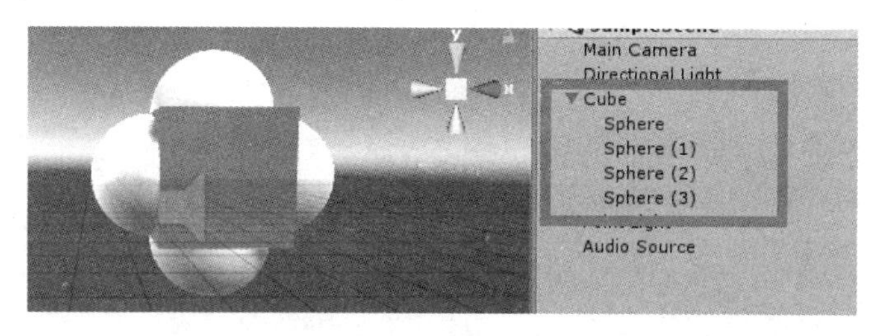

子物体的变换组件的参数其实是相对父物体的值，再次考虑之前身体和手臂的例子，无论身体如何移动，手臂和身体的连接处是固定不变的。

在处理不同的问题时，有时使用局部坐标系更方便，而有时使用世界坐标系更方便。

例如，在搭建场景时，我们更喜欢使用局部坐标系，比如移动一个房屋时，屋子里所有的东西都会跟着一起移动；而在编写游戏逻辑时，更多的时候需要获得物体在空间中的实际位置，比如，我们要将摄像机对准人物的眼睛，这时候眼睛和人物的相对坐标就没有太大价值，而应当让摄像机对准眼睛在世界坐标系中的位置。所以，在脚本系统中，变换组件的大部分操作都提供了两类操作方式，分别是世界坐标系的和局部坐标系的，我们可以根据需求进行使用。

2.5.4 非等比缩放的问题

非等比缩放即变换组件的 *X* 轴、*Y* 轴、*Z* 轴的缩放值不相等，比如分别是 2、4、1 的情况。非等比缩放在某些情景下也是有用的，但是它会带来一些奇怪的问题，这些问题在等比缩放时不会遇到，所以这里要特别说明一下。

某些组件不完全支持非等比缩放，也就是说，在非等比缩放的情况下可能会出现意想不到的结果。例如，碰撞体、角色控制器这些组件，具有一个球体或者胶囊体的外壳，这些外壳的大小是通过一个半径参数指定的，灯光、音源也有类似的情况。在物体或者父物体被拉伸或压扁的时候，这些组件的球体范围并不会跟着压扁成椭球体，它们实际上仍然是球体或胶囊体。所以当物体中具有这类组件时，由于组件形状和物体形状不一致，可能会导致穿透模型被意外阻挡等情况发生。这些问题不致命，但是会引起奇怪的 bug。

之前说过，子物体的旋转、缩放、位移会严格跟着父物体变化，但在父物体进行非等比缩放时，这会带来一个很麻烦的问题。当父物体沿 *X* 轴和 *Z* 轴的缩放不一样时，子物体同样也会被拉伸，这时如果旋转父物体，那么子物体的缩放与旋转参数就会难以计算。由于性能原因，这种情况下 Unity 引擎不会立即更新子物体的实际缩放情况，所以这时可能会导致子物体信息没有及时改变，而在稍后又突然发生变化。这种情况在编写脚本时会更容易察觉到，就好像是子物体脱离了父物体一样。

2.5.5 关于缩放和物体大小的问题

变换组件的缩放参数决定了 Unity 场景中模型的大小相对原始模型的大小的倍数。在 Unity 中，物体的大小非常重要，特别是在物理系统中，物体的大小是至关重要的。默认情况下，物理引擎规定所有场景中的单位都对应国际标准单位，比如空间中的 1 个单位就代表 1 米。如果一个物体的模型非常巨大，那么它的运动就显得非常缓慢，这在物理上是非常严谨的。举个例子，一个半米高的大楼模型，模型顶部的零件掉落到模型底部，只需要一瞬间；而一个真正的摩天大楼，楼顶上的一个石块掉落到底部可能需要数秒时间。将这个原理放在 Unity 中，就可以明白为什么比例特别大的物体在物理运动中会显得非常缓慢。

有三个因素会影响物体的实际大小。

1. 在三维软件中制作的模型的大小（一般三维软件导出模型文件时可以设置比例）。
2. 在导入模型时，可以设置模型的大小。详见讨论导入资源的章节。
3. 变换组件的缩放参数。

从理论上说，为了减少潜在的问题，不应当通过调节变换组件的缩放参数来调整模型的大小。最佳方案是在制作模型、导出模型时，就选择符合真实比例的大小，这样在后续工作中更方便，更不容易带来麻烦。次一等的方案是在导入模型时，可以在导入设置中改变模型的比例。在改变模型比例时，引擎会根据模型大小做特定的优化，且在创建一个改变了比例的模型到场景中时，由于引擎会自动调整模型，所以会带来性能上的影响。

2.5.6 变换组件的其他注意事项

- 当为一个物体添加子物体时，可以考虑先将父物体的位置设置为原点，这样子物体的局部坐标系就和世界坐标系重合，方便我们指定子物体的准确位置。
- 粒子系统不会受变换组件的缩放系数的影响。要改变一个粒子的整体比例，还是需要在粒子系统中适当改变相关参数。
- 在讲解物理系统的刚体组件的相关章节中，会提到刚体组件与缩放系数的问题。该问题在 Unity 官方文档中有更详细的描述，可以在 Unity 官网文档的刚体组件相关页面中查找。
- 本书中有一些描述编辑器中的颜色的地方，比如坐标轴的默认颜色为红色、绿色、蓝色。这些颜色均可以在选项中修改。一般不推荐修改默认颜色，因为默认颜色是统一的，比较方便开发者之间互相交流。但是如果你的场景颜色比较特别，导致默认颜色看不清楚，也可以考虑修改默认的颜色。
- 修改物体缩放比例时不仅会直接影响子物体的比例，还会影响子物体的实际位置（因为要保证相对位置不变）。

2.6 脚本与组件操作

本节将介绍创建并编写一个脚本，用脚本调用 Unity 提供的功能，并将脚本作为组件挂载到游戏物体上发挥作用。

当我们将创建的脚本文件挂载到游戏物体上面时，脚本组件就会出现在检视窗口中，和内置组件完全一样。Unity 就是以这种组件化的方式来扩展多种功能的。

从技术角度说，每一个新的脚本都定义了一种新的组件类型，而不是说所有的脚本都是同一种类型的组件。所以，每添加一个新的脚本都像是为 Unity 定制了一种新的组件。脚本中的公共成员也会显示在编辑器中，就像其他内置组件一样可以方便地修改。

2.6.1 创建和使用脚本

游戏物体的实际功能是由组件实现的。虽然 Unity 的内置组件已经能完成各种各样的功能，但是在开发游戏时，你很快就会发现还是需要自己定制和游戏相关的具体功能。Unity 扩展新的功能性组件的主要方法就是依靠脚本。脚本可以用来处理游戏事件、修改组件属性或是接受输入等，可以实现所有必要的功能。

在 Unity 2017 以后的版本中，官方推荐使用的脚本语言为 C#。Unity 的历史版本中支持过 UnityScript，但是，由于用户较少，不再推荐使用。

除 C#以外，.Net 平台支持的语言（如 F#、C++ CLI、VB.net 等）都可以编译为通用的 DLL 库。关于.Net 的详细讨论超出了本书的范围，这里不再详述。

接下来逐步讲解脚本的相关知识。

脚本文件通常在 Unity 编辑器中直接创建即可。通常可以在工程窗口的某个目录中操作，在右键菜单中选择 Craete > C# Script 即可。

之后要为新建的文件指定名称，这个初始名称非常重要，但常常被初学者忽略而带来问题。

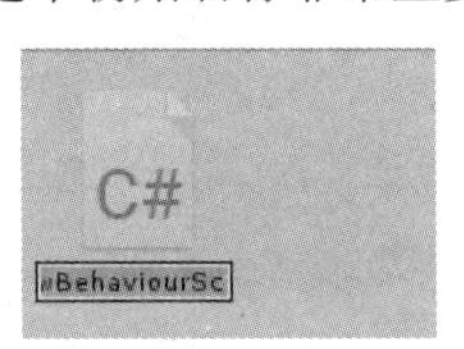

因为 Unity 规定脚本中的类名称必须与文件名完全一致，例如，如果脚本名称为 Wall.cs，那么在脚本内容中就必须写着 class Wall，大小写也要完全一致才可以，否则 Unity 就不允许将这个脚本挂载到游戏物体上。也就是说，如果修改了脚本文件名，那么类名称也要跟着改变。

2.6.2 初识脚本

双击脚本文件，就会弹出 MonoDevelop 编辑器或者 Visual Studio 开发环境（在第 1 章安装 Unity 时安装的 VS2017 社区版），建议使用 VS 开发环境。可以随时在 Edit > Preferences 中修改默认的脚本编辑器。

新建的脚本内容如下：

```
using UnityEngine;
using System.Collections;

public class MainPlayer : MonoBehaviour {

    void Start () {
    }

    void Update () {
    }
}
```

自定义的脚本组件会和 Unity 引擎进行密切地交互，Unity 规定脚本中必须包含一个类，且该类继承了 Unity 内置的 MonoBehaviour 类。只有符合这个规范的脚本才会被看作是一个组件，且可以被挂载到游戏物体上。当你挂载脚本到物体上时，实际上是创建了该脚本类的实例。此外，前面说过，脚本文件的名称也必须和类的名称一致，例如，对上面的脚本来说，文件名也必须是 MainPlayer.cs，这样的脚本才能成为合法的组件。

接下来是两个重点——脚本中定义的两个函数：Update 函数和 Start 函数。

Update 函数会在每一帧被调用，所以 Update 函数可以用来实现用户输入、角色移动和角色行动等功能，基本上大部分游戏逻辑都离不开 Update 函数。Unity 提供了非常多的基本方法来读取输入、查找某个游戏物体、查找组件、修改组件信息等，这些方法都可以在 Update 函数中使用，用来完成实际的游戏功能。

Start 函数在物体刚刚被创建时调用，也就是说，在第一个 Update 之前，只调用一次。Start 函数适合用来做一些初始化工作。

对有经验的程序编写者来说，要注意脚本组件通常不使用构造函数来做初始化，因为构造函数可控制性较差，会导致调用时机和预想的不一致。所以最好的方式是遵循 Unity 的设计惯例。

2.6.3 用脚本控制游戏物体

要让脚本被调用执行，就一定要将它挂载到物体上。要挂载脚本到某个物体上，只需要选中某个游戏物体，然后将脚本文件拖曳到检视窗口下方的空白区域即可。成功的话可以看到新添加了一个名称和类名一致的组件，新组件和其他组件非常相似。

挂载好之后，单击运行游戏的按钮，游戏开始执行，脚本函数也会被调用。要检查脚本是否

运行，可以修改 Start 函数如下。

```
void Start () {
    Debug.Log("我是主角。");
}
```

Debug.Log 是我们学的第一个简单命令，它的效果是打印一段信息到 Unity 的控制台窗口。如果在修改脚本后运行游戏，就可以在控制台窗口看到“我是主角。”的信息。如果找不到控制台窗口，可以通过主菜单的 Window > Console 选项打开控制台菜单。

2.6.4　变量与检视窗口

上面说到，自定义脚本就是定义了一种新的组件。内置的组件往往有很多参数可以调整，其实脚本也可以在编辑器中修改参数，关键是使用公共变量，如下面的脚本所示。

```
using UnityEngine;
using System.Collections;

public class MainPlayer : MonoBehaviour {
    public string myName;

    void Start () {
        Debug.Log("我是主角，名字叫作" + myName);
    }

    void Update () {
    }
}
```

以上脚本定义了一个公共变量 myName，于是在检视窗口的脚本组件上可以看到多了一个可编辑参数 My Name。

可以发现，从变量名称到参数名称有一种简单的转换规则。变量名称以小写字母开头，下一个单词的开头字母要大写，在转换为参数时，Unity 会在两个单词之间加入空格，这样在编辑器中查看这个变量就非常清晰、标准了。给变量命名时务必要遵守这种规则，这样才能编写出好用、易懂的脚本。

加入 myName 变量以后，在编辑器中将 My Name 修改为不同的值，就可以在游戏运行之后看到不同的打印信息。

Unity 甚至可以让你在游戏运行过程中修改变量的值。这种方法对于调试参数、查看参数对游戏的影响非常有用，且不需要反复停止和启动游戏。但是和其他参数一样，游戏停止运行时一切参数都会回到开始运行之前的值。

2.6.5 通过组件控制游戏物体

虽然在检视窗口中可以随时修改组件的参数，但在脚本中修改组件的参数更为普遍。因为脚本可以自动化运行，所以可以实现持续地修改参数的值，比如，可以每帧都改变一点变换组件的坐标位置，这样就能让物体“连续”移动起来。

绝大部分组件参数都可以在脚本或编辑器中修改，例如，刚体的质量、渲染器的材质，包括组件的开启或关闭都可以被控制。通过巧妙设计逻辑条件，我们可以通过这些基本组件操作实现复杂的游戏机制。

2.6.5.1 访问组件

最简单也最常用的一个情景是在脚本中访问同一个游戏物体上的某个组件。上面说过，游戏物体上挂载的组件就是一个组件实例（Component Instance）或者叫作组件对象（Component Object）。所以我们要做的就是获取另一个组件的实例。内置的 GetComponent 函数专门用来实现这个功能。通常把获得的组件保存到一个变量中，如下面所示。

```
void Start () {
    // 刚体组件
    Rigidbody rb = GetComponent<Rigidbody>();
}
```

这样 rb 就是该物体上的刚体组件的引用变量，只要是刚体组件支持的操作，都可以在脚本中任意使用。

```
void Start () {
    Rigidbody rb = GetComponent<Rigidbody>();

    // 改变刚体的质量为 10 千克
    rb.mass = 10f;
}
```

另一个可用的操作是给刚体施加一个力，只需要调用 Rigidbody 的 AddForce 方法即可。

```
void Start () {
    Rigidbody rb = GetComponent<Rigidbody>();

    // 施加一个向上的力，大小为 10 牛顿
    rb.AddForce(Vector3.up * 10f);
}
```

对于一个物体上能挂多少个脚本，并没有任何限制，只要有必要，可以挂上多个脚本分别完成一项功能。

注意： 脚本组件也是组件，所以也可以用 GetComponent 获得。要获得脚本组件，组件名就是脚本的类名，例如，对于脚本 MainPlayer.cs，类名为 MainPlayer，那么通过 GetComponent<MainPlayer>() 即可获得这个组件。

尝试获取一个不存在的组件，函数会返回 null（空引用），如果去操作，null 就会引发运行异常。

2.6.6　访问其他游戏物体

在实际的游戏开发中，一个脚本不仅会对当前挂载的物体进行操作，还可能会引用其他物体。例如，正在追逐玩家角色的敌人角色会一直保留着对玩家角色的引用，以便随时确定玩家角色的位置。访问其他游戏物体的方法非常多，使用非常灵活，可以根据不同的情况采用不同的方式。（只要涉及编程，解决问题的方法就总是多样的。）

2.6.6.1　用变量引用游戏物体

Unity 中获得其他物体最简单、最直接的方式就是为脚本添加一个 public GameObject 变量，不需要设置初始值，代码如下。

```
public class Enemy : MonoBehaviour {
    public GameObject player;

    // ……
}
```

player 变量会显示在检视窗口中，默认值为空，如下图所示。

现在将任何物体或预制体拖曳到 player 变量的文本框中，就为 player 变量赋予了初始值。之后在脚本中就可以随意使用 Player 这个游戏物体，如下所示。

```
public class Enemy : MonoBehaviour {
    public GameObject player;

    void Start() {
        // 读取 player 的位置，并设置本物体的位置在它后方
        transform.position = player.transform.position - Vector3.forward * 10f;
    }
}
```

另外，上面说的引用其他物体时，变量类型不仅可以是 GameObject 或一个组件，也可以将游戏物体拖到这个变量上，只要被拖曳的物体确实具有这个组件就可以。

```
public Transform playerTransform;
```

Unity 的组件机制用面向对象的方式理解会有一些困难，这里解释一下。简单地说，可以用任何一个组件来指代游戏物体本身。这是因为组件实体具有“被游戏物体挂载”这样的性质，所以通过一个游戏物体可以获得它上面的任何一个组件，通过任何一个组件也可以获得挂载该组件的游戏物体。这个对应关系是明确的，因此上面的变量类型可以是组件类型，也可以将游戏物体

直接拖曳上去。

用变量将物体联系起来的做法非常有用，特别是这种联系是持续存在、不易变化的。还可以用一个数组或者列表来保存多个游戏物体，别忘了在编辑器中为每个游戏物体都给定初始值。Unity 支持直接查看和修改列表的类型，如下图所示。

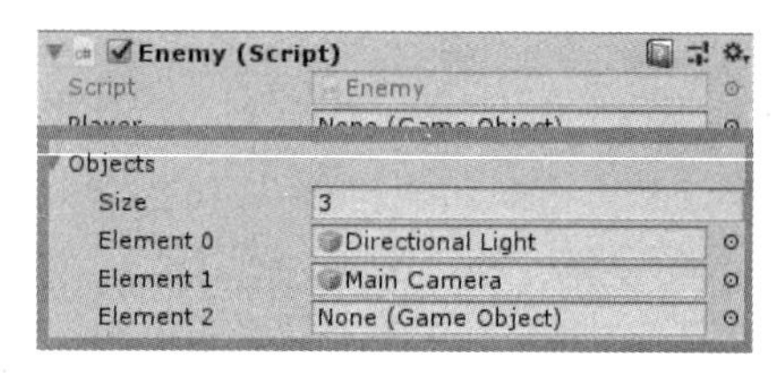

如果被引用的物体是游戏运行时才动态添加的，或者被引用的物体会随着游戏进行而变化，事先拖曳的方式就不可行了，需要动态指定物体，下面将详细说明。

2.6.6.2 查找子物体

有时需要管理一系列同类型的游戏物体，例如一批敌人、一批寻路点、多个障碍物等。如果这时候需要对这些物体进行统一的管理或操作，就需要在脚本中用数组或者容器来管理它们（比如用来指引角色移动的一批路点，就需要统一管理，按顺序指引角色行动）。使用前文所述的方法，可以一个一个地将每个物体拖动到检视窗口中，但是这样做不仅低效，而且容易误操作，在物体增加、减少时还需要再次手动操作。所以，在这种情况下手动指定物体引用是不合适的，可以用查找子物体的方法来遍历所有子物体。在具体实现时，要用父物体的变换组件来查找子物体（物体的父子关系访问的属性都在变换组件中，而不在 GameObject 对象中）。以下是遍历所有子物体的例子。

```
using UnityEngine;

public class WaypointManager : MonoBehaviour {
    public Transform[] waypoints;

    void Start() {
        waypoints = new Transform[transform.childCount];
        int i = 0;
        // 用 foreach 循环访问所有子物体
        foreach (Transform t in transform) {
            waypoints[i++] = t;
        }
    }
}
```

同样可以使用 transform.Find 方法指定查找某一个子物体，代码如下。

```
transform.Find("Gun");
```

在实践中，这种管理子物体的方式非常有用。由于 Find 函数的效率不好估计，可能会遍历所有物体才能查找到指定物体，所以如果可以在 Start 函数中使用，就不要在 Update 函数中使用，毕竟 Start 函数只会被执行一次，而 Update 函数每帧都会执行。

2.6.6.3 通过标签或名称查找物体

如果要查找的物体并非当前物体的子物体，那么也有办法在场景中查找某个特定的物体。查找物体当然需要特定的特征信息，如名字、标签等。使用 GameObject.Find 方法可以通过名称查找物体，代码如下。

```
GameObject player;

void Start() {
    player = GameObject.Find("MainHeroCharacter");
}
```

如果要用标签查找物体，那么就要用到 GameObject.FindWithTag 或 GameObject.FindGameObjectWithTag 方法，代码如下。

```
GameObject player;
GameObject[] enemies;

void Start() {
    player = GameObject.FindWithTag("Player");
    enemies = GameObject.FindGameObjectsWithTag("Enemy");
}
```

2.6.7　常用的事件函数

Unity 中的脚本组织不像传统的游戏循环，有一个持续进行的主循环并在循环体中处理游戏逻辑。相对的，Unity 会在特定的事件发生时，调用脚本中特定的函数，然后执行逻辑的任务就交给了该脚本函数，函数执行完毕后，执行的权力重新还给 Unity。这些特定的函数通常被称为事件函数，因为是在特定事件发生时由引擎层调用的。例如，我们已经看过的 Update 函数就是最常用的事件函数之一，它在每帧一开始渲染之前被调用；还有 Start 函数，它在某物体出现的第一帧之前被调用。另外还有更多的事件，每个事件都有特定的函数名称和参数。接下来介绍一些比较常用的、比较重要的事件。

2.6.7.1　基本更新事件

游戏的进行特别像动画片，是一帧一帧地进行，只不过对游戏来说未来的帧还没有画出来，需要在游戏进行的同时进行计算和准备。游戏中的一个基本概念是：在每一帧刚开始的时候（在渲染之前），对物体的位置、状态或行为进行计算，然后渲染（显示）出来。Update 函数就是最常用的用来完成这个功能的事件函数。Update 函数在每一帧刚刚开始时被调用。

```
void Update() {
    float distance = speed * Time.deltaTime * Input.GetAxis("Horizontal");
    transform.Translate(Vector3.right * distance);
}
```

物理引擎也会按照物理帧更新，机制和 Update 函数类似，但是更新的时机完全不同。物理更新的事件函数叫作 FixedUpdate，它在每一次物理更新时被调用。要认识到，物理更新的频率和时机与 Update 函数是相对独立的。尽可能在 FixedUpdate 函数中进行物理相关的操作，在 Update 函数中进行其他操作，只有选择正确的函数才能让游戏效果尽可能准确。

```
void FixedUpdate() {
    Vector3 force = transform.forward * driveForce * Input.GetAxis("Vertical");
    rigidbody.AddForce(force);
}
```

有时，不仅需要在每帧之前操作物体，还可能需要在所有的 Update 函数执行完毕之后再进行一些操作。我们有时需要获得物体在这一帧被执行以后的最新的位置。例如，摄像机需要追随物体的位置，那么就需要在物体移动之后再更新摄像机的位置；还有，当物体同时受脚本和动画影响时，我们需要在动画执行完毕后，再获得物体的位置。这时就要用到 LateUpdate 函数了，代码如下。

```
void LateUpdate() {
    // 在一帧的最后阶段，将摄像机转向玩家的角色的位置。这样摄像机的旋转会更流畅
    Camera.main.transform.LookAt(target.transform);
}
```

2.6.7.2 初始化事件

在物体第一帧执行之前，我们往往需要做一些初始化工作。Start 函数会在第一次 Update 和 FixedUpdate 之前、物体被加载（或创建）出来时被调用。

Awake 函数的调用时机会比 Start 函数更早，在场景加载时就会被调用。

注意：在 Start 函数被执行之前，所有物体的 Awake 函数都已经执行完毕了，所以在 Start 函数中可以进一步访问物体在 Awake 时被修改的属性，二者是按顺序执行的。

2.6.8 时间和帧率

Update 函数可以用来侦测输入或者检查其他事件，并做出相应的行为。例如，如果用户按住上键则角色向前移动。在编写时间相关的操作（比如移动）时，有一个很重要的问题：帧率与速度控制。要知道，游戏的帧率（也是 Update 函数被执行的频率）并不是一个固定的值，两次 Update 函数被执行的间隔时间也不是一个固定的值。如果按照帧数来考虑物体的移动，一开始可能会写出如下代码。

```
//C# script example
using UnityEngine;
using System.Collections;

public class ExampleScript : MonoBehaviour {
    public float distancePerFrame;

    void Update() {
        transform.Translate(0, 0, distancePerFrame);
    }
}
```

但是，由于每一帧所经历的时间并不是一个固定值，所以物体移动的速度将不会是稳定的。为什么帧率会不固定呢？主要是因为硬件负载的原因，引擎默认会按照每秒 60 帧运行游戏，但是当负载增大时，帧率可能会下降，无法达到 60 帧，这时可能就只有 30 帧，帧率降低了一半，每帧的时间增加了一倍。

如果每帧移动 0.01 米，帧率为 60 帧，那么每秒移动 0.6 米；如果帧率降低到 30 帧，每秒就只能移动 0.3 米，物体的运动由于帧率降低而变慢了。实践中一般不允许这种情况的发生，解决方案是将两帧之间的间隔 Time.deltaTime 考虑进去，代码如下。

```
using UnityEngine;

public class ExampleScript : MonoBehaviour {
```

```
    public float distancePerSecond;

    void Update() {
        transform.Translate(0, 0, distancePerSecond * Time.deltaTime);
    }
}
```

注意：通过乘以 Time.deltaTime 的运算，物体的移动不再以“每帧距离”为准，而变成了“每秒距离”。物体移动的距离将根据每帧时间的长短而变化，从而在时间上看起来移动是匀速的。

2.6.8.1　物理更新间隔

与主更新函数 Update 不同，Unity 的物理系统必须以固定的时间间隔工作，因为只有固定的时间间隔才能保证物理模拟的准确性。就算当前负载很高、帧率很低，Unity 也会尽可能保证物理刷新的频率，因为如果物理刷新帧率无法保证，就可能出现不可预料的计算结果。

在主菜单的工程选项的 TimeManager 中可以修改物理更新的时间间隔。在脚本中使用 Time.fixedDeltaTime 可以获得物理更新间隔。较小的物理更新间隔会带来更高的更新频率，更准确、更细腻的运算结果，但是也会极大地增加硬件负担。fixedDeltaTime 的默认值为 0.02，当对物理运算的准确性非常在意时，可以考虑适当减小这个值。

2.6.9　创建和销毁物体

除了个别游戏不会在运行中创建和销毁物体，大部分游戏都需要在游戏运行中实时生成角色、宝物、子弹等物体，或者是删除它们。Unity 提供的 Instantiate 函数专门用来创建一个新的物体，但是要提供一个预制体或者已经存在的游戏物体作为模板，代码如下。

```
public GameObject enemy;

void Start() {
    // 以 enemy 为模板，生成 5 个新的敌人
    for (int i = 0; i < 5; i++) {
        Instantiate(enemy);
    }
}
```

可以用已经存在的物体作为模板，更常见的方式是使用预制体作为模板。比如开枪时会用一颗子弹的预制体来创建更多的子弹。创建的物体将会具有和原物体一样的组件、参数。

另外，可以用 Destroy 函数来销毁游戏物体或者组件，例如，下面的代码会在导弹产生碰撞时销毁该导弹，第二个参数 0.5f 表示在 0.5 秒之后才执行销毁动作。

```
void OnCollisionEnter(Collision otherObj) {
    if (otherObj.gameObject.tag == "Missile") {
        Destroy(gameObject, 0.5f);
    }
}
```

注意：由于销毁游戏物体和销毁脚本都是使用 Destroy 函数，所以经常会出现误删除组件的情况，如以下代码。

```
Destroy(this);
```

由于 this 指代的是当前这个脚本实例，所以 Destroy(this)会从物体上删除脚本组件，而不是销毁物体。

2.6.10 使游戏物体或组件无效化

游戏物体可以被标记为不激活状态，这样就相当于临时从场景中删除了。可以使用脚本让物体无效化，或者取消勾选检视窗口最上方的激活复选框，让物体无效化，如下图所示。

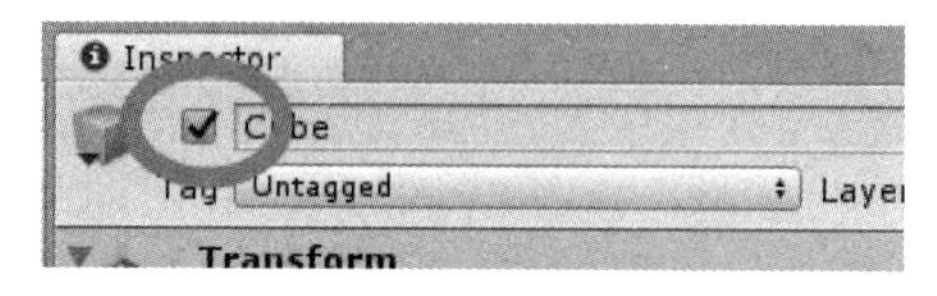

与游戏物体一样，每个组件也有一个是否激活的开关。

2.6.11 父物体无效化

当一个父物体被标记为不激活状态时，那么它会覆盖所有子物体的激活状态，这样以这个父物体为基础的整个分支都会变成不激活状态。注意，这个时候子物体的激活选项并没有变化，只要父物体被激活，子物体也会立即被重新激活。所以，不能通过在脚本中直接读取相关属性来判断物体是否被激活。相应的，Unity 提供了 activeInHierarchy 属性来进行判断，这个属性考虑到了父物体的影响，代码如下。

```
if (gameObject.activeInHierarchy)
{
    // ....
}
```

2.7 脚本组件的生命期

脚本不一定要继承 MonoBehavior，例如一个用于计算的 class、一个只是定义了简单的 struct 的脚本，都不需要继承 MonoBehavior。

但是如果脚本需要作为组件使用，能够被挂载到游戏物体上，且能够处理 Unity 的事件，那么这个脚本就必须继承 MonoBehavior，被 Unity 当作一个标准的组件对待。

MonoBehavior 有着严格的设计规则，它的事件触发具有明确的先后顺序，这个顺序和引擎的处理方式有关，Unity 官方资料明确解释了 MonoBehavior 生命期，如下图所示。

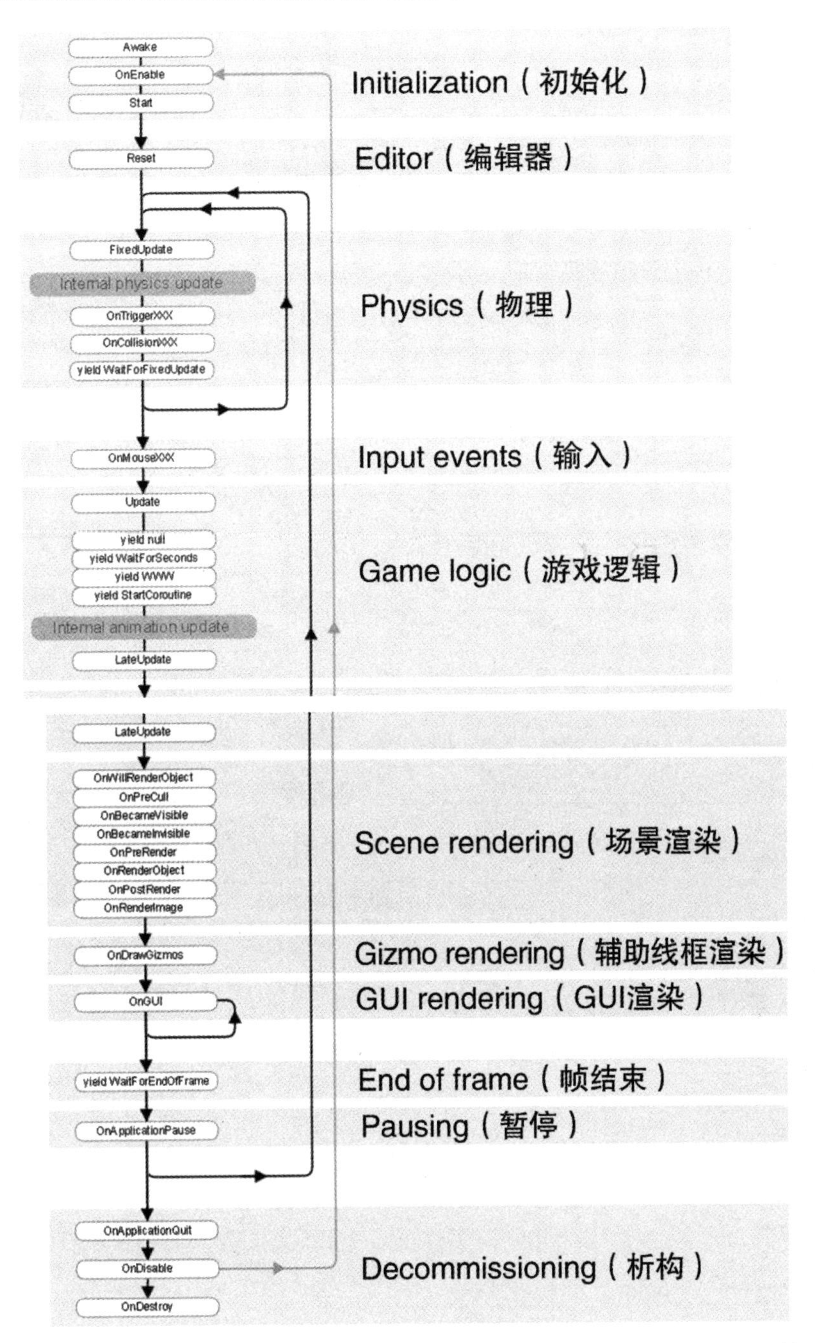

可以看到，除常见的 Start 和 Update 以外，还有众多事件可能会被用到，这里简单罗列一下。

事　件	说　明
Update	每一帧被调用，按帧执行的逻辑都放在这里
LateUpdate	每一帧游戏逻辑的最后，渲染之前被调用
FixedUpdate	固定更新，专门用于物理系统，因为物理更新的频率必须保证稳定性
Awake	当一个脚本实例被载入时调用
Start	在 Update 函数第一次被调用前调用

续表

事　件	说　明
Reset	重置为默认值时调用（在 Unity 编辑器中才有这种情况）
OnMouseEnter	当鼠标光标进入 GUI 元素或碰撞体中时调用
OnMouseOver	当鼠标光标悬浮在 GUI 元素或碰撞体上时调用
OnMouseExit	当鼠标光标移出 GUI 元素或碰撞体上时调用
OnMouseDown	当鼠标光标在 GUI 元素或碰撞体上单击时调用
OnMouseUp	当用户释放鼠标按钮时调用
OnMouseUpAsButton	只有当鼠标光标在同一个 GUI 元素或碰撞体时按下，在释放时调用
OnMouseDrag	当用户用鼠标拖曳 GUI 元素或碰撞体时调用
OnTriggerEnter	当碰撞体进入触发器时调用
OnTriggerExit	当碰撞体脱离触发器时调用
OnTriggerStay	当碰撞体接触触发器时，在每一帧被调用
OnCollisionEnter	当此 Collider/Rigidbody 触发另一个 Rigidbody/Collider 时被调用
OnCollisionExit	当此 Collider/Rigidbody 停止触发另一个 Rigidbody/Collider 时被调用
OnCollisionStay	当此 Collider/Rigidbody 触发另一个 Rigidbody/Collider 时，将会在每一帧被调用
OnControllerColliderHit	在移动时，当 Controller 碰撞到 Collider 时被调用
OnJOINTBREAK	当附在同一对象上的关节被断开时被调用
OnParticleCollision	当粒子碰到 Collider 时被调用
OnBecameVisible	当 Renderer（渲染器）在任何摄像机上可见时调用
OnBecameInvisible	当 Renderer（渲染器）在任何摄像机上都不可见时调用
OnLevelWasLoaded	当一个新关卡被载入时此函数被调用
OnEnable	当对象变为可用或激活状态时被调用
OnDisable	当对象变为不可用或非激活状态时被调用
OnDestroy	当 MonoBehavior 将被销毁时被调用
OnPrecull	在摄像机消隐场景之前被调用
OnPreRender	在摄像机渲染场景之前被调用
OnPostRender	在摄像机完成场景渲染之后被调用
OnRenderObject	在摄像机场景渲染完成后被调用
OnWillRenderObject	如果对象可见，每个摄像机都会调用它
OnGUI	渲染和处理 GUI 事件时调用，每帧调用一次
OnRenderImage	当完成所有渲染图片后被调用，用来渲染图片后期效果
OnDrawGizmosSelected	如果你想在物体被选中时绘制辅助线框，执行这个函数
OnDrawGizmos	如果你想绘制可被点选的辅助线框，执行这个函数
OnApplicationPause	当玩家暂停时发送到所有的游戏物体
OnApplicationFocus	当玩家获得或失去焦点时发送给所有的游戏物体
OnApplicationQuit	在应用退出之前发送给所有的游戏物体
OnPlayerConnected	当一个新玩家成功连接时在服务器上被调用
OnServerInitialized	当 Network.InitializeServer 被调用并完成时，在服务器上调用这个函数
OnConnectedToServer	当你成功连接到服务器时在客户端调用
OnPlayerDisconnected	当一个玩家从服务器上断开时，在服务器端调用

续表

事　件	说　明
OnDisconnectedFromServer	当失去连接或从服务器端断开时在客户端调用
OnFailedToConnect	当一个连接因为某些原因失败时在客户端调用
OnFailedToConnectToMasterServer	当报告事件来自主服务器时在客户端或服务器端调用
OnMasterServerEvent	当报告事件来自主服务器时在客户端或服务器端调用
OnNetworkInstantiate	当一个物体使用 Network.Instantiate 进行网络初始化时调用
OnSerializeNetworkView	在一个网络视图脚本中，用于同步自定义变量

2.8 标签

标签（Tag）是一个可以标记在游戏物体上的记号，它一般是一个简单的单词。比如，你可以为游戏人物添加一个 Player 标签，并为敌人角色添加一个 Enemy 标签，还可以为地图上的道具添加一个 Collectable 标签。

在脚本中查找和指定物体时，使用标签是一种非常好的方法。这种方法可以避免总是采用某个公开变量的方式来指定游戏物体，那样还需要通过拖曳的操作才能给变量赋初值。通过标签来查找物体可以简化编辑工作。

标签还特别适合用在处理碰撞的时候，当游戏人物与其他物体发生碰撞时，你可以通过判断碰到的物体是敌人、道具还是其他东西，来进行下一步处理。

可以使用 GameObject.FindWithTag()方法通过标签来查找物体，下面的例子使用了这个方法，在找到了带有 Respawn 标签的物体后，它将事先准备好的预制体 respawnPrefab 实例化成一个新的物体，并将其放置在原来带有 Respawn 标签的物体的位置。

```
using UnityEngine;
using System.Collections;

public class Example : MonoBehaviour {
    public GameObject respawnPrefab;
    public GameObject respawn;
    void Start() {
        if (respawn == null)
            respawn = GameObject.FindWithTag("Respawn");

        Instantiate(respawnPrefab, respawn.transform.position, respawn.transform.
        rotation) as GameObject;
    }
}
```

2.8.1 为物体设置标签

检视窗口的上方显示了标签（Tag）和层级（Layer）的下拉菜单。

在标签的下拉菜单中单击任意一个标签名称，就可以为物体指定该标签了。物体的默认标签为 Untagged，是“未指定标签”的意思。

2.8.2 创建新的标签

要创建一个新的标签，需要在标签下拉菜单中选择 Add Tag，之后检视窗口会切换到标签与层级管理器（Tag and Layer Manager）。

注意：标签一旦创建就不可以再被修改，只能删除并重新创建。

层级与标签类似，都用来标记物体，但是层级有一些非常灵活的用途，比如层级可以用来定义游戏物体在场景中如何被渲染，以及限定哪些碰撞会发生，哪些碰撞会被忽略。之后我们会再次用到层级的概念。

2.8.3 小提示

一个游戏物体只能被指定一个标签。

Unity 预置了一些常用的标签，在标签管理器中你不能修改下面这些预置的标签。

1. Untagged（没有标签）。
2. Respawn（出生）。
3. Finish（完成）。
4. EditorOnly（编辑器专用）。
5. MainCamera（主摄像机）。
6. Player（玩家）。
7. GameController（游戏控制器）。

可以用任意一个单词作为标签的名称，甚至可以用一个很长的词组作为名称，但是那样可能会不太方便，比如在界面中看不到完整的名字。

2.9 静态物体

如果引擎事先知道了某一个物体在游戏进行中是否会移动，那么就可以针对性地应用一系列优化策略。如果一个物体是静态的，即不会移动的，那么引擎就可以假定它不会受到任何其他物体或者事件的影响，从而预先计算好物体的信息。比如说，渲染器可以将场景中许多静态物体合并为一个整体，这样就可以通过一次渲染就将它们全部处理完毕，这种做法也被称为批量渲染。

在检视窗口中，每个游戏物体名称的右侧都有一个静态（Static）复选框以及一个菜单，它用来指定物体是否是静态的，且可以进一步指定物体在某些子系统中是否是静态的，还可以独立地设置游戏物体在每个子系统中是否是静态的，这样就可以对物体进行非常细致的优化。下图是静态标记菜单，可以有针对性地设置物体在每个子系统中是否是静态的。

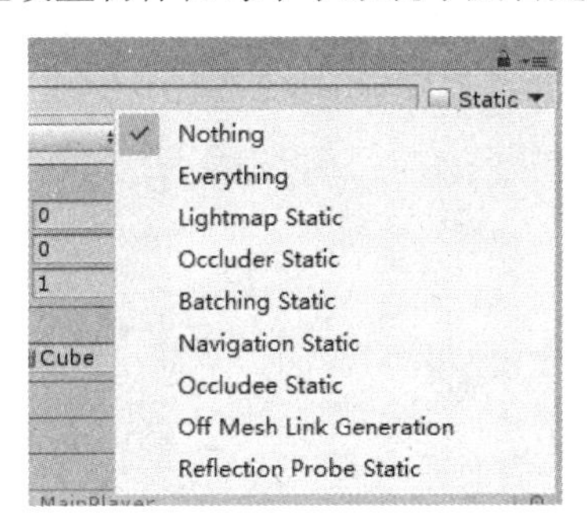

静态菜单中的 Everything 和 Nothing 选项分别用于同时启用或禁用物体在所有子系统中的静态特性以便优化。这些子系统包含如下内容。

- **Lightmap Static**：场景中的高级光照特性。
- **Occluder Static**：根据物体在特定摄像机下的可见性，进行渲染优化。
- **Batching Static**：将多个物体合并为一个整体进行渲染。
- **Navigation Static**：在寻路系统中，将此物体作为静态的障碍物。
- **Off Mesh Link Generation**：寻路系统中的网格链接。
- **Reflection Probe Static**：反射探针优化。

某些子系统与内部渲染方式有较大关联，可以在相关文档中阅读它们的细节。

2.10 层级

层级（Layer）和游戏物体、标签一样，都是 Unity 最基本的概念之一。层级最有用、最常用的地方是用来让摄像机仅渲染场景中的一部分物体；还可以让灯光只照亮一部分物体。除此以外，层级还能用来在进行碰撞检测、射线检测时，从而只让某些物体发生碰撞，让另一些物体不发生碰撞。

2.10.1 新建层级

在为物体指定层级之前，我们先新建一个层级。单击主菜单的 Edit > Project Settings > Tags and Layers 选项，会在检视窗口中打开层级和标签窗口。

这步操作和之前介绍标签时的操作完全一样，不同的是，在学习标签时我们展开了标签菜单，这里我们要展开层级菜单。

如下图所示，将新的层级 User Layer 8 命名为 Player，就建立了一个新的 Player 层级，序号为 8。

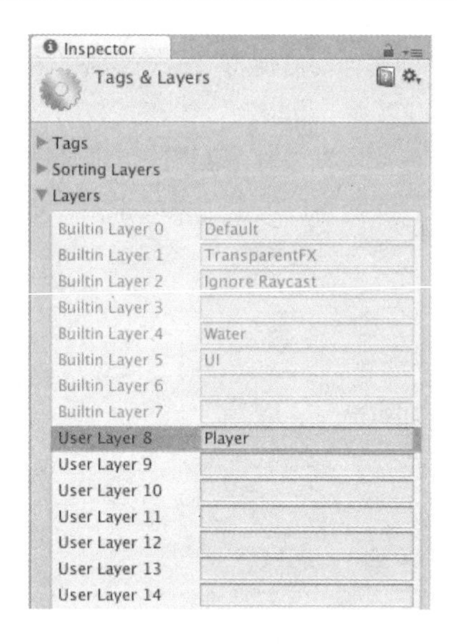

2.10.2 为物体指定层级

我们已经新建了一个层级，现在将物体指定为这个层级。

如下图所示，只要选中物体，在检视窗口中单击 Layer 下拉菜单，并选择层级名称即可。

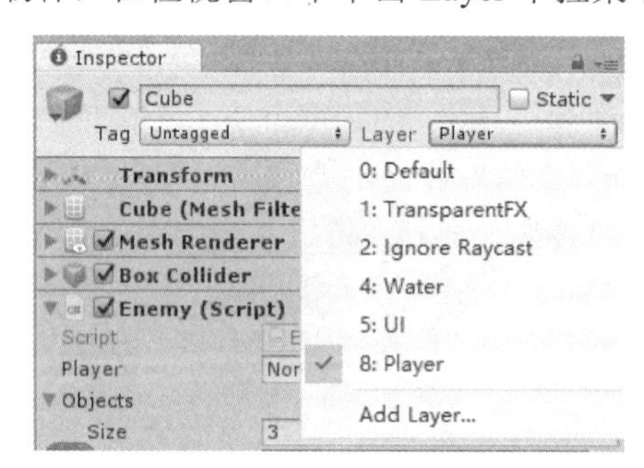

2.10.3 仅渲染场景的一部分

层级配合摄像机的剔除遮罩（Culling Mask）使用，就可以有选择性地显示某些层级的物体，而不渲染另一些层级的物体。要做到这一点，只需要在摄像机中选中需要渲染的层级即可。

单击摄像机的剔除遮罩下拉菜单，打钩的层就是要显示的层。下图为摄像机的剔除遮罩设置。

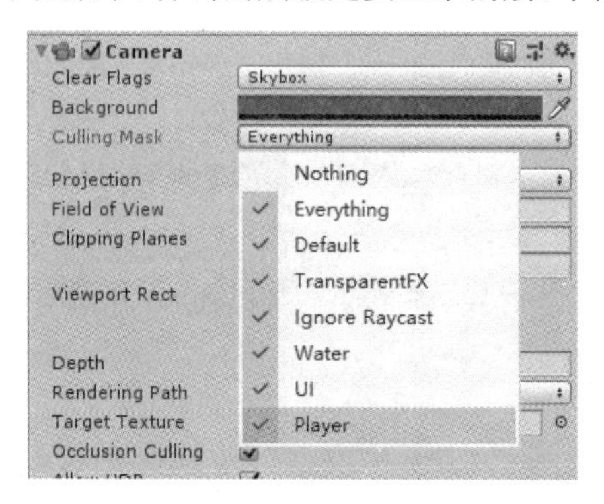

注意： Unity 中有很多类似这样的下拉菜单，菜单的最上面两项是特殊的，当单击 Nothing 时，所有选项都会被取消勾选，表示全部不选；而单击 Everything 时，则所有选项都会被勾选。使用这两个快捷选项有助于快速选中必要的层。比如说，要仅选中 UI 层和 Player 层，就可以先选择 Nothing，然后再单独勾选 UI 层和 Player 层即可。

另外，UI 系统如果采用屏幕空间画布，则不会受摄像机剔除遮罩的影响。关于 UI 系统的问题，未来会有单独的章节进行介绍。

2.10.4　选择性的射线检测

使用层级可以让射线检测忽略某些碰撞体，这种效果也是用“层级”和“遮罩”这两个概念来设置的。例如，有时需要发射一条射线，仅和 Player 层的物体发生碰撞，而忽略其他层的物体。

Physics.Racast 方法用来发射一条射线，它可以带有一个叫作 layerMask 的参数，layerMask 是一个利用位标记作为遮罩的参数。

用位（bit）作为标记是二进制相关的一种方法，原理是 int 型的变量由 32 个位组成，每个位的值只能是 0 或 1，因此可以根据某一个位是 0 还是 1 来选中或者忽略某一层。

如果 layerMask 所有的位都是 1，那么就会和所有的层发生碰撞。如果 layerMask 等于 0，那么它就不会和任何层、任何物体发生碰撞。

```
// 将 1 左移 8 位
int layerMask = 1 << 8;
// 将 layerMask 设置为只有从右数第 8 位是 1，其他位是 0，则只会和 Layer 8 Player 层发生碰撞
if (Physics.Raycast(transform.position, Vector3.forward, Mathf.Infinity, layerMask))
    Debug.Log("The ray hit the player");
```

如果是玩家的游戏人物射击发出的检测射线，就恰恰相反，需要和除玩家的游戏人物以外的所有物体发生碰撞，代码如下。

```
void Update () {
    // 将 1 左移 8 位
    int layerMask = 1 << 8;
    // 按位取反，所有值为 0 的位变为 1，值为 1 的位变为 0
    layerMask = ~layerMask;

    RaycastHit hit;
    // 发射射线，Debug.DrawRay 用于画出辅助框线
    if (Physics.Raycast(transform.position
        ,transform.TransformDirection (Vector3.forward),
        out hit, Mathf.Infinity, layerMask))
    {
        Debug.DrawRay(transform.position
            , transform.TransformDirection (Vector3.forward)
            * hit.distance, Color.yellow);
        Debug.Log("Did Hit");
    } else {
        Debug.DrawRay(transform.position
            , transform.TransformDirection (Vector3.forward) *1000
            , Color.white);
        Debug.Log("Did not Hit");
    }
}
```

如果在调用 Raycast 方法时省略 layerMask 参数，则默认除了 Ignore Raycast 这层不会被碰撞，其他层都可能发生碰撞。使用 Ignore Raycast 层可以专门指定某些物体不受射线检测碰撞，这种

方法比较简单，但只是一个小技巧而已，当指定了 layerMask 时，这一层也和其他层一样，并没有什么特别之处。

注意：序号为 31 的最后一层是特别的，编辑器内部会把它作为预览使用。所以添加层时不要使用 31 层，否则可能会造成冲突。

2.11 预制体

在场景中创建物体、添加组件并设置合适参数的操作一开始会令人觉得方便，但是当场景中用到大量同样的 NPC、障碍物或机关时，创建以及设置属性的操作就会带来巨大的麻烦。单纯复制这些物体看似可以解决问题，但是由于这些物体都是独立的，所以还是需要一个一个单独修改它们。通常，我们希望所有这些物体会引用某一个模板物体，这样只要修改了模板物体或其中一个物体的实例，就可以同时修改所有相关的物体。

所以，Unity 提供了预制体这个概念，专门用来实现这一重要功能。它允许事先保存一个游戏物体，包括该物体上挂载的组件与设置的参数。这样预制体就可以成为一个模板，可以用这个模板在场景中创建物体。一方面，对预制体文件的任何修改可以立即影响所有相关联的物体；另一方面，每个物体还可以重载（override）一些组件和参数，以实现与模板有所区别的设置。

注意：当你拖曳一个资源文件（比如一个模型）到场景中时，Unity 会自动创建一个新的游戏物体，原始资源的修改也会影响到这些相关的游戏物体。这种物体看起来像是预制体，但是和预制体是完全不同的，所以不适用下面介绍的预制体的特性。这种“引用关系”仅仅是与预制体有相似之处。

2.11.1 使用预制体

创建预制体有两种常用方法：一种方法是在工程窗口中的某个文件夹内单击右键，选择 Create > Prefab 创建一个空白预制体，然后将场景中制作好的某个游戏物体拖曳到空白预制体上；另一种方法是直接将某个游戏物体从场景拖曳到文件夹中。在创建好预制体以后，将另一个游戏物体拖曳到预制体文件上，系统会提示是否替换预制体。

预制体是一个后缀为.prefab 的资源文件。在层级视图中，所有与预制体关联的游戏物体的名称，都会以蓝色显示（普通物体的名称是以黑色显示的）。

之前说过，一方面，修改预制体可以影响所有相关的物体，另一方面，物体又可以单独修改一些属性而不影响预制体。这个设计非常有用，在实际使用时，可以创建很多相似的 NPC 角色，但是每个角色的参数又略有不同，以满足游戏丰富性的要求。为了更清楚地显示哪些参数和预制体一致，哪些参数是独特的，在检视窗口中，系统会将独特的参数以粗体显示，特别是当为物体加上一个新的组件时，整个新组件的文本都会以粗体显示，下图是某个关联了预制体的游戏物体的修改网格渲染器的产生阴影（Cast Shadows）选项。

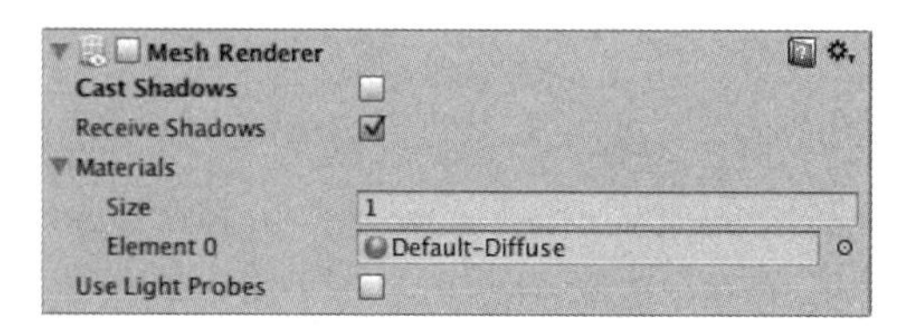

同样，可以在脚本中以预制体为模板创建游戏物体。

2.11.2　通过游戏物体实例修改预制体

与预制体关联的游戏物体，会在检视窗口的上方多出三个按钮：选择（Select）、回滚（Revert）与应用（Apply）。

选择按钮会选中与物体相关联的那个预制体，单击后，在工程窗口中会高亮显示该预制体。这有助于迅速找到相关的预制体。

应用按钮可以将本物体上修改的那些组件和参数写回到原始的预制体中（但是变换组件的位置信息不会写回预制体）。这个设计可以方便我们通过任何一个物体修改预制体，有时会非常方便，特别是在某些预制体只有一个实例的时候。

回滚按钮会将游戏物体修改过的组件和属性恢复到和预制体一致。这个功能用于试验性地修改某些参数以后，将物体恢复到原始状态。

2.11.3　在运行时实例化预制体

到这里，读者应该已经对预制体的基本概念有了大体的掌握。预制体简单来说就是一个事先定义好的游戏物体，之后可以在游戏中反复使用。

在游戏运行时，通过脚本创建游戏物体非常方便，无论游戏物体多么复杂，操作都非常简单。下面通过几个例子说明具体的方法。

2.11.3.1　常见的情景

为了展示预制体的强大功能，我们先考虑下面这些非常常见的情况。

- 通过反复实例化单独的砖块预制体，创建一堵完整的墙。
- 当击发一个火箭发射器时，创建一个火箭的预制体。火箭的预制体包含了网格、刚体、碰撞体等组件，还包含一个子物体用于播放粒子。
- 机器人爆炸为多个散落部件的场景。一个完整的机器人被摧毁并散落为多个碎片，多个碎片可以用预制体来实现，每个碎片都可以包含刚体与粒子组件，以模拟真实的效果。只需要通过简单地创建物体、替换预制体等操作就可以做出震撼的效果。

2.11.3.2　建造一堵墙

新建一个 C#脚本，命名为 Wall.cs，确保 class 名称为 Wall，代码如下。

```
using UnityEngine;
public class Wall : MonoBehaviour {
    public Transform brick;
    void Start()
    {
        for (int y = 0; y < 5; y++)
        {
            for (int x = 0; x < 5; x++)
            {
                Instantiate(brick, new Vector3(x, y, 0), Quaternion.identity);
            }
        }
    }
}
```

创建一个空白物体并命名为 TestWall，并挂载好上述脚本。

这段代码不仅非常精简，而且具有很好的复用性。整段代码与具体的砖块无关，所有必要的组件和参数只要事先在预制体中设置好即可。使用这段代码需要事先准备好预制体，下面是详细的操作步骤。

1. 在场景中创建一个 3D 方块。右键单击层级窗口，选择 3D Object > Cube。
2. 选中这个方块，并添加组件 Physics > Rigidbody。
3. 选中这个方块，将它拖曳到工程窗口中，就创建了一个预制体，将预制体命名为 Brick。
4. 成功创建预制体后，就可以删除场景中的方块了。创建好预制体 brick 之后，我们要将它关联到脚本中。
5. 选中前面准备好的名为 TestWall 的物体，为它挂载好脚本以后，可以在检视窗口中看到公开的变量 brick，该变量可以用一个预制体赋值。
6. 拖动 brick 预制体文件到 brick 变量上，就将脚本和预制体关联起来了。

这时运行游戏，如果顺利的话，就可以看到在 TestWall 物体的位置上，创建了一堵方块组成的墙。

以上的步骤就是一个典型的使用预制体的工作流程，复杂的大型工程中也会以类似的方式使用预制体。随着多次练习，你会更好地理解这个过程。

像这样使用预制体间接地创建游戏物体有什么好处呢？一个显然的好处是可以迅速调整预制体，整个墙体就会随之变化。比如说你可以任意改变砖块的刚体质量，换一种砖块的材质，修改墙体的表面阻力等，只需要修改预制体的设置，一次操作即可完成。

2.11.3.3 创建火箭弹与爆炸效果

下面来看看稍微复杂些的情景。

当玩家按下开火键时，火箭筒就会创建一个火箭弹的实例并发射。火箭弹的预制体包含了模型、刚体、碰撞体以及一个子物体用于表现拖尾粒子效果。

当火箭弹撞击到其他物体以后，就会创建一个爆炸的预制体。爆炸的预制体包含一个粒子组件、一个灯光组件以及表现绚丽的爆炸效果，另外还要附加一个脚本用于在游戏逻辑中产生实质性的伤害。

一般我们不会完全用脚本一步一步组装好一个火箭弹物体，使用预制体显然是更好的方法。将复杂的、具体的创建火箭弹和粒子的步骤交给编辑器去完成，在脚本里只需要用一句代码实例化它即可。在创建了实例以后，还可以在脚本中操作这个实例（游戏物体），比如修改它的速度等。

在实现具体的效果之前，我们更关心在技术上如何使用这些预制体。所以可以先用一些简单的物体来代替真实的火箭筒、粒子，未来只需要修改预制体即可，而不需要再次修改脚本代码。预制体的这种使用方法，将美术效果的实现和游戏逻辑的实现很好地分离开来，把一个复杂的问题变成多个简单的问题。

简化后的代码如下。

```
using UnityEngine;
public class RocketLauncher : MonoBehaviour {
    // 挂载脚本的物体必须包含刚体组件，否则就会在开枪时报错
    // 这种写法符合组件式编程的规则，rocket 既是预制体本身，又是预制体上面的刚体组件
    // 组件模型允许我们用物体上的任意一个组件指代这个物体
```

```
    public Rigidbody rocket;
public float speed = 10f;

    void FireRocket()
    {
        // rocketClone 指代创建出来的火箭弹，它本身又是火箭弹上的刚体组件
        Rigidbody rocketClone = (Rigidbody)Instantiate(rocket, transform.position,
        transform.rotation);
        // 接下来直接操作 rocketClone 实例
        // 先修改刚体
        rocketClone.velocity = transform.forward * speed;
        // 举例：通过一个组件可以查找其他任何组件，比如脚本组件 MyRocketScript
        // rocketClone.GetComponent<MyRocketScript>().DoSomething();
    }
// Fire1 的默认按键是鼠标左键或 Ctrl 键
void Update()
    {
        if (Input.GetButtonDown("Fire1"))
        {
            FireRocket();
        }
    }
}
```

该脚本的使用方法与创建一堵墙的方法是类似的。

1. 先创建一个物体代表火箭筒，在火箭筒上挂载上述 RocketLauncher.cs 脚本。
2. 创建一个火箭弹预制体，火箭弹必须包含刚体组件。
3. 将火箭弹预制体拖曳到火箭筒脚本的 rocket 变量上。
4. 运行游戏，单击鼠标左键即可发射火箭弹。

2.11.3.4　将一个物体替换为散落的零件

一般来说，要表现一个角色死亡，可以让该角色播放一段死亡动画，同时小心处理它所挂载的所有功能性脚本，以停止它的逻辑功能。

还有一种比较好的方法，就是在角色死亡的瞬间，创建另一个准备好的表示死亡的角色来替换它，这样做的好处是灵活性非常强，而且可以对原始角色与死亡的角色分别做调整和优化。你可以让死亡的角色拥有另一套材质、另一套死亡状态的脚本，还可以配上一些散落的子物体来表现更好的效果。

这种思路除了灵活性强，更大的优势在于可以为死亡的角色定制一套完全不同的模型，由于死亡状态和非死亡状态的两套游戏物体是完全独立的，对于已经死亡的角色就可以用更少的多边形、更少量的子物体来表现，这样游戏的整体性能就会得到提高；反过来说，未死亡的角色由于不需要带着死亡后才需要的模型，同样也会得到性能上的提升。只要灵活运用实例化预制体的方法，从技术上讲，上述效果的实现会非常容易。

接下来用一个破碎的飞机来举例，我们准备制作一个场景：飞机在空中解体，各个部分冒着烟下坠。和之前一样，还是采用标准的实例化预制体的方法。

1. 准备一些表示飞机解体的各种零件。
2. 将这些零件的模型文件拖曳到场景中。
3. 同时选中这些零件，添加刚体组件，这种批量操作的方式很方便。
4. 批量添加盒子碰撞体组件，方法同上。

5. 为了效果逼真，可以给每个零件添加一个冒烟的粒子。

6. 由于游戏物体比较多，可以创建一个空物体作为它们的父物体，以方便管理。

这时基本素材都已经准备完毕，如果没有合适的资源，可以先随意创建几个模型作为替代。然后运行游戏，看看是否会出现零件分别下落的效果。

调整参数，基本满意后将空的父物体拖曳到工程窗口中，创建预制体。这样做相比创建许多预制体文件要清晰、方便很多。

接下来用脚本表现飞机破碎的过程。

```
using System.Collections;
using UnityEngine;

public class DestroyPlane : MonoBehaviour {
    public GameObject wreck;    // 预制体放在这个变量中

    // 这种 Start 方法的写法比较特别。效果是 3 秒以后执行 KillSelf 方法
    IEnumerator Start()
    {
        yield return new WaitForSeconds(3);
        KillSelf();
    }

    void KillSelf()
    {
        // 实例化表示解体的预制体
        GameObject wreckClone = (GameObject)Instantiate(wreck, transform.position,
        transform.rotation);
        // 销毁飞机本身
        Destroy(gameObject);
    }
}
```

注意：将该脚本挂载到损坏之前的飞机上，三秒后飞机就会破碎，用预制体代替。

2.11.3.5 将多个物体按特定的形状摆放

接下来我们思考这样一个例子：将一些物体摆放到场景中，且等间距地围成一个圆圈。

如果是在场景中直接摆放这些物体，那么很难恰好摆成一个圆圈的形状，因为手工对齐坐标非常困难。而用脚本来实现则只需用到一点小技巧，具体代码如下。

```
public GameObject prefab;               // 预制体
public int numberOfObjects = 20;        // 物体总数
public float radius = 5f;               // 圆圈半径

void Start() {
for (int i = 0; i < numberOfObjects; i++) {
    // 算出物体间隔角度
        float angle = i * Mathf.PI * 2 / numberOfObjects;
       // 利用三角函数求位置
        Vector3 pos = new Vector3(Mathf.Cos(angle), 0, Mathf.Sin(angle)) * radius;
        Instantiate(prefab, pos, Quaternion.identity);
    }
}
```

再看另一种摆放规则——矩形，代码如下。

```
// 按照矩形实例化预制体
public GameObject prefab;
public float gridX = 5f;        //  X方向的个数
public float gridY = 5f;        //  Y方向的个数
public float spacing = 2f;      // 物体之间的间隔

void Start() {
    for (int y = 0; y < gridY; y++) {
        for (int x = 0; x < gridX; x++) {
            Vector3 pos = new Vector3(x, 0, y) * spacing;
            Instantiate(prefab, pos, Quaternion.identity);
        }
    }
}
```

2.12 保存工程的注意事项

一个 Unity 工程所包含的全部信息是非常复杂的，并不是说资源本身的数量多，而是不同的数据需要完全不同的保存方式。这就带来了一个小问题：当保存工程时，对不同变动的保存时机和保存方法不同，需要解释一下，在实践中注意这一点可以避免因操作不当而丢失数据。

在实际开发中强烈建议使用版本控制工具（SVN、Git 等）来监视工程的逐步变化，也方便在出现问题时回滚工程，减小损失。

2.12.1 保存当前场景

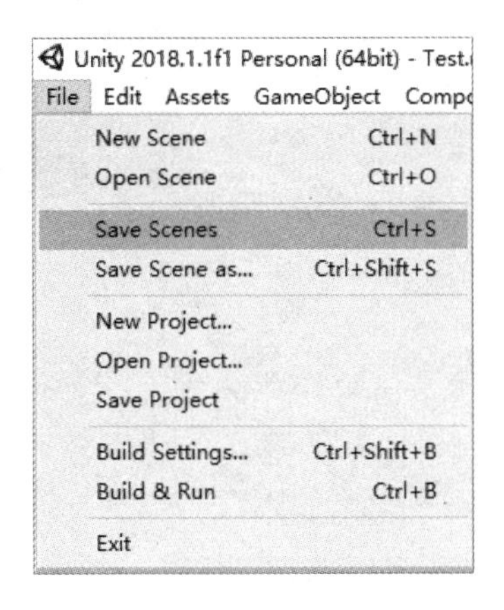

保存场景时，会保存所有物体在层级窗口中的任何变化，不仅包括所有的添加、删除、移动物体操作，也包括场景中物体组件的增加、删除，还包括场景中物体组件的参数变化。

不仅可以在主菜单中选择保存场景（Save Scenes），还可以使用 Ctrl+S 组合键（在 macOS 系统中是 Cmd+S 组合键）。

实际上，保存场景时还会另外执行保存工程的操作，这意味着当保存场景时，不仅保存了场景信息，绝大部分数据（包括工程）也被保存了。

2.12.2 保存工程

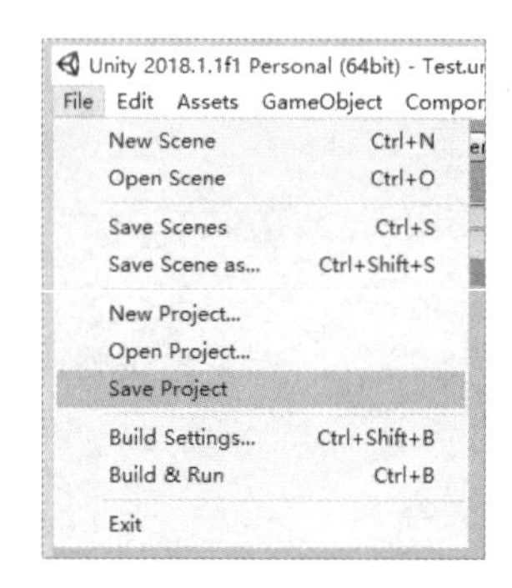

在 Unity 工程中，有很多数据是不针对具体场景的，可以称之为工程数据。理论上来说，这些数据与场景的保存是分离的，可以在菜单中选择保存工程（Save Project）命令单独保存工程数据。

保存工程不会保存场景的改动，而只保存工程信息的改动。当我们在场景中做了一些测试，却不想保存这些场景，而是只保存工程的改动时，就要用到保存工程功能了。

保存工程包括以下内容。

2.12.2.1 工程设置

下图是工程设置菜单项，其中包含的数据都是工程数据，如自定义的输入轴、添加的标签和层级、修改过的物理系统参数等都被包含在内。

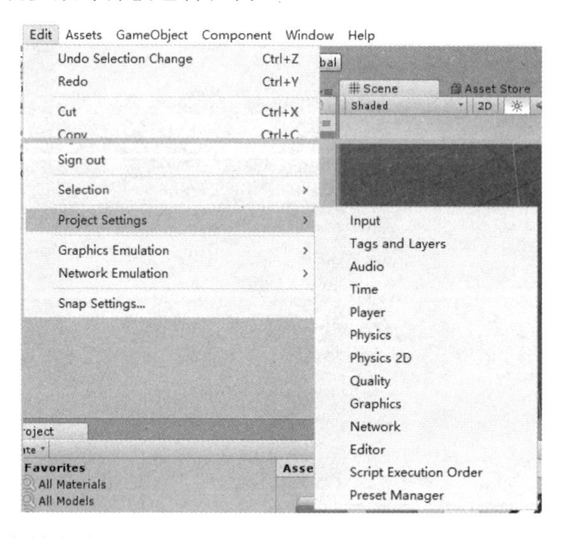

对这些选项的修改会被保存在工程的 Library 文件夹中。

- 输入（Input）：保存为 InputManager.asset。
- 标签和层级（Tags and Layers）：保存为 TagManager.asset。
- 音频（Audio）：保存为 AudioManager.asset。
- 时间（Time）：保存为 TimeManager.asset。
- 播放器（Player）：保存为 ProjectSettings.asset。

- 物理（Physics）：保存为 DynamicsManager.asset。
- 2D 物理（Physics 2D）：保存为 Physics2DSettings.asset。
- 显示品质（Quality）：保存为 QualitySettings.asset。
- 图形（Graphics）：保存为 GraphicsSettings.asset。
- 网络（Network）：保存为 NetworkManager.asset。
- 编辑器（Editor）：保存为 EditorUserSettings.asset。

2.12.2.2 发布设置

发布设置(Build Setting)也会被保存在 Library 文件夹中，文件名为 EditorBuildSettings.asset。Unity 2018 版会在发布设置窗口中自动连接服务器，如果未登录会出现警告框。

2.12.2.3 资源的修改

在工程窗口中选中资源并修改它的设置时，某些资源不带有 Apply（应用）按钮，这些改动也被算作工程数据，和工程一起保存。例如以下资源：

- 材质（Material Parameters）。
- 预制体（Prefabs）。
- 动画控制器（Animator Controllers）。
- 动画遮罩（Avatar Masks）。
- 其他所有不带 Apply 按钮的资源。

2.12.3 不需要保存的改动

有一些改动是立即存盘的，也就不需要单独执行保存命令，它们包含以下操作。

2.12.3.1 所有带有Apply按钮的资源

某些资源在修改参数时，在检视窗口中有一个 Apply 按钮，当你修改参数后，单击这个应用按钮，参数会立即生效并保存到磁盘中。这本质上是由于这种资源被修改后，需要被重新加载才会生效，所以必须立即存盘。这类资源很多，如以下内容。

- 贴图资源的参数。
- 3D 模型的导入参数。
- 声音文件的压缩参数。
- 其他所有带有 Apply 按钮的资源。

2.12.3.2 其他会被立即存盘的改动

还有一些改动也不需要单独保存，如以下内容。

- 新建的资源文件，比如新建的材质或预制体。
- 光照（Lighting）烘焙（烘焙可以理解为运行前预先计算好）的数据。
- 寻路（navigation）烘焙的数据。
- 烘焙的遮挡剔除（occlusion culling）的数据。
- 脚本等其他直接写入磁盘的数据。

2.13 输入

输入操作是游戏的基础操作之一。Unity 不仅支持绝大部分传统的操作方式，例如手柄、鼠标、键盘等，而且还支持触屏操作、重力传感器、手势等移动平台上的操作方式。此外，Unity 对新出现的 VR 和 AR 系统也有完善的支持，而且仍然在不断进步之中（实际上，反过来说，主流的 VR、AR 设备都会很好地支持 Unity，因为这样才能方便开发者制作出大量优秀的作品）。

此外，Unity 还会利用手机或 PC 的麦克风、摄像头作为特殊的输入设备。

2.13.1 传统输入设备与虚拟输入轴

Unity 支持键盘、手柄、鼠标和摇杆等传统输入设备。

为了支持此类设备，Unity 设计了一些概念。第一个概念叫作虚拟控制轴（Virtual axes），虚拟控制轴将不同的输入设备，比如键盘或摇杆的按键，都归纳到一个统一的虚拟控制系统中，比如键盘的 W、S 键以及手柄摇杆的上下运动，默认都统一映射到竖直（Vertical）输入轴上，这样就屏蔽了不同设备之间的差异，让开发者可以用一套非常简单的输入逻辑，同时兼容多种输入设备。

再比如，鼠标左键和键盘的 Ctrl 键都默认映射到 Fire1 这个虚拟轴上，这样无论是用键盘还是用鼠标都可以实现开火操作了。而且所有这些设置都可以删除或者修改，也可以添加新的虚拟轴。

使用输入管理器（Input Manager）可以查看、修改或增删虚拟轴，而且操作方法非常容易掌握。

现代的游戏中往往允许玩家在游戏中自定义按键，所以使用 Unity 的输入管理器就更为必要了。通过一层虚拟轴间接操作，可以避免在代码中直接写死操作按钮，而且还能通过动态修改虚拟轴的设置来改变键位的功能。

关于虚拟输入轴，还有一些需要知道的内容。

1. 脚本可以直接通过虚拟轴的名称读取那个轴的输入状态。
2. 创建 Unity 工程时，默认创建了以下虚拟轴：
   - 横向输入和纵向输入被映射在键盘的 W、A、S、D 键以及方向键上。
   - Fire1、Fire2、Fire3 这三个按钮映射到了鼠标的左、中、右键以及键盘的 Ctrl、Alt 等键位上。
   - 鼠标移动可以模拟摇杆输入（和鼠标光标在屏幕上的位置无关），且被映射在专门的鼠标偏移轴上。
   - 其他常用虚拟轴，例如跳跃（Jump）、确认（Submit）和取消（Cancel）。

2.13.1.1 编辑和添加虚拟输入轴

要添加新的虚拟输入轴，只需要单击主菜单的 Edit > Project Settings > Input 选项，单击后在检视窗口中会显示一个输入管理器，在里面就可以修改或添加虚拟轴了。

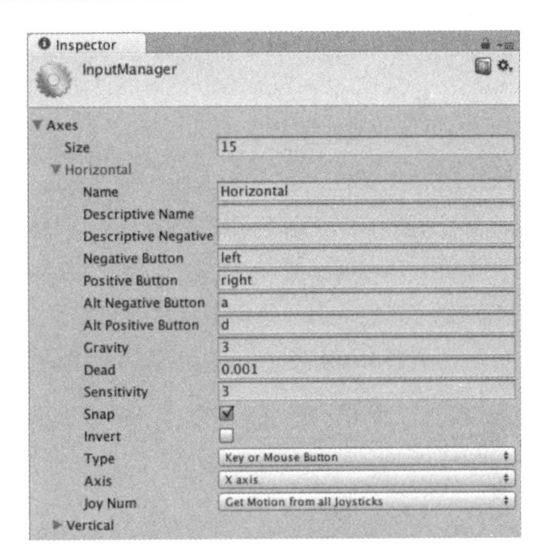

注意： 虚拟轴具有正、负两个方向，英文记作Positive和Negative。某些相反的动作可以只用一个轴来表示。比如，如果摇杆向上为正，那么向下就是同一个轴的负方向。

每个虚拟轴可以映射两个按键，第二个按键作为备用，功能一样。备用的英文为Alternative。

属　性	功　能
Name	轴的名字。在脚本中用这个名字来访问这个轴
Descriptive Name	描述性信息，在某些窗口中显示出来以方便查看（正方向）
Descriptive Negative Name	描述性信息，在某些窗口中显示出来以方便查看（负方向）
Negative Button	该轴的负方向，用于绑定某个按键
Positive Button	该轴的正方向，用于绑定某个按键
Alt Negative Button	该轴的负方向，用于绑定某个备用按键
Alt Positive Button	该轴的正方向，用于绑定某个备用按键
Gravity	轴回中的力度，后文解释
Dead	轴的死区，后文解释
Sensitivity	敏感度
Snap	保持式按键。比如按住下方向键，则一直保持下的状态，直到再次按上方向键
Invert	如果勾选，则交换正负方向
Type	控制该虚拟轴的类型，比如手柄、键盘是两种不同的类型
Axis	很多手柄的输入不是按钮式的，这时就不能配置到Button里面，而是要配置到这里。可以理解为实际的操作轴
Joy Num	当有多个控制器时，要填写控制器的编号

上表中的Gravity、Dead等属性需要解释一下。

现代游戏的方向输入和早期游戏的方向输入不太一样。早期游戏中，上、中、下都是离散的状态，可以直接用1、0、-1来表示。而现代游戏输入往往具有中间状态，比如0、0.35、0.5、0.7、1，是带有多级梯度的，比如轻推摇杆代表走路，推到底就是跑步。所以现代游戏的输入默认都是采用多梯度的模式。

虽然键盘没有多级输入的功能，但 Unity 依然会模拟这个功能，也就是说当你按住 W 键时，这个轴的值会以很快的速度逐渐从 0 增加到 1。

所以，上表中 Gravity 和 Sensitivity 的含义就不难理解了，它们影响着虚拟轴从 1 到 0、从 0 到 1 的速度以及敏感度。具体调试方法这里不再介绍，建议使用默认值。

还有死区需要单独说明。由于实体手柄、摇杆会有一些误差，比如，手柄放着不动时，某些手柄的输出值可能会在-0.05 和 0.08 之间浮动。这个误差有必要在程序中排除。所以 Unity 设计了死区的功能，在该值范围内的抖动被忽略为 0，这样就可以过滤掉输入设备的误差。

此外，鼠标光标放在这些属性上会有详细的提示，供开发者参考。

2.13.1.2 在脚本中处理输入

读取输入轴的方法很简单，代码如下。

```
float value = Input.GetAxis ("Horizontal");
```

得到的值的范围为-1～1，默认位置为 0。这个读取虚拟轴的方法与具体控制器是键盘还是手柄无关。另外也有一些特例，比如，如果用鼠标控制虚拟轴，就有可能由于移动过快导致值超出-1～1 的范围。

注意：可以创建多个相同名字的虚拟轴。Unity 可以同时管理多个同名的轴，最终结果以变化最大的轴为准。这样做的原因是很多游戏可以同时用多种设备进行操作，比如 PC 游戏可以用键盘、鼠标或手柄进行操作，手机游戏可以用重力感应器或手柄进行操作。这种设计有助于用户在多种操作设备之间切换，且在脚本中不用去关心这一点。

2.13.1.3 按键名称

要映射按键到轴上，需要在正方向输入框或者负方向输入框中输入正确的按键名称。

按键名称的规则和例子如下。

1. 常规按键：A、B、C……
2. 数字键：1、2、3……
3. 方向键：Up、Down、Left、Right……
4. 小键盘键：[1]、[2]、[3]、[+]、[equals]……
5. 修饰键：Right+Shift、Left+Shift、Right+Ctrl、Left+Ctrl、Right+Alt、Left+Alt、Right+Cmd、Left+Cmd……
6. 鼠标按钮：mouse 0、mouse 1、mouse 2……
7. 手柄按钮（不指定具体的手柄序号）：joystick button 0、joystick button 1、joystick button 2……
8. 手柄按钮（指定具体的手柄序号）：joystick 1 button 0、joystick 1 button 1、joystick 2 button 0……
9. 特殊键：Backspace、Tab、Return、Escape、Space、Delete、Enter、Insert、Home、End、Page Up、Page Down……
10. 功能键：F1、F2、F3……

注意： 在脚本中和编辑器中使用的按键名称是一致的，如下面的语句。

```
value = Input.GetKey ("a");
```

另外，可以使用 KeyCode 枚举类型来指定按键，这与用字符串的效果是一样的。

2.13.2　移动设备的输入

对于移动设备来说，Input 类还提供了触屏、加速度计以及访问地理位置的功能。

此外，移动设备上还经常会用到虚拟键盘，即在屏幕上操作的键盘，Unity 中也有相应的访问方法。

本小节专门讨论移动设备特有的输入方式。

2.13.2.1　多点触摸

iPhone、iPad 等设备提供同时捕捉多个手指触摸操作的功能，通常可以处理最多 5 根手指同时触摸屏幕的情况。通过访问 Input.touches 属性，可以以数组的方式处理多个手指当前的位置等信息。

安卓设备上多点触摸的规范相对灵活，不同的设备能捕捉的多点触摸操作的数量不尽相同。较老的设备可能只支持 1 到 2 个点同时触摸的操作，新的设备可能会支持 5 个点同时触摸的操作。

每一个手指的触摸信息以 Input.Touch 结构体来表示。

属　性	功　能
fingerId	该触摸的序号
position	触摸在屏幕上的位置
deltaPosition	当前触摸位置和前一个触摸位置的差距
deltaTime	最近两次改变触摸位置之间的操作时间的间隔
tapCount	iPhone/iPad 设备会记录用户短时间内单击屏幕的次数，它表示用户多次单击操作且没有将手拿开的次数。安卓设备没有这个功能，该值保持为 1
phase	触摸的阶段。可以用它来判断是刚开始触摸、触摸时移动，还是手指刚刚离开屏幕

phase 的取值可以为下列值之一。

属　性	功　能
Began	手指刚接触到屏幕
Moved	手指在屏幕上滑动
Stationary	手指接触到屏幕但还未滑动
Ended	手指离开了屏幕。这个状态代表着一次触摸操作的结束
Canceled	系统取消了这次触屏操作。例如当用户拿起手机进行通话，或者触摸点多于 5 个的时候，这次触摸操作就会被取消。这个状态也代表这次触摸操作结束

以下脚本的功能是在用户单击屏幕时，发射一条射线，在射线碰触到物体以后，实例化一个预制体。

```
// Touch.cs
using UnityEngine;

public class Touch : MonoBehaviour {
    public GameObject prefab;

 void Update () {
        foreach (var touch in Input.touches)
        {
            // 如果某个手指刚开始触摸
            if (touch.phase == TouchPhase.Began)
            {
                // 常用方法：利用摄像机和屏幕上的点，可以确定出一条从手指到场景内的射线
                var ray = Camera.main.ScreenPointToRay(touch.position);
                // 常用方法：用物理引擎发射这条射线，如果碰到物体则返回 true
                RaycastHit hitInfo;
                if (Physics.Raycast(ray, out hitInfo))
                {
                    // 如果成功碰到物体，则碰撞信息保存在 hitInfo 中
                    // hitInfo.point 代表碰撞点的位置
                    Instantiate(prefab, hitInfo.point, Quaternion.identity);
                }
            }
        }
    }
}
```

该脚本的使用方法如下。

1. 该脚本名为 Touch.cs，可以挂载到主摄像机 Main Camera 上面。
2. 在场景中的(0,0,0)点放置一个平面，以便让射线碰撞到具体的物体。
3. 创建一个预制体，拖曳到脚本的 prefab 变量上进行赋值。
4. 运行游戏，单击地面即可在单击的位置实例化预制体。

但是，如果在 PC 上测试，你会发现并没有产生效果。这是因为触摸操作只能在移动设备上起作用，要想测试代码，必须要发布到手机上才可以。

为了让读者理解以上代码的含义，我们可以将触摸控制修改为鼠标控制，只需要修改 touch 相关的部分。

```
// Touch.cs
using UnityEngine;

public class Touch : MonoBehaviour {
    public GameObject prefab;

 void Update () {
        if (Input.GetMouseButtonDown(0))
        {
            // 常用方法：利用摄像机和屏幕上的点，可以确定出一条从手指到场景内的射线
            var ray = Camera.main.ScreenPointToRay(Input.mousePosition);
            // 常用方法：用物理引擎发射这条射线，如果碰到物体则返回 true
            RaycastHit hitInfo;
            if (Physics.Raycast(ray, out hitInfo))
            {
                // 如果成功碰到物体，则碰撞信息保存在 hitInfo 中
                // hitInfo.point 代表碰撞点的位置
                Instantiate(prefab, hitInfo.point, Quaternion.identity);
            }
```

```
            }
        }
    }
```

运行成功后的效果如下图所示。在鼠标单击到平面时，会实例化预制体。

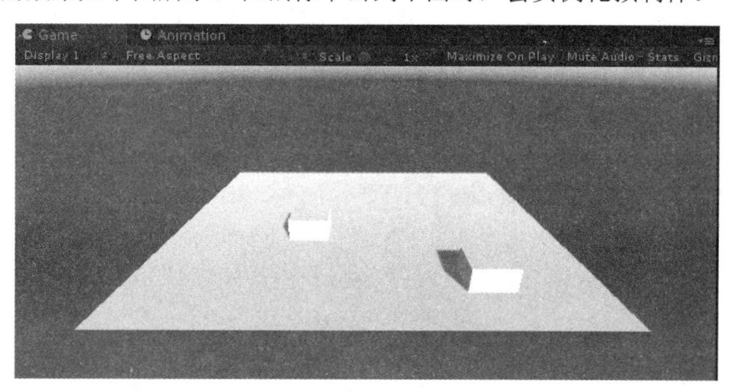

2.13.2.2　模拟鼠标操作

绝大部分移动设备可以用触屏模拟鼠标操作。比如使用 Input.mousePosition 属性不仅可以获得鼠标光标的位置，也可以获得移动设备上触摸的位置。这个功能的原理不难理解，毕竟触屏可以支持多点触摸，而鼠标则是单点操作，这个功能属于向下兼容。在移动平台的游戏的开发阶段可以暂时用鼠标操作代替触屏操作，但是稍后应当修改为触屏专用的方式，因为操作手感和功能会有很大区别。比如在《王者荣耀》中，左手要操作虚拟摇杆，右手要同时释放技能。这时使用模拟鼠标的方式就不可能做到在移动的同时释放技能。

2.13.2.3　加速度计

当移动设备移动时，内置的加速度计会持续报告当前加速度的值，这个值是一个三维向量，因为物体的运动是任意方向的。这个数值和重力加速度的表示方法类似，在某个轴方向上，1.0 代表该轴具有+1.0g 的加速度，而负值则代表该轴具有相反方向的加速度。在正常竖直持手机（Home 键在下方）时，*X* 轴的正方向朝右，*Y* 轴的正方向朝上，*Z* 轴的正方向从手机指向用户。

通过 Input.acceleration 属性可以直接访问加速度计当前的数值。

下面是一个尽可能简单的、用加速度计控制物体移动的例子。

```
using UnityEngine;

// 用加速度传感器控制物体移动的简单例子
public class AccelerationControl : MonoBehaviour {
    float speed = 10.0f;

    void Update()
    {
        Vector3 dir = Vector3.zero;
        // 假设设备横置，Home 键在右手的位置

        // 注意转换坐标轴朝向
        dir.x = -Input.acceleration.y;
        dir.z = Input.acceleration.x;

        // 将 dir 向量的范围限制在单位球体内
        if (dir.sqrMagnitude > 1)
```

```
        dir.Normalize();

        // 常用方法，按帧计算
        dir *= Time.deltaTime;

        // 移动物体
        transform.Translate(dir * speed);
    }

}
```

2.13.2.4 防止加速度计抖动的方法

加速度计的瞬间数值的抖动非常严重，这会引起不太好的操作体验。接下来介绍一种低通滤波的方法，过滤掉高频数据（可以被认为是快速抖动的部分），来让加速度计的数值变化尽可能平滑。

下面的脚本是一个尽可能简单的演示低通滤波的例子。

```
public class LowPassFilterAccelerometerValue : MonoBehaviour {
    float AccelerometerUpdateInterval = 1.0f / 60.0f;
    float LowPassKernelWidthInSeconds = 1.0f;

    float LowPassFilterFactor;

    private Vector3 lowPassValue = Vector3.zero;
    void Start()
    {
        lowPassValue = Input.acceleration;
        LowPassFilterFactor =
                AccelerometerUpdateInterval / LowPassKernelWidthInSeconds;
    }

    Vector3 LowPassFilterAccelerometer()
    {
        lowPassValue = Vector3.Lerp(
                lowPassValue, Input.acceleration, LowPassFilterFactor);
        return lowPassValue;
    }
}
```

每次调用 LowPassFilterAccelerometer 方法时，都可以获得当前被处理过的加速度计的值。

2.13.2.5 进一步提高加速度计的准确度

从 Input.acceleration 属性获取的数值并不完全等于硬件采样的数值。简单来说，由于 Unity 默认每 60 帧采样一次加速度计的值，而这个频率和加速度计更新的频率不完全匹配，这会导致最终结果存在偏差。而加速度计更新的频率又很复杂，它不是一个确定的频率，而是和 CPU 当前负载相关。

以下代码考虑了加速度计更新的时间间隔，可以获得尽可能准确的频率数值。

```
float period = 0.0f;
Vector3 acc = Vector3.zero;
foreach (iPhoneAccelerationEvent evt in iPhoneInput.accelerationEvents) {
    acc += evt.acceleration * evt.deltaTime;
    period += evnt.deltaTime;
}
```

有关加速度计更多的优化方法可以参考其他更详细的文档。

2.13.3 VR 输入概览

Unity 支持多种 VR 设备的专用输入设备。不同的 VR 设备具有不同的开发插件，例如：

- Oculus OVR，支持 Rift、Oculus Go 以及 Samsung Gear VR。
- Google VR，支持 Google Daydream 与 Cardboard 应用。
- Windows Mixed Reality（Windows 混合现实），支持微软的混合现实技术。
- SteamVR，同时支持多种 VR 设备的开发套件，支持的设备中包含 HTC Vive。

2.14 方向与旋转的表示方法

3D 空间中的旋转通常有两种表示方法：四元数或者欧拉角，这二者各有利弊。Unity 在引擎内部使用四元数表示旋转，但是在检视窗口中以欧拉角来表示物体的旋转角度，欧拉角的表示方法便于查看和编辑。

2.14.1 欧拉角

用欧拉角表示旋转比较简单和直观，它具有三个值，分别是绕 X 轴、Y 轴、Z 轴旋转的角度。要将一个物体按照某个欧拉角旋转，需要按照某种顺序依次绕三个轴旋转。

优点 1：便于阅读和编辑，因为三个数值与直观角度相对应。

优点 2：欧拉角可以方便地表示超过 180° 的转向。

缺点：用欧拉角表示旋转，会遇到万向节锁定问题（Gimbal Lock），下面进行详细解释。

2.14.1.1 万向节锁定

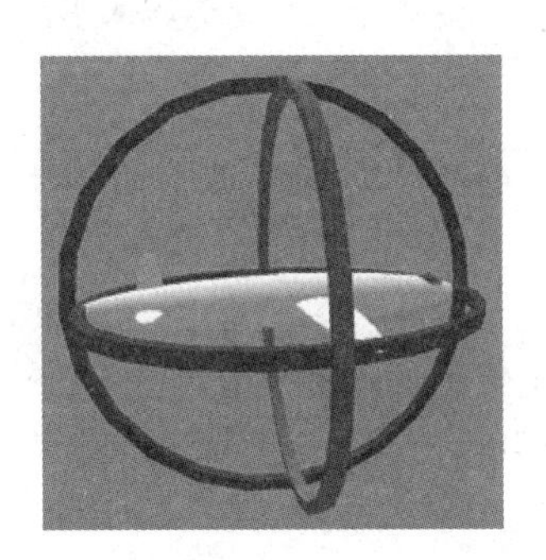

用欧拉角表示物体旋转，可以完全对应现实世界的“陀螺仪”。其中，最外层的圈控制物体绕 Y 轴旋转，而中层圈固定在外层圈上，内层圈又固定在中层圈上，物体最终固定在内层圈上，层层嵌套。

当旋转最外层圈时，所有的三个圈以及物体全部都会跟着旋转。

当旋转中层圈时，外层圈不动，内层圈和物体跟着旋转。

当旋转内层圈时，只有物体和内层圈旋转。

简单来说，主要问题发生在中层圈旋转 90° 的时候。

如下图所示，当中层圈旋转 90° 时，内层圈与中层圈重合了。这时候再旋转外层圈或内层圈，你会发现外层圈和内层圈控制的方向是相同或相反的（内层圈和外层圈都在控制同一个轴的旋转），也就是说，内外两个轴不再能独立控制物体的旋转。

2.14.1.2 Unity中的万向节锁定

Unity 中欧拉角的设置和上图类似，*X* 轴、*Y* 轴、*Z* 轴也存在顺序性。其中，*Y* 轴是外层轴，*X* 轴是中层轴，*Z* 轴是内层轴。

如下图所示，在 Unity 中，随意创建一个容易看清方向的物体。先将该物体的 *X* 轴旋转改为 90°，旋转就进入了万向节锁定状态。这时在检视窗口中直接修改 *Y* 轴和 *Z* 轴的数值，会发现无论修改 *Y* 轴的值还是 *Z* 轴的值，旋转都是沿同一个轴进行的。

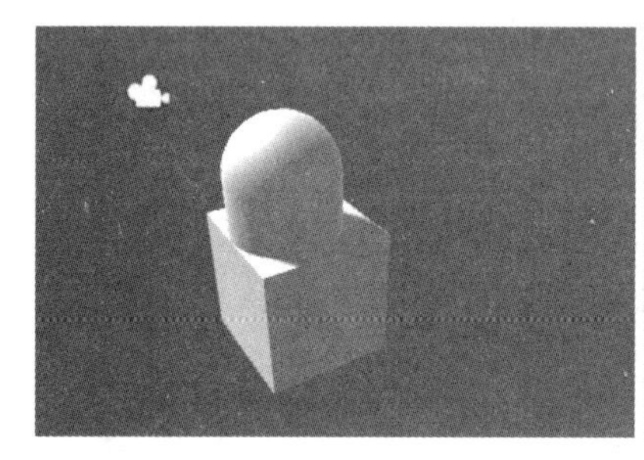 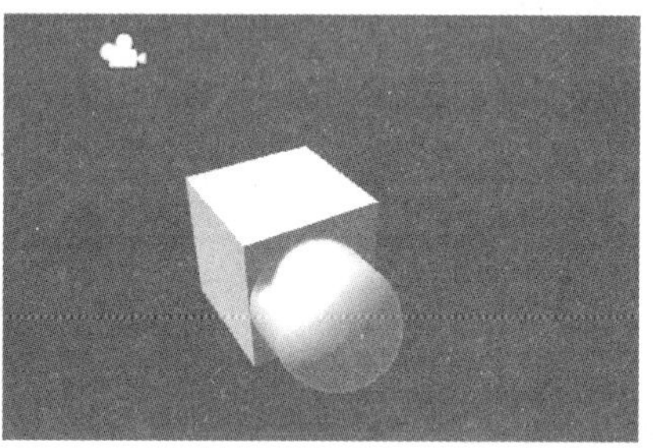

在场景中使用旋转工具就不会发生上述问题，因为 Unity 内部是使用四元数系统的，旋转工具不会产生万向节锁定问题。

2.14.2 四元数

四元数可以用来表示物体的旋转和朝向。四元数内部包含了四个数字（通常用 *x*、*y*、*z*、*w* 来表示），但是，这四个数字并不代表直观上旋转的角度，我们在使用时也不应该直接读取或单独修改 *x*、*y*、*z*、*w* 的值。四元数有着完整的数学定义，我们用它来表示三维控件中的旋转和朝向时，只需要了解相应的使用方法即可。

我们知道，向量可以用来表示位置和位移，四元数同样也能用来表示朝向和旋转（朝向的变化）。位置的零点是坐标轴原点，四元数的原点记作 Identity。

优点：不存在万向节锁定问题。

缺点 1：一个四元数无法表示超过 180° 的旋转。

缺点 2：四元数的数值无法直观理解。

在 Unity 中，所有物体的旋转和朝向，在引擎内部都是以四元数表示的，因为相对来说，四元数的优点更为重要。

在检视窗口中，我们还是以欧拉角表示物体的旋转，因为它更容易理解和编辑。但是这个欧拉角在引擎内部还是会转换为四元数进行保存，如下图所示。

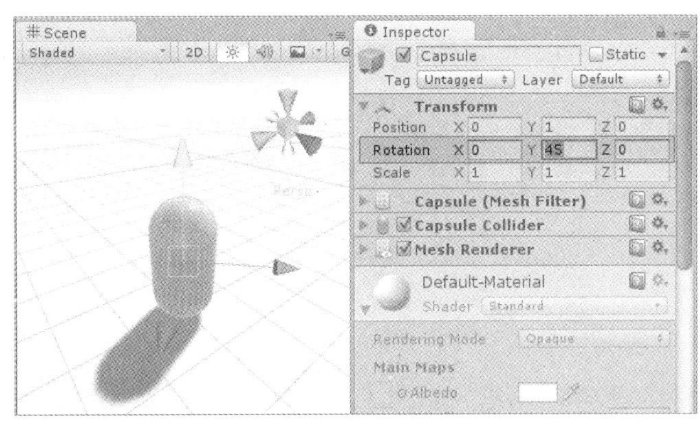

Unity 的这种设计有一个副作用，如果在检视窗口中输入一个大于 180° 的旋转值，例如，将某个物体的旋转值设置为(0,365,0)，这时运行游戏，这个值会自动变成(0,5,0)，这是因为四元数无法表示一个“先转 360°，再转 5°”的朝向，而是会简单地表示 5° 这个结果。

2.14.3　直接使用四元数

在脚本中使用四元数时，应当使用 Quaternion 类以及它提供的众多方法来创建和修改四元数。某些方法会使用欧拉角作为参数（欧拉角通常用 Vector3 表示），但是，在程序中应当尽可能以四元数来记录和运算旋转相关的信息，这可以最大程度地避免使用欧拉角带来的问题。可以通过 Quaternion.Eular 方法将欧拉角转换为四元数。

Quaternion 类包含许多方法，这些方法可以实现创建四元数、运算四元数、转换四元数等功能。下面列举了一些。

创建四元数的方法。

- Quaternion.LookRotation
- Quaternion.AngleAxis
- Quaternion.FromToRotation

其他相关方法。

- Quaternion.Slerp
- Quaternion.Inverse
- Quaternion.RotateTowards
- Transform.Rotate

当使用欧拉角比较方便时，也可以在局部使用欧拉角。但是要避免将代表一个物体朝向的四元数转换为欧拉角并修改后再转换回去，这种不必要的操作会带来各种问题。下面是最常见的使用欧拉角的例子：将一个物体绕 *Y* 轴转 30°。

```
transform.Rotate(0,30,0);
```

下面展示一些错误的例子。当脚本的目的是让物体沿 *X* 轴每秒转 10° 时，我们先来看看常见的错误写法。

```
    // 常见的错误写法 1：不应当直接修改四元数的值，rot.x 的值并不是绕 X 轴旋转的角度
    void Update () {
```

```
    var rot = transform.rotation;
    rot.x += Time.deltaTime * 10;
    transform.rotation = rot;
}

// 常见的错误写法 2：将朝向转换为欧拉角，修改后再转换回去
// 将四元数转换为欧拉角时，并不像直观看上去那么简单。差异不大的朝向，所转换出的欧拉角可能会有很大的差异。且会在转换中遇到万向节锁定的问题
void Update () {
    var angles = transform.rotation.eulerAngles;
    angles.x += Time.deltaTime * 10;
    transform.rotation = Quaternion.Euler(angles);
}
```

接下来给出一个相对正确的写法。

```
// 以下代码可以避免读取当前四元数的值，直接通过连续指定最终角度来让物体旋转
float x;
void Update () {
    x += Time.deltaTime * 10;
    transform.rotation = Quaternion.Euler(x,0,0);
}
```

2.14.4 在动画中表示旋转

在 Unity 的动画窗口中，允许你使用欧拉角来制作旋转动画。

如果将动画的旋转用欧拉角表示的话，将很容易表示超出 180° 的旋转。例如，假设一个物体原地旋转 720° ，用欧拉角表示就是(0,720,0)，而用四元数表示将会非常困难。

2.14.4.1 动画窗口中的操作

Unity 的动画窗口提供了一个选项，用户可以在四元数或者欧拉角之间进行切换。使用四元数或者欧拉角描述动画有非常大的差异。使用欧拉角描述时，表示要完全按照指定的角度来进行旋转；而使用四元数描述时，则表示只关心最终旋转到的角度，物质在旋转的过程中是按照最短路径来运动的。

本书的动画相关章节会详细讨论动画窗口中的相关操作。

2.14.4.2 外部的动画资源

当从外部资源导入做好的动画时，这些动画通常都带有用欧拉角表示的旋转关键帧。Unity 默认会重新计算这个动画，并在必要时插入一些新的以四元数表示的关键帧，以尽量防止出现超出四元数可以表示的旋转范围的情况。

例如，考虑这样一个动画：首尾是两个关键帧，中间间隔 6 帧。首帧指定旋转角度为 0° ，尾帧指定旋转角度为 270° 。如果直接导入这样一个动画而不做处理，那么结果就是反向旋转 90° ，因为反向旋转 90° 才是最近的一个旋转路线。动画系统为了避免这个问题，会自动添加很多关键帧，以保证动画能按照最初的设计，正向旋转 270° 。

当 Unity 自动调整导入的动画时，可能会出现一些精度方面的问题。所以 Unity 提供了关闭自动调整的方法。这样就可以继续用欧拉角表示原始的动画了。

2.15 灯光

灯光奠定了一个场景的基调。在游戏中，模型和贴图定义了场景的骨架和外表，灯光则定义了场景的色调和情感。很多时候我们会用到多个灯光，同时调节多个灯光以让它们协同工作需要反复练习和尝试，但是最终可以得到一个非常棒的效果。下图是用侧光源表现出来的场景。

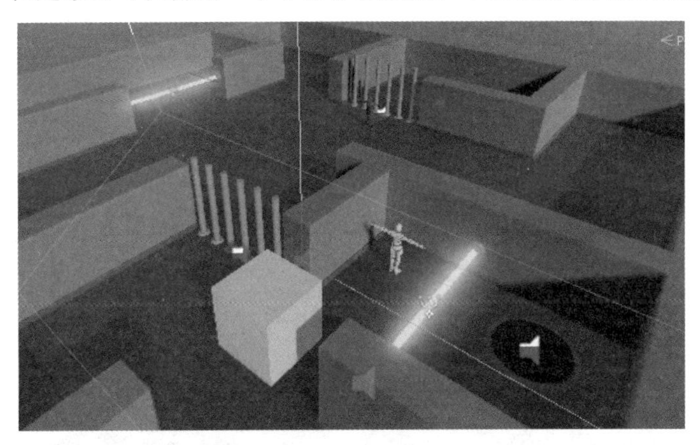

添加灯光的方法和创建方块的方法类似，在层级窗口中添加 Light > Directional Light 即可，灯光也分很多类型，Directional Light 是方向光源，最适合作为室外场景的整体光源。灯光本质上是一个组件，所以对灯光进行移动、旋转等操作的方法和对其他物体进行相应的操作并没有区别，甚至还可以把灯光组件直接添加到游戏物体上，灯光组件位于 Rendering 分类中。

下面介绍灯光组件的设置参数。

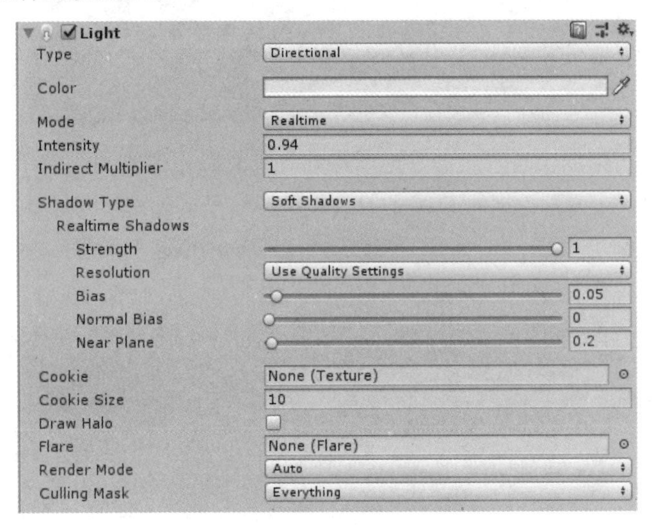

只要稍微改动灯光的颜色，就可以得到完全不同的场景氛围。偏黄、红色的光源使场景显得温暖，暗绿色的光源则使场景显得潮湿、阴暗。

2.15.1 渲染路径

Unity 支持不同的渲染路径。不同的渲染路径影响的主要是光照和阴影，选择哪种渲染路径主要取决于所要做的游戏本身的需求，选择合适的渲染路径有助于提高游戏的性能。

2.15.2 灯光的种类

Unity 中有各种类型的灯光，在合适的地方使用合适的灯光，再配合阴影效果，可以极大提升游戏的表现力。

2.15.2.1 点光源

点光源是指空间中的一个点向每个方向都发射同样强度的光。在只有一个点光源的场景中，直接照射某个物体的一条光线，一定是从点光源中心发射到被照射位置的。光线的强度会随着距离的增加而减弱，到了某个距离就会减小为 0。光照强度与距离的平方成反比，这被称为平方反比定律，其与真实世界中的光照规律相吻合。

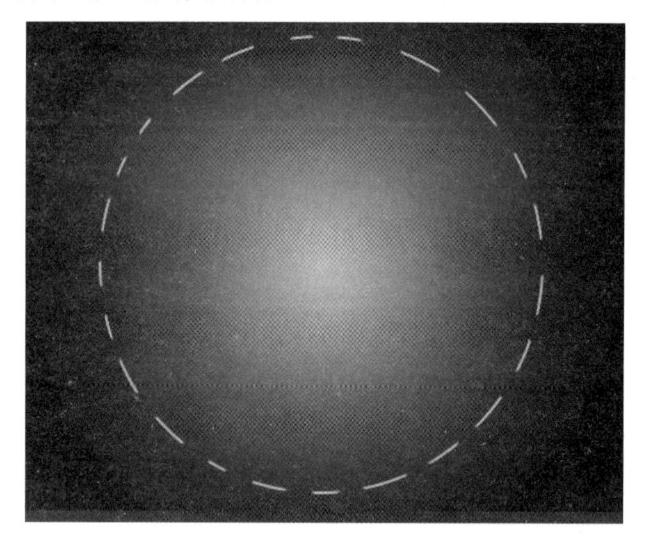

点光源非常适合用来模拟场景中的灯泡或蜡烛等具有特定位置的光源，而且还能用于模拟枪械发射时照亮的效果。一般开枪时枪口闪光的效果是用粒子实现的，但是枪口的火焰会在瞬间照亮周围的环境，这时就可以用一个短时间出现的点光源来模拟这个效果，以使得开枪的效果更为逼真。下图是点光源用在场景中的效果。

2.15.2.2　探照灯

探照灯可以类比为点光源，它也具有位置固定、强度随着距离增大而逐渐减弱的特点。最主要的区别是，探照灯的发射角度是被限制在一个固定的角度内的，最终形成了一个锥形（蛋筒状）的照射区域，锥形的开口默认指向该光源所在游戏物体的 Z 轴方向（前方）。

探照灯发射的光线会在锥形侧边缘处截止。扩大发射角度可以增大锥形的范围，但是会影响光线的汇聚效果，这和现实中的探照灯或手电筒的光线特征是一致的。

探照灯通常用来表现一些特定的人造光源，例如手电筒、汽车大灯或者直升机上的探照灯。在脚本中控制物体的旋转，就可以控制探照灯的方向。试想：在一个黑暗的环境中，有一只探照灯一边左右查看一边慢慢前进。这样就可以营造出一种引人入胜的效果，或是一种恐怖的感觉。下图是探照灯在场景中的效果。

2.15.2.3　方向光

方向光非常常用，默认的场景中就有一个方向光。绝大多数场景都需要阳光来提供基本的照相，就算是夜晚的场景也需要一个类似月光的照明效果。和现实中的太阳光非常相似，方向光并没有发射源位置，也就是说在场景中，方向光所在的位置并不会对效果产生任何影响。所以，方向光可以放在任何位置，但是它的旋转角度非常重要。对方向光来说，所有的物体都会被同一方向的光照射到，光照的强度不会减弱，且与距离完全无关。

由于太阳离我们非常遥远，所以太阳照到地面上的光线可以被认为是平行的，这就是方向光模拟太阳光的原理。

可以认为，方向光代表着遥远而又巨大的光源对当前场景的影响，这个光源非常遥远以至于可以认为它在游戏世界之外，就像太阳和月亮。在游戏世界中，使用方向光可以带来非常有说服力的阴影效果，虽然没有指定光线具体从哪里来，但效果看起来和现实世界非常符合。

每个新建的场景默认都有一个方向光。在 Unity 5.0 之后的版本中，这个默认的方向光会和天空盒有关联，相关设置在全局灯光窗口中（Lighting > Scene > Skybox）。天空盒的颜色以及默认的太阳贴图的位置都会和方向光绑定，实现非常逼真的场景。这些设置（包括太阳的素材、绑定的光源、天空盒）都是可以修改的。

通过倾斜方向光源，可以让方向光接近平行于地面，营造出一种日出或日落的效果。如果让方向光向斜上方照射，不仅整体环境会暗下来，天空盒也会暗下来，就和晚上一样。而当方向光向下照射时，天空盒也会变得明亮，就像又回到了白天。通过修改天空盒的设置，或者方向光的颜色，可以给整体环境笼罩上不同的色彩。

2.15.2.4 区域光源

区域光源在空间中是一个矩形。光线从矩形的表面均匀地向四周发射，但是光线只会来自矩形的一面，而不会出现在另一面。区域光源不提供设置光照范围的选项，但是因为光线强度是受平方反比定律约束的，最终光照范围还是会被光照强度所控制。由于区域光源所带来的计算量比较大，引擎不允许实时计算区域光源，只允许将区域光源烘焙到光照贴图中。

和点光源不同，区域光源会从一个面发射光线到物体上，也就是说照射到物体的光线同时来自许许多多不同的点、不同的方向，所以得到的光照效果会非常柔和。用区域光源可以营造出一条非常漂亮的充满灯光的街道，或是以柔和的光线照亮的游戏世界。使用一个较小的区域光照，可以用来照亮一个较小的区域（例如一个房间），但是得到的效果比使用点光源得到的效果更接近真实世界的效果。

2.15.2.5 发光材质

与区域光源类似，发光材质也可以从物体的表面发射出光线。它们会发射出散射式的光线到场景中，引起场景中其他物体的颜色和亮度发生变化。前面说到区域光照不支持实时渲染，相对地，发光材质支持实时计算。

在默认的着色器中，有一项 Emission 可以用来设置发光材质。此项默认不勾选，也就是该材质不会发光。勾选此项后，就可以指定发光的贴图、光的颜色、发光强度等内容。

注意：这种方式发射的光线只会影响场景中的静态物体。

2.15.2.6 环境光

环境光是一种特殊的光源，它会对整个场景提供照明，但这个光照不来自于任何一个具体的光源。它为整个场景增加基础的亮度，影响整体的效果。在很多情况下环境光都是必要的，一个典型的例子是明亮的卡通风格的场景，这种场景要避免浓重的阴影，甚至很多影子也是手绘到场景中的，所以用环境光来代替普通的灯光会更合适。当我们需要整体提高场景的亮度（包括阴影处的亮度）时，也可以用环境光来实现。

和其他类型的灯光不同，环境光不属于组件。它可以在光照窗口的 Scene > Environment Lighting 一栏中进行调节。下图是光照窗口。默认环境光是以天空盒作为基础，并可以在此基础上调节亮度。

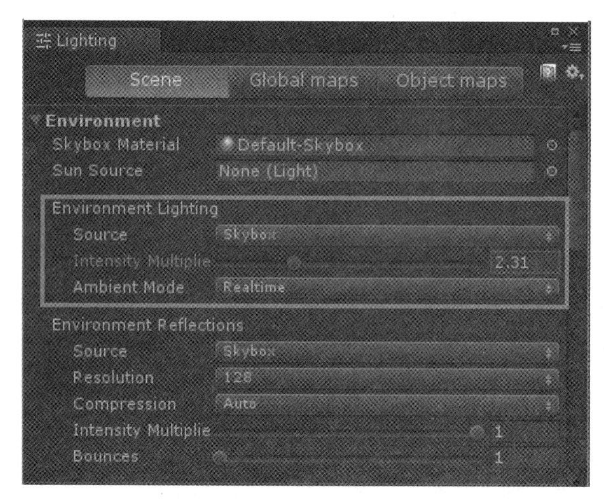

2.15.3　灯光设置详解

灯光决定了物体的着色效果，以及物体的阴影效果。因此，灯光和摄像机一样都是图像渲染中非常基础的部分。

2.15.3.1　属性

属　　性	功　　能
Type	灯光类型，可能的类型有方向光、点光源、探照灯和区域光源
Range	指定光线照射的最远距离。只有某些光源有这个属性
Spot Angle	探照灯光源的照射角度
Color	指定光的基本颜色
Mode	灯光的渲染模式。有 Realtime、Mixed 和 Baked 三种选项，分别是实时光照、混合光照和预先烘焙
Intensity	调节光照的强度
Indirect Multiplier	反射系数。反射（间接光照）就是从物体表面反射的光线，反射系数会影响反射光衰减的比例，一般这个值小于 1，代表随着反射次数的增加，光线强度越来越低。但也可以取大于 1 的值，让每次反射光线都会变强，这种方法用于一些特殊的情况，例如需要看清阴影处的细节的时候。也可以将此值设置为 0，即只有直射光没有反射光，用来表现一些非常特殊的环境（例如恐怖的氛围）
Shadow Type	设置光线产生硬的阴影（Hard Shadows）、软的阴影（Soft Shadows）或是没有阴影（No Shadows）
Baked Shadow Angle	当对方向光源选择产生软的阴影时，这个选项用来柔化阴影的边界以获得更自然的效果
Baked Shadow Radius	当对点光源或探照灯光源选择产生软的阴影时，这个选项用来柔化阴影的边界以获得更自然的效果
Realtime Shadows	当选择产生硬的阴影或软阴影时，这一项的几个属性用来控制实时阴影的效果
Strength	用滑动条控制阴影的黑暗程度，取值范围为 0~1，默认为 1
Resolution	控制阴影的解析度，较高的解析度让阴影边缘更准确，但是需要消耗更多的 GPU 和内存资源
Bias	用滑动条来调整阴影离开物体的偏移量，取值范围为 0~2，默认值为 0.5。这个选项常用来避免错误的自阴影问题
Normal Bias	用滑动条来让产生阴影的表面沿法线方向收缩。取值范围为 0~3。这个选项也用来避免错误的自阴影问题
Near Plane	这个选项用来调节最近产生的阴影的平面，取值范围为 0.1~10。它的值和灯光的距离相关，是一个比例。默认值为 0.2
Cookie	指定一张贴图，来模拟灯光投射过网格状物体的效果（例如灯光投射过格子状的窗户以后，呈现出窗格的阴影）
Draw Halo	灯光光晕，由于灯光附近灰尘、气体的影响而让光源附近出现一个团状区域 Unity 还提供了专门的光晕组件，可以和灯光的光晕同时使用
Flare	和灯光光晕不同，镜头光晕是模拟摄像机镜头内光线反射而出现的一种效果。在这个选项中可以指定镜头光晕的贴图
Render Mode	使用下拉菜单设置灯光渲染的优先级，这会影响到灯光的真实度和性能
Auto	运行时自动确定，和品质设置（Quality Settings）有关

续表

属　性	功　能
Important	总是以像素级精度渲染，由于性能消耗更大，适用于屏幕中特别显眼的地方
Not Important	总是以较快的方式渲染
Culling Mask	剔除遮罩。用来指定只有某些层会被这个灯光所影响

2.15.3.2　细节

如果使用带有透明通道的材质作为灯光的 Cookie，那么该 Cookie 的透明度会影响光线的亮度。可以让亮度连续变化，这可以很好地增加场景的复杂度与气氛。

绝大部分内置的着色器都可以与每种光源协同工作。但是顶点光照着色器无法实现 Cookie 与阴影。

所有的灯光都可以选择性地产生阴影。要做到这点可以通过调节每种灯光的阴影选项来实现。

2.15.3.3　提示

- 带有 Cookie 的探照灯，特别适合用来表现一束探照灯穿过窗户照进房间的效果。
- 低强度的点光源适合用来表现场景的深度、层次感。
- 使用顶点光照着色器可以大幅提升性能。这种着色器只为每个顶点计算光照，可以在低端设备上实现非常好的性能。

2.15.4　使用灯光

创建并放置光源的方法，和创建一个立方体并没有什么区别。例如可以通过在检视窗口中单击右键，选择 Create > Light > Directional Light 创建一个方向光源。在选中一个灯光物体时，可以看到它的辅助框线，不同的灯光有不同的框线。在场景视图窗口中可以开启和关闭光照效果，下图中的太阳图标即是开关按钮。

前面介绍过，方向光的位置不重要（除非使用了 Cookie 的情况），角度很重要。修改点光源、探照灯光源的位置和方向都可以在场景中立即看到效果。此外，这些光源的辅助框线也清晰地展示了光源的影响范围。

下图是探照灯以及辅助框线，注意圆锥形的黄色线条。

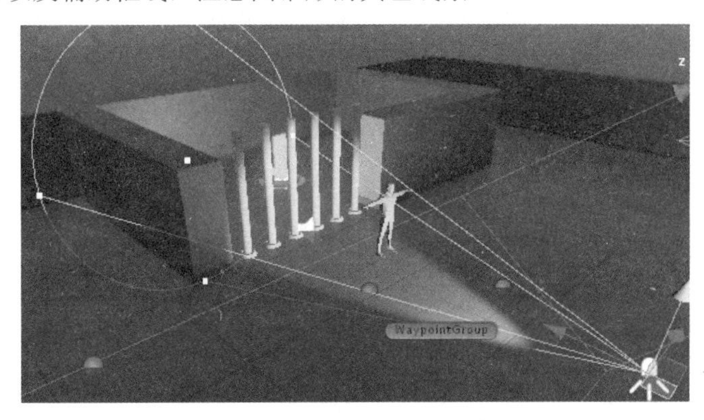

方向光源通常用来表现日光下的效果。一般日光的方向是斜向下方的，如果用垂直地面照射的光，会显得很死板。例如，当一个角色跳入场景的时候，如果方向光源是正射而不是有一定角度的话，立体感和表现力就会差很多。

探照灯和点光源通常用来表现人造光源。我们在使用时会发现：刚开始将它们加入场景时，往往看不到什么效果，只有将光线的范围调整到合适的比例时，才能看到明显的变化。当探照灯只是射向地面时，只能感受到一个锥形的照亮范围。只有当探照灯前有一个角色或者物体经过时，才会体会到探照灯特有的效果。

灯光具有默认的光照强度和颜色（白色），适用于大多数正常的场景。但是当你想要个性化的场景氛围时，调整它们可以立即得到完全不同的效果。例如，一个闪耀着绿光的灯光将周围的物体照亮成绿色；汽车的大灯带有一些黄色而不是纯白。在更有想象力的场景中需要更有想象力的灯光，例如，在遥远的另一个星球上，有着黄色的太阳。

2.16 摄像机

摄像机本身是拍摄电影的工具。3D 游戏中引入了摄像机的概念，作为场景空间与最终屏幕展示之间的媒介。游戏运行时，场景中至少需要有一台摄像机，也可以有多台摄像机。多台摄像机可以用来同时显示场景中两个不同的部分（比如双人分屏游戏），也可以用来制作一些高级的游戏效果。

在 Unity 中，摄像机作为一种组件，是被挂载到游戏物体上的，所以甚至可以用动画或者物理系统来控制摄像机。实际上，如何操作摄像机只受限于你的想象力，只要能够提高游戏的表现力，传统的或者创新的方式都是值得尝试的。

2.16.1 属性介绍

摄像机用来拍摄场景，并将它展现给玩家。通过调节摄像机的属性，改变摄像机的运动方式就足以实现非常独特的效果。Unity 对于摄像机的数量不做限制，且可以为这些摄像机设定不同的优先级，让摄像机拍摄场景中不同的位置。甚至还可以用来实现某些极为特殊的功能，例如透视、小地图、无人机、双人同屏等。

下图是摄像机组件的截图。

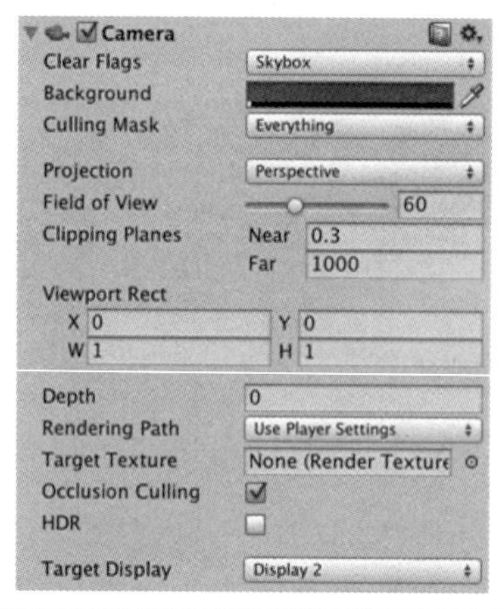

属　性	功　能
Clear Flags	清除标记。用来指定屏幕中未绘制部分如何处理。当使用多个摄像机时这个选项非常必要，下面会详细解释
Background	场景中没有物体，也没有天空盒的区域，会显示这个选项指定的背景颜色
Culling Mask	剔除遮罩。可以用来指定某些层不被渲染
Projection	切换透视摄像机或正交摄像机 Perspective，默认的透视摄像机模式 Orthographic，正交摄像机模式。注意：延迟渲染（Deferred rendering）在正交模式下不可用，此模式下总是使用前向渲染（Forward rendering） Size，当使用正交模式时，指定摄像机拍摄的范围
Field of View	当使用透视摄像机时，指定视野的角度
Clipping Planes	剪切面。指定摄像机渲染的距离范围，过近或过远的物体都不会被渲染 Near，靠近摄像机的那个剪切面的距离 Far，远离摄像机的那个剪切面的距离
Viewport Rect	视图矩形。四个值用来确定摄像机拍摄到的画面显示到屏幕的哪个位置，以及显示的大小。这四个值是标准化的值，取值范围从 0 到 1，按比例计算 X，摄像机画面输出到屏幕上的起始点的 *X* 轴坐标 Y，摄像机画面输出到屏幕上的起始点的 *Y* 轴坐标 W，摄像机画面输出到屏幕上的宽度 H，摄像机画面输出到屏幕上的高度
Depth	深度。决定了该摄像机在绘制顺序中的序号。较大深度的摄像机画面会稍后绘制，所以会覆盖较低深度的画面
Rendering Path	渲染路径。Unity 提供了多种不同的渲染路径，影响了光照、阴影等渲染问题 Use Player Settings，使用播放器的设置。渲染路径以播放器中的设置为准 Vertex Lit，顶点光照方式 Forward，前向渲染方式。每个物体的每个材质受到光照的影响，都会被计算一遍 Deferred Lighting，延迟渲染。先在不考虑光照的前提下渲染每一个物体。然后再统一计算每个像素的光照

续表

属　性	功　能
Target Texture	目标贴图。摄像机默认渲染到屏幕上，但是设置此选项以后，就会渲染到一张贴图上去。这在制作小地图等特殊效果时非常有用
HDR	让这个摄像机开启/关闭高动态范围度功能
Target Display	显示目标。指定该摄像机渲染到哪个外部设备上，可选从 1 至 8 的数值

2.16.2　细节

摄像机是将游戏画面呈现给玩家的基础。摄像机可以被设置、被调整，也可以用脚本来控制，甚至还可以作为子物体被挂载到其他父物体下面，其用法非常灵活。对于桌面类游戏来说，可能只要一个静态的全景摄像机就够了。而对于主视角游戏来说，最简单的方法是将摄像机挂载到游戏人物身上，高度设置为眼睛的高度。对于赛车游戏来说，你可能希望摄像机保持在车辆后面的某个位置。

可以创建多个摄像机，并将它们设置为不同的深度（Depth）。摄像机画面会从较低深度开始，逐步向高一级绘制。举个例子，深度值为 2 的摄像机画面会覆盖在深度值为 1 的摄像机上面。

可以通过设置视图矩形来设定摄像机画面显示到屏幕上的位置和大小。这样就可以创建多个“画中画”的效果，如小地图、无人机拍摄的画面、后视镜等。

2.16.3　渲染路径

Unity 支持几种不同的渲染路径，可以根据游戏类型与目标发布平台进行选择。不同的渲染路径会带来不同的渲染效果，以及不同的性能损耗，它们影响的主要是场景中灯光与阴影的表现。默认渲染路径是在播放器设置中统一配置的，也可以为每个摄像机设定不同的渲染路径。

2.16.4　清除标记

每个摄像机保存着各自的颜色和深度信息。没有物体可渲染的部分就是空白区域，空白区域会默认渲染为天空盒。当使用多个摄像机的时候，每个摄像机都保存着自己的颜色与深度信息，这些信息是可以重叠的。为每一个摄像机设置不同的清除标记，可以达到同时显示两层画面的效果，具体的设置有如下四种。

2.16.4.1　天空盒

天空盒是摄像机清除标记的默认设置，空的区域（没有东西可显示的区域）会显示为天空盒。这个天空盒默认以光照窗口（Lighting Window，在主菜单的 Window > Lighting 选项中打开）中指定的天空盒为准。

可以为每个摄像机添加不同的天空盒，可以尝试在摄像机上添加专门的天空盒组件（Skybox Component）。

2.16.4.2 纯色

空白区域以纯色显示，该颜色在摄像机的背景色（Background Color）中指定。

2.16.4.3 仅深度

仅深度这一选项可以用于混合两个摄像机所看到的画面。由于摄像机的深度为多个摄像机区分了先后绘制顺序，因此，后一个摄像机在摄制时，就可以保留前一个摄像机的画面，但却清除之前所有的深度信息。这样一来，后一个摄像机所拍摄的画面就会叠加到之前的画面上，但是绝对不会被遮挡（因为之前的深度信息已经被清除了）。

这个功能经常被使用，比如用它来制作主视角射击游戏中主角手持的枪。FPS 的主角持枪靠近墙的时候，枪的模型很容易穿进墙面（这被称作模型穿墙问题）。而这时如果把枪放在远离场景的位置，然后用另一个摄像机单独渲染枪支，再把枪支叠加到游戏画面中，这时枪支就绝对不会被任何物体挡住了。

在下图中，场景中只有红色的地面与白色的方块。蓝色的球放在很远的地方，用一个单独的摄像机渲染这个球。单独的摄像机深度值较大，且设置为“仅深度”。这样蓝色的球就会叠加到场景中，且蓝色的球无论远近，都不会被挡住。

2.16.4.4 不清除

不清除模式既不清除之前渲染的画面，也不清除深度信息。结果是每个摄像机看到的画面都被直接混合起来。这会造成一种比较混乱的显示效果，这种模式在游戏中很少使用，只有在自定义着色器的情况下才可能有用武之地。

注意：在某些GPU硬件（特别是很多移动平台的GPU）上，这个模式可能会带来不可预计的后果，可能会导致两个摄像机的画面混乱叠加，也可能会出现随机颜色的像素。

如下图所示，场景的布置和之前一样，将“仅深度”改为“不清除”，则两个摄像机的深度信息会叠加起来。两个摄像机所看到的不同物体，在叠加时仍然会有前后遮挡的关系。

2.16.5 剪切面

摄像机所拍摄的范围，实际上是一个金字塔的形状，被称为视椎体（Camera Frustum）。由于我们不需要渲染特别远处的物体，所以实际上需要拍摄的物体可以被限制在一个很有限的范围内。

如下图所示，这个范围可以简单地用两个平面来表示，离摄像机较近的平面叫作近剪切面（Near Clipping Plane），较远的叫作远剪切面（Far Clipping Plane）。这两个平面截取了视椎体的一部分，我们只需要拍摄和渲染中间的这一部分物体即可。将远剪切面移到更远处，就可以看到更多远处的细节；拉近远剪切面，可以减少渲染的工作，提高游戏的性能。

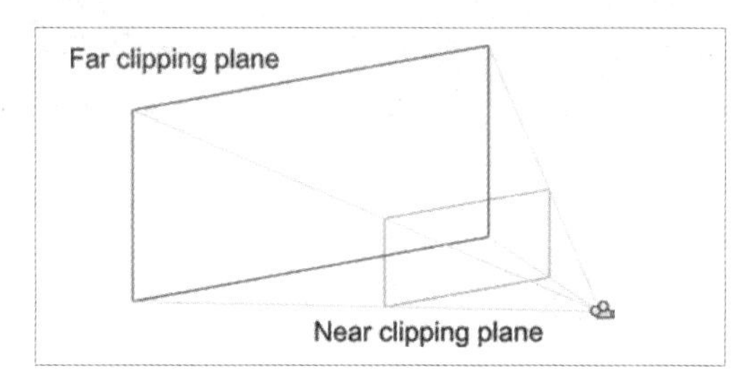

完全位于视椎体之外的物体不需要被渲染，这一特性被称为视椎体裁剪（Frustum Culling），视椎体裁剪是3D游戏引擎最基本的功能之一，不需要关闭也不需要配置。但是需要注意不要和其他功能搞混。

更进一步，为了深度优化游戏，可能希望不同层级的物体具有不同的裁剪距离，例如，很小的物体只有在很近处才能被看到，大型的建筑在很远的地方就会被看到。Unity 提供了相关的功能，但是只能在脚本中进行相关操作，方法名为 Camera.layerCullDistance，详见相关文档。

2.16.6 剔除遮罩

剔除遮罩用来指定只渲染某一个层级的物体。

摄像机的这个选项是和游戏物体的层级配合使用的，详见本书中讲解游戏物体的层级的章节。

2.16.7 视图矩形

标准化视图矩形（Normalized Viewport Rectangle）用来指定摄像机所拍摄的内容固定显示在屏幕的某一个矩形的范围内。例如，可以将一个小地图视图放在屏幕右下角的位置，或者将一个无人机视图放在屏幕左上角的位置。通过配置视图矩形，可以实现非常特别的界面效果。

用视图矩形来实现双人分屏游戏也非常简单，步骤如下。

1. 创建两台摄像机，分别显示两个玩家各自的画面。
2. 将两台摄像机视图矩形的值都设置为 0.5。
3. 将第一台摄像机视图矩形的值设置为 0，第二台的值设置为 0.5。

只需要简单几步操作，就可以让两台摄像机分别显示屏幕中不同的区域，实现了分屏的效果。用 Unity 很容易做到下图这种分屏效果，同样的方法还可以做出四分屏的效果。

2.16.8 正交摄像机

关于正交摄像机的例子和图片，已经在本书的第一章中有过详细介绍，此处省略。

2.16.9 渲染贴图

渲染贴图（Render Texture）选项可以将摄像机所拍摄到的画面渲染到一张贴图上，这张贴图可以被应用在另一个物体上。这个功能让我们很容易做出游戏中的镜子、显示屏、小地图、监视器等内容。发挥想象力还能做出其他非常有趣的效果（比如可以让角色跳进屏幕里）。

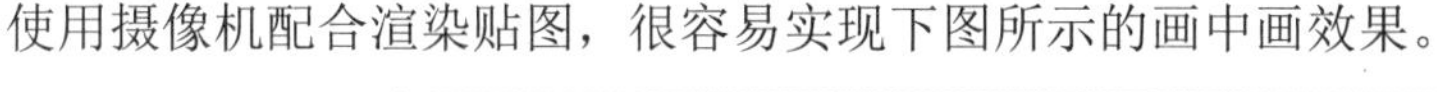

使用摄像机配合渲染贴图，很容易实现下图所示的画中画效果。

2.16.10　显示目标

现代的个人电脑支持多显示器，某些游戏可以在三个屏幕上拼接显示游戏内容。摄像机可以指定所要渲染的目标的序号，最多可以选择 8 台显示设备中的一台。这个功能只在 Windows、macOS 和 Linux 这些桌面系统上有效。

2.16.11　其他提示

- 摄像机所在的游戏物体可以被实例化、被作为子物体，也可以用脚本控制，和其他游戏物体一样。
- 使用较大或较小的视野范围，可以用于表现不同的场景。
- 如果在摄像机物体添加刚体，也可以让摄像机受物理引擎的控制。
- 场景中摄像机的数量不受限制，只需要考虑性能。
- 正交摄像机非常适合用来表示 3D 用户界面。
- 如果由于两个物体表面非常接近而产生显示问题，试着尽可能加大近剪切面。
- 摄像机无法同时渲染到屏幕上和一张贴图上，一次只能选择一个。
- Unity 官方提供了一个控制摄像机运动的专业插件——Cinemachine，可以用于实现各种各样的游戏类型，详见官方文档。

2.17　开始做游戏吧

到目前为止，你已经学习了 Unity 的界面和基本操作，以及如何使用资源，怎样创建场景等等，最后还学习了如何发布游戏。实际上，现在已经没有什么能阻碍你做出自己想要的游戏了，一路上我们学习了很多东西，也许我们对很多概念理解得不深，但随着实践的深入，你可以再回头看看这些基本概念，参考更多的资料，以增强自己的游戏开发技能。

切记，在了解了最基本的概念以后，我们随时都可以开发游戏。千万不要等一切准备就绪才开始，那一天可能永远都不会到来。

第 3 章　资源工作流程

本章将介绍在 Unity 引擎中使用资源的基本方法。

资源是你在游戏或者项目中使用的任何内容的表示。资源可能来自 Unity 引擎之外创建的文件，如 3D 模型、音频文件、图像或 Unity 支持的任何其他类型的文件。在 Unity 中还可以创建一些类型的资源，如 Animator 控制器、音频混合器或渲染贴图。下图是一些可以被导进 Unity 的资源类型。

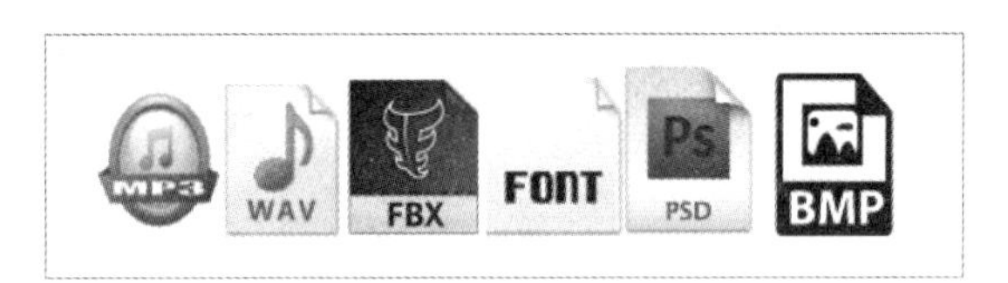

3.1 内置的基础物体

Unity 可以使用 3D 建模工具创建任意形状的 3D 模型。而且 Unity 也有许多自带的可以直接生成的原始物体，如立方体、球体、胶囊体、圆柱体、平面和四边形。这些物体自身通常都很常用（例如平面就常常被用来做成平坦的地表），但是它们也可以用来当成替代品和做出原型来提供测试。可以通过 GameObject > 3D Object 选择相应物体并添加到场景中。

3.1.1 立方体

下图是一个边长为 1 单位的简单立方体，如果给它进行贴图的话，贴图纹理会重复出现在每一个面上。一个标准的立方体在许多游戏中并不会经常被使用。但是只要改变它的大小，它就可以变成墙壁、柱子、箱子、台阶和其他类似的物体。当成品模型还没被制作出来时，它也会在开发时被程序员当成一个便捷的替代品。例如，一辆汽车就可以用尺度大致相似的细长的立方体盒子代替。尽管这不适合最终的游戏，但是作为测试车辆控制代码的代替品已经很合适了。既然标准立方体的边长是 1 单位，那么，你也可以添加立方体到场景中去，用它来检验导入场景的网格的比例是否正确。

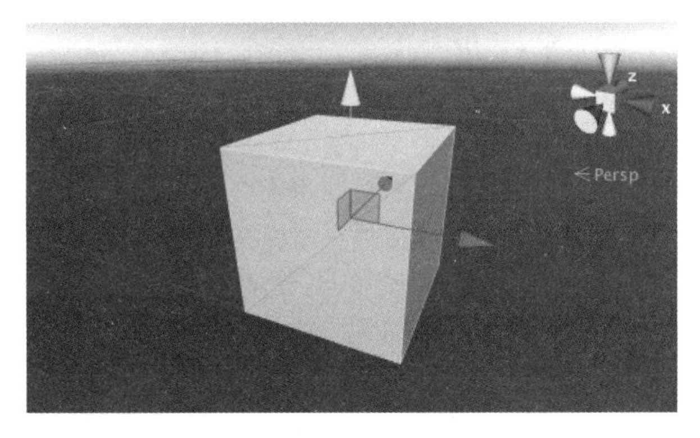

3.1.2　球体

下图是直径为 1 单位的球体（半径为 0.5 单位），如果贴图的话，整个贴图纹理会依据上下两个极点环绕包裹整个球体表面。球体可以作为各种球、行星、炮弹。半透明的球体也可以制作为不同半径的、很漂亮的 GUI 设备。

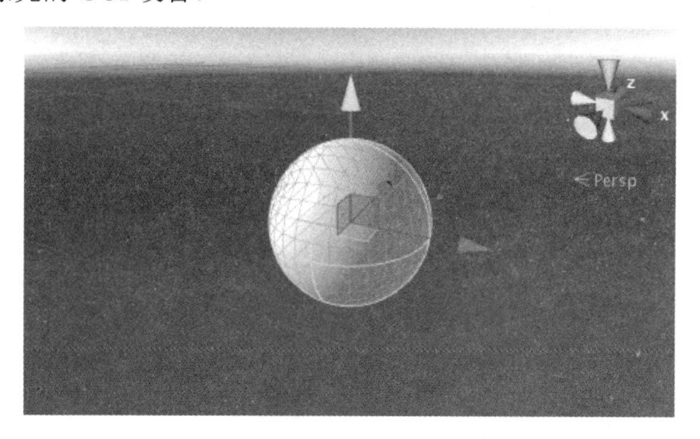

3.1.3　胶囊体

一个胶囊体是中间一个柱体和两端两个半球体的组合。整个物体的直径为 1 单位长度、高度为 2 单位长度（中间柱体的高是 1 单位长度，两个半球的半径为 0.5 单位长度）。它被贴图的话，贴图纹理会依据上下两端，即半球的顶端，收缩包裹整个胶囊体。现实中这个形状的物体并不多见，但胶囊体在原型中却是一个很实用的替代品，特别是对一些工作来说，使用了胶囊体的物理效果表现要比使用立方体的效果更好。

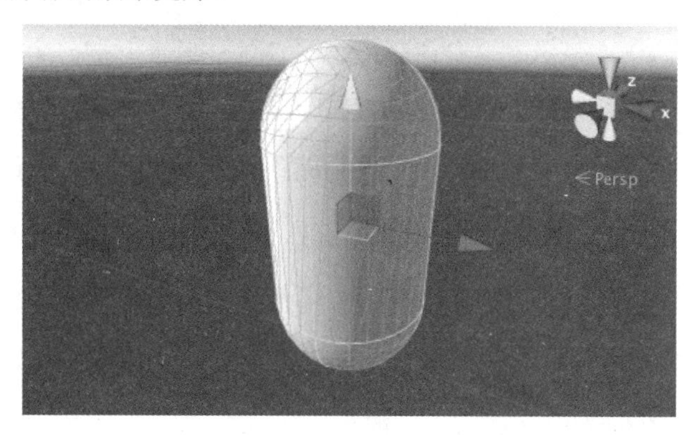

3.1.4　柱体

这是一个直径为 1 单位长度、高度为 2 单位长度的简单柱体，被贴图的话，贴图纹理会覆盖到柱体的表面，包括上下两个底面。用柱体创建柱子、杆、轮子这些物体十分方便，但是需要注意，碰撞盒子的形状要选择胶囊体（Unity 并没有柱体形状的碰撞盒子）。如果在一些物理实验中需要柱体准确地碰撞盒子，则需要在建模工具中创建一个合适形状的网格，并把它导入网格碰撞体中。

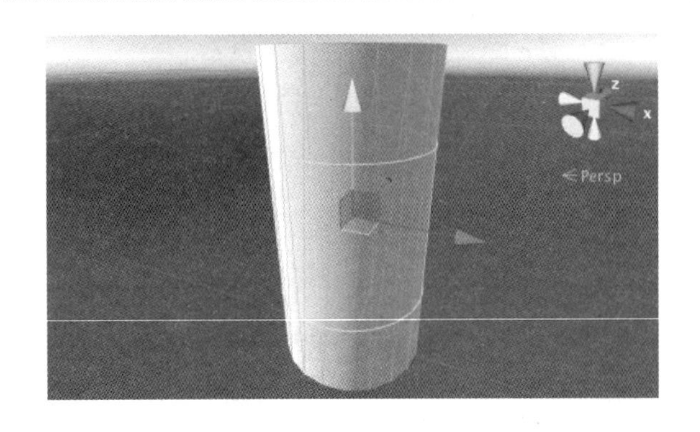

3.1.5 平面

下图是一个边长为 10 单位长度，且只能在本地坐标空间 *XZ* 平面中调整的平面正方形。被贴图的话，整张贴图纹理都会出现在这个正方形上。平面适用于很多类型的扁平表面，比如说地板、墙壁。一个处在 GUI 中的表面在某些时候还需要显示一些图片和电影画面等特殊效果。尽管一个平面可以实现这些效果，但更简单的四边形更适合解决这些问题。

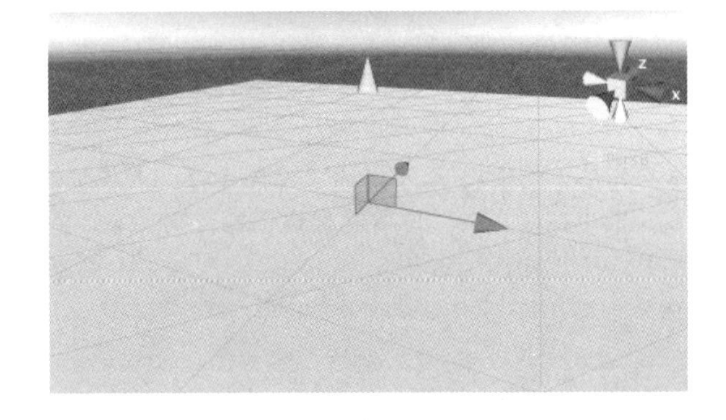

3.1.6 四边形

四边形这个基础物体类似上文介绍的平面，但是四边形的边长只有 1 单位长度，并且表面只能在局部坐标系的 *XY* 平面调整。此外，一个四边形只可以被分成两个三角形，但是一个平面可以被分成两百个三角形。当场景中的物体必须要显示图片和视频时，四边形就很合适了。简单的 GUI 和信息显示都可以用四边形实现，在远处显示粒子、图片精灵、伪图片等也都可以使用四边形来实现。

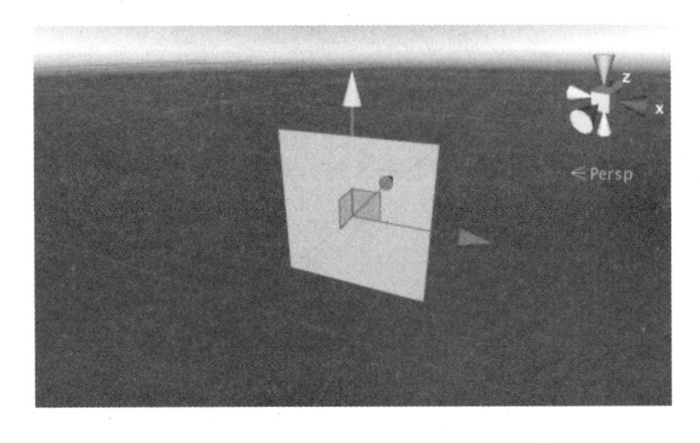

3.2 资源导入

在 Unity 引擎之外创建的资源有两种方法导入到 Unity，一种是直接保存到工程的 Asset 目录，另一种是直接复制到相应的目录。对于许多常见格式的资源，文件直接保存到 Asset 文件夹，Unity 都能识别。当其内容改变时，Unity 会读取它，并且编辑器界面将会提示你正在重新导入资源。

创建的 Unity 工程实际上是一个以项目名称命名的文件夹，在此目录下面有下图这些子文件夹，下图是 Unity 项目的基本文件结构。

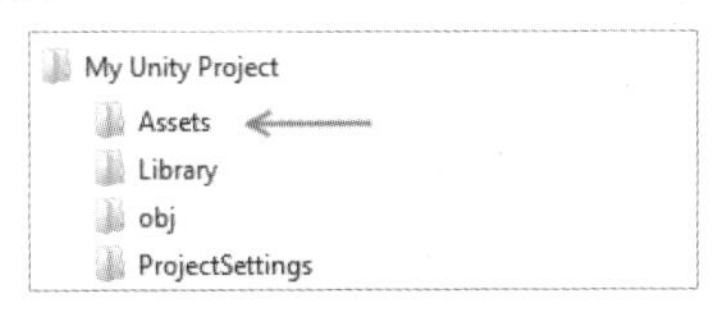

资源文件夹是保存或者复制项目所需文件的地方。

Unity 项目窗口的作用就是显示资源文件夹内的所有东西。所以，如果保存或者复制了文件到资源文件夹，它会重新导入，并且显示在项目窗口上。

Unity 会自动检测添加到资源文件夹的文件，或者是修改了的文件。当放一些资源到资源文件夹时，你将发现这些资源会自动出现在你的项目窗口中。

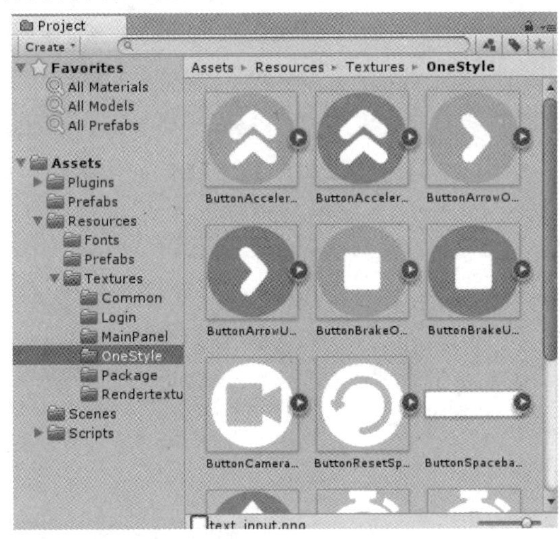

如果拖动一个文件（例如从 macOS 系统的 Finder 或者从 Windows 系统的资源管理器）到项目窗口中，文件会被复制到资源文件夹内，然后出现在项目窗口中。

出现在项目窗口的文件代表了（大多数情况下）电脑中真实存在的文件，如果从 Unity 里删除了它们，也就删除了电脑里的本地文件。下图是文件在电脑的资源目录和文件在 Unity 编辑器内项目窗口中显示的关系。

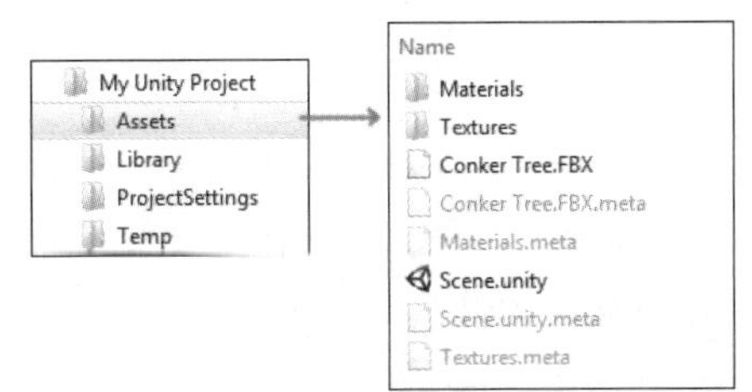

上图表示了 Unity 项目资源文件夹里的一些文件和文件夹。可以创建相关的文件夹来使自己的项目看起来井井有条、更加组织化。

你会发现上图中存在于文件系统中的.meta 文件没出现在 Unity 的项目窗口中。这是因为 Unity 为每一个资源和文件夹创建了一个.meta 文件，并且默认隐藏它们，所以在文件浏览器中看不见它们。

这些.meta 文件包含了相关资源在项目中如何被使用等重要信息，并且必须和同名文件放在同一个路径下。所以，如果在文件浏览器中移动或重命名了这些文件，也要对.meta 文件执行相同的操作。

操作这些文件最好的方法就是在 Unity 编辑器下操作它们。这样的话，Unity 将会自动移动或重命名相对应的.meta 文件。

如果想往项目工程中添加一组资源，可以使用 Asset Packages 资源包。

常见的资源类型有如下几种。

1. 图片文件

Unity 支持大部分常见的图片格式，例如 BMP、TIFF、 TGA、 JPG 和 PSD 格式。如果直接以.psd 格式（Photoshop）将图片保存到资源文件夹，它们会被导入成平面图像。

2. 3D模型文件

如果从常见的主流 3D 建模软件以它们的自有格式（如.max、.blend、.mb、.ma）导入 3D 模型到 Unity 资源目录下，那么 Unity 会回调 3D 软件的 FBX 导出插件，使它们以 FBX 格式导入，当然也可以手动将它们以 FBX 格式从 3D 建模软件导出到 Unity 中去。

3. 网格和动画

无论使用哪一个 3D 包，Unity 都会从包中导入网格和动画。

网格文件不需要导入动画。如果需要动画的话，那么可以选择从一个单独的文件导入所有的动画，或者导入单独的只有一个动画的网格文件。

4. 音频文件

如果在资源目录下导入未压缩的音频文件，它们将会被自动压缩以后再被导入。

5. 其他类型的资源

在任何 Unity 项目里，可以对资源进行压缩或其他操作，但 Unity 不会修改原始源文件。导入资源操作会读取资源文件夹，同时在内部对资源生成一个准备就绪的标识，并且根据选择的导入设置进行相关设置。如果修改了资源文件的导入设置，或改变了资源文件夹下的源文件，Unity 会将其重新导入。

注意：导入 3D 建模软件的自有 3D 格式的文件，需要在安装了 Unity 的电脑上同时安装这个 3D 软件。因为 Unity 需要使用 3D 软件的 FBX 导出插件来读取这个文件。也可以选择直接从 3D 软件中导出 FBX 文件，然后保存到项目目录中。

3.3 资源导入设置

每一种 Unity 支持的资源类型都有相关的导入设置，这些设置将会影响资源在 Unity 内的显示或行为。在项目窗口内选中资源，即可在检视窗口查看资源的导入设置，其所显示的选项将会因选中的资源类型的不同而有所不同。

例如，图像的导入设置可以让用户选择是以贴图、2D 精灵图片，还是以法线贴图的形式导入图像。FBX 文件的导入设置可以让用户调整模型的比例大小，生成法线或光照贴图坐标，还可以分割裁剪 FBX 中的动画片段。下面两张图片分别是：在项目窗口内选中图像资源，在检视窗口显示相关导入设置。

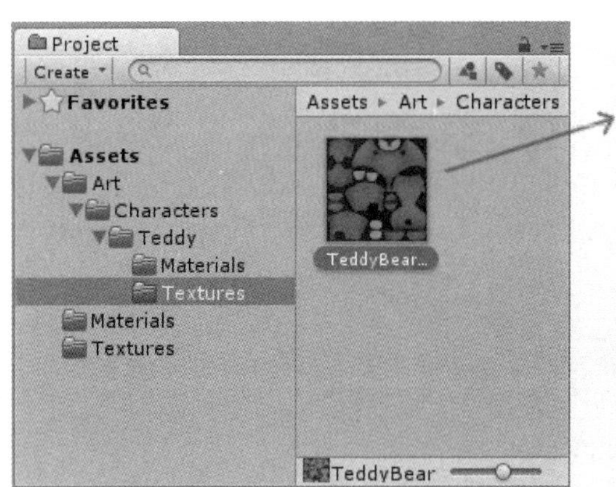

3.4 导入图片资源的设置

Unity 引擎支持大部分格式的图片资源导入，包括 BMP、EXR、GIF、HDR、IFF、JPG、PICT、PNG、PSD、TGA、TIFF 等格式，导入后根据设备、平台的不同，需要进行不同的设置。

3.4.1 图片资源的导入方式

导入方式一：如前面 3.2 小节介绍的一样，可以选择把图片资源复制到所创建的 Unity 项目工程目录的 Assets 路径或者子目录下。

导入方式二：如下方左图所示，在项目窗口的 Assets 目录下的相应子目录单击鼠标右键，在打开的快捷菜单中选择 Import New Asset 选项（下方右图所示同理，打开菜单选择 Import New Asset 选项），选择一张本地图片进行导入，图片资源就会出现在项目窗口的相应文件夹内。

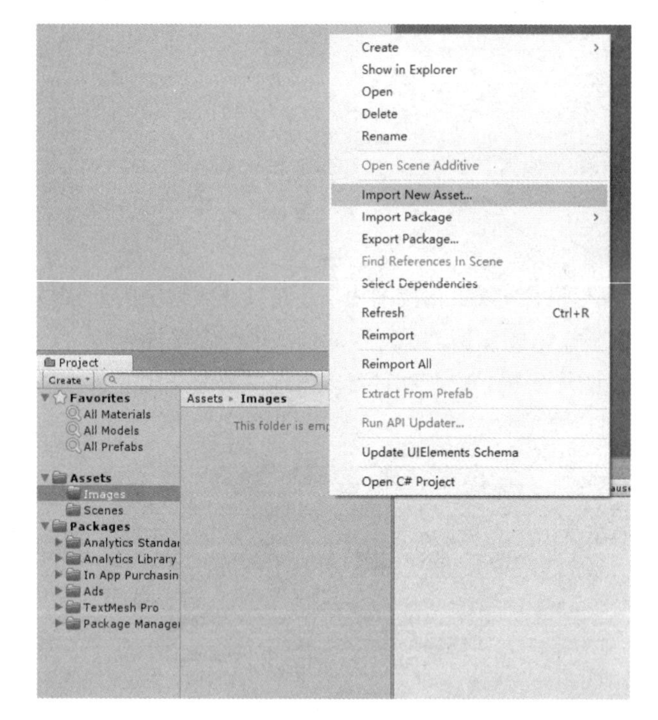

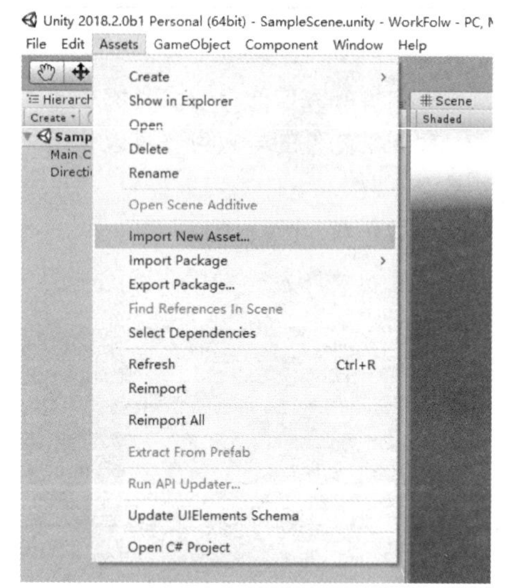

3.4.2 图片纹理的类型

可以通过纹理导入器将不同的纹理类型导入 Unity 编辑器中。

3.4.2.1 默认贴图

下图是 Inspector 窗口，纹理类型为默认。

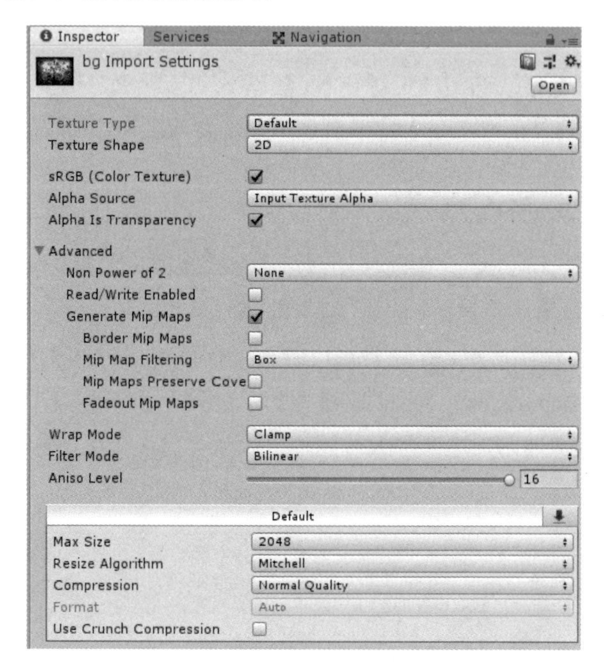

贴图的默认选项如下表所示。

属　　性	功　　能
Texture Type（纹理类型）	默认选项是所有纹理最常用的设置，它提供对纹理导入的大多数属性的访问
Texture Shape（纹理形状）	可以用它来选择纹理的形状
sRGB (Color Texture)（彩色纹理）	勾选此选项可指定纹理存储在伽马空间中，其始终检查非 HDR 颜色纹理（如反照率和高光色）。如果纹理存储具有特定含义的信息，并且需要 Shader 中的确切值（例如光滑或金属），请取消勾选。此选项在默认情况下被选中
Alpha Source（Alpha 通道来源）	使用此选项生成纹理的 Alpha 通道，默认为 None None，无论导入的图片是否拥有 Alpha 通道，默认为没有 Alpha 通道 Input Texture Alpha（图片的 Alpha 通道），如果图片有 Alpha 通道，就使用图片的 From Gray Scale（从灰度生成），根据图片的 RGB 值的平均值生成 Alpha 值
Alpha Is Transparency（Alpha 透明度）	如果勾选此选项，则启用 Alpha 透明度，可以扩大颜色并避免在图片边缘上过滤
Advanced（高级选项）	
Non Power of 2（2 的非幂次）	如果图片具有两个非幂次尺寸，则会定义导入时的缩放行为。默认设置为 None None，图片的尺寸保持不变 To Nearest（最近），图片在导入时缩放到最接近的 2 的幂次尺寸。例如，257 像素×511 像素缩放到 256 像素×512 像素。请注意，PVRTC 格式要求纹理为正方形（即宽度等于高度），因此最终尺寸会放大到 512 像素×512 像素 To Larger（更大），图片在导入时缩放到最大尺寸值的 2 的幂次。例如，257 像素×511 像素纹理缩放到 512 像素×512 像素 To Smaller（更小），图片在导入时缩放到最小尺寸值的 2 的幂次。例如，257 像素×511 像素缩放到 256 像素×256 像素
Read/Write Enabled（读/写开关）	勾选此选项以启用从脚本（例如 Texture2D.SetPixels、Texture2D.GetPixels 和其他 Texture2D 函数）访问 Texture 数据。请注意，制作 Texture 数据的副本将使 Texture Assets 所需的内存量加倍，因此，如非绝对必要，请不要使用此选项。这仅适用于未压缩和 DXT 的压缩纹理; 其他类型的压缩纹理无法读取。该选项默认是禁用的
Generate Mip Maps（生成 Mip Map）	此选项用于生成 Mip Map，Mip Map 是图片在屏幕上非常小时使用的较小的图片
Border Mip Maps（Mip Map 边框）	此选项可避免颜色溢出到较低 Mip 级别的边缘。此选项在默认情况下不勾选
Mip Map Filtering（Mip Map 过滤）	有两种可用于优化图像质量的 Mip Map 过滤方法。默认选项是 Box Box，这是淡出 Mip Map 的最简单方法。随着尺寸的减小，Mip 级别变得更加平滑 Kaiser，锐化算法在维度大小下降时在 Mip Map 上运行。如果纹理在距离上太模糊，试试这个选项
Mip Maps Preserve Coverage（纹理贴图保留覆盖）	选择此选项后，在 Alpha 测试时 Alpha 通道值会保留覆盖
Fadeout Mip Maps（淡出 MipMap）	启用此选项可使 Mip 图层随着 Mip 级别的进展而渐变为灰色。这用于详细地图。最左边的滚动条是第一个开始淡出的 Mip 级别。最右侧的滚动条定义了纹理完全变灰的 Mip 级别

续表

属　性	功　能
Wrap Mode（平铺方式）	选择平铺时 Texture 的行为方式。默认选项是 Clamp Repeat（重复），图片以 Tile 重复 Clamp（拉伸），图片的边缘被拉伸
Filter Mode（过滤模式）	选择图片在被 3D 变形拉伸时如何被过滤。默认选项是 Point（无过滤器） Point (no filter)（点，无过滤器），图片成紧密块状 Bilinear（双线性），图片近似模糊 Trilinear（三线性），像 Bilinear 一样，但图片也在不同的 Mip 级别之间模糊

3.4.2.2　法线贴图

下图是 Inspector 窗口，纹理类型为法线贴图。

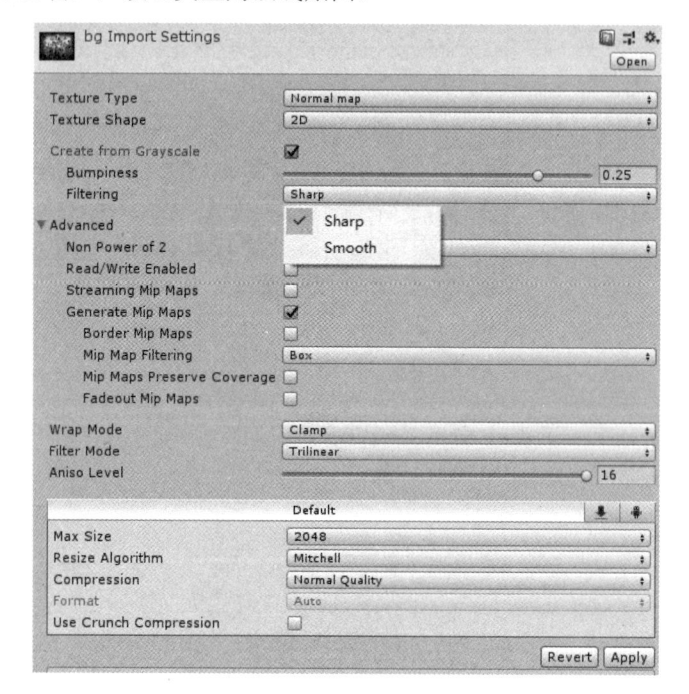

法线贴图的选项如下表所示。

属　性	功　能
Texture Type（纹理类型）	选择法线贴图选项将颜色通道转换为适合实时法线贴图的格式
Texture Shape（纹理形状）	可以用它来选择纹理的形状
Create from Greyscale（从灰度值生成）	这将从灰度高度图创建法线贴图，选中此选项可以查看颠簸和过滤，该选项默认是未被选中的

续表

属　　性	功　　能
Bumpiness（颠簸）	控制颠簸的量。低凹凸值意味着即使在高度图中形成鲜明的对比度也会转化为平缓的角度和颠簸。较大的值产生夸张的颠簸和非常高对比度的颠簸效果。该选项仅在从灰度生成被选中时可见
Filtering（过滤）	怎样计算颠簸的量 Smooth（平滑的），生成具有标准（前向差异）算法的法线贴图 Sharp（尖锐的），也称为索贝尔过滤器，这会生成比标准算法生成的法线贴图更尖锐的法线贴图

3.4.2.3　编辑器GUI、传统GUI

下图是 Inspector 窗口，纹理类型为编辑器 GUI 和传统 GUI。

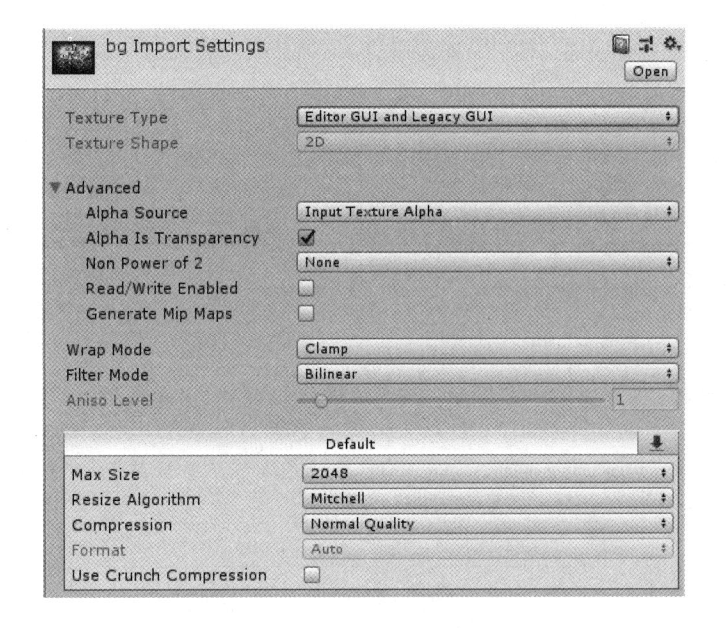

编辑器 GUI 和传统 GUI 的选项如下表所示。

属　　性	功　　能
Texture Type（纹理类型）	当在 HUD 或 GUI 空间使用 Texture 时，可以选择 Editor GUI 和 Legacy GUI 选项
Texture Shape（纹理形状）	可以用它来选择纹理的形状

3.4.2.4　精灵图片（2D和UI）

下图是 Inspector 窗口，纹理类型为精灵图片（2D 和 UI）。

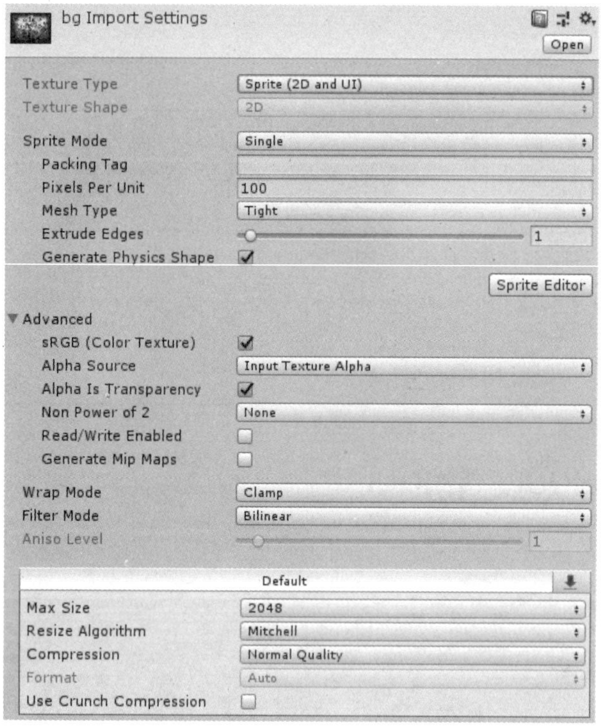

精灵图片的选项如下表所示。

属　　性	功　　能
Texture Type（纹理类型）	当在 2D 游戏使用 Sprite 时，需要选择为 Sprite（2D 和 UI）
Texture Shape（纹理形状）	可以用它来选择纹理的形状
Sprite Mode（精灵模式）	此选项决定如何从图像中提取 Sprite 图形。此选项的默认值为 Single Single（单个），只有一个精灵。 Multiple（多个），将多个相关的精灵集中在同一个图片中（如属于单个游戏人物的动画帧或单独的 Sprite 元素）
Packing Tag（包的标签）	按名称指定要将此纹理打包到的 Sprite 图集
Pixels Per Unit（每个单元的像素量）	Sprite 图像中对应于世界空间中的一个单位距离的宽度/高度的像素数量
Mesh Type（网格类型）	Sprite 生成的 Mesh 类型，默认为 Tight Full Rect 创建一个四边形来将 Sprite 填充到上面 根据像素 Alpha 值生成一个 Mesh，生成的网格通常遵循 Sprite 的形状 **注意：**即使指定了 Tight，任何小于 32×32 的 Sprite 都会使用 Full Rect
	Extrude Edges（边缘），使用滑块确定在生成的 Mesh 中，Sprite 周围有多少区域
	Pivot（中轴点），图像中 Sprite 的相对坐标系所在位置。选择一个预设选项，或选择自定义以设置自己的中轴点位置
	Custom（自定义），设置 Pivot 在图像中的 *X* 和 *Y* 值

3.4.2.5　光标

下图是 Inspector 窗口，纹理类型为光标。

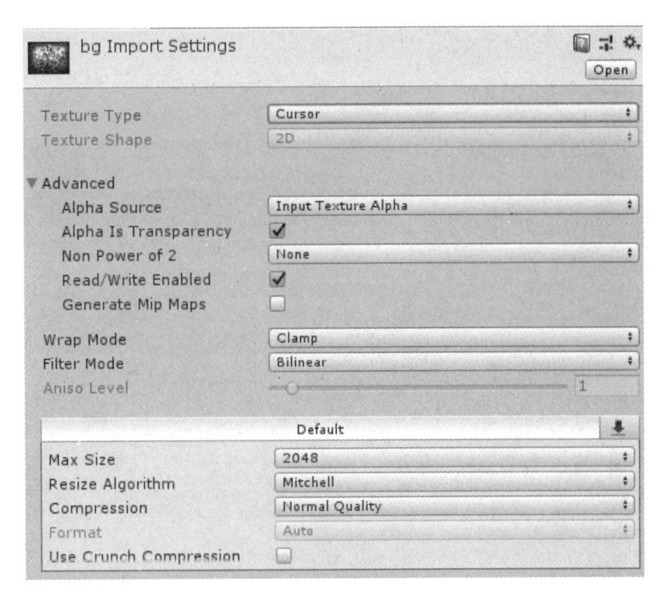

光标的选项如下表所示。

属　　性	功　　能
Texture Type（纹理类型）	把图片作为一个光标资源使用

3.4.2.6　光照贴图

下图是 Inspector 窗口，纹理类型为光照贴图。

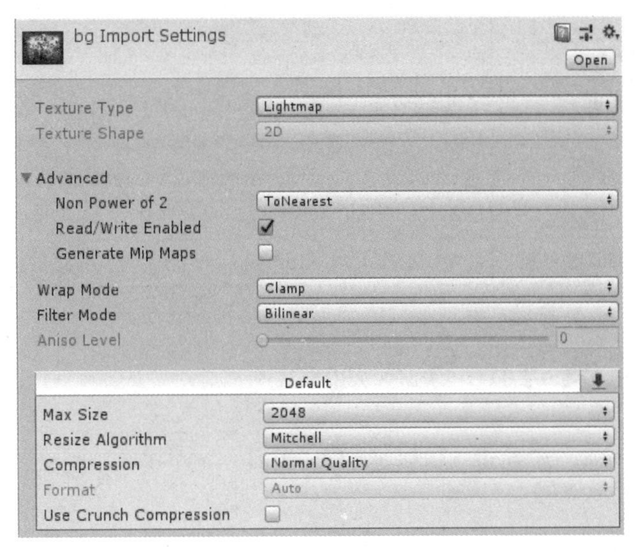

光照贴图的选项如下表所示。

属　　性	功　　能
Texture Type（纹理类型）	光照贴图选项是编码成特定格式（RGBM 或 dLDR，取决于平台），并确定纹理数据的后处理步骤

3.4.2.7 单通道

下图是 Inspector 窗口，纹理类型为单通道。

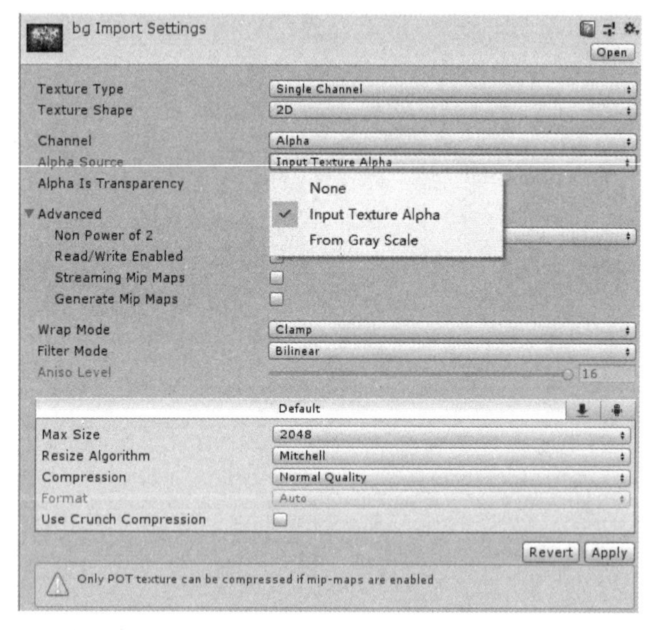

单通道的选项如下表所示。

属　性	功　能
Texture Type（纹理类型）	此选项为只需要图片的一个通道
Texture Shape（纹理形状）	可以用它来选择纹理的形状
Alpha Source（Alpha 通道来源）	使用此选项生成纹理的 Alpha 通道，默认为 None None，无论导入的图片是否拥有 Alpha 通道，默认为没有 Alpha 通道 Input Texture Alpha（图片 Alpha 通道），如果图片有 Alpha 通道，就使用图片的 From Gray Scale（从灰度生成），根据图片的 RGB 值的平均值生成 Alpha 值
Alpha Is Transparency（Alpha 透明度）	如果勾选此选项，则启用 Alpha 透明度，可以扩大颜色并避免在图片边缘上过滤

3.5 模型资源的导入流程

注意：导入流程需要一个可导入的模型文件工作流。如果没有，可以从第三方的 3D 建模软件导出文件。

模型文件可以包含各种数据，如角色网格、动画绑定和剪辑、材质和纹理。如果导入文件不包含所有这些元素，但可以按照相关的工作流进行操作。

无论想从模型文件提取什么样的数据，都需要：① 打开项目窗口和 Inspector，以便可以同时看到两者。② 在项目窗口的资产文件夹中选择要导入的模型文件。在检查器中打开导入设置窗口，默认显示 Model（模型）标签。

3.5.1　导入人形动画

当 Unity 导入包含 Humanoid Rigs 和 Animation 的模型文件时，需要将模型的骨骼结构与其动画进行协调。它通过将文件中的每个骨骼映射到一个人形 Avatar 来实现这一点，以便它可以正确地播放动画。因此，在导入 Unity 之前仔细准备 Model 文件非常重要。

1. 定义 Rig 类型并创建 Avatar。
2. 更正或验证 Avatar 的映射。
3. 完成骨骼映射后，可以使用 Muscles & Settings 选项来调整 Avatar 的肌肉配置。
4. 可以选择 save the mapping of your skeleton’s bones to the Avatar 为人体模板（.ht）文件。
5. 可以通过定义一个 Avatar Mask 来限制在特定骨骼上导入的动画。
6. 在 Animation 选项中，启用 Import Animation 选项，然后设置其他特定资产的属性。
7. 如果文件包含多个动画或动作，则可以将特定的动作范围定义为动画片段。
8. 对于文件中定义的每个动画片段，可以做以下操作。
   a) 更改 Pose 和 Root 的 Transform；
   b) 优化循环；
   c) 镜像人形骨骼两侧的动画；
   d) 将 Curves 添加到 Clips，以使得动画更加生动；
   e) 将 Events 添加到 Clips，以便在动画中及时触发某些操作；
   f) 放弃部分动画，类似于运行时的 Avatar Mask，这个在导入时应用；
   g) 选择一个不同的根运动节点来驱动动作；
   h) 从 Unity 中读取关于导入 Clip 的任何消息；
   i) 观看动画片段的预览。
9. 要保存更改，请单击导入设置窗口底部的 Apply 按钮，或单击 Revert 按钮放弃更改。

3.5.1.1　设置Avatar

单击 Inspector 窗口的 Rig 选项卡，将动画类型设置为 Humanoid。默认情况下，头像定义属性设置为 Create From This Model。如果保留此选项，Unity 会尝试将文件中定义的一组骨骼映射到人形 Avatar。下图是人形绑定的设置窗口。

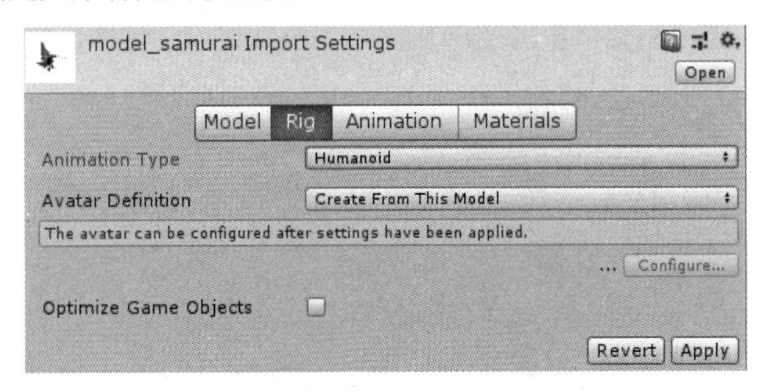

注意：在某些情况下，可以将此选项更改为 Copy From Other Avatar 来使用其他模型定义的 Avatar。例如，如果在 3D 建模软件中使用几种不同的动画创建网格（Skin），则可以将网格导出为一个 FBX 文件，并将每个动画导出为其自己的 FBX 文件。然后将这些文件导入 Unity 中时，只需要为导入的第一个文件（通常是 Mesh）创建一个头像。只要所有文件使用相同的骨骼结构，就可以重新使用该头像来处理其余文件（如所有动画）。

如果启用此选项，则必须通过设置 Source 属性来指定要使用的头像。

单击 Apply 按钮。Unity 会尝试将现有骨骼结构与 Avatar 骨骼结构进行匹配。在许多情况下，它可以通过分析动画中骨骼之间的连接自动完成。

如果匹配成功，Configure 菜单旁边会出现复选标记。Unity 还会为模型资产添加一个 Avatar 子资源，可以在项目视图中找到它，如下图所示。

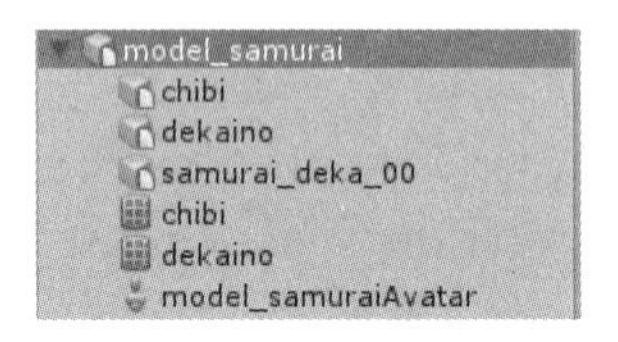

匹配成功仅仅意味着 Unity 能够匹配所有必需的骨骼。为了获得更好的结果，还需要匹配可选骨骼并将模型设置为适当的 T 形 Pose。

如果 Unity 无法创建 Avatar，则在配置按钮旁会出现一个“×”，并且在项目视图中不会出现 Avatar 子资源。

由于 Avatar 是动画系统的一个重要方面，为模型进行适当配置非常重要。为此，无论自动化 Avatar 是否创建成功，都应该始终检查 Avatar 是否有效并正确设置。

3.5.1.2 配置Avatar

如果 Unity 不能给模型创建 Avatar，则必须单击 Rig 选项卡上的 Configure Avatar 按钮以打开 Avatar 窗口并修复 Avatar。

如果匹配成功，可以单击 Rig 选项卡上的 Configure Avatar 按钮或从项目视图打开窗口。

1. 在项目视图中单击 Avatar 资源。Inspector 窗口会显示头像、名称、配置头像按钮。
2. 单击配置头像按钮。

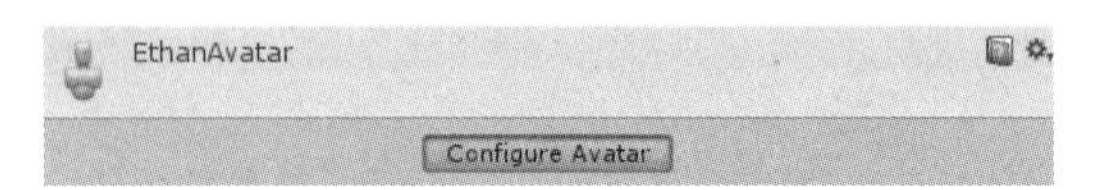

如果尚未保存 Avatar，则会出现一条消息，要求保存场景，原因是在配置模式下，场景视图用于单独显示所选模型的骨骼、肌肉和动画信息，而不显示场景的其余部分。

一旦保存了场景，Avatar 窗口将出现在 Inspector 中，显示任何骨骼映射。

确保骨骼映射是正确的，并且映射 Unity 没有分配的任何可选骨骼。

Skeleton 至少需要含有所需的骨头，以便 Unity 产生有效的匹配。为了提高 Avatar 匹配的机会，请以反映 Avatar 所代表的身体部位的方式命名骨骼。例如，LeftArm 和 RightForearm 可以清楚表达这些骨骼是如何控制身体的。

3.5.1.3 创建Avatar Mask

遮罩允许放弃剪辑中的一些动画数据，允许仅剪辑对象或角色的一部分而不是整个物体制作动画。例如，可能有一个标准的步行动画，包括手臂和腿部动作，但如果一个角色用双手抱着一个大物体，那么当这个角色走路时，会希望这个角色的手臂不要摆到一边。此时，仍然可以在携带物体时使用标准行走动画，并使用遮罩使得只在行走动画的顶部播放承载动画的上半身部分。

可以在导入或运行时将遮罩应用于动画片段。在导入期间使用遮罩是比较好的，因为它允许从构件中省略丢弃的动画数据，使文件变小并使用更少的内存。它还可以加快处理速度，因为运行时混合的动画数据较少。当导入遮罩不能满足需求时，则可以在运行时通过创建一个 Avatar Mask 资源来应用遮罩，并在 Animator Controller 的 Layer Settings 中使用它。

创建一个空的 Avatar Mask 资源的步骤如下。

- 从 Assets 菜单中选择 Create > Avatar Mask。
- 在项目视图中单击要定义遮罩的模型对象，然后右键单击并选择 Create > Avatar Mask，新资源将出现在项目视图中，如下图所示。

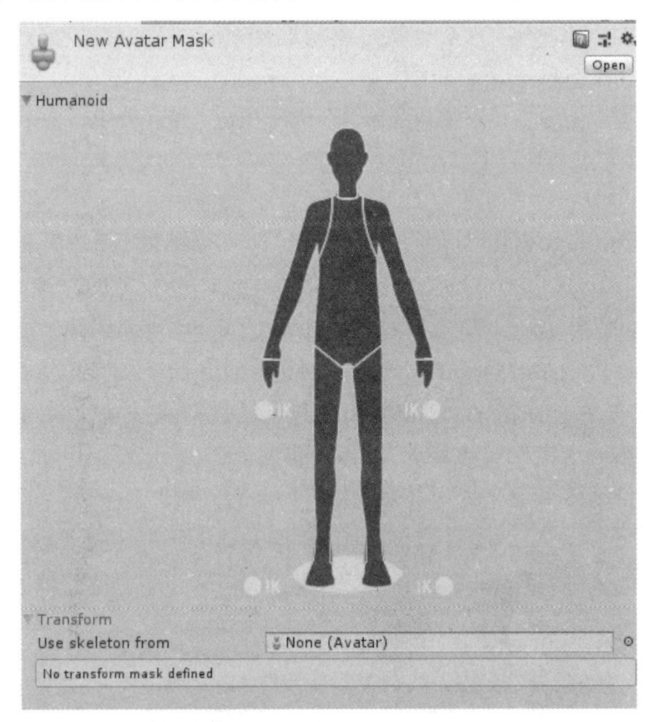

现在，可以将身体部分添加到遮罩，然后将遮罩添加到动画层或在动画选项的遮罩部分下添加对其的引用。

3.5.2　导入非人形动画

一个人形模型是一个非常特殊的结构，至少包含在某种程度上符合人体实际构造的 15 根骨骼。其他所有使用 Unity 动画系统的模型属于非人形或其他类别。这意味着 Generic 可能是从茶壶到龙的任何东西，所以，非人形模型可能有很多类型的骨骼结构。

处理这种复杂性的解决方案是 Unity 只需要知道哪个骨骼是根节点。就通用角色而言，这是对人形角色重心的最佳近似。它有助于 Unity 确定如何以最佳方式呈现动画。由于只有一个骨骼需要映射，所以 Generic 设置不使用 Humanoid Avatar 窗口。因此，将非人形模型文件导入 Unity 需要的步骤少于人形模型的导入。

1. 设置 Rig 为 Generic。
2. 通过定义 Avatar Mask 来限制在特定骨骼上导入的动画。
3. 在 Animation 选项卡中启用 Import Animation 选项，然后设置其他特定于资源的属性。

4. 如果文件包含多个动画或动作，则可以将特定的帧范围定义为动画片段。
5. 对于文件中定义的每个动画片段，可以进行以下设置。
   a) 设置 Pose 和 Root Transform；
   b) 优化循环；
   c) 将 Curves 添加到 Clips，以使得动画更加生动；
   d) 将 Events 添加到 Clips，以便在动画中及时触发某些操作；
   e) 放弃部分动画，类似于运行时的 Avatar Mask，但是这个在导入时应用；
   f) 选择一个不同的根动作节点来驱动动作；
   g) 从 Unity 中读取关于导入 Clip 的任何消息；
   h) 观看动画片段的预览。
6. 要保存更改，请单击导入设置窗口底部的 Apply 按钮，或单击 Revert 按钮放弃更改。

3.5.2.1 设置Rig

在 Inspector window 的 Rig 选项卡，将 Animation Type 设置为 Generic。默认情况下，将 Avatar Definition 属性设置为 Create From This Model，将 Root node 选项设置为 None。

在某些情况下，可以将 Avatar Definition 选项更改为 Copy From Other Avatar，以使用为其他模型文件定义的 Avatar。例如，如果在 3D 建模软件中使用几种不同的动画创建网格，则可以将网格导出为一个 FBX 文件，并将每个动画导出为其自己的 FBX 文件。将这些文件导入 Unity 中时，只需要为导入的第一个文件（通常是 Mesh）创建一个 Avatar。只要所有文件使用相同的骨骼结构，就可以重新使用该头像来处理其余文件（如所有动画）。

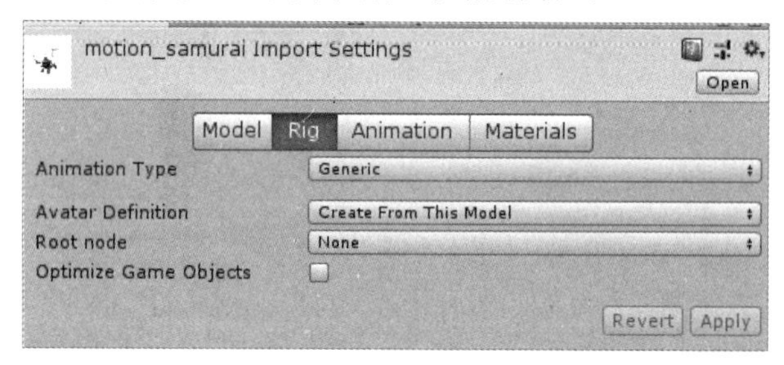

如果要保留 Create From This Model 选项，则必须从 Root node 属性中选择一个骨骼。

如果决定将 Avatar Definition 选项更改为 Copy From Other Avatar，则需要通过设置 Source 属性来指定要使用的头像。

单击 Apply 按钮。Unity 会创建一个 Generic Avatar，并在模型资源下添加一个 Avatar 子资源，可以在项目视图中找到该资源。

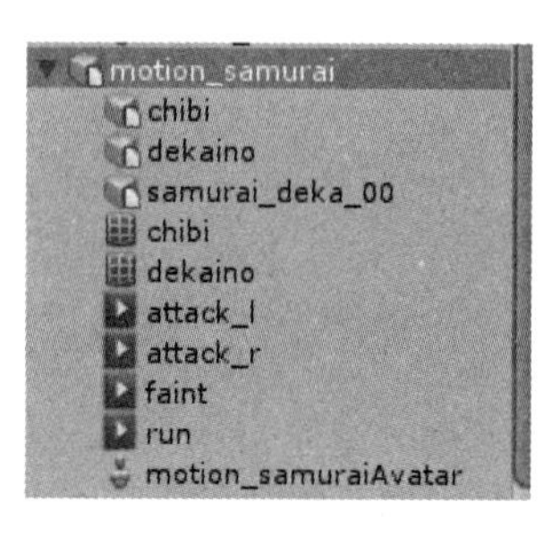

注意： Generic Avatar 与 Humanoid Avatar 不同，它确实出现在了项目视图中，并且它确实包含根节点映射。但是，如果单击项目视图中的头像图标以在检查器中显示其属性，则只会显示其名称，并且没有 Configure Avatar 按钮。

3.5.2.2　创建Avatar Mask

可以在导入时或运行时将动画遮罩应用于动画片段。当然在导入的时候就应用动画遮罩是最好的，因为导入时应用遮罩会省略可以丢弃的动画片段，这样就能使文件变小，所需的内存也随之减少，还可以加快处理速度，因为运行时混合的动画数据变少了。但在某些情况下，导入时应用动画遮罩并不合适。

创建一个空的 Avatar Mask 资源的步骤如下。

- 从 Assets 菜单中选择 Create > Avatar Mask。
- 在项目视图中单击要定义遮罩的模型对象，然后单击右键并选择 Create > Avatar Mask。

现在，可以选择要将哪些骨骼包含在 Transform 层次结构中或从 Transform 层次结构中排除，然后将遮罩添加到动画层或在 Animation 选项卡的 Mask 部分下添加对其的引用，下图是 Avatar Mask 窗口。

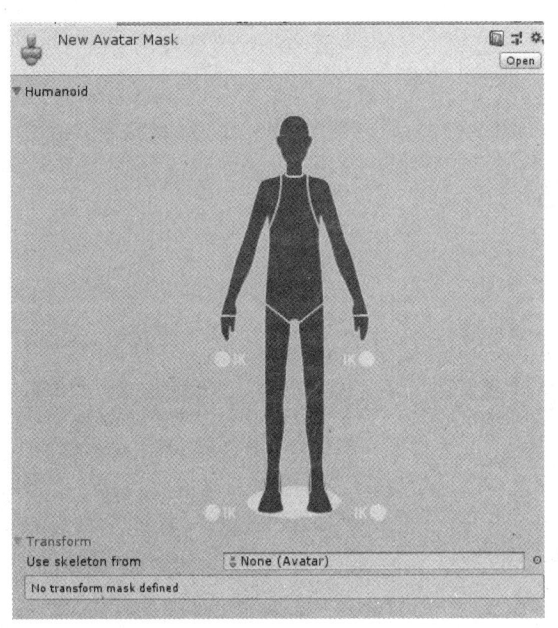

3.5.3　模型资源导入设置

将模型文件放入 Unity 项目下的 Assets 文件夹时，Unity 会自动导入并将它们存储为 Unity 资源。要在 Inspector 中查看导入设置，请单击项目窗口中的文件。可以通过在此窗口的四个选项卡上设置属性来自定义 Unity 如何导入选定文件。

Model　3D 模型可以代表角色、建筑物或家具。在这些情况下，Unity 会从一个模型文件中创建多个资源。在项目窗口中，主要导入的对象是模型预制件。通常 Prefab 还会引用几个 Mesh 对象。

Rig　Rig（有时称为骨架）包括一组在 3D 建模软件中创建的一个动画网格（有时叫 Skin）

上的一个或多个模型，对于 Humanoid（人形）和 Generic（非人形）模型，Unity 会创建一个 Avatar 来协调导入的 Rig 及 GameObject。

Animation 可以定义出现的一系列不同的姿势，例如走路、跑步，甚至将 Idle 状态（从一只脚移到另一只脚）作为动画剪辑。可以重复使用具有相同 Rig 的任何模型的剪辑。通常单个文件包含几个不同的动作，每个动作都可以定义为特定的动画片段。

Materials 可以提取材质和纹理，或将它们嵌入到模型中，还可以调整材质在模型中的映射方式。

3.5.3.1 Model选项卡

选择模型时，Inspector 窗口将显示模型文件的 Import Settings 窗口，其中 Model 选项卡可以用于修改网格及其法线并应用。下图是导入设置的 Model 选项卡。

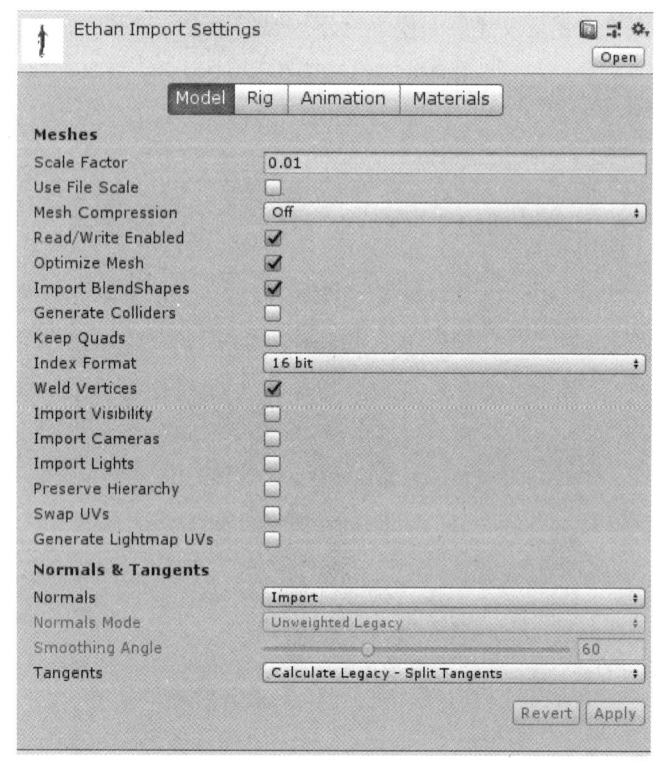

Model 选项卡的选项如下表所示。

属　性	功　能
Meshes（网格）	
Scale Factor（缩放因子）	Unity 的物理系统预计游戏世界中的 1 米在导入的文件中为 1 个单位长度 对于不同的 3D 格式的封装的默认值如下： .fbx、.max、.jas、.c4d = 0.01 .mb、.ma、.lxo、.dxf、.blend、.dae =1 .3ds =0.1

续表

属　　性	功　　能
Use File Scale（使用文件缩放比例）	使用模型文件中定义的模型缩放比例，或取消选中以为模型设置自定义的缩放因子值 File Scale（文件缩放比例），自定义模型的比例，仅在选中使用文件比例时才可用
Mesh Compression（网格压缩）	设置压缩比率的级别以减小网格的文件大小。通过使用网格边界和为每个组件设置较低的比特深度来压缩网格数据，增加压缩比会降低网格的精度。最好使 Mesh 压缩的版本和未压缩的版本看起来差不多。这对优化游戏包的大小很有用 Off（关闭），禁用压缩 Low（低），使用低压缩比 Medium（中），使用中压缩比 High（高），使用高压缩比
Read/Write Enabled（读/写开关）	如果启用，Mesh 数据将保存在内存中，以便自定义脚本可以读取并更改它。禁用此选项会节省内存，因为 Unity 可以在游戏中卸载 Mesh 数据的副本。但是，在某些情况下，当 Mesh 与 Mesh Collider 一起使用时，必须启用此选项。这些情况包括： ① 负比例缩放（例如，(-1,1,1)） ② 剪切变换（例如，当旋转的网格具有缩放的父变换时）
Optimize Mesh（优化网格）	让 Unity 确定三角形在网格中的排列顺序。Unity 对顶点和索引进行重新排序以获得更好的 GPU 性能
Import BlendShapes（导入 BlendShapes）	允许 Unity 使用 Mesh 导入 BlendShapes **注意：**导入 Blendshapes 法线需要 FBX 文件中的 smoothing groups
Generate Colliders（生成碰撞盒子）	启用自动附加的 Mesh Colliders 导入 Meshes。这对于静态物体快速生成碰撞网格非常有用，但对于动态的物体应该避免使用
Keep Quads（保持四边形）	启用此功能可停止 Unity 将具有四个顶点的多边形转换为三角形。例如，如果正在使用 Tessellation Shaders，则可能需要启用此功能，因为细化四边形可能比细化多边形效率更高 Unity 可以导入任何类型的多边形（三角形到 *n* 边形）。超过四个顶点的多边形不会在意这个设置，而总是转为三角形。但是，如果网格同时具有四边形和三角形（或者将 N-gons 转换为三角形），则 Unity 会创建两个子网格来分隔四边形和三角形。每个子网格仅包含三角形或仅包含四边形 **提示：**如果要将四边形导入 Unity，则必须在 3ds Max 中使用可编辑的多边形。

续表

属　　性	功　　能
Index Format（索引格式）	定义 Mesh 索引缓冲区的大小 **注意：**由于带宽和内存存储容量的原因，通常希望保留 16 位索引作为默认值，并且在必要时仅使用 32 位，这是 Auto 选项的用途 Auto（自动），让 Unity 根据 Mesh 顶点数决定是否在导入 Mesh 时使用 16 位或 32 位索引。这是 Unity 2017.3 及更高版本中添加的资源的默认值 16 bit（16 位），导入 Mesh 时使用 16 位索引。如果 Mesh 较大，则它会被分成<64k 个顶点块。在 Unity 2017.2 或以前版本中制作的项目中已经存在的资源将使用此设置 32 bit（32 位），导入 Mesh 时使用 32 位索引。如果正在使用基于 GPU 的渲染管线（例如，使用 compute shader triangle 裁剪），则使用 32 位索引可确保所有网格使用相同的索引格式。这减少了着色器的复杂性，因为它们只需要处理一种格式
Weld Vertices（优化定点）	组合在空间中有相同位置的顶点。这通过减少它们的总数来优化网格上的顶点数。该选项默认启用 在某些情况下，导入 Mesh 时可能需要关闭此优化。例如，如果有意地在网格中设置占据相同位置的重复顶点，则使用脚本来读取或操作单个顶点和三角形数据
Import Visibility（导入可视）	定义 MeshRenderer 组件是否启用（可见） Unity 可以使用 Import Visibility 属性从 FBX 文件读取可见性属性。值和动画曲线可以通过控制 Rendcrcr.cnablcd 属性来启用或禁用 MeshRenderer 组件 可见性继承默认为 true，但可以被覆盖。例如，如果父级网格上的可见性设置为 0，则其子级上的所有 Render 也将被禁用。在这种情况下，将为每个子 Renderer.enabled 属性创建一条动画曲线
Import Cameras（导入摄像机）	从.FBX 文件导入摄像机时，Unity 支持以下属性：支持正交和透视模式；支持视野和距离调整；不支持目标摄像机
Import Lights（导入灯光）	导入 FBX 文件中的灯光（Omni、Spot、Directional、Area）
Preserve Hierarchy（保留层次结构）	始终创建一个明确的预制根，即使模型只有一个根节点。通常，FBX Importer 会从模型中去除空的根节点来优化。但是，如果有多个具有相同层次结构部分的 FBX 文件，则可以使用此选项来保留原始层次结构 例如，file1.fbx 包含一个 Rig 和一个 Mesh，file2.fbx 包含相同的 Rig，但只包含该 Rig 的动画。如果在不启用此选项的情况下导入 file2.fbx，Unity 将去除根节点，层次结构就会不匹配，动画会无法使用
Swap UVs（交换 UV）	交换网格中的 UV 通道。如果漫反射纹理使用光照贴图中的 UV，请使用此选项。Unity 支持多达 8 个 UV 通道，但并非所有 3D 建模软件都能输出两个以上
Generate Lightmap UVs（生成光照贴图 UV）	为光照贴图创建第二个 UV 通道

续表

属　　性	功　　能
Normals & Tangents（法线和切线）	
Normals（法线）	如何计算法线。这对优化游戏大小很有用 Import（导入），默认选项是从文件导入法线 Calculate（计算），根据 Smoothing Angle（below）计算法线 None（没有），禁用法线。如果 Mesh 既无法线贴图也不受实时照明的影响，请使用此选项 Normals Mode（法线模式），当法线设置为计算时计算法线 Unweighted Legacy（传统无权重法），计算法线的传统方法（在版本 2017.1 之前） Unweighted（无权重法），无权重法 Area Weighted（面积权重法），根据每个面的面积权重计算 Angle Weighted（角度权重法），法线由每个面上的顶角权重计算 Area and Angle Weighted（面积与角度权重法），默认选项是由每个面的面积和每个面的顶点角度权重计算
Smoothing Angle（平滑角度）	控制是否为边的分割顶点。通常，较高的值会导致较少的顶点 **注意：**仅在非常光滑的物体或非常多的面的模型上使用此设置。否则，最好在 3D 建模软件中手动设置平滑，然后使用 Normals 选项导入。由于 Unity 是以单一角度为基础，所以模型的某些部分最终可能会被错误地计算
Tangents（切线）	只有在 Normals 设置为 Calculate 时才可用，导入或计算顶点切线。只有当法线设置为计算或导入时才可用 Import（导入），如果 Normals 设置为 Import，则从 FBX 文件导入顶点切线。如果网格没有切线，它将不能用于法线贴图的着色器 Calculate Tangent Space（切线空间），默认是使用 MikkTSpace 计算切线。且 Normals 设置为 Calculate Calculate Legacy（传统算法），用传统算法计算切线 Calculate Legacy - Split Tangent（传统算法-分割切线），使用传统算法计算切线，并在 UV 图表上分割。当法线光照贴图在网格上的接缝有问题时，请使用此选项。这通常只适用于角色 None（无），禁止导入顶点切线。网格没有切线，对于法线贴图的着色器不起作用

3.5.3.2　Rig选项卡

Rig 选项卡中的设置定义了 Unity 如何将模型映射到导入模型中的网格，以便可以对其进行动画处理。对于人形角色，这意味着分配或创建一个 Avatar。对于非人形（Generic）角色，需要识别骨架中的根节点。

默认情况下，当在项目视图中选择模型时，Unity 将确定哪个动画类型与所选模型最匹配，并将其显示在 Rig 选项卡中。如果未导入文件，则动画类型设置为 None，下图所示为无 Rig Animation 映射。

Rig 选项卡的选项如下表所示。

属　　性	功　　能
Animation Type（动画类型）	指定动画的类型 None（无），无动画 Legacy（老版本），使用老版本的动画，当导入和使用 Unity 3.x 版本和更早版本的动画时使用 Generic（通用非人形），如果 Rig 是非人形的（四足动物或任何需要动画的实体），请使用通用动画系统。Unity 会选取一个根节点，但用户可以确定另一个骨骼作为根节点 Humanoid（人形），如果 Rig 是人形的（它有两条腿、两条手臂和一个头），则使用人形动画系统。Unity 通常会检测到骨架并将其正确映射到 Avatar。在某些情况下，可能需要手动更改 Avatar Definition 和 Configure 映射

通用动画的类型

下图是非人形 Rig 的设置界面。

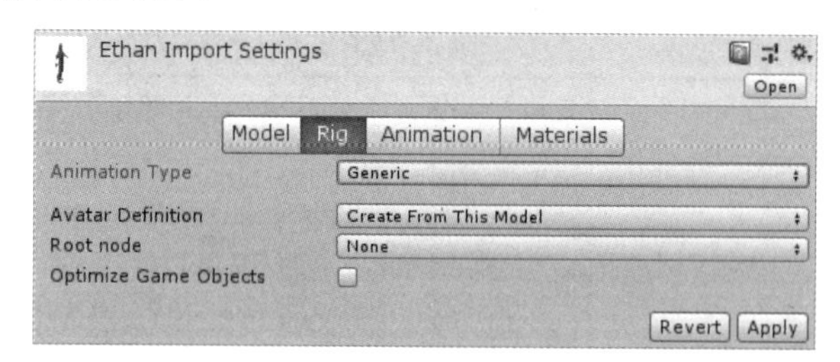

通用动画不使用类似人形动画的 Avatar。由于骨架可以是任意的，所以必须指定哪个骨骼是根节点。根节点允许 Unity 在通用模型的动画剪辑之间建立一致性，并且在动画之间进行一定的混合。

指定根节点有助于 Unity 确定骨骼相对于彼此的运动和世界中根节点的运动（由 OnAnimatorMove 控制）。

Rig 选项卡的 Generic 选项如下表所示。

属　　性	功　　能
Avatar Definition（定义 Avatar）	选择获取 Avatar 定义的位置 Create from this model（从这个模型创建），根据此模型创建一个 Avatar Copy from Other Avatar（从其他 Avatar 复制），指向在另一个模型上设置的 Avatar

续表

属　性	功　能
Root node（根节点）	选择要用作此 Avatar 的根节点的骨骼 仅在 Avatar Definition 设置为 Create From This Model 时才可用 Source（资源），使用相同的 Rig 复制另一个 Avatar 以导入其动画片段 仅在 Avatar Definition 设置为 Copy from Other Avatar 时才可用

人形动画的类型

下图是人形（拥有两条腿、两条手臂和一个头）动画的设置界面。

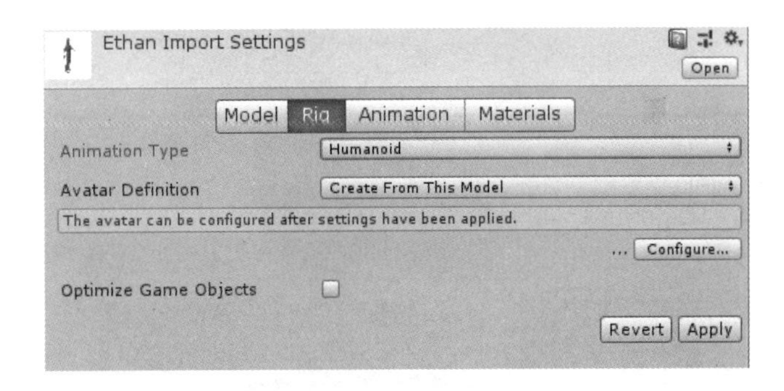

除极少数特殊情况外，人形模型具有相同的基本结构。这个结构代表了身体的主要部分：头部和四肢。使用 Unity 的人形动画功能的第一步是设置和配置一个 Avatar。Unity 使用 Avatar 将简化的人形骨骼结构映射到模型骨架中的实际骨骼。

Rig 选项卡的 Humanoid 选项如下表所示。

属　性	功　能
Avatar Definition（定义 Avatar）	选择获取 Avatar 定义的位置 Create from this model（从这个模型创建），根据此模型创建一个 Avatar Copy from Other Avatar（从其他 Avatar 复制），指向在另一个模型上设置的 Avatar Source（资源），使用相同的 Rig 复制的另一个 Avatar 以导入其动画片段。 仅在 Avatar Definition 设置为 Copy from Other Avatar 时可用
Configure（配置）	打开头像配置 仅在 Avatar Definition 设置为 Create From This Model 时可用
Optimize Game Objects（优化游戏对象）	移除并存储导入角色的 Game Objects Transform 层次结构到 Avatar 和 Animator 组件中。如果启用，角色的 Skinned Mesh Renderers 使用 Unity 动画系统的内部框架，这可以提高动画角色的性能。 仅在 Avatar Definition 设置为 Create From This Model 时可用。为最终发布的产品启用此选项 **注意：**在优化模式下，蒙皮网格矩阵提取也是多线程的

老版本（Legacy）的动画类型

Ethan Import Settings
Open
Model Rig Animation Materials
Animation Type Legacy
Generation Store in Root (New)
Revert Apply

Rig 选项卡的 Legacy 选项如下表所示。

属　　性	功　　能
Generation（生成）	选择动画导入方法 Don't Import（不导入），不要导入动画 Store in Root (New)（存在根节点），默认设置，导入动画并将其存储在模型的根节点中

Avatar映射的选项

在保存场景之后，Mapping 选项卡将显示在 Unity 骨骼映射的 Inspector 窗口中，如下图所示。

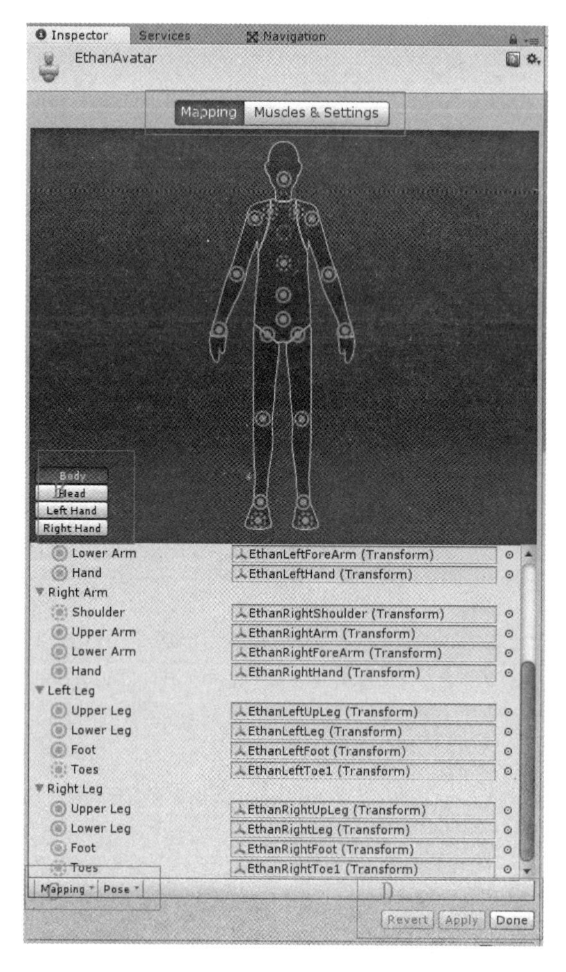

- （A）在 Mapping 和 Muscles & Settings 选项间切换的按钮。
- （B）在身体、头部、左手和右手之间切换的按钮。
- （C）提供各种 Mapping 和 Pose 工具以帮助用户将骨骼结构映射到 Avatar 的菜单。
- （D）可应用任何更改（Apply）或放弃所有更改（Revert），并离开 Avatar 编辑窗口（Done）。

Avatar 映射表明哪些骨骼是必需的（实心圆圈），哪些骨骼是可选的（虚线圆圈）。Unity 可以自动插入可选的骨骼。

Avatar遮罩

有两种方法可以定义动画的哪些部分应该被遮罩。

- 通过从 Humanoid Body Map 选择。
- 通过选择哪些骨骼应该从 Transform Hierarchy 中排除。

如果动画使用人形 Avatar，则可以选择或取消选择简化的人体的某些部分，来标识屏蔽动画的位置。下图是用人体定义 Avatar 遮罩。

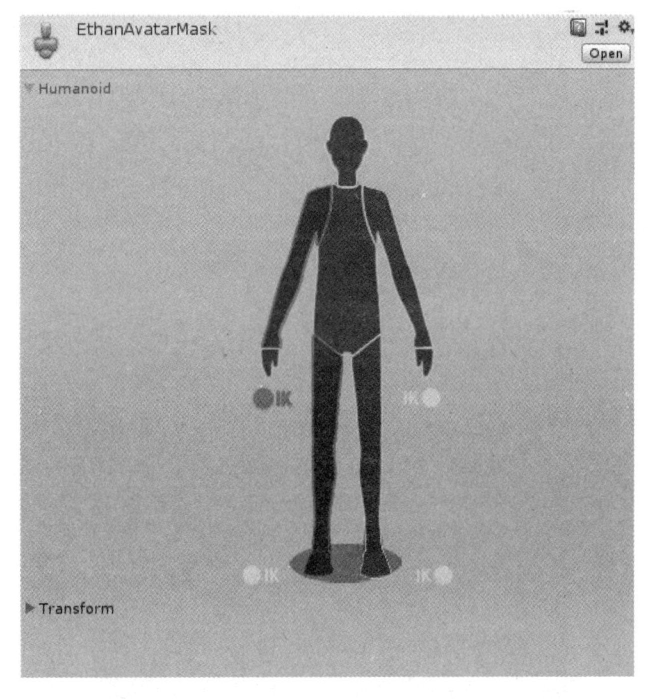

人体图将身体分为以下部分：头、左臂、右臂、左手、右手、左腿、右腿、根（由脚下的阴影表示）。

如果动画要包含身体的一个部位，请单击该部位的 Avatar 图，使其显示为绿色。要排除动画，请单击身体部位，使其显示为红色。要包含或排除全部，请双击 Avatar 周围的空白部分。

还可以切换手部和脚部的逆向运动学（IK），它决定是否在动画混合中包含逆向运动学曲线。

3.5.3.3 Animation选项卡

Animation（动画）片段是 Unity 中最小的动画构建块。它们表示一个独立的运动，如 RunLeft、Jump 或 Crouch，并且可以通过各种方式进行操作和组合，以生成活泼的最终效果，创作者可以从导入的 FBX 数据中选择动画片段。下图是动画属性窗口。

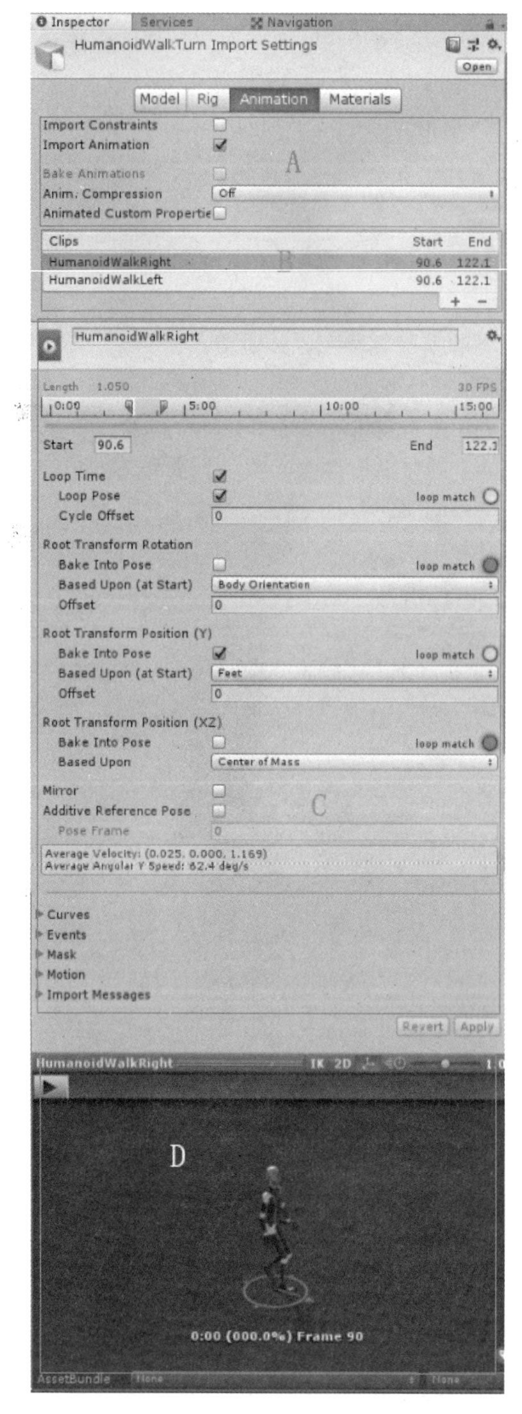

- （A）资源特定属性。这些设置为整个资产定义导入选项。
- （B）剪辑选择列表。可以从此列表中选择任何项目以显示其属性并预览其动画，还可以定义新的剪辑。
- （C）特定剪辑的属性。这些设置为选定的动画片段定义导入选项。
- （D）动画预览。可以播放动画并在此处选择特定的帧。

下图是导入资源的设置。

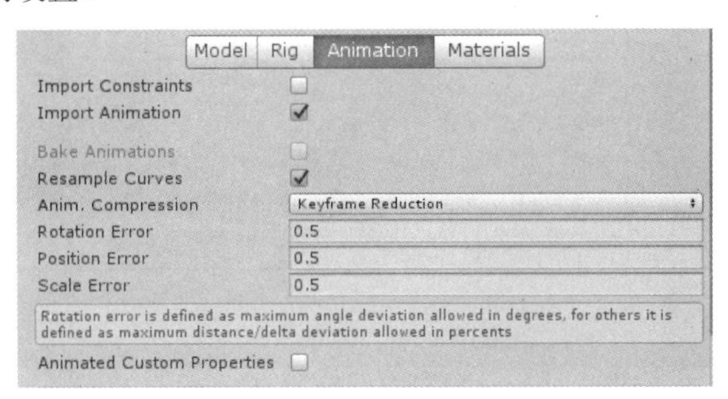

Animation 选项卡的选项如下表所示。

属 性	功 能
Import Constraints（导入约束）	从资源中导入约束
Import Anlmatlon（导入动画）	从资源中导入动画 **注意：**如果禁用，则此页面上的所有其他选项都将隐藏，并且不会导入动画
Bake Animations（烘焙动画）	烘焙使用逆向运动学或正向运运学关键帧创建的动画 仅适用于 Maya、3ds Max 和 Cinema 4D 文件
Resample Curves（采样曲线）	将动画曲线重新采样为 Quaternion 值，并为动画中的每个帧生成一个新的 Quaternion 关键帧。该选项默认启用 只有当原始动画中的键之间的插值存在问题时，禁用此选项才能使动画曲线保持原始创作状态 仅当导入文件包含欧拉曲线时才会出现该选项
Anim. Compression（动画压缩）	导入动画时使用的压缩类型 Off（禁用），禁用动画压缩。这意味着 Unity 不会减少导入时的关键帧数量，所以这是最高精度的动画，但性能会降低，文件和运行时内存使用量也会变大。通常不建议使用此选项。如果需要更高精度的动画，则应该启用 Keyframe Reduction 并降低允许的 Animation Compression Error 值 Keyframe Reduction（关键帧缩减），减少导入时的冗余关键帧。如果选中，则会显示动画压缩错误选项。这会影响文件大小（运行时的内存）以及曲线 Keyframe Reduction and Compression（关键帧缩减压缩），将动画存储在文件中时，减少导入和压缩关键帧上的关键帧。这只影响文件大小：运行时专用的内存大小与关键帧缩减相同。如果选中，则会显示动画压缩错误选项 Optimal（最佳），让 Unity 决定如何压缩，无论是通过减少关键帧还是使用密集格式。仅适用于 Generic 和 Humanoid 动画类型的 Rigs Animation Compression Errors（动画压缩错误），仅在启用关键帧缩减或最佳压缩时可用。
Rotation Error（旋转错误）	减少旋转曲线，数值越小，精度越高
Position Error（位置错误）	减少位置曲线，数值越小，精度越高
Scale Error（缩放错误）	减少缩放曲线，数值越小，精度越高

续表

属性	功能
Animated Custom Properties（动画自定义属性）	导入自定义用户属性的任何 FBX 属性 当导入 FBX 文件时（例如平移、旋转、缩放和可视性），Unity 仅支持一小部分属性。但是，可以通过 extraUserProperties 成员在导入的脚本中将它们命名为用户属性来处理标准的 FBX 属性。在导入过程中，Unity 会将所有已命名的属性传递给 Asset 后处理器，就像真实的用户属性一样

动画片段的功能列表如下。

- 从列表中选择一个剪辑以显示其剪辑特定的属性。
- 在动画剪辑预览窗格中播放选定的剪辑。
- 使用加号（+）按钮为该文件创建一个新动画剪辑。
- 使用减号（-）按钮删除选定的剪辑定义。

下图是动画剪辑列表。

Clips	Start	End
HumanoidIdleJumpUp	56.0	233.0
HumanoidFall	127.0	129.0
HumanoidJumpUp	125.0	127.0
HumanoidMidAir	131.0	133.0

下图是单个动画剪辑的属性选项。

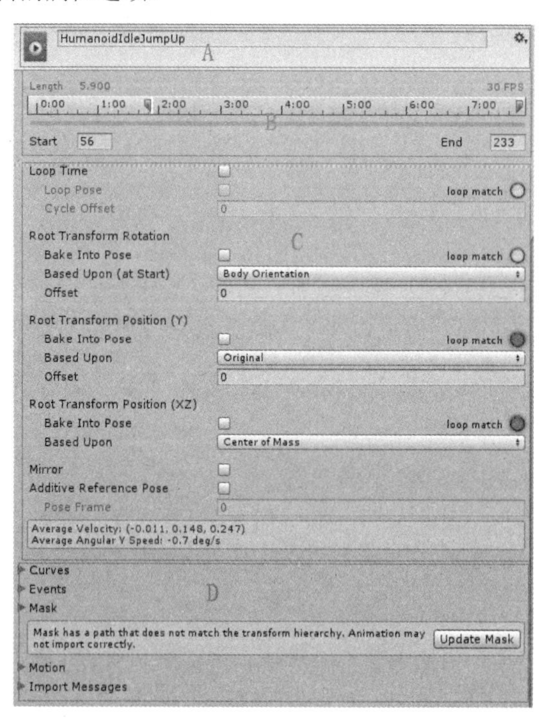

单个动画剪辑的属性如下。

- （A）所选剪辑（可编辑）的名称。
- （B）动画剪辑的时间线。
- （C）用剪辑属性来控制循环和姿势。
- （D）可扩展部分：定义曲线、事件、蒙版和运动根节点；查看来自导入过程的消息。

Animation 选项卡下的单个动画剪辑的选项如下。

属　性	功　能
A 区域（动画名称）	
	将源文件作为此动画片段的源使用 这是在 Motionbuilder、Maya 和其他 3D 软件中定义的一组动画。Unity 可以将这些需要导入为单独的剪辑。可以从整个文件或帧的子集创建它们
B 区域（时间轴）	
	可以使用拖动时间线周围的开始和结束指示符来为每个剪辑定义帧范围
Start（开始）	开始帧
End（结束）	结束帧
C 区域（循环和姿态控制）	
Loop Time（循环时间）	循环播放动画片段
Loop Pose（循环姿势）	无缝循环
Cycle Offset（周期偏移）	如果它在不同的时间开始，则偏移循环动画的循环
Root Transform Rotation（根 Transform 旋转）	
Bake Into Pose（烘焙成动作）	骨骼的运动烘焙成根旋转。禁用则存储为根运动
Based Upon（at Start） （在基础开始）	根部旋转的基础 Original（原始的），使用原始的旋转 Root Node Rotation（根节点旋转），保持上半身朝前。仅适用于 Generic 动画类型 Body Orientation（身体朝向），保持上半身朝前。仅适用于 Humanoid 动画类型
Offset（偏移）	到根旋转的偏移（以度为单位）
Root Transform Position (Y)（*Y* 轴方向的根位置）	
Bake Into Pose（烘焙成动作）	将垂直根部运动烘焙到骨骼的运动中。禁用为根运动存储
Based Upon（基础）	垂直根部位置的基础 Original（原始的），保持源文件的垂直位置 Root Node Position（根节点位置），使用垂直方向的根位置。仅适用于 Generic 动画类型 Center of Mass（重心位置），保持重心与根变换位置对齐。仅适用于 Humanoid 动画类型 Feet（脚），保持脚与根转换位置对齐。仅适用于 Humanoid 动画类型
Offset（偏移）	偏移到垂直根位置
Root Transform Position (XZ)（*XZ* 平面的根位置）	
Bake Into Pose（烘焙成动作）	烘烤水平的根部运动进入骨骼的运动。禁用为根运动存储
Based Upon（基础）	水平根位置的基础 Original（原始的），使用源文件的水平位置 Root Node Position（根节点位置），使用水平根变换位置。仅适用于 Generic 动画类型 Center of Mass（重心），保持与根变换位置对齐。仅适用于 Humanoid 动画类型

续表

属　性	功　能
Mirror（镜像）	在此剪辑中左右镜像 只有在动画类型设置为 Humanoid 模式时才会出现
Additive Reference Pose（添加到参照动作）	为添加动画层基准的参照动作设置框架。在时间线编辑器中可以看到蓝色标记
Pose Frame（动作框架）	输入一个帧数字作为参照动作。您也可以在时间线中拖动蓝色标记以更新此值。仅在 Additive Reference Pose 启用时可用
D 区域（扩展部分）的内容详见后续章节	

创建剪辑基本上定义了动画片段的开始点和结束点。为了使这些剪辑循环，应该尽量修剪它们，以便尽可能匹配所需循环的第一帧和最后一帧。

动画导入警告

如果在动画导入过程中发生任何问题，动画导入检查器的顶部都会显示警告消息，如以下两图所示。

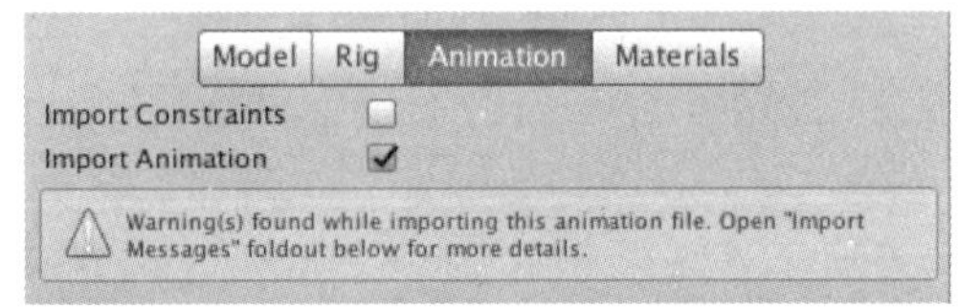

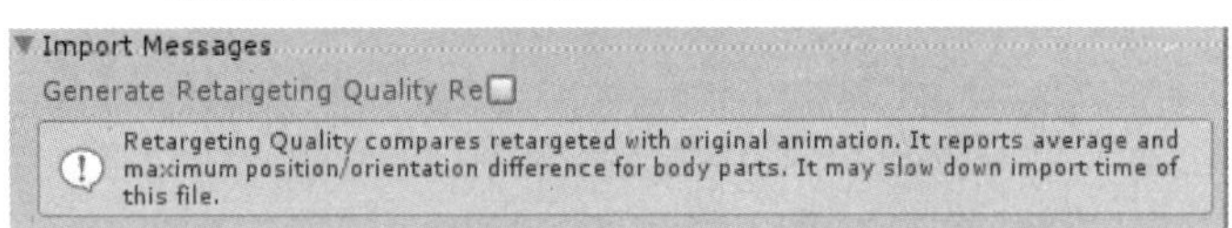

出现警告并不一定意味着动画尚未导入或无法正常工作，这可能意味着导入的动画看起来与源动画略有不同。

在这种情况下，Unity 提供了 Generate Retargeting Quality Report 选项，可以通过该选项查看有关导入问题的更多具体信息，如以下内容。

- 此文件中的默认骨骼长度与在源 Avatar 中找到的不同。
- 在此文件中找到的骨骼默认旋转不同于源 Avatar 中找到的旋转。
- 源 Avatar 层次结构与此模型中找到的不匹配。
- 这部动画有位移，将被丢弃。
- 人形动画具有中间变换和旋转，将被丢弃。
- 具有将被丢弃的缩放动画。

这些消息表明，当 Unity 导入动画并将其转换为内部格式时，原始文件中的某些数据会被省略。这些警告基本上是告知：重定向动画可能不完全匹配源动画。

动画预览

下图是动画预览的界面。

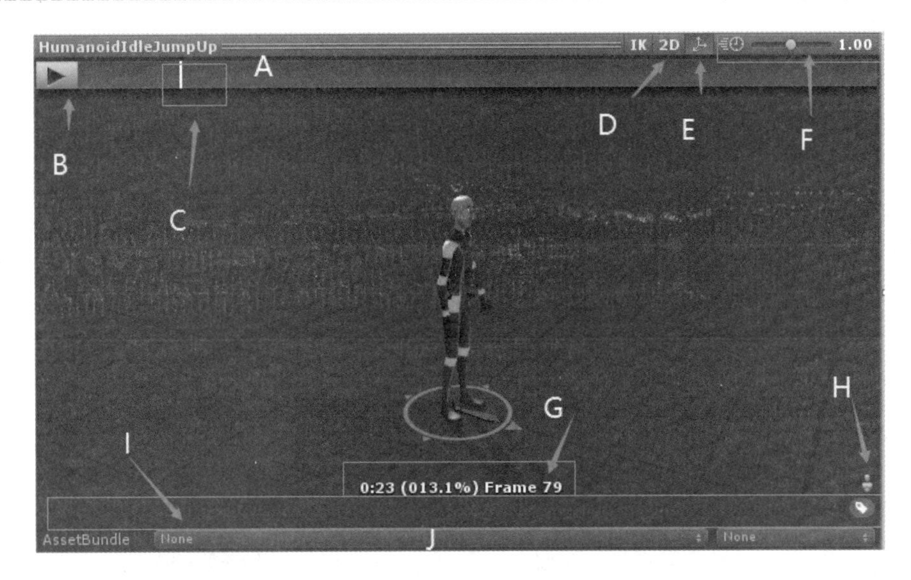

- （A）所选剪辑的名称。
- （B）播放/暂停按钮。
- （C）预览时间线上的播放头（允许前后擦洗）。
- （D）2D 预览模式按钮（在正交和透视摄像机之间切换）。
- （E）枢轴和质心显示按钮（在显示和隐藏之间切换）。
- （F）动画预览速度滑块（向左移动减慢；向右加速）。
- （G）播放状态指示器（以秒、百分比和帧数显示播放位置）。
- （H）Avatar 选择器（更改某个 GameObject 将预览动作）。
- （I）标签栏，可以在其中定义标签并将其应用于剪辑。
- （J）AssetBundles 栏，可以在其中定义 AssetBundles 和 Variants。

提取动画剪辑

动画角色通常具有许多不同的动作，这些动作根据游戏不同的情况被激活，被称为动画剪辑。例如，我们可能会为走、跑、跳跃、投掷和死亡分别制作动画剪辑。根据美术在 3D 建模软件中设置动画的方式，这些单独的动作可能会作为不同的动画片段导入，或者作为一个单独的片段导入，其中每个动作只是从前一个动画开始。在只有一个长剪辑的情况下，可以在 Unity 内提取动画片段。

如果模型具有多个已经定义为单个片段的动画，则动画选项如下图所示。

可以预览出现在列表中的任何剪辑。如果需要，可以编辑剪辑的时间范围。

如果模型将多个动画作为一个连续的动画提供，则动画选项如下图所示。

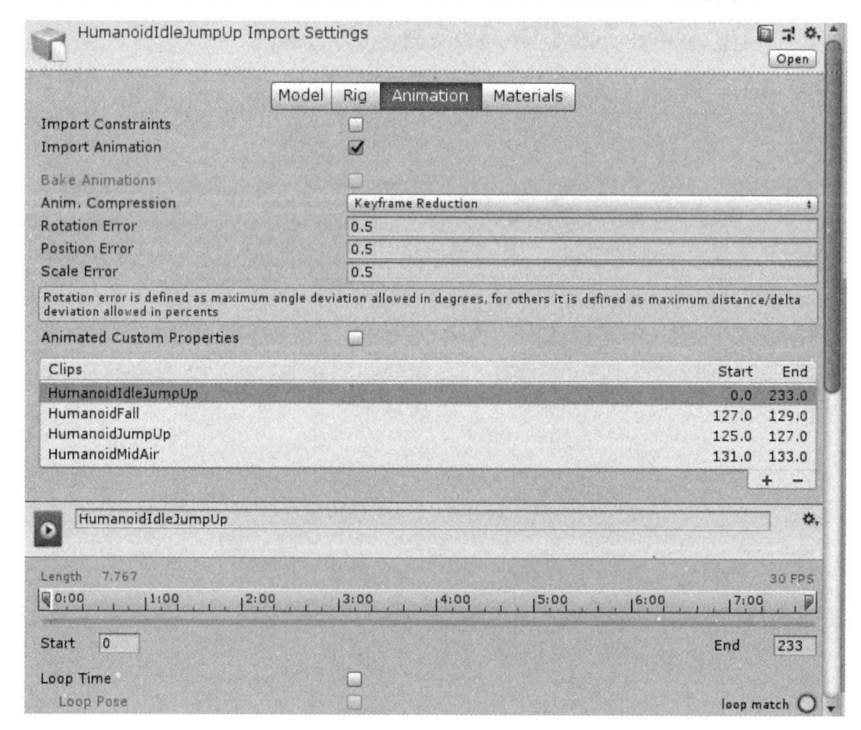

在这种情况下，可以定义与每个单独的动画序列（步行、跳跃、跑步和空闲）相对应的时间范围（帧或秒）。可以按照以下步骤创建新的动画片段：

1. 单击“+”按钮。
2. 选择它包含的帧或秒的范围。
3. 还可以更改剪辑的名称。

例如，可以定义以下内容：

- 在 0～83 帧期间空闲动画。
- 在 84～192 帧期间跳转动画。
- 在 193～233 帧期间摆动手臂动画。

使用多个模型文件导入动画

导入动画的另一种方法是遵循 Unity 允许的动画文件的命名方案。可以创建单独的模型文件并使用约定命名 modelName@animationName.fbx。例如，对于一个名为 goober 的模型，可以导入独立的空闲、走、跳，使用指定的 walljump 动画文件 goober@idle.fbx、goober@walk.fbx、goober@jump.fbx 和 goober@walljump.fbx。当像这样导出动画时，没有必要在这些文件中包含 Mesh，但在这种情况下，应该启用 Preserve Hierarchy Model 导入选项。

下图为 goober 模型和四个动画的例子，Unity 自动导入所有四个文件，并收集所有与不带@符号的文件相关的动画。在下面的示例中，Unity 自动导入 goober.mb 文件，并引用 idle、jump、walk 和 wallJump 动画。

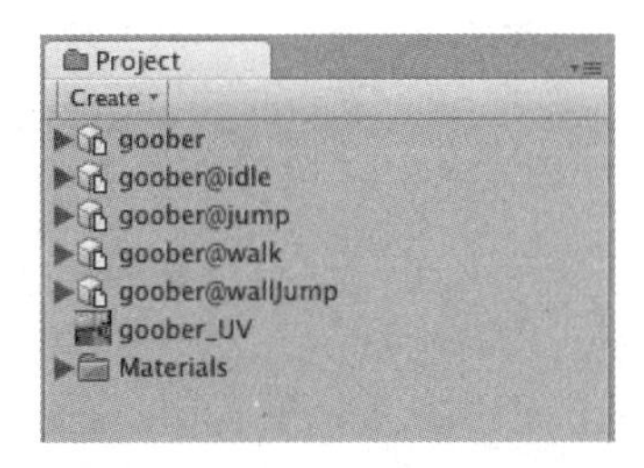

对于 FBX 文件，可以将模型文件中的网格导出而不使用动画。然后利用 goober@_animname_.fbx 通过导出每个所需的关键帧（在 FBX 对话框中启用动画）来导出四个剪辑。

动画片段的循环优化

处理动画的一项常见操作是确保它们正确循环。例如，如果角色沿着路径行走，则行走动作来自动画剪辑。该动作可能只持续 10 帧，但该动作连续循环播放。为了使步行运动无缝连接，该动作必须以类似的姿势开始和结束。要确保没有脚滑动或奇怪、生涩的运动。

动画片段可以在姿势、旋转和位置上循环播放。使用步行循环的示例，希望 *Y* 轴中的根变换旋转和 Root Transform Position 的起点、终点匹配。不想在 *XZ* 平面的根位置中匹配 Root Transform Position 的开始点和结束点，因为如果它的双脚继续回到它们的水平姿态，角色将永远不会到达任何地方。

Unity 在 Animation 上的特定于剪辑的导入设置下提供了匹配指示符和一组特殊的循环优化图。这些提供了视觉提示，可以帮助优化每个值的剪辑位置。

为了查看循环运动是否开始并最优地结束，可以查看和编辑循环匹配曲线。

查看循环优化图

在此示例中，循环移动显示剪辑范围的错误匹配，如红色和黄色指示符所示，红色和黄色指标显示循环不匹配。

用鼠标左键单击并按住时间轴上的开始或结束指示符（时间轴上的两个倒三角图标），就可以查看每个动画循环的曲线，下图是动画循环不匹配时的曲线图。

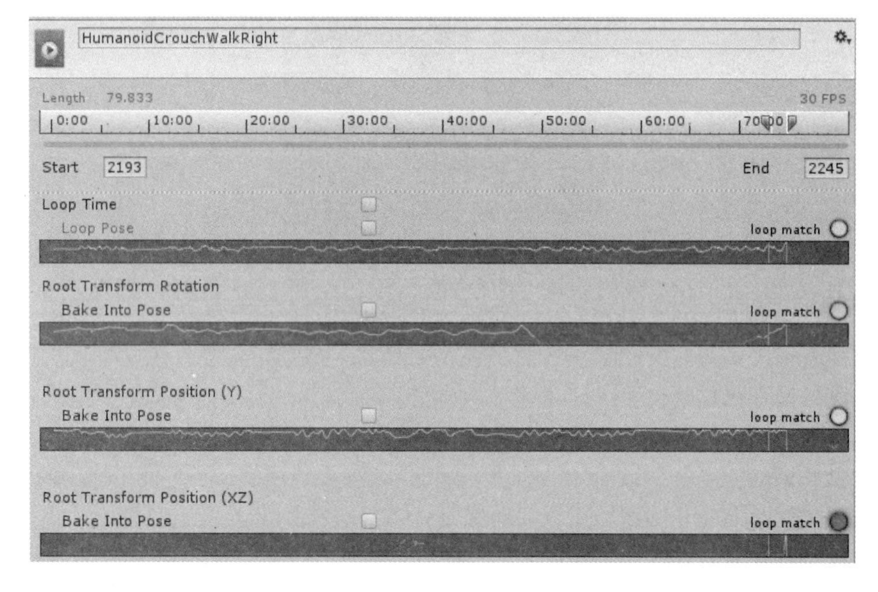

移动动画时间轴上的开始或结束指示符（时间轴上的两个倒三角图标），直到显示图标为绿色。绿色表示是正常的动画循环。放开鼠标按钮时，曲线消失，但图标仍然存在。

曲线

可以在 Animationst 选项卡中将动画曲线附加到导入的动画剪辑，可以使用这些曲线将其他动画数据添加到导入的动画片段。可以使用该数据根据动画师的状态动画，制作其他项目。例如，当游戏场景是人物处于冰冷条件时，可以使用额外的动画曲线来控制粒子系统的发射速率，以显示角色在冷空气中的冷凝呼吸。

要为导入的动画添加曲线，请展开Animatios选项卡底部的Curves部分，然后单击⊕图标以向当前动画片段添加新曲线，如果导入的动画文件被分割为多个动画片段，则每个片段都可以有自己的自定义曲线。下图是动画剪辑的曲线。

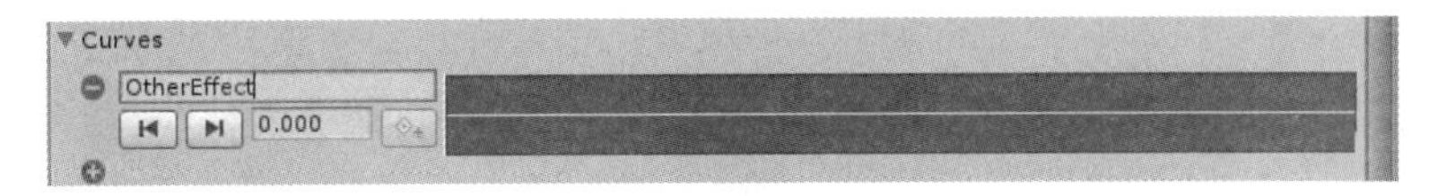

曲线的 X 轴表示标准化时间，并且始终在 0.0 和 1.0 之间（分别对应于动画片段的开始和结束，而不管其持续时间）。

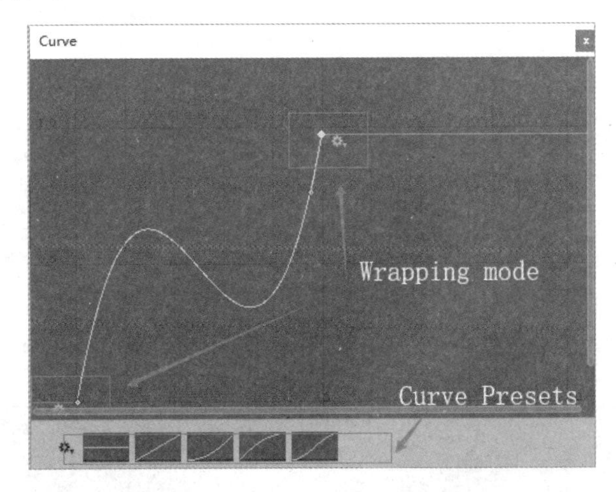

双击动画曲线可以呼出 Unity 的标准曲线编辑器，可以用它来添加 Keys。Keys 是曲线时间轴上的点，它具有由动画制作者明确设置的值，而不仅仅是使用插值。按键对于沿着动画的时间轴标记的重要的点非常有用。例如，通过步行动画，可以使用按键来标记左脚在地面上的点、然后双脚在地面上的点、右脚在地面上的点，等等。一旦设置了按键，可以通过单击“上一个关键帧”和“下一个关键帧”按钮在关键帧之间方便地移动。这将移动垂直红线并在关键帧显示标准化时间。在文本框中输入的值将驱动当时的曲线值。

动画事件

可以将动画事件附加到 Animatios 选项卡中的动画片段。

事件允许将附加数据添加到动画剪辑，该剪辑确定何时应该在动画中及时发生某些操作。例如，对于动画角色，可能需要添加事件来运行循环，以指示足迹声音何时播放。

要将事件添加到导入的动画，请展开事件部分以显示动画片段的事件时间轴，下图是添加了事件的动画时间轴。

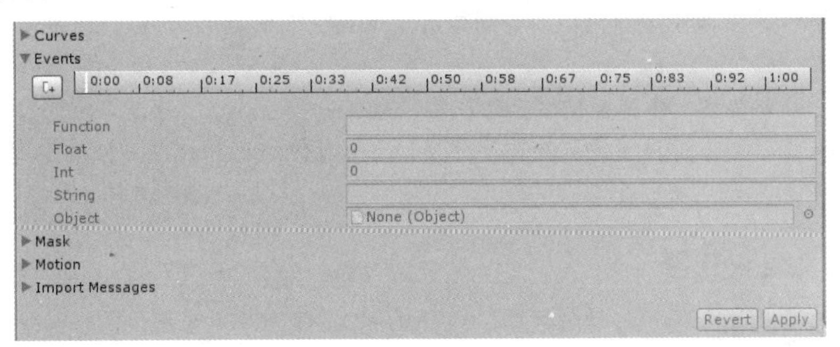

要将播放标识移动到时间轴中的其他位置，请在窗口的预览窗口中使用时间轴，单击预览窗口上的时间轴可以控制事件的位置。

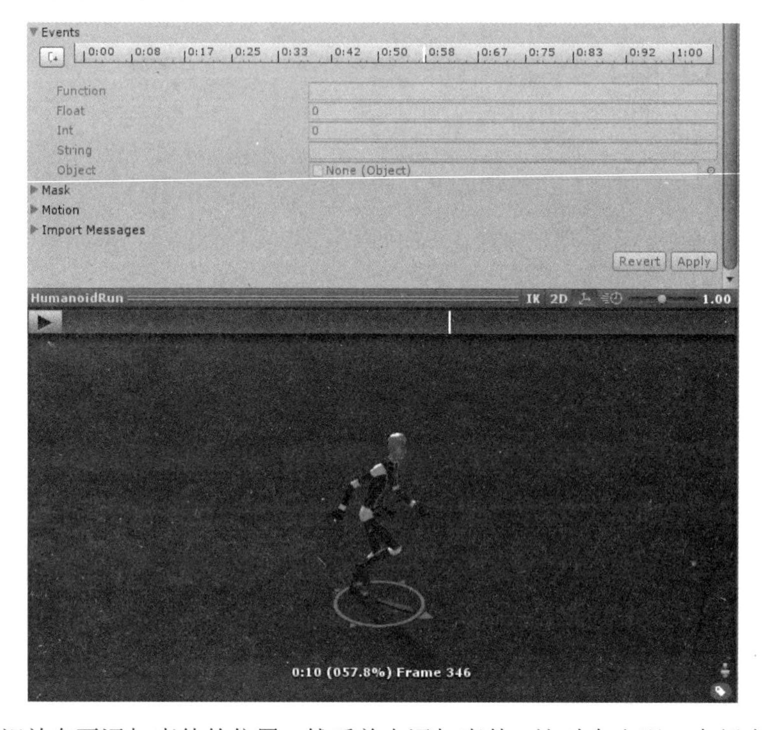

将播放标识放在要添加事件的位置，然后单击添加事件。这时会出现一个新事件，由时间线上的白色标记表示。在 Function 属性中填写触发事件时要调用的函数的名称。

确保在动画控制器中使用此动画的任何 GameObject 都附带了相应的脚本，该脚本包含具有匹配事件名称的函数。

下面演示了一个设置为 Footstep、在连接到 Player GameObject 的脚本中调用函数的事件。这可以与 AudioSource 结合使用来播放与动画同步的脚步声音。

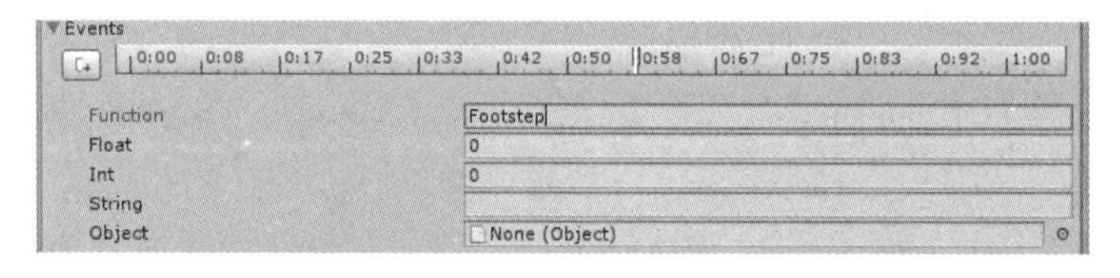

也可以指定发送到事件所调用的函数的参数，可以选择四种不同的参数类型：Float、Int、String、Object。

通过在其中一个字段中填写值可以使函数接受该类型的参数，也可以将事件中指定的值传递给脚本中的函数。

例如，可能需要传递一个浮点值来指定在不同动作中脚步声应该多大，例如步行循环上的安静脚步事件和正在运行的循环上的大声脚步事件。还可以传递对 Prefab 效果的引用，从而允许脚本在动画过程中的某些点实例化不同的效果。

3.5.3.4 Mask遮罩

遮罩可以放弃剪辑中的一些动画数据，允许动画片段仅为对象或角色的一部分而不是整个事物制作动画。如果有一个带有投掷动画的角色，且希望能够将投掷动画与各种其他身体动作（例如跑步、蹲伏和跳跃）结合使用，则可以为投掷动画创建一个遮罩，将其限制在右手臂、上身和头部。这部分动画可以在基本的跑步动画或跳跃动画顶部的上一层进行。

导入时也可以缩小遮罩文件的大小和内存，以提高处理速度，因为在运行时混合的动画数据较少。在某些情况下，导入时遮罩可能不合适，这时可以使用 Animator 控制器的图层设置在运行时应用遮罩。

要将遮罩应用于动画片段，请展开 Mask 以显示 Mask 选项。当打开菜单时，会看到三个选项：Definition、Humanoid 和 Transform（如下图所示）。

Unity 允许指定是否要在 Inspector 中专门为此动画片段创建一次性遮罩，或者是否要使用项目中现有的遮罩资源。

如果想为此剪辑创建一次性蒙版，请选择 Create From This Model。

如果要使用相同的蒙版设置多个剪辑，则应选择 Copy From Other Mask 并使用 Mask 资源。这允许为多个动画剪辑重新使用单个 Mask 的定义。

当选择 Copy From Other Mask 时，Humanoid 和 Transform 选项不可用，因为这些选项与在此剪辑的 Inspector 中创建的一次性遮罩有关，如下图所示。

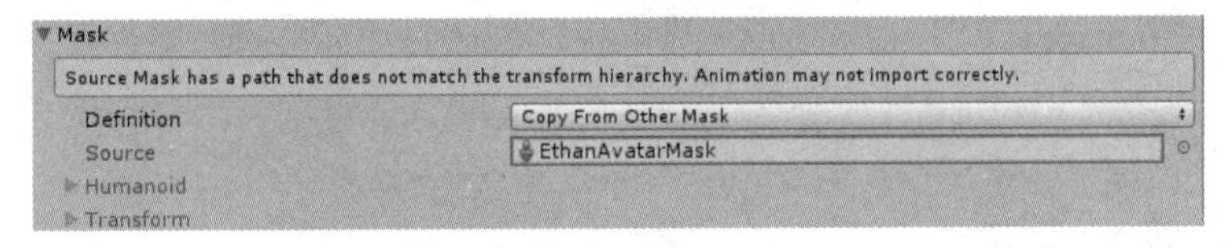

人形遮罩

人形选项提供了一种通过选择或取消选择人体的身体部位来定义 Mask 的方法。如果动画已被标记为人形并且具有有效的 Avatar，则可以使用这些。下图是人形遮罩选项。

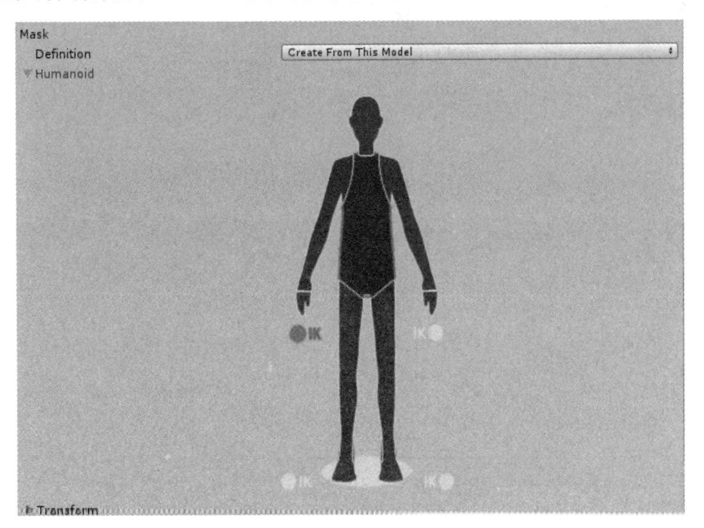

动作

当导入的动画片段包含根动作时，Unity 将使用该运动来驱动正在播放动画的 GameObject

的移动和旋转。然而，有时可能需要在动画文件的层次结构中手动选择不同的特定节点来充当根动作节点。

Motion 字段允许用户使用分层弹出菜单在导入动画的层次结构内选择任何节点（Transform），并将其用作根动作的源。该对象的动画位置和旋转驱动 GameObject 播放动画的动画位置和旋转。

要为动画选择根动作节点，请展开 Motion 字段以显示根动作节点菜单。当打开菜单时，会显示导入文件层次结构根目录中的所有对象，包括 None 和 Root Transform。这可能是角色的网格对象、它的根骨名称，以及每个具有子对象项目的子菜单。每个子菜单还包含子对象本身，以及其他子菜单（如果这些对象具有子对象）。下图是遍历对象的层次结构以选择根动作节点。

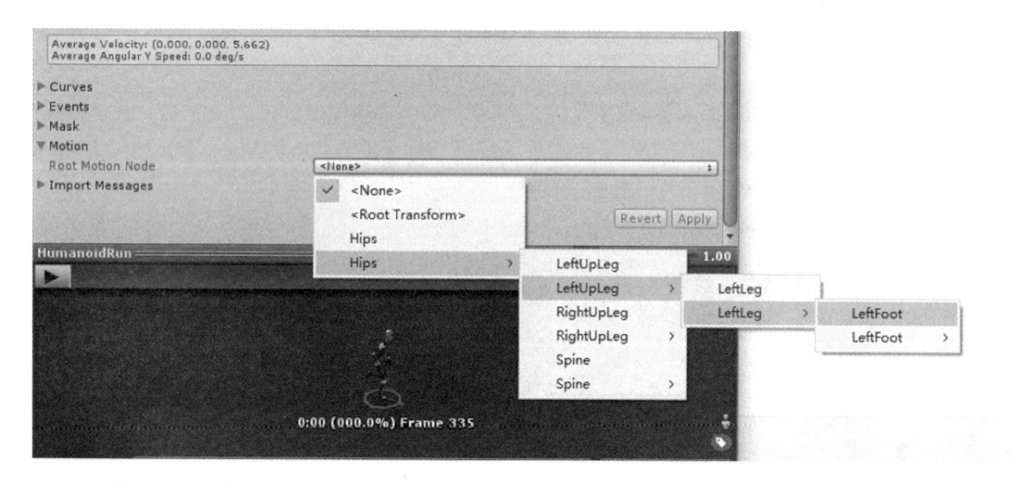

一旦选择了根动作节点，对象的动画就会驱动它的运动。

3.5.3.5 Materials选项卡

此标签可用于设置 Unity 在导入模型时如何处理材质和纹理。

当 Unity 导入没有分配任何材质的模型时，它使用 Unity 漫反射材质。如果模型具有材质，则 Unity 将它们作为子资源导入。可以使用 Extract Textures 按钮将嵌入纹理提取到项目中。下图是 Materials 选项卡。

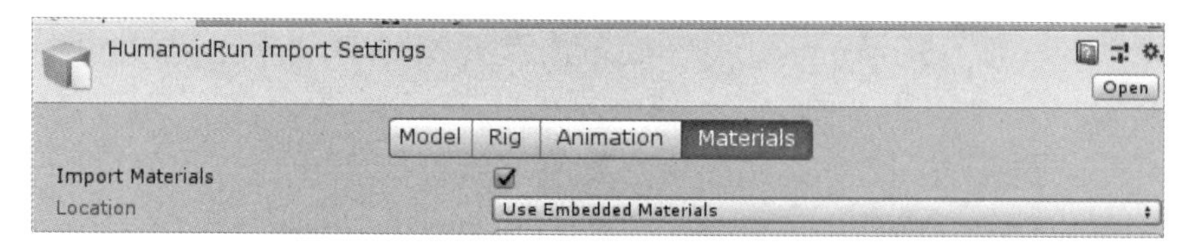

Materials 选项卡的选项如下表所示。

属　性	功　能
Import Materials（导入材质）	启用导入材质的设置

续表

属　性	功　能
Location（位置）	如何访问材质和纹理。根据用户选择的这些选项，可以使用不同的属性 Use Embedded Materials（使用内嵌材质），选择此选项可将导入的材质保留在资源中。这是 Unity 2017.2 版本后的默认选项 Use External Materials (Legacy)（使用外部材质（老版本）），选择此选项可将导入的材质提取为外部资源。这是一种处理材质的老方式，适用于使用 2017.1 版本及以前版本的项目

3.6 声音资源的导入设置

对于其他类型的资源来说，导入设置有所不同。我们所看到的导入设置取决于选定的资源类型。下面是一个音频资源的例子，右侧是其导入设置的相关选项。

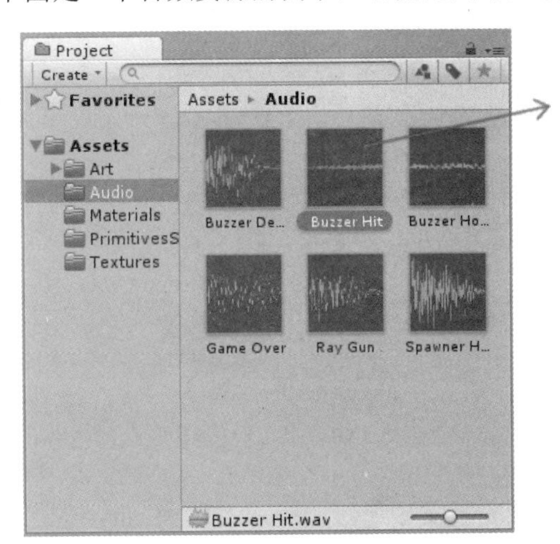

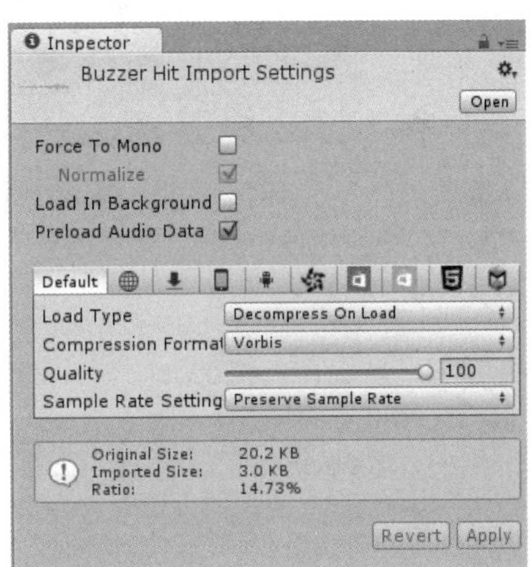

如果正在开发一个跨平台的项目，则可以重写默认设置，为每一种平台设置一种导入设置。

3.7 从资源商店导入资源

Unity 资源商店是一个成长中的免费和商业资源库，它包含 Unity 公司和许多社区成员提供的免费的或商业的资源。在此可以找到各种可用的资源，包括各种贴图、模型、动画以及完整的项目实例，还有教程和编辑器扩展。这些资源通过 Unity 编辑器的一个简单界面访问下载并直接导入自己的项目。

Unity 用户可以在资源商店成为发布者，出售自己创建的内容。

3.7.1 进入资源商店和选购

可以通过在主菜单选择 Window> Asset Store 打开资源商店。在第一次访问时,将会被提示创建一个免费账户用于访问商店。下图是资源商店的首页。

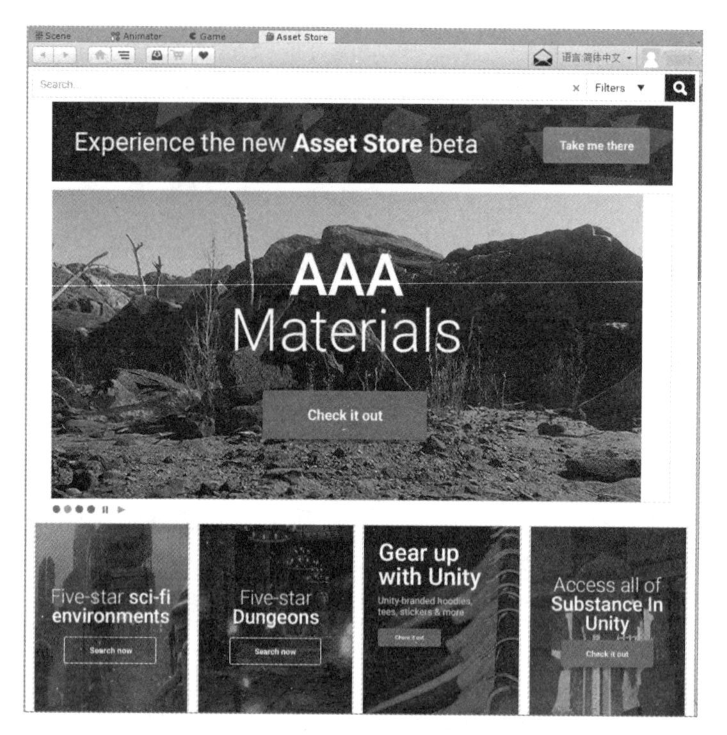

商店提供了一个类似浏览器的界面，可以通过自由输入文本，搜索、浏览软件包和各种资源。在主工具栏左侧是浏览按钮，用于查看浏览历史，它们的右侧则是查看下载内容、查看购物车内容以及查看收藏的内容的按钮。

浏览按钮

查看下载内容、查看购物车内容以及查看收藏的内容的按钮

可以通过下载管理器查看已经购买的包，或查找、安装任何更新。此外，Unity 提供的标准包也可以通过相同的界面查看并添加到自己的项目中。下图是下载管理器的界面。

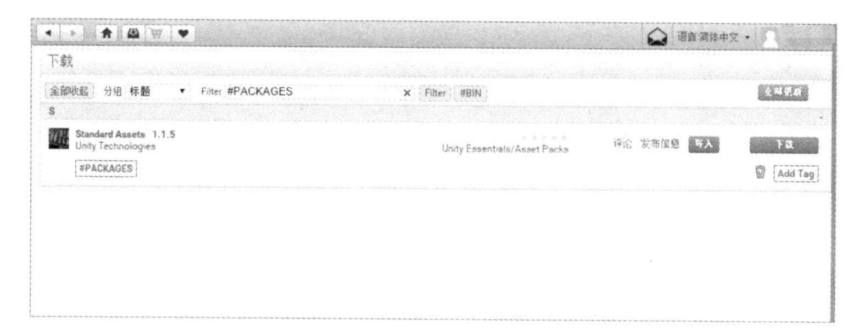

3.7.2 下载的资源文件的存储位置

一般很少直接访问从资源商店下载的文件，如果需要的话，可以在下面的路径找到它们。

- macOS：~/Library/Unity/Asset Store
- Windows：C:\Users\accountName\AppData\Roaming\Unity\Asset Store

这些文件夹包含 Asset Store 发布者相对应的子目录，实际的资产文件则在相应的子目录中。

3.8 资源包

Unity 包是共享和复用 Unity 项目和资源集合的一种简便方法。例如 Unity 标准资源和 Unity 资源商店上的项目都是以包的形式提供的。

包是 Unity 项目或项目元素的文件和数据的集合，它们被压缩并存储在一个文件中，类似于 Zip 文件。与 Zip 文件一样，当打开包时，包保持其原有的目录结构和关于资源的元数据（如导入设置和其他资源的链接）。

在 Unity 中，Export Package 压缩和存储资源集，Import Package 解压包的资源集到当前打开的项目中。

3.8.1 导入包

我们可以导入**标准资源包**，它们是由 Unity 重新制作和提供的资源集和由 Unity 用户制作的**自定义包**。

可以通过 Assets > Import Package 来导入这两种类型的包，如下图所示。

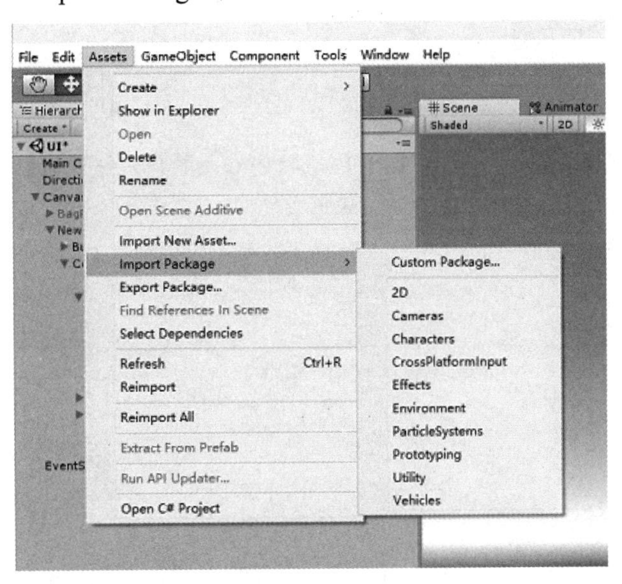

3.8.1.1 标准资源包

Unity 标准资源由多个不同的包组成：2D、摄像机、人物、跨平台输入、效果、环境、粒子系统、原型、工具、交通工具。

导入一个新的标准资源包需要以下几步。

1. 打开想导入资源的项目。
2. 选择 Assets > Import Package > 想要导入的包名，然后显示导入 Unity 包对话框，预览、检测包的所有项目，准备安装。详见下图。
3. 选择导入，Unity 将把包的内容放入标准资源文件夹，可以在项目视图上访问该文件夹。

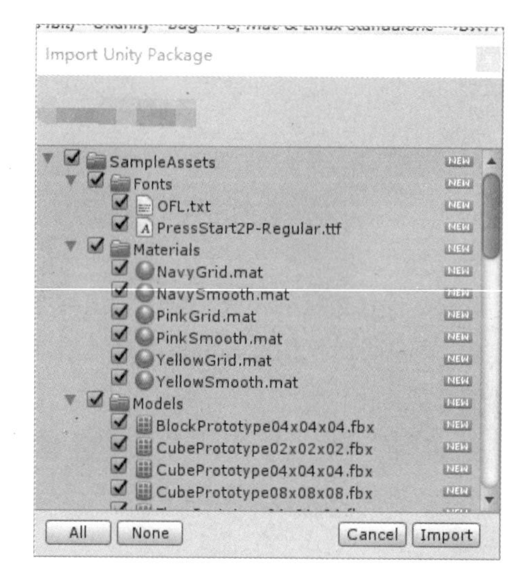

3.8.1.2 自定义包

我们可以导入从自己项目或别人项目导出的自定义包。

导入一个新的自定义包需要以下几步。

1. 打开要导入资源的项目。

2. 选择 Assets > Import Package > Custom Package 打开 Windows 或者 macOS 的文件管理系统。

3. 在 Windows 或 macOS 的文件管理系统选择要导入的包，然后显示导入 Unity 包对话框，预览、检查包的所有资源，然后准备安装。详见下图。

4. 选择导入，Unity 将把包的内容放入资源文件夹，可以在项目视图上访问它们。

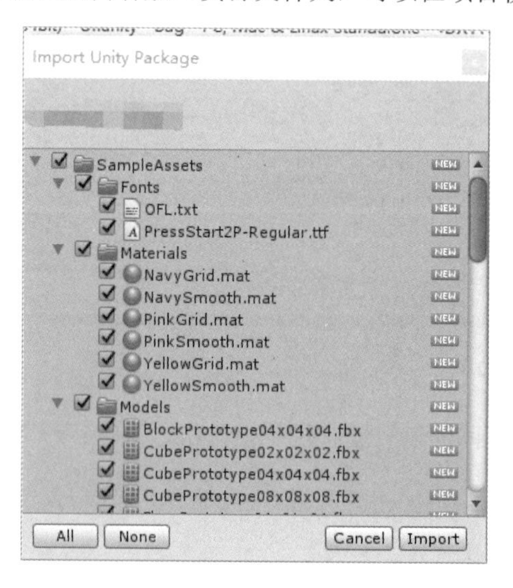

3.8.2 导出包

可以使用 Export Package 选项创建自定义包。

1. 打开要导出资源的项目。

2. 选择 Assets > Export Package 调出导出包对话框。（请参见下图的导出包对话框。）

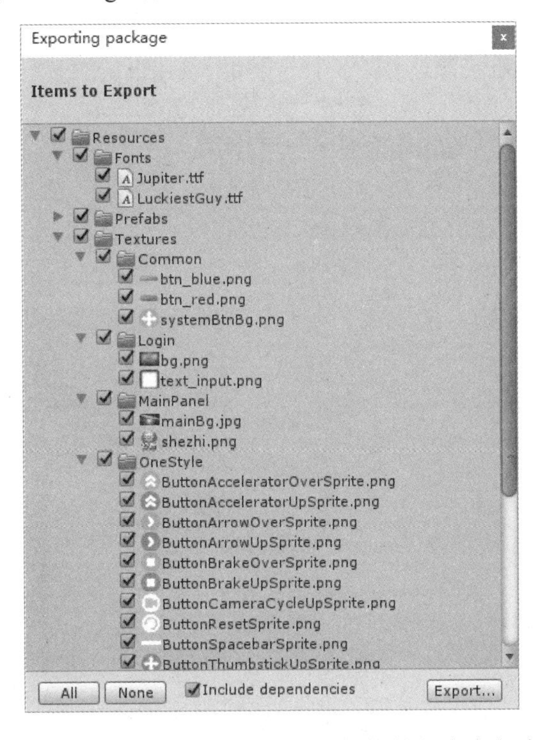

3. 在此对话框中检查并勾选要导出的资源的复选框使其包含在包内。

4. 选中 Include Dependencies 复选框以后，Unity 将自动选择对所选的资源有用的任何其他资源。

5. 单击 Export 调出 Windows 或 macOS 的文件管理系统，选择要存放包的位置，命名，然后保存包到任何想保存的路径下。

提示：当导出包时，Unity 能同时导出所有依赖项。例如，如果选择一个场景并导出包含的所有依赖项，那么在场景中出现的所有模型、贴图纹理以及其他资源也将同时被导出。这可以快速导出一堆资源，而无须手动查找相关依赖资源。

3.8.3　导出更新包

有时我们可能想通过更改一个包的内容而创建一个新的包，从而更新资源包的版本，其做法如下。

1. 在包中选择想要的资源文件（新增和未更改的文件皆选中）。

2. 导出文件。

注意：可以重命名一个更新包，Unity 会识别它为一个更新，所以可以用增量命名法，例如，MyAssetPackageVer1、MyAssetPackageVer2（不推荐使用中文命名）。

提示：将文件从包中删除并用相同名称命名它们不是一个好习惯，Unity 将把它们识别为不同和可能有冲突的文件，在导入它们时 Unity 会显示警告。如果已经删除一个文件然后决定替换它，最好给它一个跟原始文件相关但是不同的名字。

3.9 标准资源

Unity 本身包含多种**标准资源**，囊括了 Unity 用户使用最广的一些资源，如：2D、摄像机、角色、跨平台输入、效果、环境、粒子系统、原型、工具、车辆。

Unity 使用 Unity 包导入、导出标准资源到项目中。

下图为导入标准资源的操作方法。如果在安装 Unity 时选择不安装标准资源，可以从资源商店下载它们，搜索的关键字为 Standard Assets。

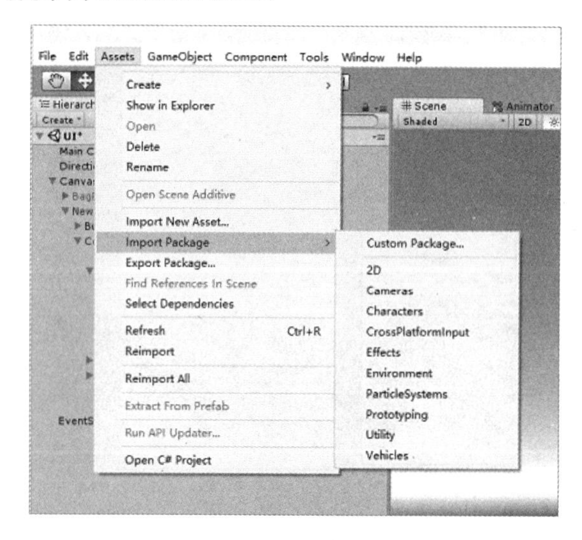

第4章　物　　理

4.1 简介

对现代游戏来说，逼真、漂亮的画面效果必不可少，但是要实现真实、有代入感的体验，仅仅凭借画面效果是远远不够的，逼真的物理效果也是不可或缺的一环。真实的重力、碰撞、摩擦必不可少。例如，一个跳入水中的角色、因爆炸而四散的碎片，这类物理效果可以将游戏的真实感提高一个层级，让用户忘记这是一个虚拟的世界。

回到技术层面来看，要想让物体能被正确地加速、可以被碰撞、受到重力等力的影响，需要一整套复杂而又自洽的物理系统。Unity 内置了这种物理引擎，而且将使用方法包装成了各种物理组件。只需要正确使用这些组件，修改一些参数设置，就可以创建出符合物理规律的物体，而且所有的操作都可以通过脚本动态控制。你可以创建汽车、机械结构，甚至一块飘动的布料。下图是正在倒塌的方块。

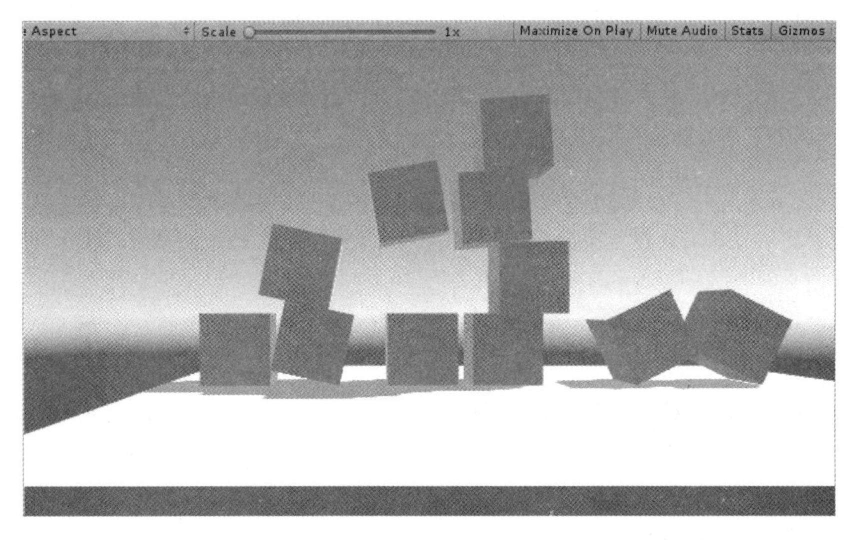

注意： Unity 中实际上存在两个独立的物理引擎，一个是 3D 物理引擎，另一个是 2D 物理引擎。这两种引擎的主要概念是一致的，但是它们用到的组件完全不同。比如，3D 物理系统中用到的刚体（Rigidbody）组件，在 2D 物理系统中是 2D 刚体（Rigidbody 2D）组件。

4.2 概述基本概念

4.2.1　刚体

刚体组件是让物体产生物理行为的主要组件。一旦物体挂载了刚体组件，它立即就会受到重力的影响，这时不建议通过在脚本中直接修改该物体的 Transform 属性（比如修改物体的位置与旋转角度）来移动物体，而可以考虑通过对刚体施加力来推动物体，然后让物理引擎运算并产生相应的结果。

在有些情况下，我们想要物体具有刚体组件，但又不想让它的运动受到物理引擎的控制。例如，我们可能想让角色完全受脚本控制，但又想让角色能够被触发器检测到。我们称这种不受物理控制的、通过脚本进行的刚体运动为“是运动学的”，这种刚体的运动方式脱离了物理引擎的控制，但是仍然可以在脚本中进行操作。而且我们还可以在脚本中随时开启或者关闭物体的 Is Kinematic 选项，但是注意这样操作会带来一些性能开销，不应频繁使用。

刚体组件以及 2D 刚体组件是物理系统的重点。

4.2.2 休眠

当一个刚体的移动速度和旋转速度已经慢于某个实现定义的阈值，物理引擎就可以假定它暂时稳定了。这种情况发生时，物理引擎不再需要反复计算该 GameObject 的运动，直到它再次受到一个碰撞或是力的影响，这时我们说该物体进入了“休眠”（Sleeping）模式。这是一种优化性能的方案，休眠的物体不会被物理引擎反复更新状态，从而节约了运算资源，直到它被重新“唤醒”为止。

在大多数情况下，刚体的休眠和唤醒都是自动进行的，也就是说其对开发者是透明的。但是，总有一些情况下物体无法自动被唤醒，比如一个静态碰撞体（Static Collider，即不带有刚体的单纯碰撞体）碰到或离开了休眠的刚体的时候。这种情况下可能会得到一些奇怪的结果，比如，一个稳定放在地面上的带有刚体组件的物体，在地面被移除后依然悬挂在空中。如果遇到了类似的情况，我们可以在脚本中主动调用 WakeUp 方法。

休眠和唤醒的概念与刚体密切相关。

4.2.3 碰撞体

碰撞体（Collider）组件定义了物体的物理形状。碰撞体本身是隐形的，不一定要和物体的外形完全一致（对 3D 物体来说外形就是网格 Mesh），而且实际上，在游戏制作时我们更多的会使用近似的物理形状而不是物体的精确外形，从而提升运行效率，同时并不会被用户察觉。

最简单的（同时也是最节省计算资源的）碰撞体是一系列基本碰撞体，在 3D 系统中，它们是盒子碰撞体（Box Collider）、球形碰撞体（Sphere Collider）和胶囊碰撞体（Capsule Collider）。在 2D 系统中有相应的 2D 盒子碰撞体（Box Collider 2D）和 2D 圆形碰撞体（Circle Collider 2D）。一个物体上可以同时挂载多个碰撞体，这就形成了组合碰撞体（Compound Collider）。

通过仔细调节碰撞体的位置和大小，组合碰撞体可以更精确地接近物体的实际形状，同时依然保证了较小的处理器开销。而且，可以通过增加带有碰撞体的子物体来进一步改善效果，比如可以加上旋转后的盒子碰撞体来拟合物体的形状，这里需要添加子物体才能实现。（这么做的时候，注意只在父物体上挂载一个刚体组件。）

注意： 当对物体进行了切向变换时（比如不等比缩放），基本碰撞体可能无法正常工作。这意味着当你对物体进行旋转和非等比例缩放的混合操作后，会导致基本碰撞体不能再保持一个简单的形状，这会导致和碰撞有关的计算发生问题。

4.2.4 物理材质

碰撞体之间发生交互时，必须模拟它们的表面材料的特性，才能正确模拟实际的物理效果。例如，冰面会非常滑，而橡胶球表面的摩擦力很大，而且非常有弹性。尽管在碰撞发生时碰撞体的外形不会发生变化，但是我们可以通过物理材质来配置物体表面的摩擦系数以及弹性。想得到完全理想的参数可能需要反复尝试，但是大体上，我们可以为冰面设置一个接近零的摩擦系数，也可以给橡胶球一个很大的摩擦系数和一个接近 1 的弹性系数。

3D 系统中的物理材质叫作 Physic Materials，而 2D 系统中的物理材质叫作 Physics Material 2D。由于历史原因，它们的名称中间差了一个 s。

4.2.5 触发器

脚本系统可以检测到碰撞的发生。当碰撞发生时，脚本的 OnCollisionEnter 方法会被调用。另外，还可以运用物理引擎检测两个物体是否发生重叠，但又不引起物理上的实际碰撞。只要勾选碰撞体组件的 Is Trigger 参数，即可将它变成一个触发器。作为触发器的物体不再像是物理上的固体，而是允许其他物体随意从其中穿过。当另一个碰撞体进入了触发器的范围，就会调用脚本的 OnTriggerEnter 方法，但要特别注意：两个物体必须至少有一个带有刚体组件，否则无法正确触发脚本。

发生接触的两个物体是否是触发器、是否是刚体、是否是动力学的，会有多种排列组合的情况，这些情况全部列举出来会形成两个表格，这也是需要学习的重点。

4.2.6 碰撞与脚本行为

当碰撞发生时，所有挂载在该物体上的脚本中的具有特定名称的方法，都会被物理引擎调用。可以在这些函数中编写任意的代码，以针对碰撞事件做出反馈。例如，可以在车辆碰撞到障碍物时播放碰撞的音效。

OnCollisionEnter 函数会在碰撞初次被检测到时被调用，OnCollisionStay 函数会在碰撞持续过程中多次被调用，而 OnCollisionExit 函数被调用则表示碰撞事件结束了。与碰撞体相似，触发器则会调用对应的 OnTriggerEnter、OnTriggerStay 和 OnTriggerExit 方法。注意，对 2D 物理系统来说，以上所有方法名称都要加上 2D 后缀，比如 OnCollisionEnter2D。有关这些方法的详细信息请参考 Unity 脚本参考手册中的 MonoBehavior 类。

有一些细节：例如对于一般的碰撞体（非触发器）来说，如果碰撞它的另一个物体是 Kinematic 的，那么碰撞有关的脚本方法都不会被调用。而对于触发器来说，无论另一个物体是否是 Kinematic 的，都会调用相应的触发器方法。

这些问题详见后面的碰撞事件触发表格。

4.2.7 对碰撞体按照处理方式分类

对包含碰撞体组件的物体来说，根据这个物体上是否具有刚体组件，以及刚体组件上 Kinematic 设置的不同，它的物理碰撞特性是截然不同的。我们可以将所有的碰撞体（不考虑触发器）分为三类：静态碰撞体、刚体碰撞体、Kinematic 刚体碰撞体。

4.2.7.1 静态碰撞体

不挂载刚体组件的碰撞体被称为静态碰撞体（Static Collider）。静态碰撞体通常用于制作关卡中固定的部分，比如地形和障碍物，它们一般不会移动位置。当刚体碰撞到它们的时候，它们的位置也不会发生变化。

物理引擎会假定静态碰撞体不会移动和变换位置，以这个假定为前提，引擎做出了一些非常有效的性能优化。同时，在游戏运行时，不应当改变静态碰撞体的 disabled/enabled 选项，也不应当移动或缩放碰撞体。如果那么做，就会给物理引擎内部带来额外的重新计算的工作量，从而导致这一时刻游戏性能的显著下降。更为严重的是，在这种重新计算的过程中，可能会进入一些未定义的状态，继而导致不正确的结果。进一步说，休眠的刚体在被一个静态碰撞体碰撞到时，很可能不会被立即唤醒，且无法计算正确的反作用力。因此，应当仅修改挂载了刚体的碰撞体的状态，而不要修改静态碰撞体的状态。如果希望碰撞体不会被碰撞所影响，但又需要在脚本中修改它的状态，那么可以考虑给它挂上刚体组件，并将刚体组件设置为 Kinematic。再次强调，在这种情况下务必要挂载刚体组件。

4.2.7.2 刚体碰撞体

挂载了普通刚体组件（非 Kinematic）的碰撞体，被称为刚体碰撞体（Rigidbody Collider）。物理引擎会一直模拟计算刚体碰撞体的物理状态，因此刚体碰撞体会对碰撞以及脚本施加的力做出反应。刚体会与其他碰撞体发生碰撞，它也是游戏中最普遍使用的一种碰撞体。

4.2.7.3 Kinematic刚体碰撞体

挂载了刚体组件且刚体组件设置为 Kinematic 的碰撞体，被称为 Kinematic 刚体碰撞体（Kinematic Rigidbody Collider）。我们可以在脚本中修改这种物体的 Transform 属性来移动它，但它并不会像普通的刚体那样对碰撞和力做出反应。Kinematic 碰撞体通常可以用在经常需要变化物理状态的碰撞体上，比如需要移动的碰撞体上。典型的例子是一扇可以滑动的门，大部分时间这扇门和静止的障碍物一样，但是在必要的时候门可以打开。和静态碰撞体不同，Kinematic 刚体碰撞体可以对其他物体产生适当的摩擦力，也可以在发生碰撞时正确唤醒其他刚体。

就算是没有发生移动的时候，Kinematic 刚体碰撞体与静态碰撞体的表现也是不同的。例如，如果碰撞体已经被设置为触发器，但是由于需要触发脚本的原因（后面会讲到），还需要为它挂载刚体组件，那么这时候为了避免它受到力的影响，可以勾选 Is Kinematic 选项。

一个刚体碰撞体，可以随时开启或关闭 Is Kinematic 选项，且不会像静态碰撞体的开启或关闭那样引起物理系统的问题。

再举一个常见的例子。一个角色在正常情况下受动画系统的控制，但当它受到爆炸冲击或者被严重撞击的时候，就会受物理影响而被击飞，这种效果被称作“布偶系统”。布偶角色默认是一个 Kinematic 碰撞体，它的肢体受动画系统的控制，但是在必要的时候，系统会关闭 Is Kinematic 选项，从而让它变成一个受物理影响的物体。这时它就可能像所有处于爆炸范围内的物体一样，被巨大的冲击力撞飞。

4.2.8 碰撞事件触发表

前面已经说过，发生接触的两个物体是否是触发器、是否是刚体、是否是动力学的，会有多种排列组合；根据碰撞体参数设置的不同，被调用的脚本方法也不同。为了清晰、系统地说明不同参数设置和是否调用脚本方法的关系，特提供了以下两个表格。

碰撞时是否产生碰撞事件（Collision Message）						
	静态碰撞体	刚体碰撞体	Kinematic 刚体碰撞体	静态触发器	刚体触发器	Kinematic 刚体触发器
静态碰撞体		Y				
刚体碰撞体	Y	Y	Y			
Kinematic 刚体碰撞体		Y				
静态触发器						
刚体触发器						
Kinematic 刚体触发器						

碰撞时是否产生触发器事件（Trigger Message）						
	静态碰撞体	刚体碰撞体	Kinematic 刚体碰撞体	静态触发器	刚体触发器	Kinematic 刚体触发器
静态碰撞体					Y	Y
刚体碰撞体				Y	Y	Y
Kinematic 刚体碰撞体				Y	Y	Y
静态触发器		Y	Y		Y	Y
刚体触发器	Y	Y	Y	Y	Y	Y
Kinematic 刚体触发器	Y	Y	Y	Y	Y	Y

4.2.9　物理关节

本小节所说的关节（Joints）特指一种物理上的连接关系，比如门的合页、滑动门的滑轨、笔记本电脑屏幕和机身之间的铰链都属于关节，甚至绳子也可以用关节来模拟。关节总是限制一类运动的自由度、允许另外一类运动的自由度。比如普通的房门就允许大幅度旋转，但不允许平移。

Unity 提供了很多不同类型的关节，可以用于不同的情景中。比如铰链关节（Hingle Joint）就适用于房门，准确地说它限制物体只能绕一个点旋转；而弹簧关节（Sprint Joint）则可以让两个物体之间始终保持适当的距离，不会过远或者过近。

除了 3D 关节，也有相对应的 2D 关节，比如 2D 铰链关节（Hingle Joint 2D）。

Unity 中的关节提供了许多选项和参数，来提供特定的功能。比如可以设定当拉力大于特定的阈值时关节会断开。很多类型的关节都有牵引力（Drive Force）参数用于设定引起物体运动所用的力的大小。

4.2.10　角色控制器

虽然在理论上来说，游戏人物可以用刚体组件来控制，因为游戏人物也有质量、会被周围环境阻挡，且受重力影响。但是实际上，对于一个稍微有一点复杂的环境来说，用刚体组件来控制角色会引起大量不可预料的问题。例如：被墙角卡住，受到障碍物挤压而被弹飞，推动游戏中的其他物体时会受到反作用力等。这些问题都会导致角色行为的结果无法预计，产生难以避免的 bug。

所以在实践中，大部分游戏都采用角色控制器来全权管理角色的行动，而不使用刚体组件。在角色控制器的作用下，角色的跳跃、爬坡、上楼梯、被墙体阻挡等行为，都严格受到逻辑程序的控制，而不是完全受物理引擎的操纵。这样能够得到极大的灵活度和可控性。例如我们可以用逻辑程序来灵活控制角色能够爬上多陡的坡，能够直接踩上的台阶的高度等。

要实现一个较为完善的角色控制器比较复杂。Unity 默认提供了一个适用于很多游戏的角色控制器，在本章中会对它进行详细介绍。

4.3 刚体

挂载刚体组件可以让游戏中的物体在物理引擎的控制下运动。刚体组件会对力和扭矩做出反应，从而实现逼真的物理效果。要让物体受到重力影响、受到脚本中施加的力的影响，或者受到碰撞力的影响，都必须挂载刚体组件。Unity 物理引擎的实现使用了 NVIDIA PhysX 技术。

刚体为模拟碰撞、关节等真实世界的效果打开了一扇门。使用力来控制物体的运动，与直接修改 Transform 参数来让物体运动有截然不同的感受。一般来说，你不应该既用修改 Transform 的方式，又用物理的方式来让物体移动，而应该只使用一种方式。

修改 Transform 的方式与物理的方式相比，关键的区别就是力。刚体会对力和扭矩做出反应，而 Transform 没有这个功能。这两种方式都可以移动和旋转物体，但是途径和效果都不一样，通过做一些实验就可以看出二者的不同。一般只应该使用其中一种方式来让物体运动，如果混合使用两种方式很可能带来碰撞或物理运算方面的问题。

可以在菜单中选择 Components > Physics > Rigidbody 来添加刚体组件。加上刚体组件以后物体就已经可以受重力影响了，也可以对力做出反应，但是一般来说还需要加上碰撞体或关键点来实现我们想要的具体功能。

4.3.1 属性介绍

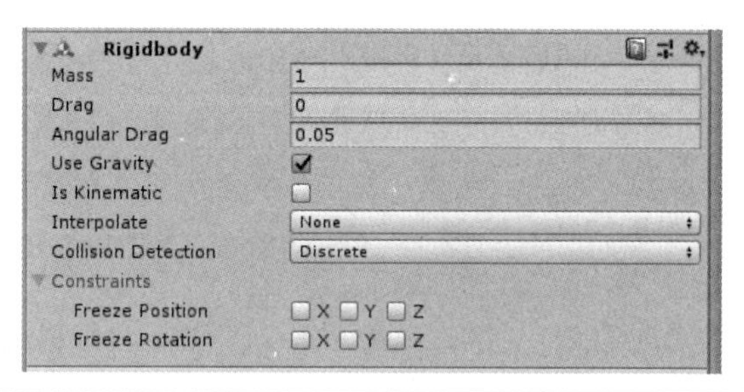

属　性	功　能
Mass	物体的质量（默认单位是千克）
Drag	阻尼。可以理解为影响物体移动的空气阻力（仅影响平移）。0 表示没有空气阻力，设置为无穷大会让物体立即停止
Angular Drag	角阻尼。与 Drag 类似，但只影响旋转运动。0 表示没有旋转阻力。要注意：将旋转阻力设置为无穷大并不能立即停止物体的旋转

续表

属　性	功　能
Use Gravity	勾选表示受重力的影响
Is Kinematic	勾选此选项，则物体不再受物理引擎驱动，而可以修改 Transform 属性来移动。Kinematic 刚体在本章中有详细的讨论
Interpolate	差值平滑方式。当刚体出现抖动的现象时，可以尝试设置以下三个选项： None，无差值平滑算法 Interpolate，利用上一帧的位置进行平滑处理的方式 Extrapolate，利用未来一帧的位置进行平滑处理的方式
Collision Detection	碰撞检测方式。某些高速移动的物体会穿透碰撞体，这时需要调整碰撞检测的方式 Discrete，不连续检测方式，在这种情况下其他物体和此物体之间的碰撞检测都使用不连续检测方式。这种方式性能最好、最常见，也是默认的碰撞检测方式 Continuous，连续检测方式。在检测本物体与刚体碰撞体的碰撞时，采用不连续检测方式；而在检测本物体与静态碰撞体的碰撞时，采用连续检测方式；如果另一个刚体碰撞体设置为连续动态检测方式，那么则采用连续检测方式。执行连续检测算法会极大影响物理引擎的性能，所以常规情况下请设置为默认的不连续方式 Continuous Dynamic，连续动态检测方式。参考连续检测方式的说明，本选项在检测两个刚体碰撞体发生碰撞时，会和连续检测方式有区别，其他情况是类似的。本选项一般用于高速物体
Constraints	约束和限制刚体在某些方向的移动和旋转，但是脚本的修改不受此限制 Freeze Position 可分别限制刚体沿 *X* 轴、*Y* 轴、*Z* 轴方向的移动，此处是指世界坐标系 Freeze Rotation 可分别限制刚体沿 *X* 轴、*Y* 轴、*Z* 轴的旋转，此处是指局部坐标系

4.3.2　父子关系

当一个物体处于物理引擎的控制之下时，它和父物体之间的关系是半独立的：一方面，如果移动父物体，子物体也会跟着运动；另一方面，子物体会由于重力等原因独立运动。

4.3.3　脚本问题

要控制刚体，一般来说你需要在脚本中施加力或扭矩。一般是在脚本中调用刚体组件的 AddForce 方法和 AddTorque 方法。再次强调，不要在物理系统中混合使用直接修改 Transform 的方法。

4.3.4　刚体和动画

在某些情况下，特别是实现布偶系统的时候，有必要让物体在物理系统控制和动画系统控制之间切换。基于这种原因，刚体提供了 Is Kinematic 选项。当刚体被标记为 Kinematic 时，它就不再受碰撞、力等物理因素的影响了。这意味着你只能用直接修改 Transform 的方式来让物体运动。Kinematic 刚体依然会对其他刚体带来物理上的影响，但它们自己不会被物理系统影响。比如 Kinematic 刚体会像普通刚体一样撞击其他刚体。

4.3.5 刚体和碰撞体

碰撞体定义了物体的物理外形。碰撞体往往和刚体一起使用，用来正确模拟碰撞。如果没有碰撞体，那么两个刚体重叠时就不会发生碰撞，而会互相穿过。

4.3.6 组合碰撞体

组合碰撞体是基本碰撞体的组合，可以看作是合成为一个碰撞体。在需要实现一个较为复杂的模型的碰撞体时，组合碰撞体十分好用。因为它既不会由于模型复杂而过于消耗性能，又能够利用基本形状的组合表现出模型的外形。创建组合碰撞体时，可以为物体创建一些子物体，然后为这些子物体挂载碰撞体组件。这样做可以方便地移动、旋转、缩放子碰撞体。在组合碰撞体的过程中，不仅可以用基本碰撞体，也可以使用凸的网格碰撞体。下图是用在实际项目中的组合碰撞体。

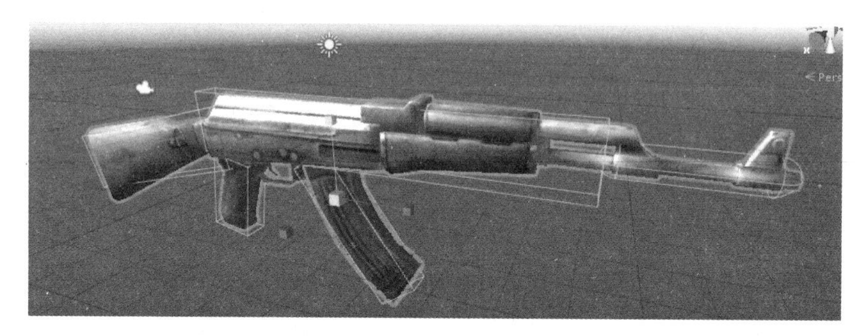

在上图中，枪的 GameObject 具有一个刚体组件，它的多个子物体分别挂载基本碰撞体，组合成一个完整的物体。当带有刚体组件的父物体移动时，子物体也会跟着移动。子物体上的基本碰撞体会与环境发生碰撞，而父物体上的刚体组件能够确保碰撞后整个枪以正确的方式运动。

网格碰撞体之间一般来说无法互相正确地碰撞，除非标记为 Convex。一般来说，建议对经常运动的物体用组合碰撞体来制作，而对场景中不动的物体用网格碰撞体来制作。

4.3.7 连续碰撞检测

连续碰撞检测用来防止快速移动的碰撞体相互穿过而错过了碰撞的时机。在刚体默认的设置下（不连续碰撞），穿过的情况有可能发生，原因是在前一帧两个物体还没有相撞，而由于物体速度较快，在下一帧，两个物体已经位于对方的后面了。要解决这个问题，可以在刚体上将碰撞检测模式设置为连续的，设置为连续的可以防止刚体与静态碰撞体互相穿过的情况。下图是将碰撞检测模式设置为连续的步骤。

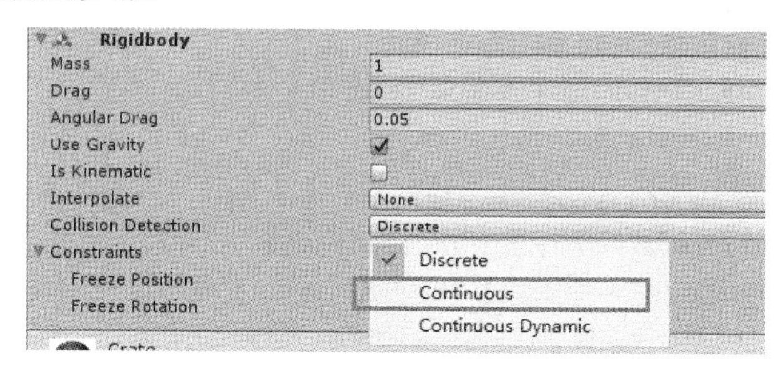

而要避免刚体之间互相穿过的情况发生，就要用到连续动态检测的方式了，本节前面的表格中有详细的说明。连续碰撞检测支持盒子碰撞体、球形碰撞体与胶囊碰撞体。下图是设置连续动态检测的方式。

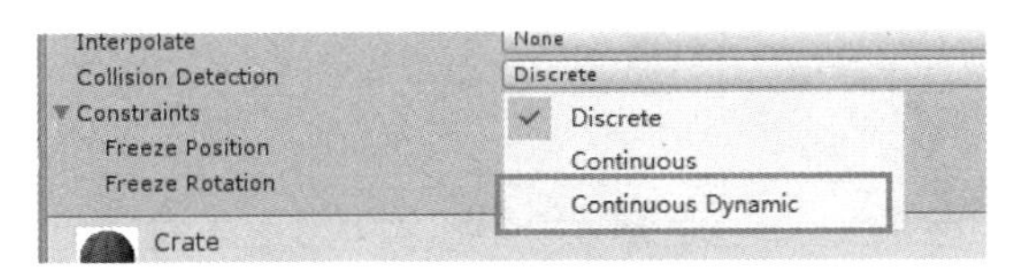

要注意，连续碰撞检测更像一种备用的措施，防止物体之间发生互相穿透的情况，但是它并不能保证碰撞后产生精确的结果。也就是说，如果你真的需要很精确的碰撞结果，就只能考虑在时间管理器（TimeManager）中将 Fixed Timestep 改得更小，这样物理引擎的模拟就会更精确，但是精确的代价就是损失同比例的性能。工程设置、时间设置里面的 Fixed Timestep 就是物理更新的时间间隔，间隔为 0.02 秒（即 1 秒 50 帧）。

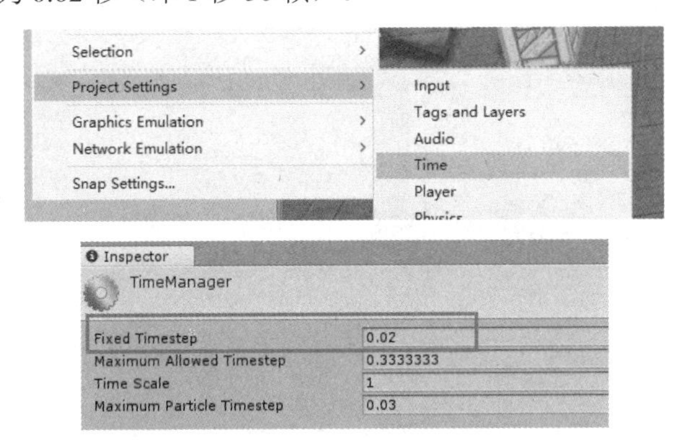

4.3.8　比例和单位的重要性

物体外形的大小远比物体的质量重要。如果你发现刚体的表现与你预计的不同（移动太慢、有漂浮感或是碰撞后的速度有问题），那么注意检查一下物体的大小、比例。Unity 默认采用国际单位，且 Transform 中空间的 1 个单位代表 1 米，整个物理系统的计算也是按照物理学的标准量纲来进行的，所以保证物体的比例正确非常重要。举个例子，一个摇摇欲坠的摩天大楼倒塌的效果，与积木搭出来的小塔倒塌的效果是完全不同的，所以想要有正确的效果，物体的大小比例就必须正确。

在 Unity 中使用人物模型时，要确保人物的高度在 2 米左右。可以新建一个默认的立方体与模型进行对比，来检查模型大小是否合适。新建的默认立方体的边长为 1 米，所以人物高度大约是 2 个立方体的高度。

如果你不能修改原始模型的大小参数，可以在导入模型时修改模型的比例，这个功能在导入模型的章节会有介绍。

如果要制作的游戏已经确认需要用一个特殊的比例，那么也可以修改 Unity 默认的空间坐标轴的比例。这种调整可能会给物理引擎带来额外的工作量，影响运行时的性能。这种影响不算很大，但是相比修改模型比例的方式，还是有一些性能损失的。另外要注意，如果使用非标准的坐标轴比例，在调整父子节点时会发生一些意外的情况。所以还是建议根据真实情况调整物体的比例，以兼顾较好的性能和方便性。

4.3.9 其他问题

两个刚体的质量的比值，决定了碰撞后它们如何运动。

质量更大的物体并不会比质量小的物体下坠得更快或更慢，想调整下坠速度可以调整阻力（Drag）参数。

较小的阻力让物体显得更重，较大的阻力让物体显得更轻。典型的 Drag 取值在 0.001（金属块）和 10（羽毛）之间。

如果想直接修改物体的 Transform 属性来让物体运动，依然需要一些物理功能，请使用刚体并设置为 Kinematic。

如果想让用户操作的物体接收到碰撞或触发器事件，那么必须挂载刚体组件。

将角阻尼设置为无穷大并不能使刚体的旋转立即停止。

4.4 盒子碰撞体

盒子碰撞体是一种立方体形状的基本碰撞体。

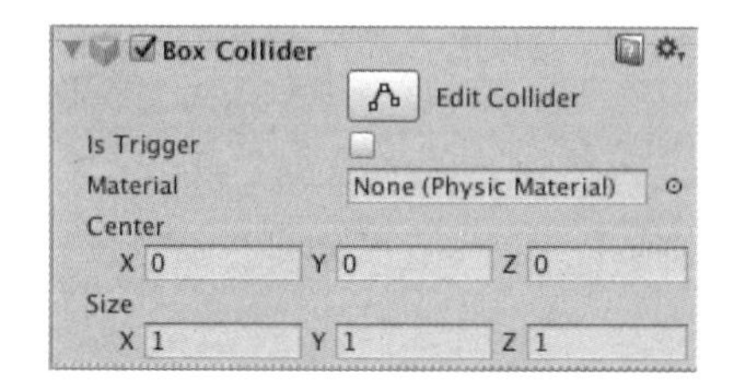

盒子碰撞体极为常用，很多物体都可以粗略地表示为立方体，比如大石块或者宝箱。而且薄的盒子也可以用来做地板、墙面或是斜坡。当用多个碰撞体制作组合碰撞体时，盒子也极为常用。

盒子碰撞体的属性和功能如下表所示。

属　性	功　能
Is Trigger	勾选此项，则变为触发器，不会与刚体发生碰撞
Material	指定一个物理材质。物理材质决定了摩擦力、弹性等，详见物理材质的内容
Center	中心点的坐标（局部坐标系）

4.5 胶囊碰撞体

胶囊碰撞体也是一种基本碰撞体，它的形状和药物胶囊一样，是由两个半球体夹着一个圆柱体组成的。

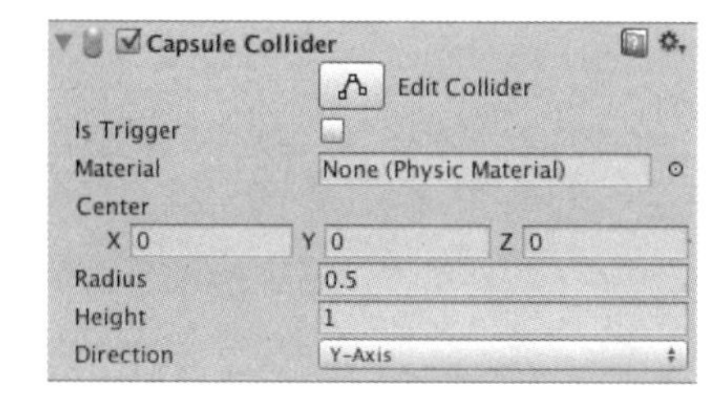

由于可以随意地调整胶囊体的长短和粗细，所以它既可以用来表示一个人体的碰撞体，也可以用来制作长杆，还可以用来与其他碰撞体形成组合碰撞体。在角色控制器中，胶囊体常常用来当作角色的碰撞体。下图是标准的胶囊碰撞体的示意图。

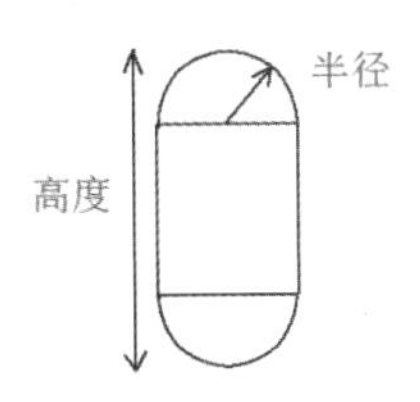

胶囊碰撞体的属性和功能如下表所示。

属　性	功　能
Is Trigger	勾选此项，则变为触发器，不会与刚体发生碰撞
Material	指定一个物理材质。物理材质决定了摩擦力、弹性等，详见物理材质的内容
Center	中心点坐标（局部坐标系）
Radius	胶囊体的半径，即半球体和圆柱体的半径
Height	胶囊的高度
Direction	胶囊体的方向，默认是沿 Y 轴竖直方向。也可以修改，比如沿 X 轴平放

4.6 网格碰撞体

网格碰撞体用于创建一个任意外形的碰撞体。它需要借用模型的外形网格，基于模型的网格创建自身。所以，用它创建的碰撞体比用基本碰撞体去组合要精确得多，但是也有额外的限制条件。凸（Convex）的网格碰撞体才可以与其他网格碰撞体发生碰撞。

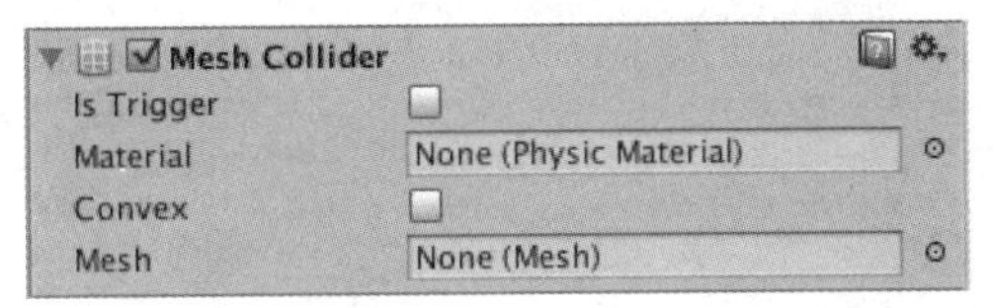

网格碰撞体比简单碰撞体多了一些限制条件，本节会详细解释其原理。

4.6.1　属性

属　性	功　能
Is Trigger	勾选此项，则变为触发器，不会与刚体发生碰撞
Material	指定一个物理材质。物理材质决定了摩擦力、弹性等，详见物理材质的内容
Convex	勾选则标记为凸的。只有凸的网格碰撞体才能与其他网格碰撞体发生碰撞，但是凸的碰撞体会修正网格的外形，且限制最多有 255 个三角面
Mesh	指定模型网格（Mesh）。基于这个网格来创建网格碰撞体

4.6.2 限制条件和解决方法

在有些情况下，基本碰撞体的组合依然不够精确。在 3D 系统中，这时要用到网格碰撞体组件通过物体的网格来精确定义物体的物理外形；在 2D 系统中，可以用多边形碰撞体组件生成多边形碰撞体，可以通过调节多边形的细节来精确匹配图片。这些碰撞体对运算资源的开销更大，但是小范围内使用它们还是可以保持不错的性能。另外要注意，网格碰撞体还有另外一些限制：在 Unity 5.0 以后的版本中，一个物体如果同时挂载了网格碰撞体和刚体组件，那么就会在运行时产生一个错误，只有勾选了网格碰撞体的 Convex 属性才能避免这个错误。勾选 Convex 属性可以帮助你解决一部分问题，这样做会为模型生成一个凸的碰撞体外壳，这个壳是在原来的模型基础上生成的，但是填平了所有凹陷的部分，如下面第二张图所示，模型周围的线条组成了一个凸的、钻石形状的外壳。下面两张图是 Mesh 本身和勾选 Convex 之后的对比，由于弹匣不属于枪体本身，因此被排除在了碰撞体之外。

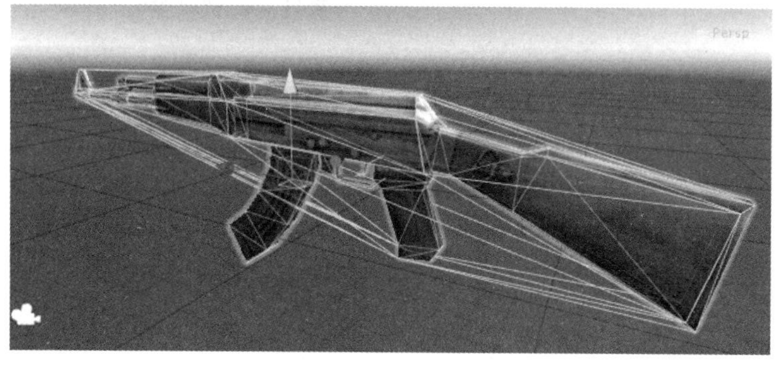

这样做的优点是可以让一个具有网格碰撞体的刚体去和其他各种碰撞体发生碰撞，如果所控制的角色需要有复杂的碰撞体，那么这么做也是合理的。但是，更为通常的做法是只在场景上以及静态障碍物上挂载网格碰撞体，而在可移动的角色或物体上使用基本碰撞体的组合。

碰撞体组件可以添加到不包含刚体的物体上，以创建楼梯、墙壁等不会移动的场景元素，这些也可以被称为静态碰撞体。通常不应当移动静态碰撞体的位置，因为这么做会对物理引擎的性能产生很大的影响。在含有刚体组件的物体上挂载碰撞体，通常被称为刚体碰撞体。静态碰撞体可以和刚体碰撞体发生碰撞，但是由于静态碰撞体没有刚体组件，所以不会由于受到物理影响而运动。

4.6.3　其他问题

网格碰撞体通过模型的网格来建立自身，且根据物体 Transform 的信息来决定自身的位置和缩放比例。它的优点是可以精确定义物体的物理外形，得到一个精确可信的碰撞体。但是这种好处的代价就是检测碰撞时更大的计算开销。通常最好单独使用网格碰撞体。

网格碰撞体的表面是单面的（One-Sided），假如其他刚体从外面进入网格碰撞体的内部会发生碰撞，那么从内到外就会直接穿过，不会发生碰撞。

网格碰撞体的使用有一些限制条件。

没有标记为凸的网格碰撞体，只能用于不挂载刚体组件的 GameObject 上面。也就是说，除非将网格碰撞体标记为凸，否则不支持在刚体上挂载网格碰撞体。

某些情况下，为了让网格碰撞体能正常工作，还需要在网格导入设置（Mesh Import Settings）里勾选可读/可写的选项，比如以下情况：①对挂载网格碰撞体的 GameObject 用到了负的缩放值时，比如(-1, 1, 1)；②发生切向变形的物体，比如一个旋转了的网格碰撞体有着缩放过的父物体的情形。

优化提示：如果网格仅仅被网格碰撞体组件所使用，那么可以在导入网格资源时去掉法线信息，因为物理系统不需要它。这可以在导入网格设置界面中进行操作。

Unity 5.0 之前的版本还有一个平滑球体碰撞的属性，这个功能用于优化网格碰撞体与球体碰撞体之间的碰撞。在目前的物理引擎中，这个功能已经默认开启了，且没有任何必要关闭它，所以取消了这个选项。

4.7　球体碰撞体

球体碰撞体也是一种基本碰撞体。

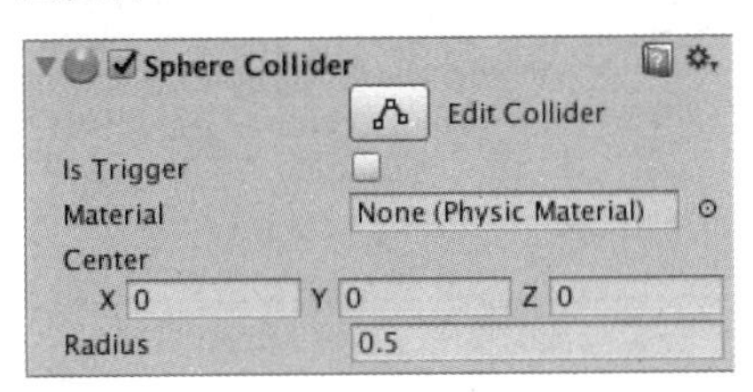

球体碰撞体可以调整大小，但是不能独立调节 X 轴、Y 轴、Z 轴的缩放比例，也就是说不能将球体变成椭球体。球体碰撞体不仅能用来制作网球、篮球等，还可以用来制作滚落的石块等。

球体碰撞体的属性和功能如下表所示。

属　性	功　能
Is Trigger	勾选此项，则变为触发器，不会与刚体发生碰撞
Material	指定一个物理材质。物理材质决定了摩擦力、弹性等，详见物理材质的内容
Center	中心点坐标（局部坐标系）
Radius	球体半径

4.8 地形碰撞体

地形碰撞体实现了一种可以碰撞的表面，这个表面的形状和地形信息相同。

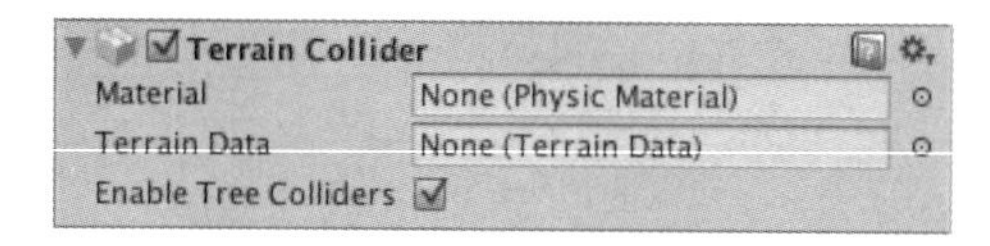

地形碰撞体的属性与功能如下表所示。

属　性	功　能
Material	指定一个物体材质。物理材质决定了摩擦力、弹性等，详见物理材质相关的内容
Terrain Data	地形数据
Enable Tree Colliders	勾选此项，则地形上的树木也会有碰撞效果

4.9 物理材质

物理材质用来调整物体表面的摩擦力与碰撞时的弹力。在菜单中选择 Assets > Create > Physic Material 就可以创建物理材质。将物理材质从工程窗口中拖曳到场景的碰撞体上，就可以为碰撞体赋予一个物理材质。

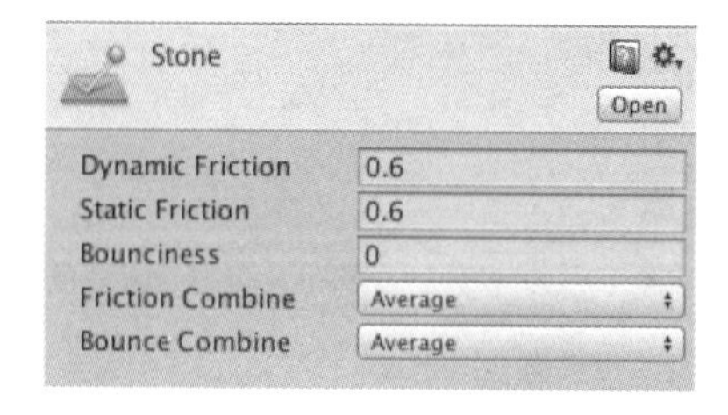

物理材质的属性和功能如下表所示。

属　性	功　能
Dynamic Friction	动摩擦系数。和物理上动摩擦系数的概念类似，只在物体之间已经发生相对滑动时起效。通常取值范围为 0 到 1 之间，值为 0 时类似于光滑冰面的效果，值为 1 时物体滑动很快就会停下来
Static Friction	静摩擦系数。和物理上静摩擦系数的概念类似，只在物体之间还未发生相对滑动时起效。通常取值范围为 0 到 1 之间，值为 0 时类似于光滑冰面，值为 1 时很难让物体滑动起来
Bounciness	弹性。值为 0 时则碰撞后物体不会反弹，而值为 1 时则在碰撞时不会损失任何能量。这个值可以取大于 1 的值，虽然不太符合实际
Friction Combine	由于发生摩擦时两个物体有各自的摩擦力，本选项决定如何得出综合的摩擦力 Average，双方摩擦系数取平均值 Minimum，双方摩擦系数取最小值

续表

属　性	功　能
	Maximum，双方摩擦系数取最大值 Multiply，双方摩擦系数相乘
Bounce Combine	本选项决定碰撞时如何得出两个物体综合的弹性。下拉菜单与 Friction Combine 类似，不再赘述

摩擦力是阻碍物体之间相对滑动的物理量。在叠放多个物体时这个参数非常重要。摩擦力有两个独立的形式：动摩擦和静摩擦。静摩擦在物体静止时起作用，它会阻止物体发生滑动。而动摩擦则是在两个物体已经发生相对滑动时起效，它会减慢物体相对滑动的速度。

当两个物体的表面接触时，两个物体所受到的弹力和摩擦力一定是一样的。就算两个物体的"摩擦力综合方式"（Friction Combine 选项）不同，实际上也只会是一种方式在生效。在这里，不同的综合方式其实是有优先级的：平均方式 < 最小值方式 < 相乘方式 < 最大值方式。也就是说，如果接触的二者，一个采用平均方式，另一个采用最大值方式，那么实际上是采用最大值方式计算摩擦力。

请注意，物理系统底层所使用的 Nvidia PhysX 引擎是针对性能与稳定性优化的，并不要求完全符合真实的物理规律。举个例子，当两个物体的接触面大于一个点的时候（比如两个叠放的盒子），物理引擎会直接假设是两个接触点进行计算，这样造成的结果就是摩擦力大概是真实世界的 2 倍。这时可能需要将摩擦系数降低一半来让结果显得更真实一些。

而弹性计算的问题也是类似的。Nvidia PhysX 引擎并不保证碰撞时能量计算的精确性，毕竟要得到精确结果的影响因素太多，比如碰撞位置修正等。举个例子，将球体放在空中然后下坠、碰到地上弹起来的情况，如果设置弹性系数为 1，那么球体可能弹得比初始位置还高。

4.10 固定关节

固定关节限制了一个物体相对另一个物体的自由移动。与父子关系不同，它像是用胶水或是某种零件将两个物体固定在一起，是一种用物理的方式将二者结合起来的方式。使用固定关节最合适的情景是制作两个可以被外力断开的物体，或是两个需要一起运动而又不是父子关系的物体。

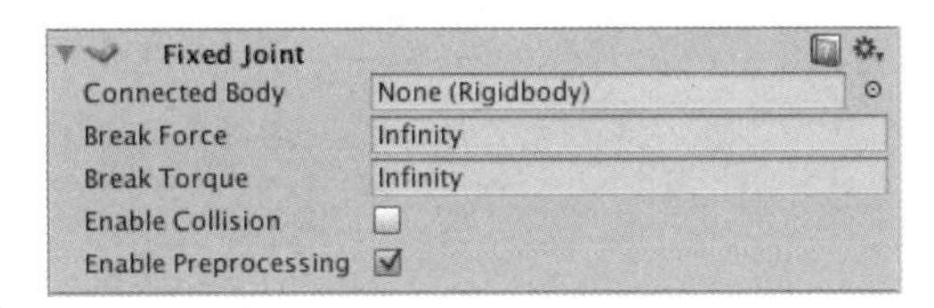

有些时候，需要物体时而结合在一起、时而分开。固定关节很适合这种情况，因为在脚本中改变物体的父子关系非常麻烦，而开启或关闭关节则相对简单得多。但是也有附加条件，那就是这两个物体必须是刚体才能使用关节。

例如，如果想实现"黏性炸弹"，就需要在脚本中实现一种逻辑，检测炸弹与其他刚体的碰撞，如果碰到了敌人，就创建一个固定关节连接敌人和炸弹，然后敌人移动时炸弹就会一直跟着他了。

固定关节的属性和功能如下表所示。

属　性	功　能
Connected Body	指定这个物体与哪个物体进行关节连接，如果不指定，则连接到场景上
Break Force	将两个物体断开所要施加的力
Break Torque	将两个物体断开所要施加的扭矩
Enable Collision	勾选此项表示被关节连接的两个物体仍然会互相碰撞
Enable Preprocessing	预处理选项。在某些关节稳定性不佳的时候，可以考虑取消勾选此项

可以调整 Break Force 和 Break Torque 属性来设置能让关节断开的阈值。当物体被施加的外力大于此阈值时，固定关节就被破坏了而不再限制两个物体。

注意：（1）创建关节时别忘了设定要连接的物体。（2）创建关节需要刚体。

4.11 铰链关节

铰链关节用来连接两个刚体，限制两个刚体的相对运动，就好像是用一个铰链（或者说合页）连接它们。铰链常见的例子是普通的房门、链条、钟摆等。铰链本身具有一个轴，连接的物体可以绕着该轴旋转。

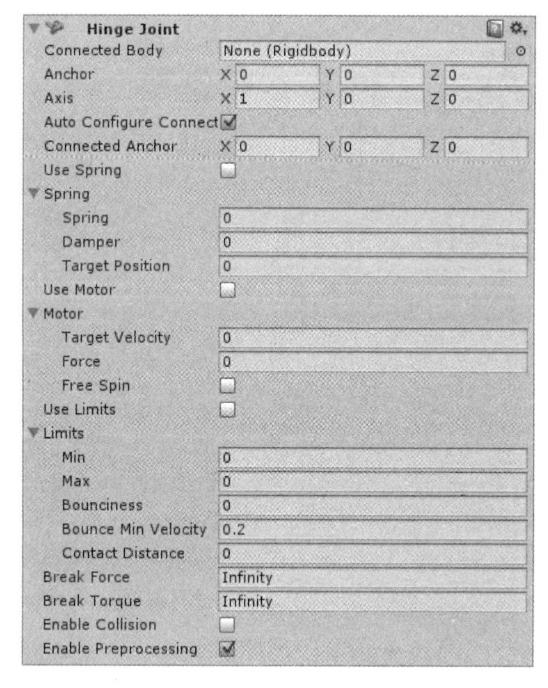

一个 GameObject 应当仅使用一个铰链关节。铰链的位置和轴的方向可以由 Anchor 和 Axis 参数指定。一般来说不需要指定铰链连接的另一个物体（Connected Body），除非铰链本身还会跟着另一个物体移动或旋转，下面来详细解释。

思考一下如何使用铰链实现一扇门的效果。轴的方向竖直向上，铰链组件挂在门上，位置在门板和墙之间。这里并不需要设置铰链连接到墙面，默认铰链会连接在场景上。

再来想一想如何在这个门上再开一个小狗门。小狗门是横着沿 *X* 轴转动的一扇门，而且整体会随着大门而运动。所以小狗门应该指定大门为铰链连接的另一个物体，这样小狗门的铰链关节就与大门的运动相关联了。

再来看锁链的实现。可以用一连串的铰链关节来实现锁链，先制作锁链中的一个环，环上有一个铰链关节。然后多个环依次排开，每个环上的铰链的另一个物体都指定为前一个环。这样就形成了一个锁链。

铰链关节的属性和功能如下表所示。

属　性	功　能
Connected Body	指定这个物体与哪个物体进行关节连接，如果不指定，则连接到场景上
Anchor	铰链轴连接在本物体的位置，以这个物体的局部坐标系表示
Axis	铰链轴的方向，以局部坐标系的向量表示
Auto Configure Connected Anchor	勾选此项时，Connected Anchor 参数会根据 Anchor 参数自动计算。如果不勾选，可以自行设置 Connect Anchor 参数
Connected Anchor	铰链相对于被连接物体的位置。如果不勾选自动设置，可以在这里进行手动设置。这里用的是被连接物体的局部坐标系
Use Spring	勾选此项启用弹簧力，弹簧力可以在物体偏移指定角度时施加一个回复力
Spring	启用弹簧力时可以指定以下参数： Spring，指定物体偏移指定角度时的弹簧力的大小 Damper，弹簧阻尼，值越大则物体越慢被拉回 Target Position，目标角度，弹簧会将物体尽可能拉向这个角度
Use Motor	启用马达会让铰链关节像马达一样自动旋转
Motor	启用马达时可以指定以下参数： Target Velocity，目标速度。马达将尽可能达到这个速度 Force，最大的力。为达到指定速度能施加的最大的力 Free Spin，自由旋转。勾选此项时，如果当前旋转速度比指定速度还快，马达也不会进行刹车
Use Limits	角度限制。当启用本项时，会限制物体旋转的角度
Limits	当启用角度限制时，可以调节以下参数： Min，旋转的最小角度 Max，旋转的最大角度 Bounciness，当物体旋转到最小或最大角度时，会有多大的弹性将它弹回 Contact Distance，接触距离。可以理解为允许的误差范围，合理的误差范围可以防止物体发生抖动
Break Force	将两个物体断开所要施加的力
Break Torque	将两个物体断开所要施加的扭矩
Enable Collision	勾选此项表示被关节连接的两个物体仍然会互相碰撞
Enable Preprocessing	预处理选项。在某些关节稳定性不佳的时候，可以考虑取消勾选此项

一般情况下不需要指定铰链连接的另一个物体。

设定一个合适的让关节断开的力可以实现一个能够被破坏的游戏世界。用这种方法可以让角色毁坏环境，例如用火箭筒把带有铰链的门打飞。

通过铰链的弹簧力、马达和限制角度等功能，可以优化铰链的效果。

马达和弹簧力的功能是被设计为单独使用的，同时开启这两个功能可能会导致不可预料的后果。

4.12 弹簧关节

弹簧关节可以将两个刚体连接在一起，它会让两个物体保持一定的距离，不能太近也不能太远，就像用弹簧连接二者一样。

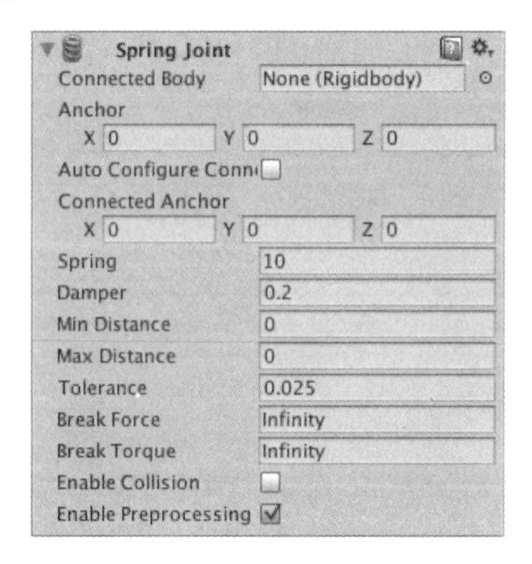

弹簧关节用起来很像一条真实的弹簧，它会试图拉动两个锚点（Anchor），尽可能让它们的距离在一个范围之内。弹簧的拉力与两个物体偏移稳定位置的多少正相关，具体力的大小还受到弹簧的强度的影响。为了避免弹簧无限反复伸缩，还要设置阻尼，让弹簧的伸缩逐渐稳定下来。更大的阻尼值会让弹簧更快地稳定。

可以手动设置另一个物体上锚点的位置，也可以勾选自动设置连接的锚点。Unity 会以两个物体的初始位置为准，得出弹簧的初始长度。

最小距离（Min Distance）与最大距离（Max Distance）允许设置一个让弹簧稳定的距离范围。例如可以指定物体的距离在 10 米到 20 米之间，过近或过远会让弹簧推远或者拉近两个物体。

弹簧关节的属性和功能如下表所示。

属　　性	功　　能
Connected Body	指定这个物体与哪个物体进行关节连接，如果不指定，则连接到场景上
Anchor	弹簧连接在本物体上的位置，以这个物体的局部坐标系表示
Auto Configure Connected Anchor	是否自动计算另一个物体连接弹簧的位置
Connected Anchor	另一个物体和弹簧连接的位置，以另一个物体的局部坐标系表示
Spring	弹簧的强度
Damper	弹簧的阻尼

续表

属　性	功　能
Min Distance	最小距离。当两个物体的距离低于此值时，弹簧开始起作用。注：最大、最小值默认为 0，代表以两个物体的初始距离为准
Max Distance	最大距离。当两个物体的距离高于此值时，弹簧开始起作用
Tolerance	弹簧长度允许的误差。这个值可以允许弹簧静止时有不同的长度
Break Force	将两个物体断开所要施加的力
Break Torque	将两个物体断开所要施加的扭矩
Enable Collision	勾选此项表示被关节连接的两个物体仍然会互相碰撞
Enable Preprocessing	预处理选项。在某些关节稳定性不佳的时候，可以考虑取消勾选此项

4.13 角色控制器

角色控制器主要用于第三人称或第一人称视角的游戏，且不使用刚体的物理特性来控制角色。

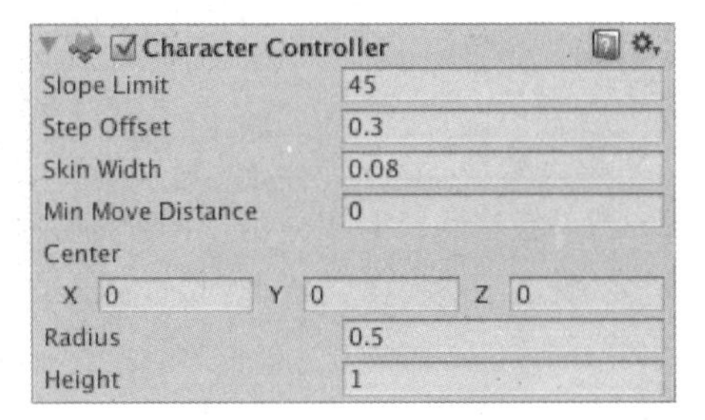

4.13.1 属性

属　性	功　能
Slope Limit	限制角色所能爬上的最大斜坡的角度
Step Offset	限制角色所能爬上的最高台阶的高度。这个高度不能高于角色本身的高度，否则会提示错误
Skin Width	表面厚度。指角色的碰撞体和场景碰撞体之间允许穿透的深度。较大的表面厚度有助于减少抖动的发生，较小的表面厚度可能会让角色卡在场景上无法移动。建议设置表面厚度为半径的 10%
Min Move Distance	最小移动距离。如果角色试图移动一个很小的距离（小于本参数），则角色根本不会移动，这个功能有助于减少抖动的发生。在大多数情况下这个值可以设置为 0
Center	中心位置。这个参数会偏移胶囊碰撞体的位置，以世界坐标表示。用这个参数不会影响角色本身的中心位置
Radius	角色的胶囊碰撞体的半径
Height	角色的胶囊碰撞体的高度。这个高度是以角色中心为基准的，而不是角色的脚下

下图是角色控制器的示意图。

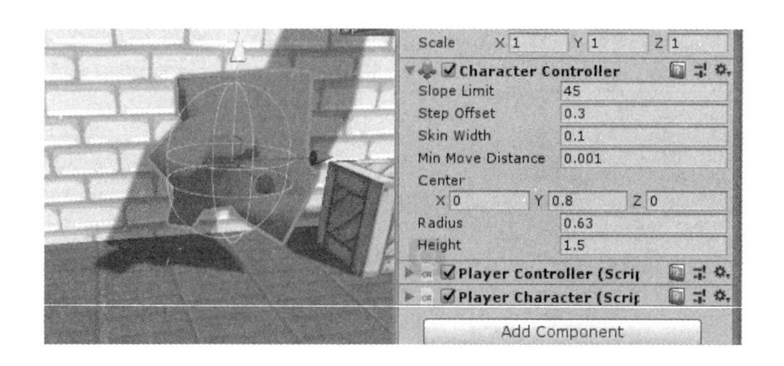

4.13.2 详细说明

传统的《毁灭战士》（*Doom*）风格的第一人称视角游戏，控制方式上并不符合真实的物理规则。角色每小时能跑 90 英里，而且还能立即停下来、瞬间转身。因为并不要求很真实，所以如果使用刚体和物理引擎来制作这些控制功能反而很不合适。合理的解决方案是定制一套角色控制器。简单地看，它是一个胶囊碰撞体，可以根据脚本中指定的方向移动，且会受到障碍物的阻挡。它会顺着墙移动、走上楼梯（如果楼梯的高度低于指定的值，即 Step Offset），还能爬上低于指定坡度（Slope Limit）的斜坡。

这个控制器不会对外力做出反应，也不会直接将周围的刚体推开。

如果确实需要将别的刚体推开或撞飞，那么可以在脚本的 OnControllerColliderHit 方法中对碰到的物体施加适当的力。

另一方面，如果确实需要让角色受物理系统的控制，且会对外界的力做出真实反馈的时候，可以考虑直接对刚体进行控制，而不应使用角色控制器。用刚体控制角色的做法并不适用于大多数游戏。

4.13.3 调整参数的技巧

首先可以修改高度和半径，让控制器的外形更接近角色的外形。对于人形角色来说，别忘了高度应当是 2 米左右。还可以调整胶囊体的中心偏移位置（Center），以便让角色中心和控制器中心尽量一致。

台阶高度（Step Offset）也是一样的，确保对于 2 米左右的人物来说，台阶高度在 0.1 米到 0.4 米之间。

坡度限制（Slope Limit）不应当太小，设置为 90° 在大部分情况下可以工作得很好，就算这么设置，角色也并不会爬上墙。

4.13.4 防止角色被卡住

调整角色控制器的时候，皮肤厚度是最重要的属性之一。如果角色被卡住了，那么最有可能的情况是皮肤厚度太小。适当的皮肤厚度会允许角色少量穿透其他物体，有助于避免角色抖动或是被卡住。

一般来说，可以让皮肤厚度总是大于 0.01 米，且大于半径的 10%。

建议将最小移动距离（Min Move Distance）设置为 0。

设置角色控制器的参数需要一些经验，可以通过观看官方演示进行学习。

4.13.5　小技巧

1. 如果角色偶尔被卡住，试着调整皮肤厚度。

2. 添加自定义脚本可以让角色对其他物体造成物理上的影响。

3. 角色控制器不会对物理影响（比如外力）做出反应。

4. 请注意，修改角色控制器的参数时，引擎会在场景中重新生成控制器。所以在之前产生的碰撞信息会丢失，而且在调整参数的时候所发生的碰撞并不会产生 OnTriggerEntered 事件。但在角色再一次移动时就能正常碰撞了。

4.14　常量力

常量力组件是一种方便地添加持续力的方式，简单来说就是挂载了此组件的物体，会持续受到一个固定大小、固定方向的力。它用在发射出的物体（比如火箭弹）上的效果很好，可以表现出逐渐加速的过程而不是一开始就有巨大的速度。

要让火箭弹持续前进，可以在 Relative Force 属性上加上一个沿 *Z* 轴方向的力。然后设置刚体的阻尼参数来限制火箭弹的最大速度。阻尼越大，火箭弹的最大速度就越小。还要记得去掉重力以便让火箭弹稳定在它的轨道上。

Constant Force
Force X 0 Y 0 Z 0
Relative Force X 0 Y 0 Z 0
Torque X 0 Y 0 Z 0
Relative Torque X 0 Y 0 Z 0

4.14.1　属性

属　性	功　能
Force	力。用世界坐标系的向量表示
Relative Force	力。用局部坐标系的向量表示
Torque	扭矩。用世界坐标系的向量表示。物体会在扭矩作用下旋转，扭矩越大，旋转越快
Relative Torque	扭矩。用局部坐标系的向量表示

4.14.2　小技巧

要让物体上浮，可以为物体增加一个沿世界坐标系的 *Y* 轴正方向的力。

要让物体飞行着前进，可以为物体增加一个沿局部坐标系的 *Z* 轴正方向的力。

4.15　车轮碰撞体

车轮碰撞体是一种针对地面车辆而特别设计的碰撞体。它内置了碰撞检测、轮子物理模型以及基于滑动摩擦力的驱动模型。理论上来讲，它不能用于模拟车轮，但是在实际设计中用它来模拟车辆的轮胎是最佳选择。

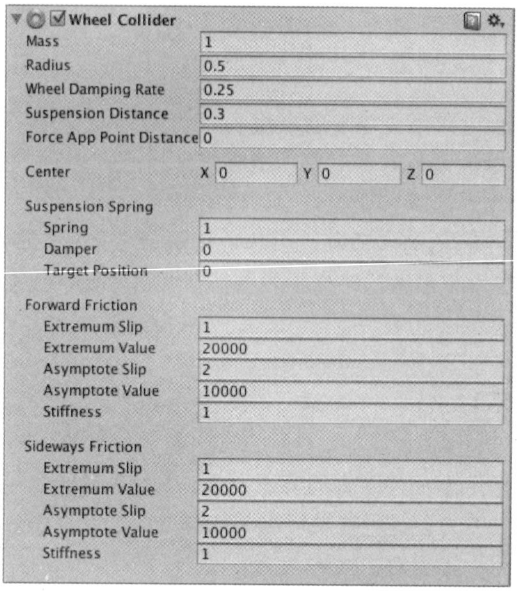

Wheel Collider	
Mass	1
Radius	0.5
Wheel Damping Rate	0.25
Suspension Distance	0.3
Force App Point Distance	0
Center	X 0 Y 0 Z 0
Suspension Spring	
Spring	1
Damper	0
Target Position	0
Forward Friction	
Extremum Slip	1
Extremum Value	20000
Asymptote Slip	2
Asymptote Value	10000
Stiffness	1
Sideways Friction	
Extremum Slip	1
Extremum Value	20000
Asymptote Slip	2
Asymptote Value	10000
Stiffness	1

本节将详细讲解车轮碰撞体，如何使用它来制作一辆真实的车辆会在车辆配置教程部分进行讲解。

4.15.1 属性

属　性	功　能
Mass	车轮的物理质量
Radius	车轮半径
Wheel Damping Rate	车轮的阻尼
Suspension Distance	避震器行程。避震器的最大偏移距离，以局部坐标系计算。避震器总是沿局部坐标系的 *Y* 轴的方向运动
Force App Point Distance	力的施加点。这个值定义力从车轮的静止位置沿避震器行程方向施加的位置。当 Force App Point Distance 为 0 时，力将在静止时施加在轮底。通常在车辆重心略下方施加力是更好的选择
Center	轮子中心的位置，以局部坐标系表示
Suspension Spring	避震器设置。车辆的避震器同时提供弹力（弹簧）和阻尼（避震筒），来为车辆提供支撑力和稳定性 Spring，弹力（弹簧提供的力）。较大的弹力让车身回到中位的速度更快 Damper，阻尼。较大的阻尼可以让避震器运动得更慢 Target Position，弹力目标位置。取值范围为 0~1，1 表示弹簧完全拉伸，0 表示弹簧完全压缩。默认取值为 0.5，符合一般车辆的设定
Forward/Sideways Friction	前向/侧向阻尼。可以通过它来设置车轮前进和侧滑的阻尼。具体数值在接下来的车轮阻尼曲线中设置

4.15.2 详细说明

在该组件内部，车轮碰撞检测方式是发射射线，射线从车轮中心沿局部坐标系的 *Y* 轴向下发射。车轮具有半径且能向下拉伸，最大距离受避震器行程（Suspension Distance）控制。车辆在脚本中由引擎扭矩（motorTorque）、刹车扭矩（brakeTorque）、转向角度（steerAngle）属性控制。

车轮摩擦力计算比较特殊，它不使用Unity内置的物理引擎来计算，而是使用一种定制的基于滑动摩擦的物理模型，这种方法可以有针对性地实现非常真实的物理效果。唯一需要注意的是由于不使用内置物理模型，所以常规的物理材质设置在这里不起作用。

4.15.3　具体的设置方法

不需要手动让游戏物体转动来让车辆前进——表示轮子的游戏物体本身只要固定在车身上即可。但是从画面表现来说，还是要让轮子转起来才真实。所以一般的做法是将车轮的物理系统和车轮模型的外观完全区分开来，下图所示是将物理碰撞体（Wheel Colliders）和车轮外观（Wheel Models）分离。

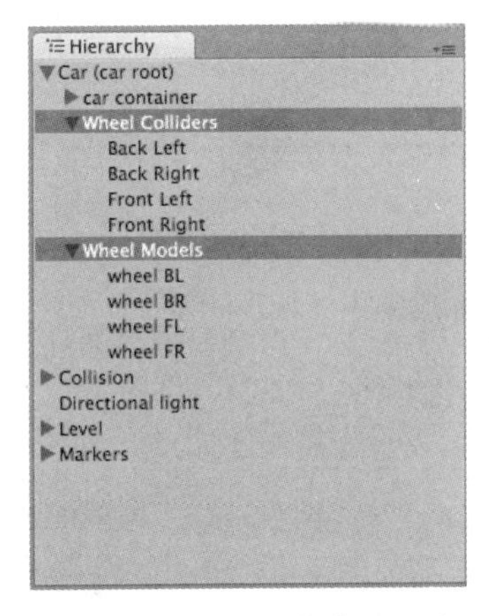

注意： 车轮碰撞体的辅助框线在游戏运行时不会实时更新。

4.15.4　碰撞体的外形问题

由于车辆的速度可能会非常快，所以跑道的碰撞体也非常重要。跑道环境的碰撞网格应当尽量平滑和简单，不应当和模型外观一样有小的凹陷、凸起等。碰撞网格通常是基于场景外形的，但是要做出必要的改动，让它尽可能平滑。另外这些碰撞体也不应当太薄，比如，如果护栏是很薄的一层碰撞体，就应当适当加厚，让车辆在速度很快时撞到它也不至于发生穿透。

4.15.5　车轮阻尼曲线

轮胎的阻尼可以用车轮阻尼曲线（Wheel Friction Curve）来表示。车轮的转动阻尼和侧滑阻尼是独立设置的。从物理原理上来说，滑动摩擦系数和静摩擦系数具有不同的数值。而在实际模拟中，轮胎和路面相对滑动的速度和当时产生的摩擦力是一个复杂的关系，可以用曲线来描述。

这个曲线描述了相对滑动和摩擦力的关系。这里有两个关键点，将曲线分为三段。第一段是从原点到Extremum Slip/Value，第二段是从Extremum Slip/Value到Asymptote Slip/Value，在第二段之后，曲线会保持为平行于X轴的线不再变化。

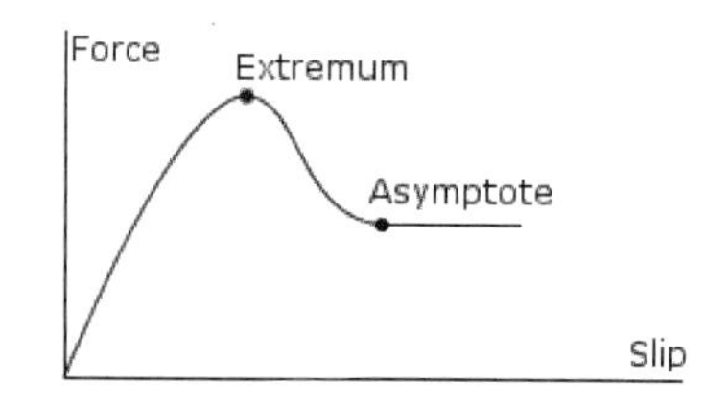

如何理解这个曲线呢？对真正的轮胎来说，在轮胎和地面相对滑动较小时，橡胶材质会受到挤压并提供比较大的摩擦力，抵消了滑动的趋势，且速度越快、压力越大，提供的摩擦力也越大；之后继续加大滑动，到一定程度之后轮胎开始打滑，随着滑动的加剧，摩擦力反而下降；最终随着滑动加大，摩擦力不再变化，就形成了这个曲线的样子。

属　　性	功　　能
Extremum Slip/Value	开始打滑的点，以及在该点力的大小
Asymptote Slip/Value	继续增大滑动，摩擦力不再变化的点，以及在该点力的大小
Stiffness	摩擦力大小的因数，默认为 1。修改摩擦力因数会整体调整摩擦力，游戏中可以动态修改这个数值来模拟不同的路面，例如柏油路或者冰面

4.15.6 小技巧

- 在赛车游戏中，车辆速度可能很快，有必要减少物理计算的帧间隔时间。在时间管理器中可以调节这个数值，默认值为 0.02 秒。更小的间隔表示更高的物理帧率，也就意味着更准确、更稳定的物理运算和更大的性能负担。
- 为防止太容易翻车的情况，可以在脚本中适当降低刚体的重心，还可以根据车辆速度施加下压力。通常速度越快，需要的下压力越大，F1 赛车独特的造型就是充分考虑下压力的结果。

4.16 车辆创建入门

这部分内容将介绍如何创建一个具有基本功能的车辆。

首先，搭建一个最简单的场景——用一个平面来作为地面，为方便起见，设置它的位置为(0, 0, 0)，并将缩放设置为 100 倍（缩放值(100, 0, 100) ），让地面足够大。

4.16.1 创建车辆的基本框架

1. 添加一个空物体作为车的根节点，将它命名为 car_root。

2. 为 car_root 添加刚体组件，将质量调整为 1500kg，以符合正常车辆的重量。

3. 创建车身的碰撞体。简单做法是用一个盒子作为车身，也就是创建一个立方体（Cube）作为 car_root 的子物体，注意立方体的位置应当重置（Reset）以保持和 car_root 一致。车身应当是前后比左右更长，所以设置 *Z* 轴缩放为 3。

4. 添加车轮的根节点。选中 car_root 并添加空物体作为子物体，命名为 wheels 并重置变换组件。实际上不一定需要为轮子创建根节点，但是有这个根节点之后调试和修改参数会方便很多。

5. 创建第一个轮子。选中 wheels 节点，再创建一个空的子物体，命名为 frontLeft（左前轮），设置好它在左前轮的位置，比如(-1, 0, 1)，然后添加车轮专用的碰撞体（Physics > Wheel Collider）。

6. 复制左前轮的游戏物体，和左前轮同样都是 wheels 的子物体。修改 X 值为 1、名称为 frontRight（右前轮）。

7. 同时选中左前轮和右前轮，复制并修改 Z 值为-1，名称分别为 backLeft（左后轮）和 backRight（右后轮）。

8. 选择 car_root，适当升高整个车身让它位于地面之上。

效果如下图所示。

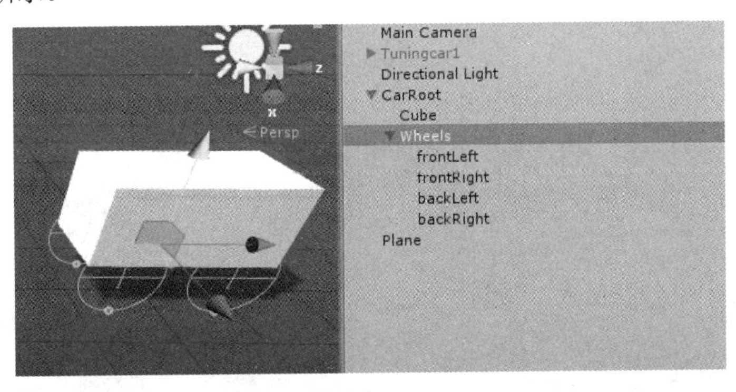

4.16.2　可控制的车辆

要让车辆可以实现正常功能，需要写一个基本的控制器脚本。以下代码实现了基本的控制功能。

```
using UnityEngine;
using System.Collections;
using System.Collections.Generic;

public class SimpleCarController : MonoBehaviour {
    public List<AxleInfo> axleInfos; // 每个轴的信息
    public float maxMotorTorque; // 每个轮子的最大扭力
    public float maxSteeringAngle; // 最大转向角度

    public void FixedUpdate()
    {
        // 读取横坐标、纵坐标的输入
        float motor = maxMotorTorque * Input.GetAxis("Vertical");
        float steering = maxSteeringAngle * Input.GetAxis("Horizontal");

        foreach (AxleInfo axleInfo in axleInfos) {
            if (axleInfo.steering) {
                axleInfo.leftWheel.steerAngle = steering;
                axleInfo.rightWheel.steerAngle = steering;
            }
            if (axleInfo.motor) {
                axleInfo.leftWheel.motorTorque = motor;
                axleInfo.rightWheel.motorTorque = motor;
            }
        }
```

```
    }
}

// 以下定义了每个轮子的参数，是比较好的组织方法
// [System.Serializable]让该自定义类可以在编辑器中编辑
[System.Serializable]
public class AxleInfo {
    public WheelCollider leftWheel;
    public WheelCollider rightWheel;
    public bool motor; // 是否受发动机驱动（比如前驱车的后轮不受发动机控制）
    public bool steering; // 是否可转向（一般后轮不可转向）
}
```

创建一个新的C#脚本并命名为SimpleCarController.cs，挂载到car_root物体上，内容如上面的代码所示。之后就可以在编辑器中修改每个轮子的具体参数，编辑好以后就可以运行测试了。下图中的参数非常典型，适合表现一辆普通的车辆。

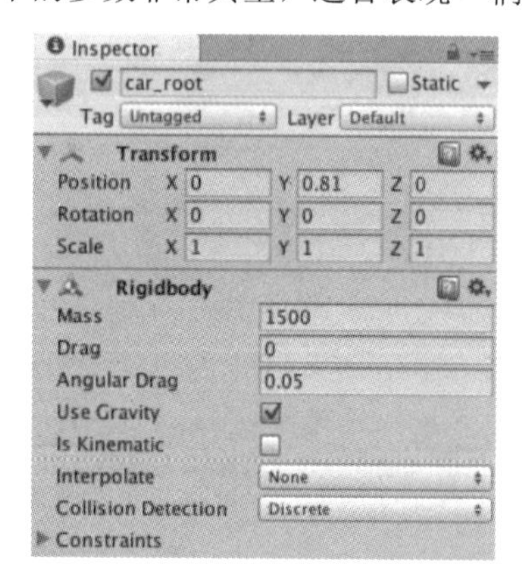

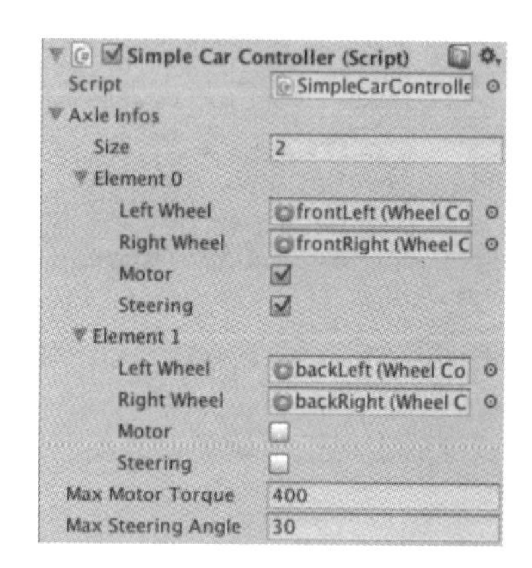

车轮碰撞体最多可以在一个车辆上安装20个轮子，每个轮子都可以被施加转向扭矩、驱动扭矩和刹车扭矩。

4.16.3 车轮的外观

接下来制作车轮的外观。从上面的试验可以发现，车轮碰撞体虽然受脚本的控制，但是却不会模拟车轮的转动，添加一个能转动的车轮模型需要一些技巧。

首先，需要一些车轮的模型，可以暂时用圆柱体代替。有两种方法在脚本中访问视觉上的车轮：一种是用公开的变量，将车轮物体拖曳上去；另一种方式是在脚本中查找相应的节点。以下代码的示例采用了第二种方式，需要注意必须将视觉上的车轮作为物理车轮的子节点。

以下代码是对之前车辆控制代码的修改。

```
using UnityEngine;
using System.Collections;
using System.Collections.Generic;

// 本脚本是对之前脚本的修改，细节的注释请参考前一个脚本

[System.Serializable]
public class AxleInfo {
    public WheelCollider leftWheel;
    public WheelCollider rightWheel;
```

```
    public bool motor;
    public bool steering;
}

public class SimpleCarController : MonoBehaviour {
    public List<AxleInfo> axleInfos;
    public float maxMotorTorque;
    public float maxSteeringAngle;

    // 查找相关的视觉车轮
    // 设置位置与旋转以表现车轮转动
    public void ApplyLocalPositionToVisuals(WheelCollider collider)
    {
        if (collider.transform.childCount == 0) {
            return;
        }

        Transform visualWheel = collider.transform.GetChild(0);

        Vector3 position;
        Quaternion rotation;
        collider.GetWorldPose(out position, out rotation);

        visualWheel.transform.position = position;
        visualWheel.transform.rotation = rotation;
    }

    public void FixedUpdate()
    {
        float motor = maxMotorTorque * Input.GetAxis("Vertical");
        float steering = maxSteeringAngle * Input.GetAxis("Horizontal");

        foreach (AxleInfo axleInfo in axleInfos) {
            if (axleInfo.steering) {
                axleInfo.leftWheel.steerAngle = steering;
                axleInfo.rightWheel.steerAngle = steering;
            }
            if (axleInfo.motor) {
                axleInfo.leftWheel.motorTorque = motor;
                axleInfo.rightWheel.motorTorque = motor;
            }
            ApplyLocalPositionToVisuals(axleInfo.leftWheel);
            ApplyLocalPositionToVisuals(axleInfo.rightWheel);
        }
    }
}
```

学习了如何制作基础的车辆之后，再推荐一个非常有价值的扩展包。在资源商店中查找 Vehicle Tools 扩展包，其中包含了装配轮式车辆以及悬挂系统的工具，它适用于制作实践中的车辆。

4.17 物理系统的实践

4.17.1 不倒翁的制作

接下来让我们尝试制作一个不倒翁玩具，以学习物理引擎的使用方法，同时体会物理系统的强大之处，拓宽制作游戏的思路。下图是在场景中摇摆的不倒翁玩具。

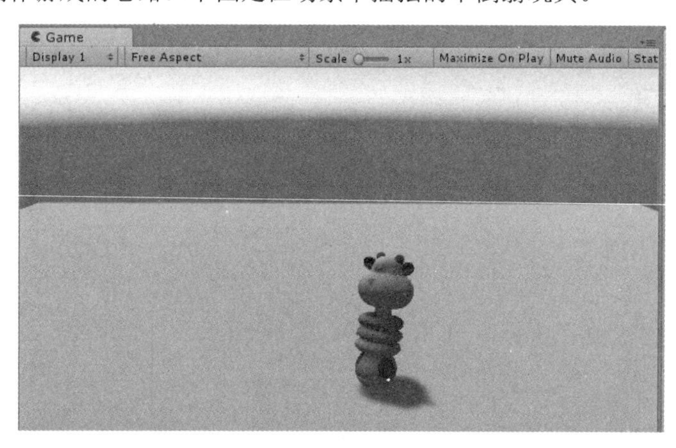

4.17.1.1 基本制作步骤

1. 导入模型，搭建基本场景

导入一个不倒翁玩具的模型，具体方法见本书的相关章节。

之后搭建场景。首先创建一个平面作为地面，可以为地面指定有颜色的材质。然后将模型文件拖曳到场景中，创建模型。如果没有合适的模型资源，也可以用基本形状的组合体代替，如下图所示。

这里需要注意：建议为模型创建一个空物体作为根节点，把模型作为这个空物体的子节点。这样做的好处有很多，比如，如果模型本身旋转不为 0，用父物体可以纠正这个差异；某些组件，比如刚体和脚本，适合统一挂载到根节点上，而不要挂载到某个模型部件上。

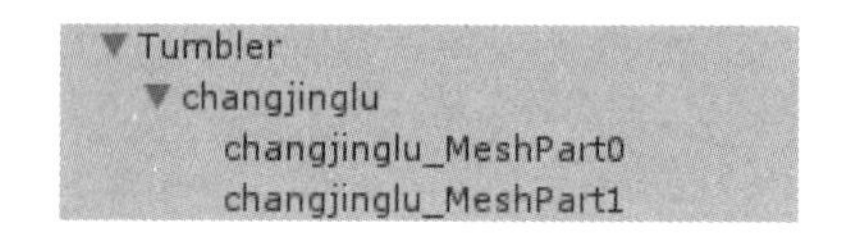

在本例中，Tumbler 就是模型的根节点。模型本身的名称为 changjinglu，因此将它作为 Tumbler 的子节点。

2. 添加刚体和碰撞体

实践中一般将刚体组件挂载到整个物体的根节点上，之后碰撞体可以任意设置，既可以将多个碰撞体全部挂载到根节点上，也可以为每个子物体挂载合适的碰撞体。在这个例子里，将刚体组件挂载到了不倒翁的根节点上，如下图所示。

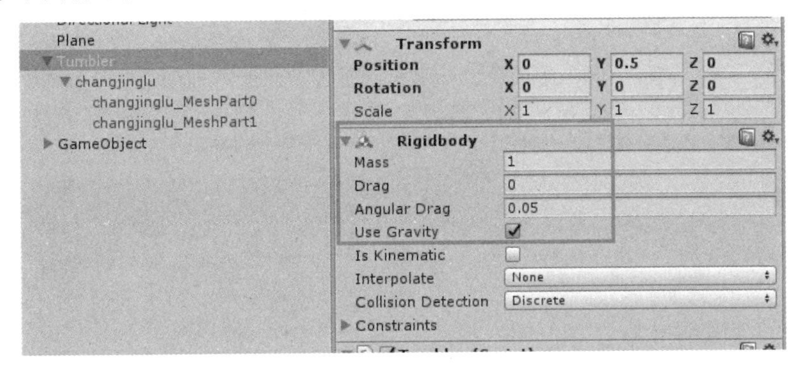

刚体受重力影响，质量建议设置为小于 1kg。Angular Drag（角阻尼）非常重要，会明显影响不倒翁晃动的频率和速度。

碰撞体可以暂时先简化处理，用一个包围了整个模型的胶囊体即可，可以将这个胶囊碰撞体挂载到根节点，也可以挂载到模型物体上，如下图所示。

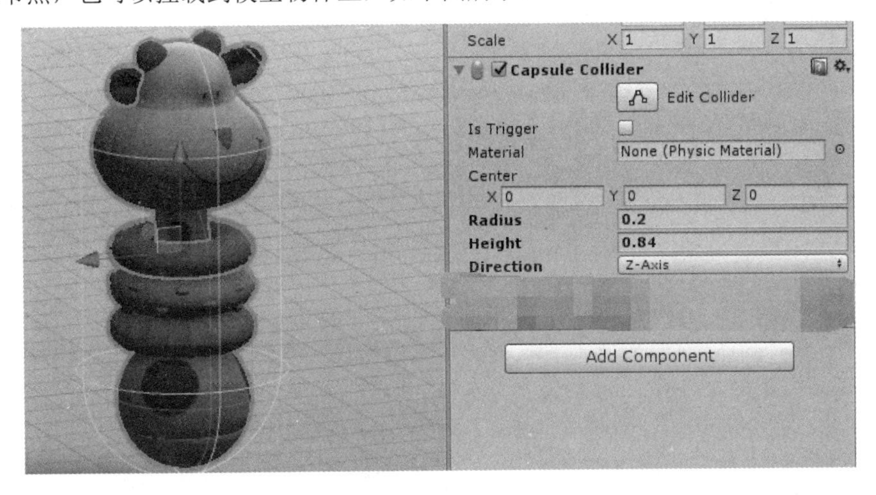

在上图中，由于胶囊碰撞体是挂载到模型物体上的，不是根节点，这就导致模型的旋转影响了碰撞体的旋转，所以图中 Direction（胶囊体方向）是沿 Z 轴方向的。这个例子也说明了模型本身如果整体旋转了，会带来一些麻烦。

3. 添加脚本，控制重心

真实世界中物体的重心是可以调节的，不倒翁就是一个非常典型的例子。一般不倒翁用塑料或者轻质木材制作，当在底部放入一些铁块、硬币的时候，不倒翁的重心就会位于靠近底部的位置，这样它就不会倒在地板上，而是会保持站立。用手推倒它以后，它也会在多次摇晃以后再回到站立的位置。

使用物理系统调整重心更为简单，只需要为物体挂载一个脚本，在 Start 函数中设置重心即可，代码如下。

```
public class Tumbler : MonoBehaviour {
```

```
    Rigidbody rigid;

    void Start () {
        rigid = GetComponent<Rigidbody>();
        // 设置 centerOfMass 就可以指定重心了（局部坐标系，针对物体大小和偏移量的不同，需要进行相应的调整）
        rigid.centerOfMass = new Vector3(0, -1, 0);
    }
}
```

由于不受真实世界的限制，游戏物体的重心可以在物体的任意位置而且还可以超出物体本身的范围，对不倒翁来说重心越低就越稳定，我们甚至可以让物体的重心在物体下方 5 米。

4.17.1.2 简单测试

现在试试运行游戏吧。这时运行游戏，会发现不倒翁会保持站立状态，看不到想要的晃动效果。建议直接调整不倒翁根节点的旋转，让它倾斜，之后它就会摇摇晃晃地回到中立位置了。

在游戏运行时可以在场景窗口中反复修改物体的旋转，不倒翁会晃动着尽量保持稳定，就和真实的不倒翁一样。

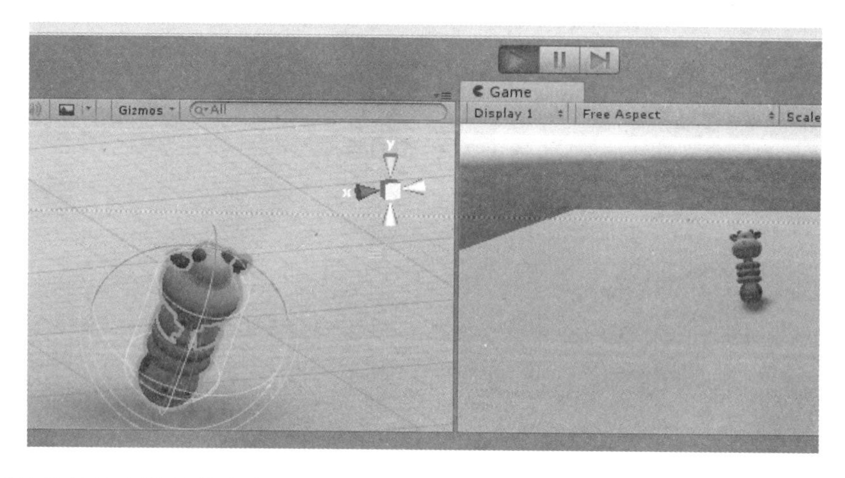

这样不倒翁的基本效果就完成了。

4.17.1.3 改进

在实际游戏中，我们可能需要改进这个不倒翁，有两个需要改进的方面。

1. 可以改进为更准确的碰撞体

如何添加刚体和碰撞体是为物体建立物理外形的关键因素。一般来说，物体可以有多个碰撞体组件，一起拼接成合适的物理外形(比如给人物的头部、身体、四肢分别挂载一个胶囊碰撞体)。但是一个物体最好只有一个刚体组件，除非这个物体是可以拆开的或是各个部件可以在物理的影响下单独运动，比如用线控制的人偶、物理模拟的锁链等。

所以，这里刚体的设置可以保持不变，而将碰撞体分解为两个碰撞体，用一个球体和胶囊体实现更准确的外形。

对例子中的模型来说，添加两个碰撞体（头部用球体、身体用胶囊体）即可。

2. 通过键盘输入，给物体施加外力

在场景中直接修改物体的旋转不是一种好的测试手段，接下来还是新建一个脚本，通过键盘来测试。新建 TestTumbler.cs 脚本，内容如下。

```
using UnityEngine;

public class TestTumbler : MonoBehaviour {
    Rigidbody rigid;

    void Start () {
        rigid = GetComponent<Rigidbody>();
    }

    void Update () {
        // 将输入用一个向量表示
        Vector3 input = new Vector3(Input.GetAxis("Horizontal"), 0, Input.GetAxis
("Vertical"));

        // 将输入向量转换为力
        Vector3 force = input * 7;

        // 在物体上方的某个点施加外力
        Vector3 localPos = new Vector3(0, 1, 0);
        Vector3 worldPos = transform.localToWorldMatrix * localPos;
        rigid.AddForceAtPosition(input, worldPos);
    }
}
```

将脚本挂载到物体根节点上，就可以用键盘的 W、A、S、D 键给物体施加外力了。

4.17.2 锁链的制作

接下来再用一个实例来展示物理引擎的使用方法，特别是“物理关节”的用途。下图是一条垂在地面上的“锁链”，铁环用简易的胶囊体代替。

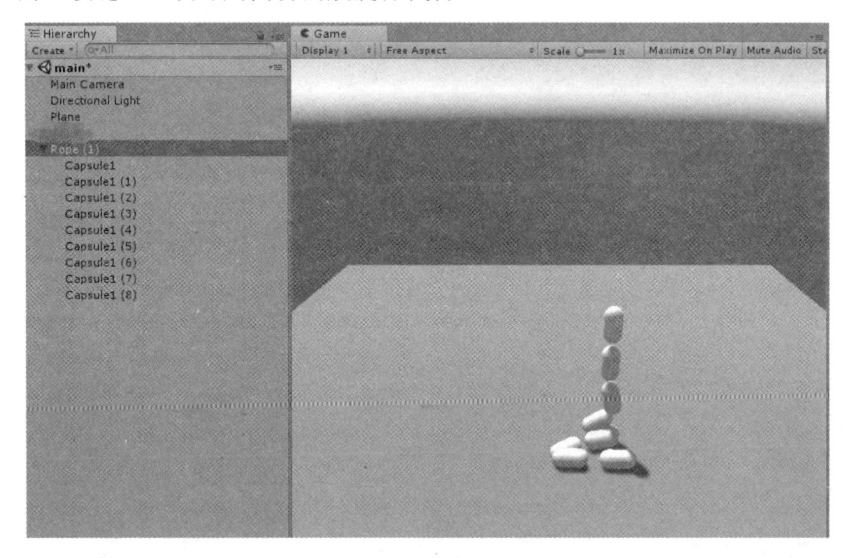

4.17.2.1 锁链的原理

从物理上来观察锁链，锁链是由一个接一个的铁环组成的，铁环本身是一个固态的、硬的物体，而两个铁环之间是套接的，意味着两个铁环之间的运动关系可以非常自由，可以沿多个轴在很大范围内旋转。如果铁环较少，铁环之间会因为互相接触而影响活动角度，整体自由弯曲的能力就很差；随着铁环的增多，从整体上看锁链会变得非常柔软，可以弯曲成任意的形状。

所以，实现锁链的基本原理就是由足够数量的铁环顺次连接组成，这个连接在物理引擎中可以用物理关节来模拟，物理关节是一种比较特别的、可以沿多个轴转动的关节。3D 铰链关节不支持绕多个轴转动，所以在这个例子中我们将使用自定义关节。

4.17.2.2 基本制作步骤

1. 创建第一个环

在本例中，锁链的第一个环是特别的。因为第一个环是用来指定锁链的头部的，由脚本直接控制。从第二个环开始，就要完全受物理引擎的控制了。

首先创建一个空物体 Rope，然后在它之下添加第一个胶囊体和第二个胶囊体。本例主要展示物理引擎的使用技术，所以铁环直接用胶囊体代替。

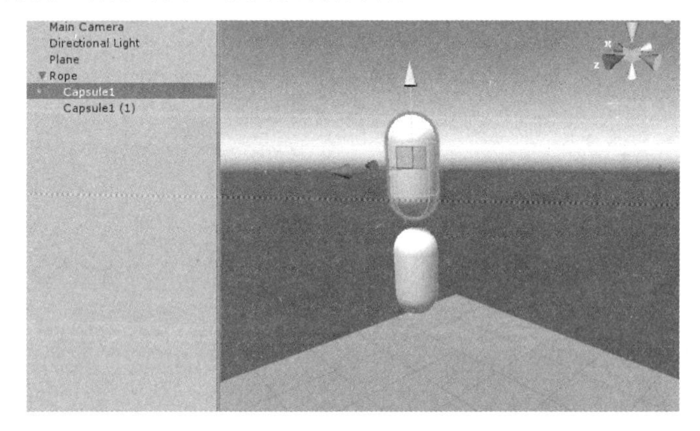

注意第一个环的坐标为(0, 0, 0)，之后的环只是 Y 轴坐标不同，保证环之间在竖直方向没有偏差。

Rope 本身暂时不需要添加组件。

对第一个节点添加刚体组件，设置如下。

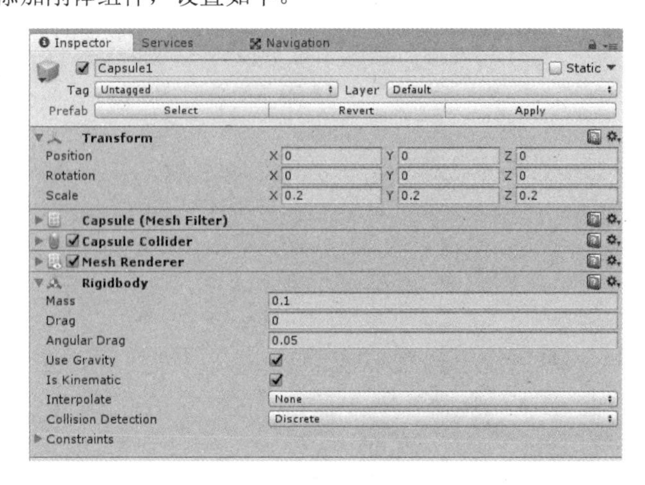

刚体质量为 100 克，因为第一个节点是特殊的，所以要勾选 Kinematic 选项以防止第一个节点被物理系统影响，但是第一个节点可以去碰撞其他节点。碰撞体是默认的，不需要修改。

2. 制作第二个环

从第二个节点开始，之后的节点刚体的配置相同，如下图所示。

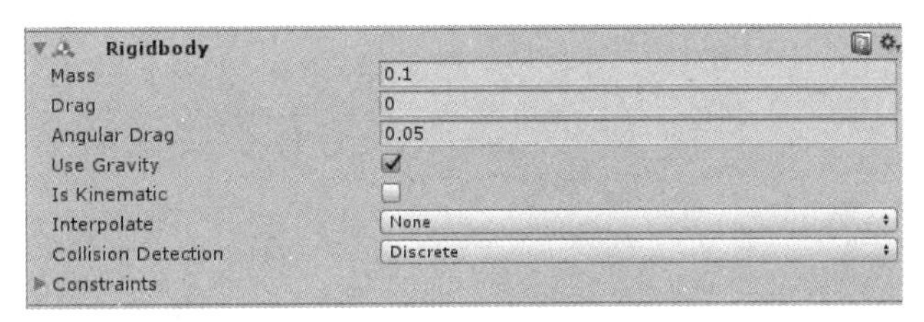

刚体质量为 100 克，带有重力。

接下来是关键的物理关节，由于锁链的环可以随意旋转，这里用铰链关节不合适，我们使用自定义关节（Configurable Joint），设置如下。

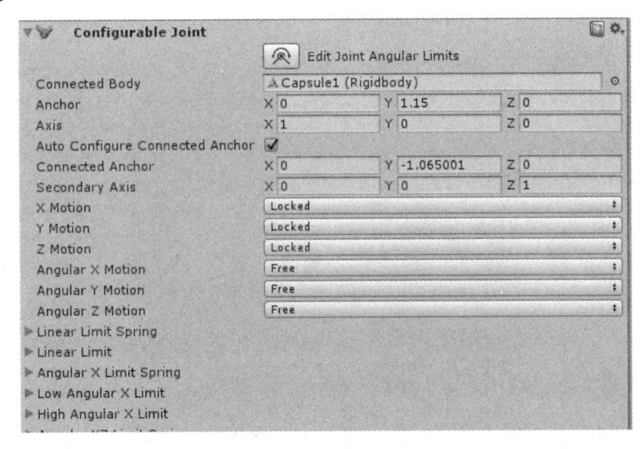

自定义关节的参数非常多，为简化起见，我们只调整上部比较关键的参数，下面的参数暂时保留默认值。关键的设置有以下几项。

（1）设置 Connected Body。这里选择为上一个环，把第一个环从层级窗口拖曳到这里，拖曳成功后名称会变为第一个环的名称。

（2）调整 Anchor 的值。两个环之间是纵向连接的，所以根据场景视图中的辅助线来确定铰链位置，这里设置为 1.15。

（3）让 Auto Configure Connected Anchor 保持选中，让铰链目标位置和活动位置一致，简化设置。

（4）X Motion、Y Motion、Z Motion 是铁环之间的相对位移，为简单起见，这里设置为 Locked，即只允许转动，不允许滑动。

（5）Angular X Motion、Angular Y Motion、Angular Z Motion 是相对转动，保持为 Free。

3. 复制添加之后的铁环

第二个铁环之后的设置基本一致，只需要选中第二个铁环，按下 Ctrl+D 组合键即可重复。复制之后只需要做两个操作：首先，修改铁环在空间中的位置；其次，修改关节的 Connected Body 参数，第三个铁环连接第二个，第四个连接第三个，以此类推。效果如下图所示。

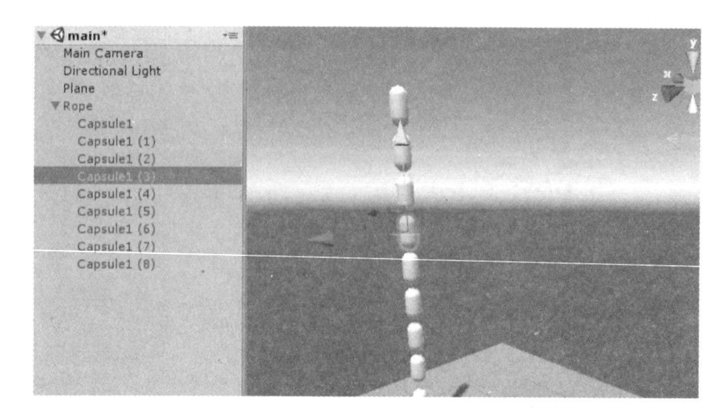

这里的操作比较烦琐，确认每一步操作都正确后，锁链的制作就完成了。

4.17.2.3 测试方法

可以用最朴素的方法快速测试这条锁链。和不倒翁一样，运行游戏，然后直接在场景中拖动根节点 Rope 的位置，如下图所示。

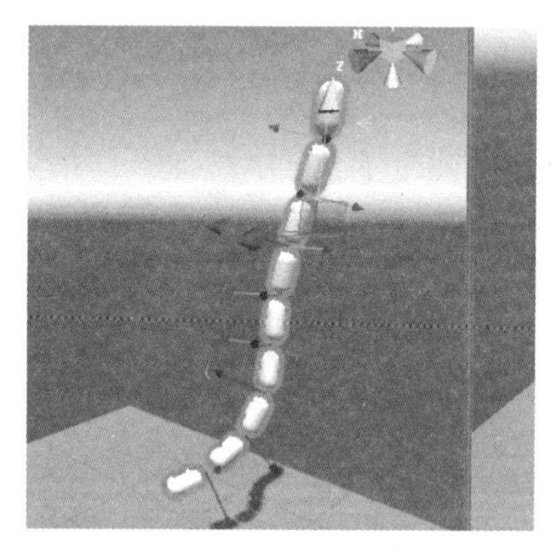

由于这种方法直接修改了物体的坐标，所以可能出现锁链穿越地板和快速反弹的情况，但是用来检验基本效果已经足够了。

接下来我们写一个脚本，用更好的方式来测试锁链的效果。

新建脚本 TestRope，并将其挂载到锁链的根节点 Rope 上，内容如下。

```
using UnityEngine;

public class TestRope : MonoBehaviour {
    Vector3 move;
    // 刚体组件，要求为绳子根节点添加刚体
    Rigidbody rigid;
 void Start ()  {
        rigid = GetComponent<Rigidbody>();
 }

    private void FixedUpdate()  {
        // 每一帧根据 move 向量的值修改刚体的位置
        rigid.MovePosition(transform.position + move * Time.fixedDeltaTime);
```

```
    }

    void Update () {
        // 每一帧根据输入得到 move 向量
        move = new Vector3(Input.GetAxis("Horizontal"), Input.GetAxis("Vertical"), 0);
    }
}
```

这个脚本要求根节点必须具有刚体，所以为父物体 Rope 添加刚体并勾选 Kinematic 选项。下面解释这样做的原因。

这个脚本的作用是通过用户输入改变锁链的位置，通常我们会直接修改 Transform.position 来改变位置，但是这里如果直接修改 Transform 的话，你会发现绳子的运动会有明显的抖动。

为什么会抖动呢？因为物理引擎的处理和 Update 函数的调用时机不一致，导致物理运算的时候位置信息不稳定，模拟效果很不好。而以上的脚本通过在物理更新时修改物体的位置，让物体的移动和物理引擎的更新尽可能同步，模拟效果就明显好多了。建议各位读者自行修改脚本试验两种做法以加深理解。

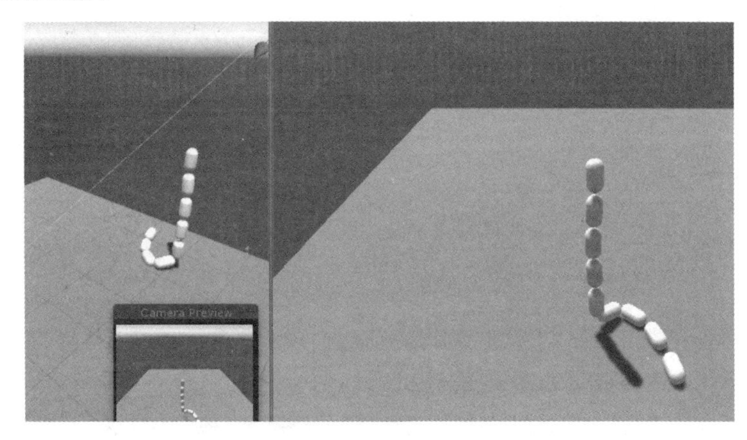

4.17.2.4 为了实用性而改进

真实锁链的铁环之间不仅有转动还有一部分滑动，而模拟滑动会导致铁环之间发生碰撞，会引发更多问题。

另外，如果在游戏中真的用到了物理的绳子或锁链，那么通过手动配置绳子可能是不够的。由于绳子的长度可能不确定，需要自动配置节点的连接和参数，所以用脚本自动配置锁链参数的技术就必不可少了。

深入使用物理关节的技术超出了本书的范围，但是好在理解了原理，未来就可以根据具体需求进一步深入学习和使用物理组件了。此外，在资源商店中存在某些插件（例如 Chain + Rope），用较为成熟的方案来解决绳子和锁链的问题，可以考虑使用。

4.18 物理系统可视化调试

当我们要制作的游戏非常依赖物理系统时，就很容易发生一些难以定位的 bug，这时候一种可视化的调试手段就非常重要了。幸运的是，Unity 提供了一种物理系统可视化调试的方法。

物理系统可视化调试提供了一种快速检查场景中的碰撞体的途径，同时还可以检查场景中和物理相关的性能指标。它可以展示出场景中的某些物体可以和哪些物体碰撞、不能和哪些物体碰撞。这个功能在场景中的碰撞体较多，或当场景的渲染效果与物理状态不一致时（比如存在不可见的障碍物）是十分有用的。

另外，当需要对游戏进行物理方面的性能优化时，需要用到 Physics Profiler。

单击 Unity 编辑器的菜单，选择 Window > Physics Debug，即可打开物理系统调试窗口。下图是默认的物理系统可视化调试窗口。

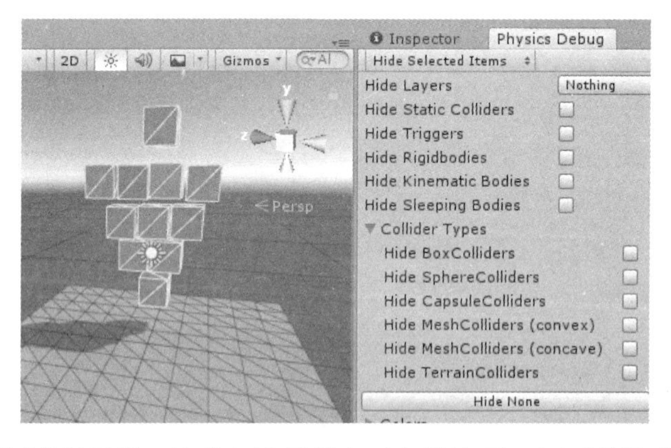

如果没有出现调试的辅助线，注意勾选场景右下角的选项，如下图所示。

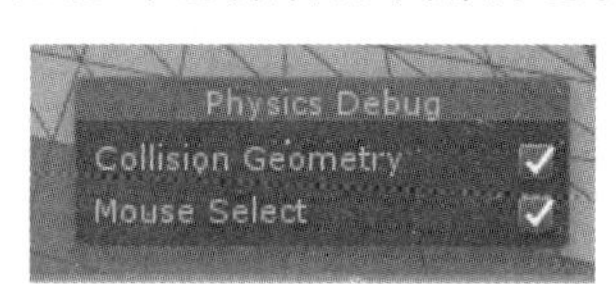

在这个窗口中，我们可以自定义可视化选项，为游戏中的物体定义不同的类型，显示或隐藏不同类型的物体。下图是在物理系统可视化调试窗口中展开选项的演示效果。

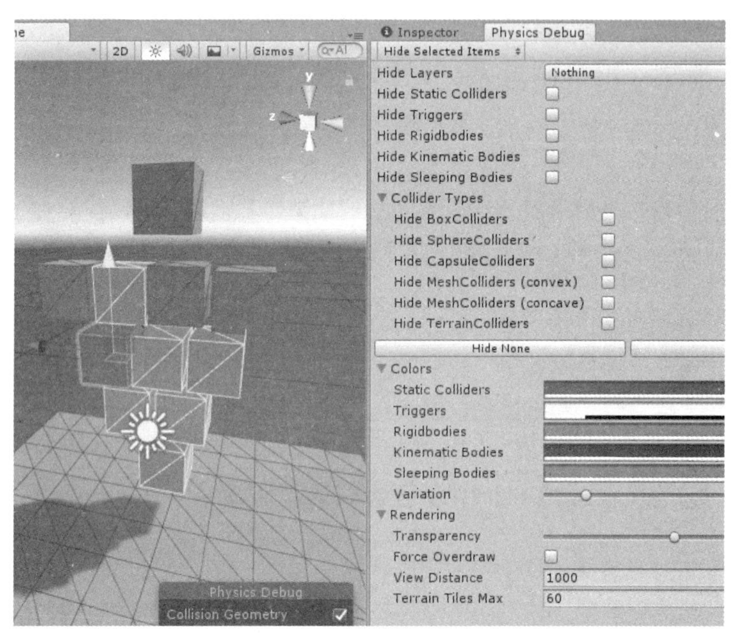

总体来说，物理系统可视化调试窗口的使用思路如下。

1. 不同类型的碰撞体用不同的颜色表示。例如刚体、Kinematic 刚体、触发器、静态碰撞体、碰撞体等可以用颜色区分。

2. 可以隐藏或显示具有某些属性的碰撞体。

3. 休眠的刚体或者非刚体这类静止的物体和未停下来的刚体用明显的显示效果区分。可以用来判断刚体是否休眠等。

物理系统可视化调试窗口左上角的 Hide Selected Items 代表默认显示所有碰撞体，被勾选的类型会被隐藏。它是一个下拉列表，单击它可以选择另一种完全相反的操作模式——Show Selected Items，即默认隐藏，勾选的类型才会被显示。这里以默认的 Hide Selected Items 模式为例，下面的表格对其做了详细的介绍。

按钮或选项	功　能
Reset	复位。让本窗口的设置全部回到默认状态
Hide Layers	下拉菜单，选择要进行操作的层。不同的层可以有不同的设置
Hide Static Colliders	隐藏静态碰撞体
Hide Triggers	隐藏触发器
Hide Rigidbodies	隐藏所有刚体
Hide Kinematic Bodies	隐藏 Kinematic 刚体
Hide Sleeping Bodies	隐藏正在休眠的刚体
Collider Types	碰撞体的类型 Hide BoxColliders，隐藏盒子碰撞体 Hide SphereColliders，隐藏球形碰撞体 Hide CapsuleColliders，隐藏胶囊碰撞体 Hide MeshColliders (convex)，隐藏网格碰撞体（凸的） Hide MeshColliders (concave)，隐藏网格碰撞体（非凸的） Hide TerrainColliders，隐藏地形碰撞体
Hide None	全部显示
Hide All	全部隐藏
Colors	为不同类型的碰撞体指定不同的颜色 Static Colliders，指定静态碰撞体的颜色 Triggers，指定触发器的颜色 Rigidbodies，指定刚体的颜色 Kinematic Bodies，指定 Kinematic 刚体的颜色 Sleeping Bodies，指定休眠的刚体的颜色 Variation，随机色差。这个功能可以让同类型的物体具有基本相同的颜色，但是又稍有区别，可以较清晰地看清楚不同的物体
Rendering	为物理调试窗口调整渲染参数，例如透明度 Transparency，透明度，从 0 到 1 Force Overdraw，有时物体正常的外观会遮盖住物理调试的显示效果，勾选这个选项可以对物理调试的效果强制重绘 View Distance，设定视距。超出视野距离的物体不被显示 Terrain Tiles Max，设定能显示的地形块的最大数量

下图是物理调试窗口右下角的悬浮窗。

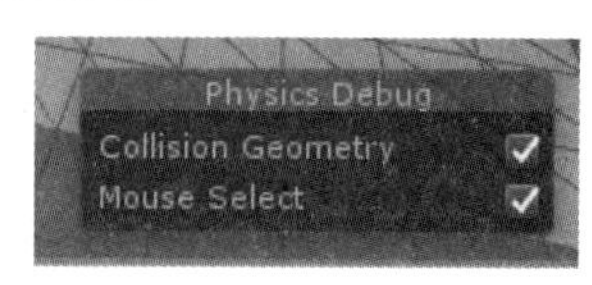

选　　项	功　　能
Collision Geometry	勾选此项可以开启物理信息可视化功能
Mouse Select	勾选此项可以开启鼠标选择功能。这时鼠标光标划过的物体会有高亮，而且可以选择物体。这个功能在物体非常多时很有用

第5章　UI界面

5.1 UI组件

UI系统能快速而直观地创建用户界面，本章主要对Unity UI系统的主要特性进行介绍。

5.1.1　渲染组件

1. 画布组件

我们可以将画布组件理解成一个容器，其他UI元素填充到该容器中，形成了我们看到的一个UI界面。因此可以设定游戏中用到画布组件的地方均可以作为一个独立的游戏界面，当容器的渲染属性发生改变时，所有子物体均会受到影响。

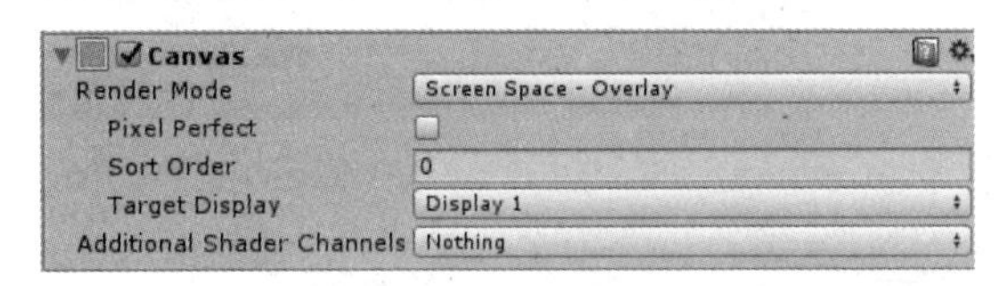

【特性】

画布组件是UI渲染最主要的组件。

- 只有放在画布组件下的子物体才会参与UI的渲染。
- 形状大小取决于屏幕分辨率，我们可以看到创建出来的画布组件是一个矩形，我们可以修改Game窗口的分辨率选项来修改矩形的大小，窗口分辨率默认设置为FreeAspect，我们可以把它切换成1920像素×1080像素这样具体数值的分辨率，这样我们的界面就不容易出现变形。
- 子物体的渲染层级取决于UI元素在层次结构中出现的顺序，两个UI元素在位置上重叠，层级结构下方的UI元素会遮挡上方的UI元素。

【参数】

画布组件的参数如下表所示。

参　数	功　能
Render Modes（渲染模式）	UI界面通过画布组件的渲染模式来设置自己渲染在屏幕空间还是世界空间 Overlay（覆盖渲染模式），设置界面为屏幕空间，UI界面处于屏幕空间时将会被渲染在游戏窗口的最顶层 Camera（摄像机渲染模式），和Overlay相似，但它的渲染取决于摄像机。当摄像机层级较低时，高层级的摄像机所见物体将会遮挡UI，这种特性经常用作在UI界面上显示3D模型。摄像机若设置为Perspective透视选项，UI界面将可以设置为更加立体的效果，而不是一张只能铺在平面上的纸

续表

参　　数	功　　能
	World Space（世界空间渲染）设置界面在世界空间中渲染，可以单独设置 UI 的位置、旋转、缩放的变换。可以理解为 UI 组件成为游戏世界中的一个物体，比如游戏中经常用到的血条、伤害扣血字、对话文本框
Pixel Perfect（优化像素渲染）	只能在屏幕空间渲染中开启，打开后 UI 会进行抗锯齿渲染
Sort Order（渲染排序）	不同的画布组件根据渲染排序的层级设置，显示成不同的遮挡关系，详细信息可以查看“5.2.3　渲染顺序”
Target Display（显示目标）	在 Overlay 模式下将会出现，和多屏显示相关
Additional Shader Channels（附加着色器通道）	设置在创建画布网格时使用的附加着色器通道

下图是覆盖渲染模式（Overlay）的效果。

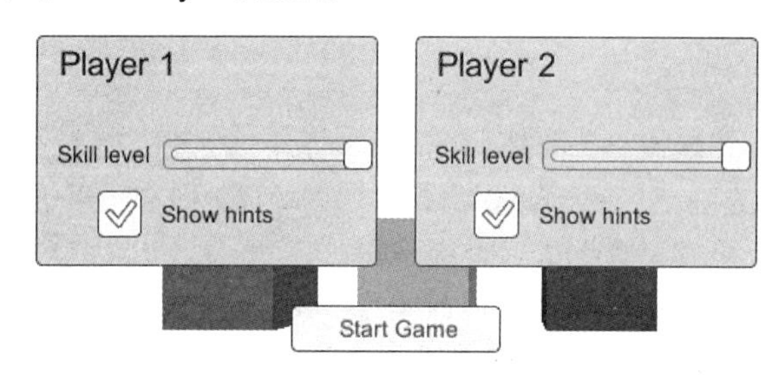

下图是摄像机渲染模式（Camera）的效果。

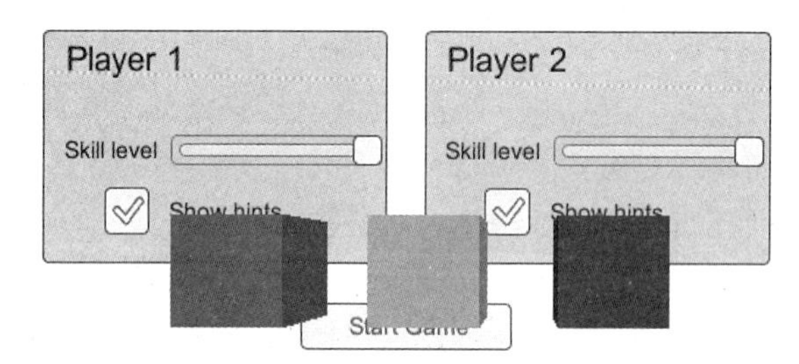

下图是世界空间渲染模式（World Space）的效果。

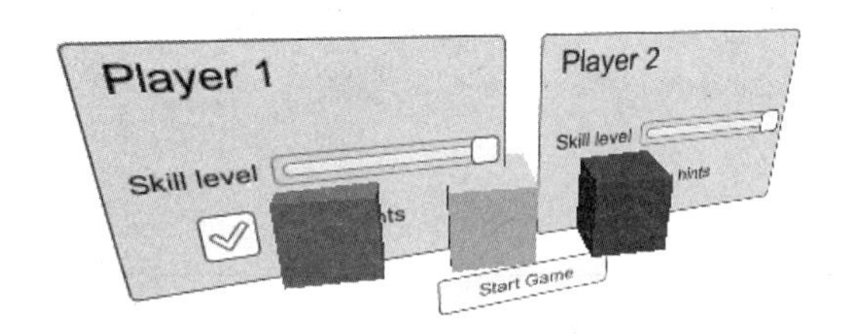

2. 画布缩放组件

画布缩放组件用于控制整体界面的缩放和画布上 UI 元素的像素密度。这种缩放影响画布中的所有内容，包括文字大小和图像边框。

由于游戏会存在不同的分辨率模式，UI 需要能在不同的分辨率下保持一个恰当的显示效果。因此，我们需要让 UI 有一个可以适应的区域范围，比如屏幕由长方形变成正方形时，UI 界面不会发生太严重的变形。这个时候就需要设置画布缩放组件，以调节我们的 UI 界面始终保持和屏幕对齐。

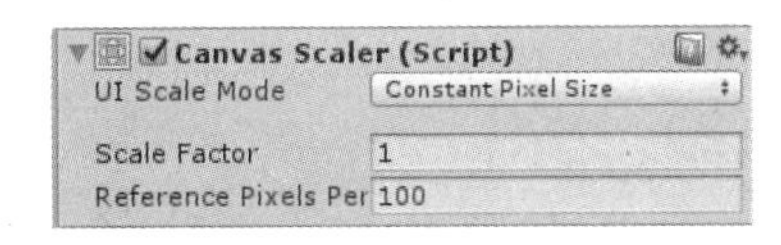

【特性】

- 控制整体界面的 UI 元素的大小。
- 能让 UI 界面维持适应屏幕的比例。

【参数】

参　　数	功　　能
UI Scale Mode（UI 渲染模式）	设置当前画布组件的渲染模式 Constant Pixel Size（固定像素尺寸），使 UI 元素保持相同大小的像素，而不管屏幕的大小 Scale With Screen Size（随屏幕缩放尺寸），使 UI 随着屏幕变大而变大 Constant Physical Size（固定物理空间尺寸），使 UI 保持物理空间的大小，不管分辨率和屏幕的大小
Scale Factor（缩放系数）	按照该比例缩放 UI 中的元素
Reference Pixels Per Unit（每单元参考像素的大小）	如果 Sprite 勾选了 Pixels Per Unit 设置，那么该设置将会影响一个 UI 单元占用多少图片像素 Reference Resolution（参考分辨率），屏幕大小与该分辨率大小比对，如果屏幕大，UI 将会放大，反之缩小 Screen Match Mode（屏幕匹配模式），屏幕匹配模式 Match Width or Height（匹配宽度或高度），根据设置的高度、宽度的权重匹配，若偏向 Width，那么 UI 将会参考宽度变化的大小匹配界面。如果制作横屏手机游戏，一般偏向 Height 的大小 Expand（扩展），扩展画布的水平或竖直区域。保持画布的大小永远不会小于参考分辨率 Shrink（收缩），缩小画布的水平或竖直区域。保持画布大小永远不会大于参考分辨率

5.1.2 布局组件

1. 矩形变换组件

因为 UI 物体的资源为 Sprite 像素图片，因此通常需要设置 Width 和 Height 来对图片进行形变（UI 物体的形变通常不通过修改缩放值进行设置，因为修改缩放值后容易出现模糊、精度丢失的问题）。因为 UI 经常会遇到排版和屏幕适应问题，因此需要锚点功能来做定位对齐。Unity 对 UI 物体单独制作了矩形变换组件。

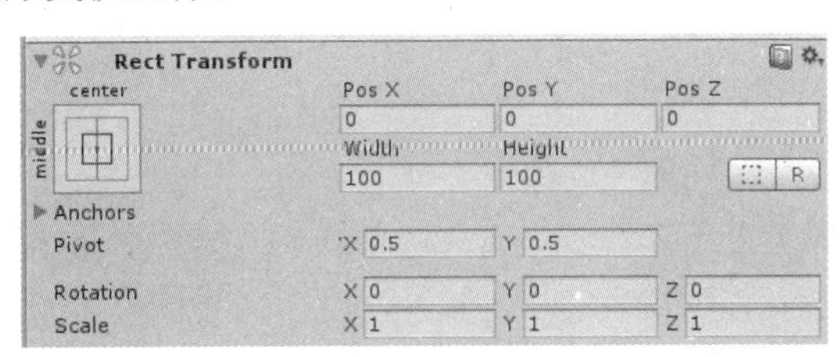

【特性】

矩形变换组件是记录 UI 空间属性的组件。

- 能修改 UI 元素的长宽，配合 Sprite 图片的九宫格设置，能以很小的像素图片创建 UI 背景板。
- 仅改变 UI 元素自身的长宽，并不会影响其他 UI 元素(如文字大小、其他图片的长宽等)。
- 对齐功能，能够通过左上角的十字框实现九个位置上的对齐和吸附功能（通过 Alt 键切换对齐吸附效果）。

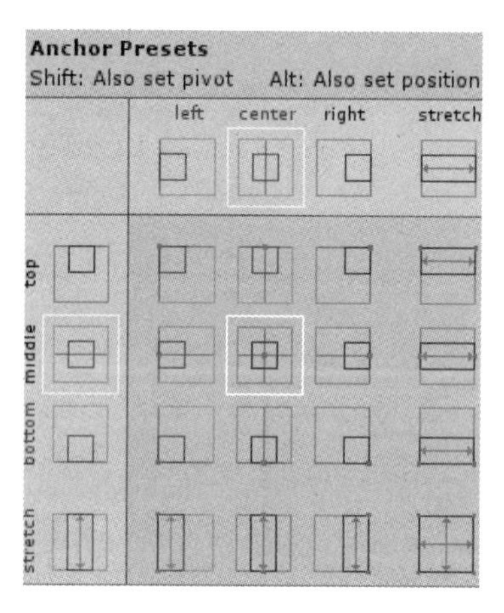

【参数】

参　数	功　能
Pivot（中心点）	中心点影响 UI 元素的旋转、长宽及缩放的显示效果。当工具栏选中为 Pivot Mode 时，可以在场景中移动中心点的位置；在 Rect Tranform 组件中也可以修改 Pivot 的位置
Anchors（锚点）	锚点影响父子节点的相对变化。父节点锚点影响子节点相对于该锚点的相对位置和缩放。调整锚点的方式有三种：①直接在场景中拖曳锚点；②在矩形变换组件中使用预置的锚点位置；③在矩形变换组件中改变 Anchors 的值

2. 布局元素组件

如果要重定义布局元素最小、最合适或自适应的大小，可以通过向游戏对象添加布局元素组件来实现。

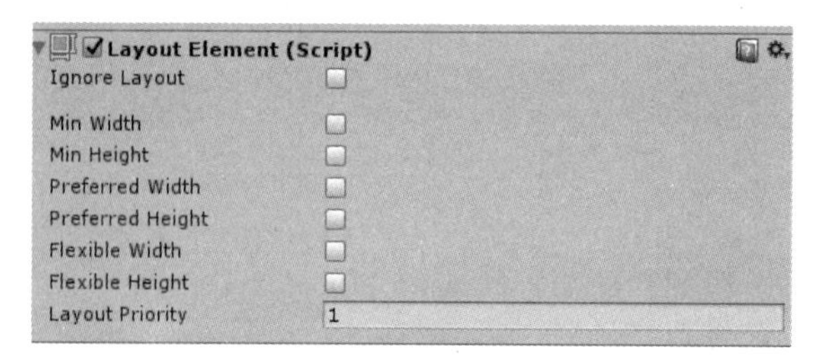

【特性】

- 允许重写一个或多个布局属性的值。
- 自动根据其他布局元素计算大小，当首选参数不适配时，会选用额外的适合的参数自动调节 UI 元素的大小。

【参数】

参　数	功　能
Min Width（最小宽度）	该布局下的最小宽度
Min Height（最小高度）	该布局下的最小高度
Preferred Width（适宜宽度）	首选最适宜宽度（有效宽度有空余的情况下）
Preferred Height（适宜高度）	首选最适宜高度（有效高度有空余的情况下）
Flexible Width（灵活宽度）	灵活宽度（有效宽度附加量）
Flexible Height（灵活高度）	灵活长度（有效高度附加量）

3. 布局控制器组件

布局控制器组件既可用于控制自身（即父物体），也可用于控制子物体的元素，包含 Horizontal Layout Group（横向组件）、Vertical Layout Group（纵向组件）和 Grid Layout Group（网格状组件）。

这里主要介绍网格状组件，因为横向组件和纵向组件的参数功能为网格状组件的子集，了解了网格状组件就了解了布局控制的核心。

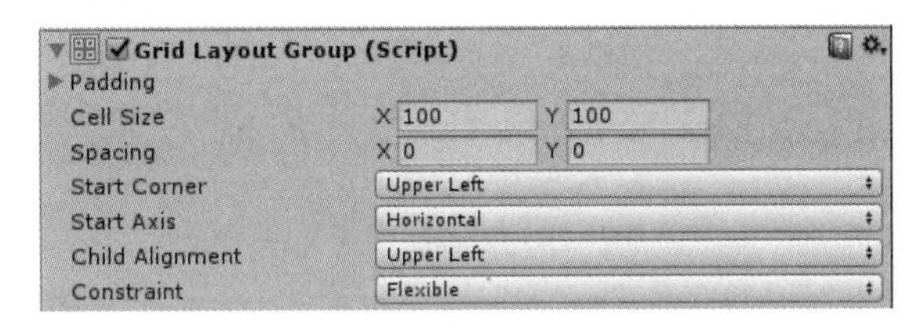

【特性】

- 作为布局系统，具有全面的布局约束属性。
- 计算、设置自身大小的时候，参考自身（包括自身子物体）所有 UI 渲染的大小。

【参数】

参　数	功　能
Padding（边缘填充距离）	四周边缘位置的填充距离
Cell Size（组元素范围）	组中（自身下一层子物体）元素排序约束的尺寸
Spacing（间距）	组中元素排序约束的间隔
Start Corner（开始转角方向）	决定新的元素放置于哪个元素行列上，有左上、左下、右上、右下四个轴向
Start Axis（开始轴向）	开始排布的轴向，决定竖直排布还是水平排布
Child Alignment（组元素对齐）	设置组元素排布对齐位置，相当于文本框的左对齐、右对齐、居中等九个排布位置
Constraint（约束）	约束固定的行、列的数量，完成自动布局

5.1.3 显示组件

显示组件是组成 UI 界面的基本元素，主要用于在画布中显示文字和图片等信息。

1. 图片组件

UI 界面最基础的组成元素，一切需要渲染出图片信息的功能都会使用到图片组件。而其他组件实质上是对图片组件的组合，例如一个滑动条，抛开功能逻辑，实质上是一个用作拖曳按钮的图片组件、一个显示进度的图片组件、一个底层背景图片组件的组合。

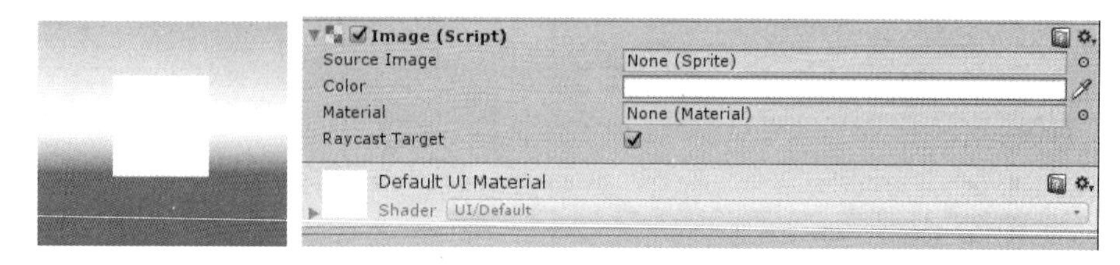

【特性】

作为显示组件，渲染依托于渲染组件，因此，添加显示组件时，Unity 会自动添加上 Canvas Renderer 组件。显示的层级依赖于画布组件的设置。其功能如下。

- 用于图片信息的显示。
- 不可交互，但可屏蔽、遮挡单击事件。

【参数】

参　　数	功　　能
Source Image（源图片）	只能添加 Sprite 格式的图片资源，Sprite 是 Unity 为 2D 或 UI 类型设置的特殊格式。导入一张图片时，选择 TextureType 的类型为 Sprite（2D and UI）后，单击 Apply，这时 Unity 会修改图片为 Sprite 类型的图片
Set Native Size（设置原始大小）	将 Sprite 拖入 Source Image 参数栏后会出现该选项，单击后会修改 UI 的矩形变换组件的长宽为 Sprite 的长宽
Color（颜色）	设置图片组件的颜色，当不存在 Source Image 资源时，设置的颜色就是显示的颜色，当存在 Source Image 资源时，颜色设置会与 Sprite 的像素颜色相乘。可以使用动画去动态 Color 的 Alpha 通道以实现淡入淡出的效果
Material（材质）	UI 的渲染。Unity 自己有一个 Shader 来计算渲染，游戏开发中有时会想制作更加高级的显示功能，这就需要替换渲染方式。为了使用我们自定义的渲染方式，UI 提供了 Material 参数接口
Raycast Target（射线目标）	布尔值一般作为开关功能，因此该参数打开时，这个 UI 会接受射线。当我们单击 UI 元素时，Event System 会自动发射 UI 射线，射线接触到第一个打开接受射线选项的显示组件时将会消失。所以当界面响应不了单击事件时，很有可能是上层出现了一个 UI 遮挡住了事件
Image Type（图片类型）	Simple，等比缩放整张图片 Sliced，利用 3×3 的图片分割区域，当拉伸图片时，只有九宫格的中间区域会缩放，其余区域不会发生变化 Tiled，与 Sliced 类似，但中间区域是平铺而非缩放的 Filled，与 Simple 类似，但在该模式下，可以按照特定的方向、方法和数量填充图片

2. 文本组件

文本组件用于文字的显示，在该组件中可以很方便地改变文字的字体、样式、大小、对齐方式、颜色等属性。

New Text

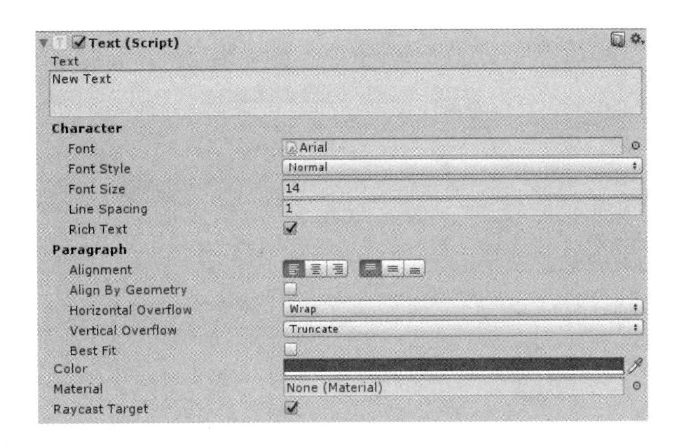

【特性】

- 用于图片信息的显示。
- 不可交互，但可屏蔽、遮挡单击事件。

【参数】

参　　数	功　　能
Character	
Font（字体）	字体设置，Unity 的默认字体是 Arial。可以从 C: >Windows>Fonts 中选取其他字体进行替换，也可以从网上下载字体，甚至可以自己制作静态字体（可以利用 BitMap 工具制作字体的图集，这个方法广泛用于制作伤害扣血的 UI 显示效果）
Font Style（字体风格）	进行字体的加粗、倾斜等设置
Font Size（字号大小）	设置字号的大小，这里注意，如果字号设置得过大，超过了矩形变换组件设置的宽度或高度，文字将不会显示（很多时候 PS 中的字号大小和 Unity 中的字号大小是有区别的，应该用像素大小来统一）
Line Spacing（行间距）	行间距，间隔的是当前字号大小的倍数
Rich Text（富文本）	富文本选项，如果勾选该选项，可以通过加入颜色命令字符来修改文字颜色（例如，<color=#525252>变色的内容</color>）。游戏公告的编辑就需要用到该功能
Paragraph（段落设置）	
Alignment	设置文字上下左右居中等对齐效果
Align By Geometry	几何对齐，图文混排的时候需要该功能配合
Horizontal Overflow 和 Vertical Overflow	水平换行和竖直换行。如果选择 Wrap 和 Truncate 选项，内容将会束缚在设定的宽度高度之内；如果选项为 Overflow，内容将会超出设定的边界。
Best Fit（完美适配）	如果勾选这个选项，将会以矩形变换组件的宽度、高度、边界，动态修改文字的大小，让所有内容刚好填充满这个框
Color（颜色）	文字颜色，若用了富文本修改颜色，则不会改变用到的富文本的文字颜色

5.1.4 交互组件

1. 按钮组件

按钮组件用于相应玩家的单击输入，是游戏中与玩家交互较多的组件之一。需要使用按钮的例子有：确认某一选项（如开始游戏、保存进度），开启其他界面，取消某一进程（取消下载更新）等。以下两张图片分别是按钮的形态与 Unity 中相应的参数。

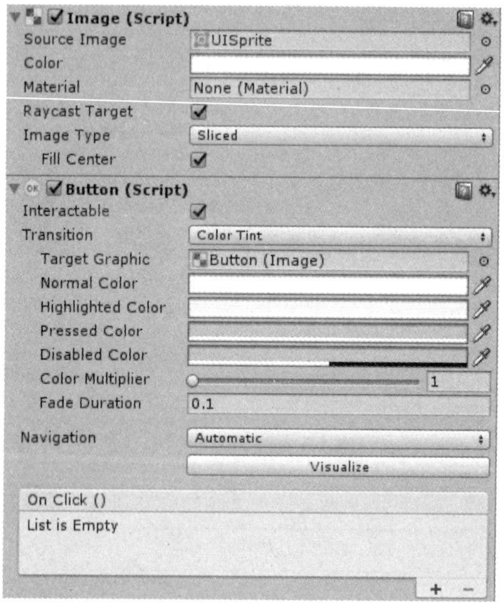

【特性】

新创建的 Button 物体上只有两个组件，一个是之前介绍过的图片组件，另一个是按钮组件。交互组件自身是没有实体的，它依托于显示组件存在的功能，即使是一个隐形的按钮，也需要依托一个 Alpha 值为 0 的图片组件。Button 具有以下特征。

- 对于单击输入，从按下到释放鼠标按钮是一次完整的单击。
- 一次完整的单击才会调用 OnClick 事件。
- 动画集成（Animation Integration）可以利用其自带的动画系统表现各种 UI 组件的状态切换。若要使用动画切换，需要在对应的 UI 组件上添加 Animator 组件，当然也可以单击 UI 组件上的 Auto Generate Animation 按钮来实现。Unity 已经提供了一些默认的切换动画，当然也可以根据需要自定义动画。

【参数】

参　数	功　能
Target Graphic（目标图像）	Button 组件绑定的图片组件。注意：如果该项为空，按钮单击事件将会失效。此外，有按钮绑定的图片组件勾选了 Raycast Target 参数才能有单击效果
Interactable（可交互）	是否开启按钮交互，若取消则按钮会变成 Disabled Color 选择的颜色，此时按钮不会响应单击操作
Transition（切换效果）	按钮的单击效果类型，Unity 自带了 3 种类型，分别为 Color Tint（颜色变化）、Sprite Swap（图片切换）、Animation（动画变化）。不同类型对应的 Normal XXX、Highlighted XXX、Pressed XXX、Disabled XXX，分别为按钮不单击时的效果、鼠标光标移动到按钮时的效果、单击时的效果和未激活时的效果
On Click（单击事件）	单击事件可以将单击按钮后的行为关联至我们自己写的代码中

2. 单选框组件

单选框组件是控制某一选项开关切换的组件，可用于切换选项选中状态（例如游戏中背景音乐的播放/关闭）、使玩家确认相应的游戏条款等情况。以下两图分别是单选框组件的显示效果与 Unity 中相应的参数。

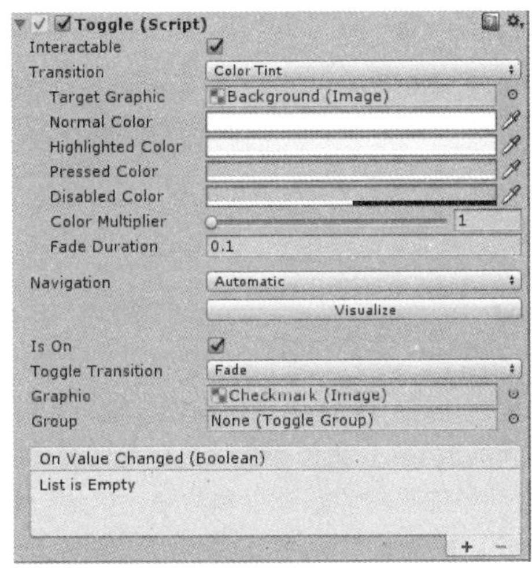

【特性】

- 用于切换某一选项的选中状态。
- 当选中状态发生变化时，调用 OnValueChanged 事件。

【参数】

参　数	功　能
Interactable（可交互）	是否开启交互
Transition（切换效果）	单击效果类型，Unity 自带了 4 种类型，分别为 None（无变化）、Color Tint（颜色变化）、Sprite Swap（图片切换）、Animation（动画变化）
Navigation（受控方向）	决定组件可受鼠标、键盘等输入设备控制的方向。分为 None（不受任何方向上的输入影响）、Horizontal（受水平方向的输入影响）、Vertical（受垂直方向的输入影响）、Automatic（自动控制）、Explicit（自定义）
Is On（选中）	设定单选框的选中状态
Toggle Transition（选项切换效果）	选项变化时的切换效果。分为 None（选中效果直接显示/消失）、Fade（选中效果渐进/渐出）
Graphic（源图片）	选中效果的源图片
Group（所属组）	该组件所属的单选框组（如果存在的话）
On Value Changed（值变化）	单击事件，会将现有状态的 boolean 值传出

3. 单选框组组件

单选框组组件是由多个单选框组件组成的组合，通常用于在一系列选项中挑选其中的一个，例如剧情对话中的多个选项、性别选择、任务报酬等选项。下图是单选框组的显示效果和 Unity 中对应的参数。

【特性】

- 非可视化组件，仅用来管理相关的单选框组件。
- 由多个单选框组成。
- 有且仅有一个单选框可以被选中。

【参数】

参　　数	功　　能
Allow Switch Off（是否允许取消选中）	是否允许选项被取消选中，若允许，当单击某个已经被选中的选项时，会将其切换为非选中状态；若不允许，则单击已被选中的选项时不会发生任何变化

4. 滑动条组件

滑动条组件是玩家在游戏中接触较多的一种 UI 组件，常见于游戏设置（如改变画面亮度、设置鼠标灵敏度等），许多游戏带有的“捏人”功能中也会用到滑动条组件（如调整身高、胸围、腰围等身体数据）。下图是滑动条组件的显示效果和 Unity 中相应的参数。

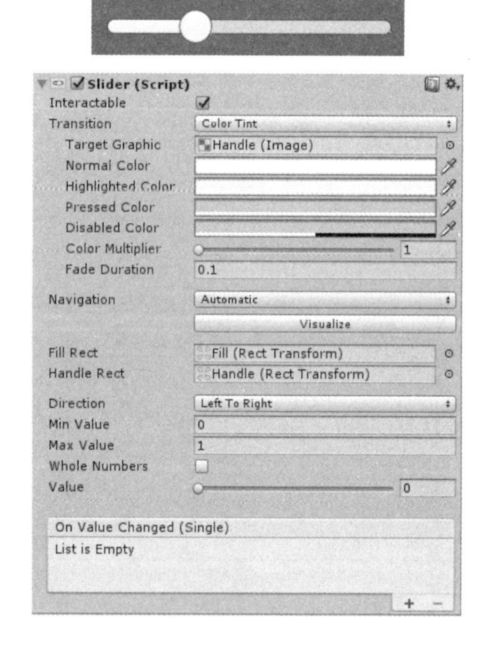

【特性】

- 根据滑动块的拖曳距离改变值的大小。
- 当值产生变化时调用 OnValueChanged 事件。

【参数】

参　　数	功　　能
Interactable（可交互）	是否开启交互
Transition（切换效果）	单击效果类型，Unity 自带了 4 种类型，分别为 None（无变化）、Color Tint（颜色变化）、Sprite Swap（图片切换）、Animation（动画变化）

续表

参 数	功 能
Navigation（受控方向）	决定组件可受鼠标、键盘等输入设备控制的方向。分为 None（不受任何方向上的输入影响），Horizontal（受水平方向的输入影响）、Vertical（受垂直方向的输入影响）、Automatic（自动控制）、Explicit（自定义）
Fill Rect（填充区）	滑动条的填充区域
Handle Rect（滑动块区）	滑动块信息
Direction（填充方向）	拖动滑动块时，滑动条的填充方向。分为 Left To Right（从左向右填充）、Right To Left（从右向左填充）、Bottom To Top（从底到顶填充）和 Top To Bottom（从顶到底填充）
Min Value（最小值）	滑动块所能滑动到的最小值
Max Value（最大值）	滑动块所能滑动到的最大值
Whole Numbers（整数化）	是否将变化值限制为整数
Value（滑动值）	现阶段所滑动的值。若在 Inspector 中修改，会将其设为初始值，但在运行过程中会动态改变
On Value Changed（值变化）	当滑动条的值发生变化时会被调用的事件。无论 Whole Numbers 是否被选中都只会传出 Float 类型的值

5. 滚动条组件

滚动条组件通常用于查看超出可视范围的图片或界面，在游戏中常用于查看背包物品、书信等较长的文字信息、超出画面范围的菜单选项。下面两图分别是滚动条组件的显示效果和 Unity 中相关的参数。

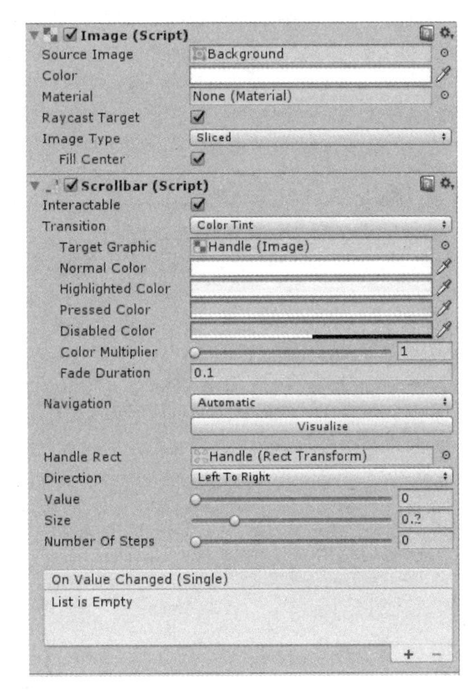

【特性】

- 滚动块的大小会随着填充区域的大小变化。
- 滚动条值的大小与滚动块的长度、滚动块的位置、滚动区域的大小有关，是一个百分比数值。
- 滚动块位置变化时会调用 On Value Changed 事件。

【参数】

参　数	功　能
Interactable（可交互）	是否开启交互
Transition（切换效果）	单击效果类型，Unity 自带了 4 种类型，分别为 None（无变化）、Color Tint（颜色变化）、Sprite Swap（图片切换）、Animation （动画变化）
Navigation（受控方向）	决定组件可受鼠标、键盘等输入设备控制的方向，分为 None（不受任何方向上的输入影响）、Horizontal（受水平方向的输入影响）、Vertical（受垂直方向的输入影响）、Automatic（自动控制）、Explicit（自定义）
Handle Rect（滚动块区）	滚动块的图像信息
Direction（滚动方向）	当滚动条的值变大时，滚动块的移动方向。分为 Left To Right（从左向右移动）、Right To Left（从右向左移动）、Bottom To Top（从底到顶移动）、Top To Bottom（从顶到底移动）
Value（滚动块的位置）	滚动条的值，是一个相对的百分比，范围从 0.0 到 1.0
Size（滚动块的尺寸）	滚动块的填充范围，限制为从 0.0 到 1.0
Number Of Steps（步长）	滚动块可滚动的位置数量
On Value Changed（值变化）	当滚动条的值发生变化时会被调用的事件，会将 Float 类型的值传出

6. 下拉菜单组件

下拉菜单组件的作用和单选框组组件的作用类似，但它更节省视觉空间。游戏中的浏览任务/角色信息、游戏设置（如选择分辨率和画质）等经常会使用该组件。下面分别是下拉菜单组件的显示效果与 Unity 中相关的参数。

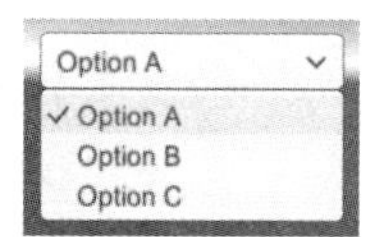

Image (Script)
Source Image UISprite
Color
Material None (Material)
Raycast Target
Image Type Sliced
Fill Center
Dropdown (Script)
Interactable
Transition Color Tint
Target Graphic Dropdown (Image)
Normal Color
Highlighted Color
Pressed Color
Disabled Color
Color Multiplier 1
Fade Duration 0.1
Navigation Automatic
Visualize
Template Template (Rect Transform)
Caption Text Label (Text)
Caption Image None (Image)
Item Text Item Label (Text)
Item Image None (Image)
Value 0
Options
Option A
None (Sprite)
Option B
None (Sprite)
Option C
None (Sprite)
On Value Changed (Int32)
List is Empty

【特性】

- 仅可选择提供的选项中的一项，当选中其中一项时会调用 On Value Changed 事件。
- 下拉选项既可以是文字，也可以是图片。
- 下拉菜单的位置取决于 Template 的锚点和中心点的位置，下拉菜单的弹出方向会根据组件位置改变，以防出现下拉菜单超出画布的范围导致内容无法显示的情况。

【参数】

参　　数	功　　能
Interactable（可交互）	是否开启交互
Transition（切换效果）	单击效果类型，Unity 自带了 4 种类型，分别为 None（无变化）、Color Tint（颜色变化）、Sprite Swap（图片切换）、Animation （动画变化）
Navigation（受控方向）	决定组件可受鼠标键盘等输入设备控制的方向。分为 None（不受任何方向上的输入影响）、Horizontal（受水平方向的输入影响）、Vertical（受垂直方向的输入影响）、Automatic（自动控制）、Explicit（自定义）
Template（选项存储的位置）	下拉菜单内容的父节点
Caption Text（已选选项的文字信息）	现有已选选项的文字信息（可选）
Caption Image（已选选项的图片信息）	现有已选选项的图片信息（可选）
Item Text（下拉菜单选项的文字信息）	下拉菜单选项的文字信息（可选）
Item Image（下拉菜单选项的图片信息）	下拉菜单选项的图片信息（可选）
Value（选择位置）	现有已选选项的位置。0 代表第一项，1 代表第二项，以此类推
Options（选项列表）	选项列表。既可编辑文字信息，也可编辑图片信息
On Value Changed（值变化）	单击下拉菜单选项时调用的事件

7. 输入框组件

游戏中经常会有输入行为，比如登录时输入账号密码、在聊天栏输入信息。这时候需要使用输入框组件来得到用户的输入数据，如果在手机上单击输入框，Unity 会自动打开手机的输入法键盘。

输入框组件可以对输入的数据进行约束，Unity 自带了各种设置的格式类型，能检测输入的数据是否满足设置的约束。

以下两图是输入框组件的显示效果与 Unity 中相关的参数。

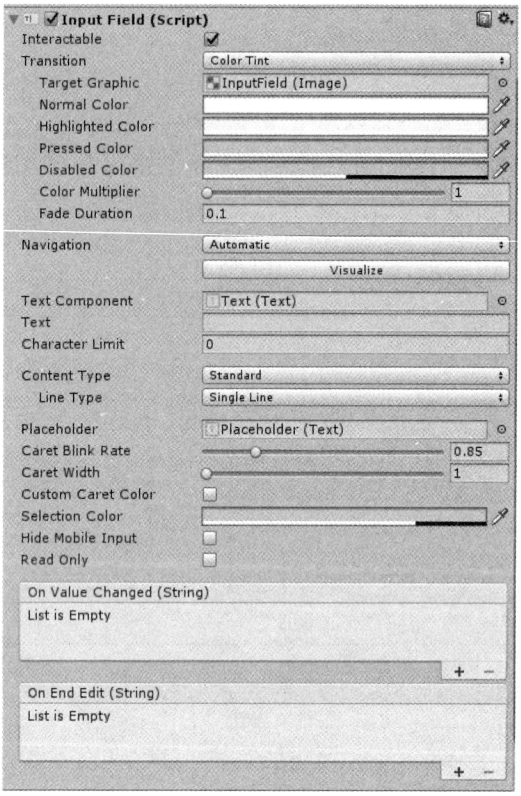

【特性】

唯一的文本输入组件。

自带约束类型，实现输入字符的屏蔽。

可以定义显示效果，如颜色变换、图片变换、动画变换。

文字显示效果和大小取决于依赖的文本组件。

【参数】

参　数	功　能
Interactable（可交互的）	决定该组件是否可以接受用户交互
Transition（过渡效果）	决定组件触发 Normal、Highlighted、Pressed、Disabled 时的过渡效果
Navigation（导航排布）	决定空间的排布顺序
Text Component（保存输入信息的文本组件）	输入的文本将会显示在该参数的文本组件上
Text（起始文本）	编辑开始时显示的初始文本
Character Limit（字符限制）	限制写入的最大字符数
Content Type（内容约束类型）	决定字段输入字符的类型 Standard（标准），任何字符都可以输入 Autocorrected（自动校正），输入未知单词时，建议用户选取更合适的候选项替代。如果用户不重写字符，将会自动替换文本 Integer Number（整形数字），只允许输入整形的数字字符 Decimal Number（小数），允许输入数字和小数点后的数字 Alphanumeric（字母数字），允许输入数字和字母，无法输入符号

续表

参　　数	功　　能
	Name（名字），自动让首字母大写 Email Address（邮箱地址），允许输入最多包含一个@符号的字母、数字字符串 Password*（符号密码），允许输入符号，自动将文字隐藏成星号* Pin（数字密码），只允许输入数字，自动将文字隐藏成输入的星号* Custom（自定义），自定义约束
Line Type	定义字符在文本中的显示格式 Single Line（单行），允许输入的文本只显示在一行内 Multi Line Submit（多行提交），允许使用多行显示，当有需要时显示新的一行 Multi Line Newline（多行换行），允许使用多行文本。用户可以通过按回车键使用换行符
Placeholder（占位符）	无任何字符输入时，输入框组件会提示请输入文本
Caret Blink Rate（光标闪烁速率）	定义放置在行上的标记闪烁速率
Selection Color（选定部分的颜色）	选定文本部分的背景颜色
Hide Mobile Input (隐藏移动设备)	在移动设备的屏幕键盘上隐藏已经输入的文本

8. 滚动区域组件

滚动区域组件经常用来做滑动界面，比如很多个道具的背包，需要滑动让界面显示更多的元素。滚动区域组件通常与 Mask、Scrollbars 组合来实现效果。

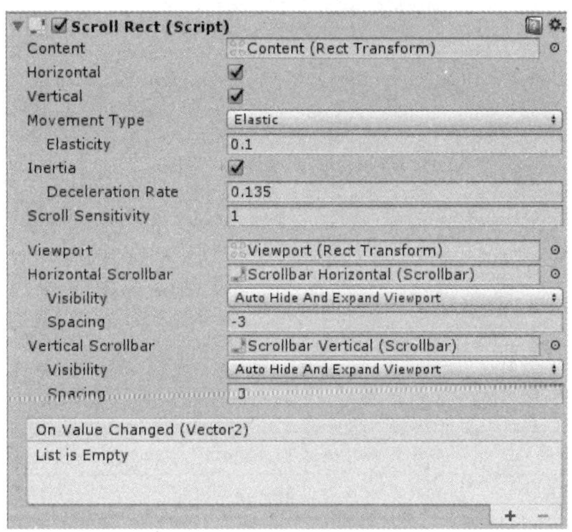

【特性】

适用性非常广泛，比如游戏中的长文本公告、背包系统元素、邮箱的邮件显示。

【参数】

参　　数	功　　能
Content（滚动内容物体）	设定滚动内容的区域，通常为一个空的 UI 物体，我们的 UI 元素将会放在 Content 物体层级下
Horizontal（水平滑动）	是否开启水平滑动
Vertical（竖直滑动）	是否开启竖直滑动
Movement Type（运动类型）	滑动界面的效果： 设置为 Elastic（弹性的）时，滑动界面到边缘时会反弹一定距离 设置为 Unrestricted（无限制的）时，可以把界面往滑动方向无限制地移动 设置为 Clamped（限制区域的）时，滑动区域将会一直保持在 Content 界面中
Inertia（惯性的）	当滑动松开时，界面将会根据惯性继续向滑动方向移动
Scroll Sensitivity（滑动灵敏度）	设置滑动滚轮和滑动条对滑动事件的敏感度
Viewport（视口）	界面显示的物体，能实现滑动区域遮罩屏蔽功能。剔除 Scroll View 区域外的 UI 显示
Horizontal Scrollbar/ Vertical Scrollbar（水平/竖直滑动条）	水平/竖直滑动条 Visibility（可见属性），可以调整滑动条是否自动隐藏、是否自动改变大小以适应元素数量 Spacing（间距），滑动条和滑动区域窗口的间隔区域

5.1.5　事件功能

1. 事件系统组件

该组件只会在整个 UI 系统中存在一个，当创建第一个画布时，该组件会自动创建到层级窗口中。可以单击 Event System 中游戏对象的名字查看该组件。

该组件负责控制所有使用到 UI 事件的元素。Event System 在每一帧都会运行，当输入单击到 UI 元素时，它会记录当前单击碰撞到的 UI 信息和位置信息。如果 UI 元素绑定了事件，事件系统将会处理该委托，调用绑定的函数并执行。

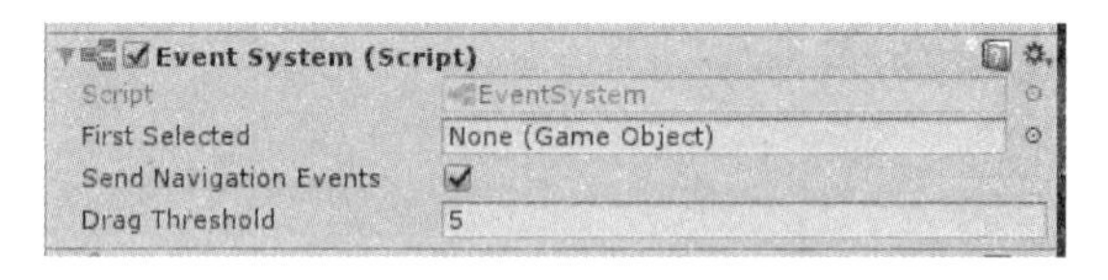

【特性】

- 事件系统组件是 UI 功能的核心组件，所有交互组件的响应事件都由该组件处理。
- 该组件在 Update 中实时运行，因此会受到机器性能的影响。

【参数】

参　　数	功　　能
First Selected（第一个被选择的对象）	被选择的第一个 UI 对象（当刚进入游戏无任何输入的时候，默认选择元素）
Send Navigation Events（发送导航事件）	是否允许事件系统发送 move / submit / cancel 等导航事件
Drag Threshold（推曳门槛）	响应拖曳事件的最小像素区域

2. 独立输入模块组件

该组件的功能是：当你的输入控制器（如手柄、鼠标）在 UI 交互组件上产生了滑动、确定、取消等输入时，UI 系统能够得到相应的事件处理。

此组件与 Editor>ProjectSettings>Input 中配置的字符变量对应，通过字符串变量匹配相应外置设备的输入。

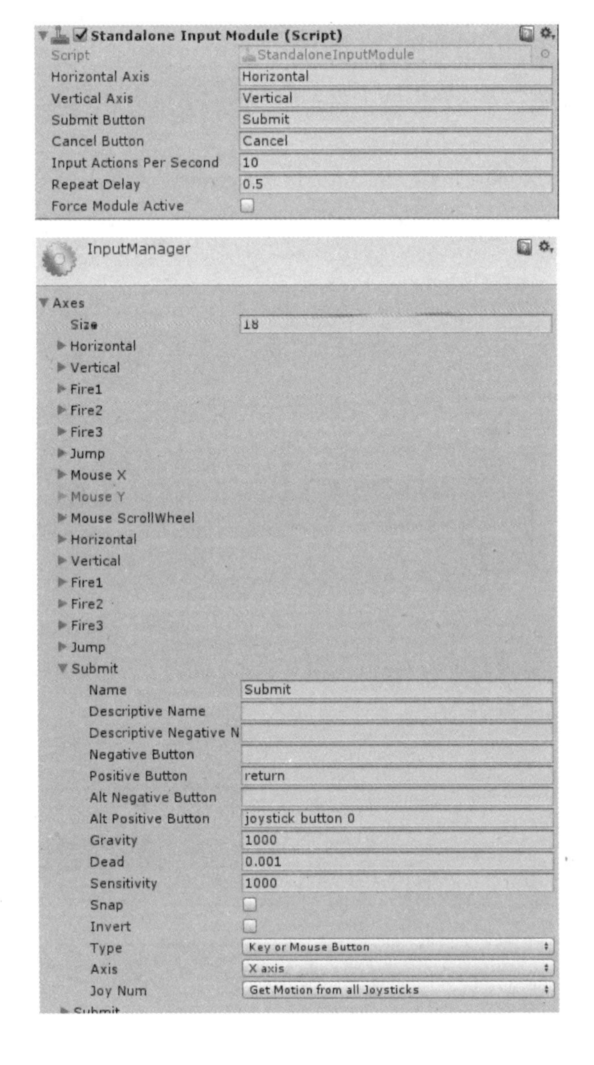

【特性】

使 UI 界面能够获得多种外设的输入信息，相当于输入信号的转换器。

【参数】

参　　数	功　　能
Horizontal Axis（水平轴）	指定水平移动输入绑定的 InputManager 中字符串变量的名称
Vertical Axis（竖直轴）	指定竖直移动输入绑定的 InputManager 中字符串变量的名称
Submit Button（确定按钮）	指定确定输入绑定的 InputManager 中字符串变量的名称
Cancel Button（取消按钮）	指定取消输入绑定的 InputManager 中字符串变量的名称
Input Actions Per Second（每秒指令数）	处理外设每秒输入的指令的数量

续表

参　　数	功　　能
Repeat Delay（重复响应延迟）	单位为秒，重复动作响应的延时
Force Module Active（强制该模块激活）	勾选此复选框以强制该独立输入模块处于实时活动状态

3. UI射线发射组件

当创建画布时，自动添加该组件到画布上。

单独作用射线发射到画布上（该射线不会影响其他场景物体），射线将会在击中第一个阻塞它的 UI 元素时停止。

每一个画布如果有交互组件都应当有 Graphic Raycaster，否则将无法得到输入响应。

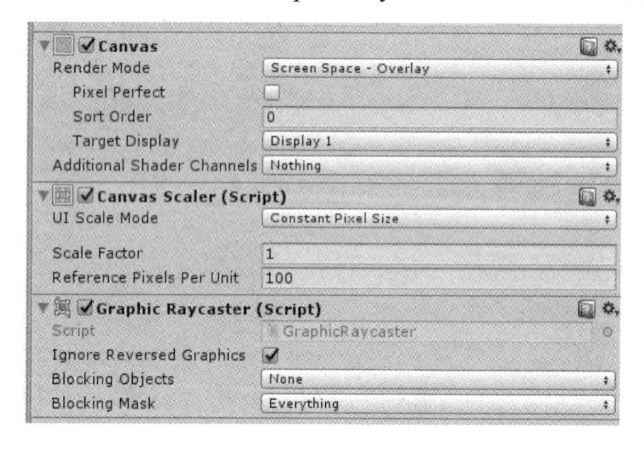

【特性】

与画布关联绑定，如果父画布拥有 Graphic Raycaster，而子画布没有自己的 Graphic Raycaster，那么子画布的 UI 响应将不会被触发。

【参数】

参　　数	功　　能
Ignore Reversed Graphics（反向图形忽略）	射线是否忽略非面向屏幕的 UI 元素（UI 会旋转）
Blocking Objects（阻挡对象组）	射线将会响应的对象类型组（2D、3D 或所有对象，需要有 Collider 组件）
Blocking Mask（阻挡遮罩）	会阻挡图形射线的 Layer

4. 事件触发器组件

事件触发器组件相当于 Unity 交互会用到的所有触发功能都集合在了这个组件之中。可以说按钮组件的本质是一个集合体，集合处理“从按下到抬起”的操作，并对显示组件（如动画）进行二次处理。因此，利用事件触发器组件，我们可以单独将 Image 赋予“可单击”的响应能力，而不用按钮组件，因为事件触发器组件中涵盖了“从按下到抬起”的事件触发。

【特性】

- 通过编辑界面，自定义交互功能。
- 涵盖 UI 交互相关操作的触发功能。
- 内容驱动的回调，无操作时不占用计算资源。
- 可以为单个事件分配多个函数。

【参数】

参　　数	功　　能
OnPointerEnter	当鼠标/触摸进入对象时调用
OnPointerExit	当鼠标/触摸退出对象时调用
OnPointerDown	当鼠标/触摸按下时调用
OnPointerUp	当鼠标/触摸抬起时调用
OnPointerClick	当鼠标/触摸按下/释放时调用
OnBeginDrag	当开始推曳对象时调用
OnDrag	当拖曳正在发生时调用
OnEndDrag	当拖曳结束时调用
OnDrop	当对象成为拖动物体时调用，表示推曳正在发生
OnScroll	当鼠标滑轮滑动时调用
OnUpdateSelected	选中对象时，每一帧都会调用
OnSelect	当一个对象被选中时调用
OnDeselect	当一个对象被取消选中时调用
OnMove	当对象发生位移时调用
OnSubmit	当提交按钮被按下时调用
OnCancel	当取消按钮被按下时调用

5. IEventSystemHandler（事件处理程序）接口，非组件

事件触发器能识别用户的输入，是 Unity 的事件处理程序的功能。如果我们要在代码中动态地修改、添加、删除按钮的事件，就需要寻求代码上的接口。因此，对于 UI 来说，我们需要了解如何在代码中得到用户的操作。

【特性】

- 通过 Interface 接口完成事件功能的添加。
- 需要有显示组件的支持，继承 IEventSystemHandler 类型的脚本类必须挂载在显示组件上才可以运行。
- 作为代码类，更加灵活易用，支持自定义自己的事件监听器。

【参数】

IEventSystemHandler 有许多子类接口，每一个子类接口都有一个事件对应，与 EventTrigger 的触发功能一一对应。

- IPointerEnterHandler——OnPointerEnter
- IPointerExitHandler——OnPointerExit
- IPointerDownHandler——OnPointerDown
- IPointerUpHandler——OnPointerUp
- IPointerClickHandler——OnPointerClick
- IBeginDragHandler——OnBeginDrag
- IDragHandler——OnDrag
- IEndDragHandler——OnEndDrag
- IDropHandler——OnDrop

- IScrollHandler——OnScroll
- IUpdateSelectedHandler——OnUpdateSelected
- ISelectHandler——OnSelect
- IDeselectHandler——OnDeselect
- IMoveHandler——OnMove
- ISubmitHandler——OnSubmit
- ICancelHandler——OnCancel

【代码示例】

事件处理程序接口相当于 EventTrigger 的功能，但由于动态添加 EventTrigger 的事件不方便，很多时候我们都是自定义一个自己的事件监听器。如果你需要监听按钮单击功能，就继承 IPointerClickHandler 接口，当用户触发该操作时，OnPointerClick 函数将会被调用，代码如下。

```
using System.Collections;
using System.Collections.Generic;
using UnityEngine;
using UnityEngine.EventSystems;
using UnityEngine.Events;
using System;

public class EventTriggerListener : MonoBehaviour, IPointerClickHandler, IPointerUpHandler,
IDragHandler, IBeginDragHandler ,IPointerDownHandler
{
    public UnityAction onClick;
    public UnityAction onPressDown;
    public UnityAction<PointerEventData> onDrag;
    public UnityAction<PointerEventData> onBeginDrag;
    public UnityAction<PointerEventData> onPointerUp;


    public void OnPointerClick(PointerEventData eventData)
    {
        if (onClick != null)
        {
            onClick();
        }
    }

    public void OnBeginDrag(PointerEventData eventData)
    {
        if (onBeginDrag != null)
        {
            onBeginDrag(eventData);
        }
    }


    public void OnPointerUp(PointerEventData eventData)
    {
        if (onPointerUp != null)
        {
            onPointerUp(eventData);
        }
    }

    public void OnDrag(PointerEventData eventData)
    {
```

```
        if (onDrag != null)
        {
            onDrag(eventData);
        }
    }

    public void OnPointerDown(PointerEventData eventData)
    {
        if (onPressDown != null)
        {
            onPressDown( );
        }
    }
}
```

5.2 UI 进阶

5.2.1 图集

1. 什么是图集

在使用 3D 技术开发 2D 游戏或制作 UI 时（即使用 GPU 绘制），都会用到图集，那什么是图集呢？准确的说法是：图集是一张包含了多个小图的大图并记录了每个小图的 ID、位置、尺寸等数据的数据文件。

2. 为什么要使用图集

在 GPU 已经成为 PC、手机等设备的必备组件的今天，把所有绘制图形的操作交给专门处理图像的 GPU 显然比交给 CPU 更合适，这样空闲下来的 CPU 的计算能力可以集中于游戏的逻辑运算。

GPU 处理图像的做法和 CPU 是不一样的。在 GPU 中，我们要绘制一个图像需要提交图片（即纹理）到显存，然后进行绘制（这个过程被称为一次 DrawCall），如果我们一帧要绘制 100 个图形就需要提交 100 次图片，但如果使用包含了这 100 张图片的图集，则只需要提交一次即可，即一次 DrawCall 就搞定，这样处理效率会有很大的提升。

另外，使用图集也方便管理和归类各个模块的图片，可以通过一次加载和一次卸载完成多个图片的处理，加载次数降下来了，运行效率也会得到提升。

3. CPU与GPU的限制

GPU 一般具有填充率（Fillrate）和内存带宽（Memory Bandwidth）的限制，如果你的游戏在低画面质量时表现会快很多，那么，你很可能需要限制你的游戏的 GPU 填充率。

CPU 一般受所需要渲染的物体的个数的限制，CPU 给 GPU 发送渲染物体的命令叫作 DrawCall。一般来说，DrawCall 的数量是需要控制的，在能表现效果的前提下越少越好。通常来说，电脑平台上的 DrawCall 的数量在几千个之内，移动平台上 DrawCall 的数量在几百个之内，这样就差不多了。当然，这并不是绝对的，仅作为一个参考。

4. 如何使用图集

在 Unity 中我们只要使用小图片即可，可以通过设置图片的 Packing Tag 来指定小图会被打包到的图集，比如 2 个小图的 Packing Tag 都叫 MyAtlas，则 Unity 会将这两个小图打包到名为 MyAtlas 的图集中。

注意，图片不能放在 Resources 文件夹下面，Resources 文件夹下的资源将不会被打包到图集。

是否打包图集的控制选项 Editor > Project Settings 下面有 Sprite Packer 的模式。Disabled 表示不打包图集，Enabled For Builds 表示只有打包应用的时候才会打包图集，Always Enabled 表示始终会打包图集。

在 Window > Sprite Packer 里单击 Packer，就可以预览图集信息了，图集文件被保存在和 Assets 文件夹同级的 Libary/AtlasCache 目录里面。图集的大小和图集的格式等很多参数都是可以被控制的，也可以通过脚本来设置。

通过设置可以发现：将多个同一 Packing Tag 的小图放到场景中只会消耗一个 DrawCall，这表示我们的图集已经开始起作用了。

5.2.2 图片格式

Unity3D 引擎对纹理的处理是智能的：不论放入的是 PNG、PSD 格式的图片，还是 TGA 格式的图片，它们都会被自动转换成 Unity 自己的 Texture2D 格式的图片。

在 Texture2D 的设置选项中，可以针对不同的平台，设置不同的压缩格式，如 iOS 平台把压缩格式设置成 PVRTC4，Android 平台把压缩格式设置成 RGBA16 等，非常智能。

TGA 是支持透明的无损无压缩格式，DDS 有一点点压缩，PNG 是无损压缩的，对效率要求高的话可以使用 TGA、DDS 格式，UI 一般使用 PNG 格式，PSD 格式不可取，2 的 *n* 次幂天然被 GPU 接受。

格式	内存占用	质量	透明	二次方大小	建议使用场合
RGBA32	1	★★★★★	有	不需要	清晰度要求极高
RGBA16+Dithering	1/2	★★★★	有	不需要	UI、头像、卡牌，不会进行拉伸放大
RGBA16	1/2	★★★	有	不需要	UI、头像、卡牌，不带渐变、颜色不丰富、需要拉伸放大
RGB16+Dithering	1/2	★★★★	无	不需要	UI、头像、卡牌，不透明、不会进行拉伸放大
RGB16	1/2	★★★	无	不需要	UI、头像、卡牌，不透明、不渐变、不会进行拉伸放大
RGB(ETC1)+Alpha(ETC1)	1/4	★★★	有	需要二次方，长宽可不一样	尽可能默认使用，在质量不满足时再考虑使用上面的格式
RGB(ETC1)	1/8	★★★	无	需要二次方，长宽可不一样	尽可能默认使用，在质量不满足时再考虑使用上面的格式
PVRTC4	1/8	★★	无	需要二次方正方形，长宽一样	尽可能默认使用，在质量不满足时再考虑使用上面的格式

注意：表中的内存占用，是与 RGBA32 做比较得出的质量星级，更多的是作者本人的感受，仅供参考。

5.2.3 渲染顺序

1. 为什么要关心渲染顺序

- 如果是 2D 游戏，渲染顺序关系着每个层次的显示先后，比如 UI 在游戏内容的前面，游戏内容又有多个层次。举一个简单的例子，在横版 2D 游戏中，经常会用到多层滚动的背景，把游戏物体分层管理起来，可以有效地减少出错的概率，很好地控制显示效果。

- 对于 3D 游戏，游戏内容是 3D 的，UI 一般是 2D 的，有很多时候需要把某个模型、粒子特效等放在界面上，这样就产生了一个问题——3D 物体和 2D 界面的先后关系，比如有些界面是在模型之上的，有些是在下面的，笔者尝试过很多种办法，都能实现需求，但不是每种办法都是那么舒服的。

2. 控制渲染顺序的方式

Camera 是 Unity 中渲染顺序最优先的控制。Depth 越大，渲染顺序越靠后。

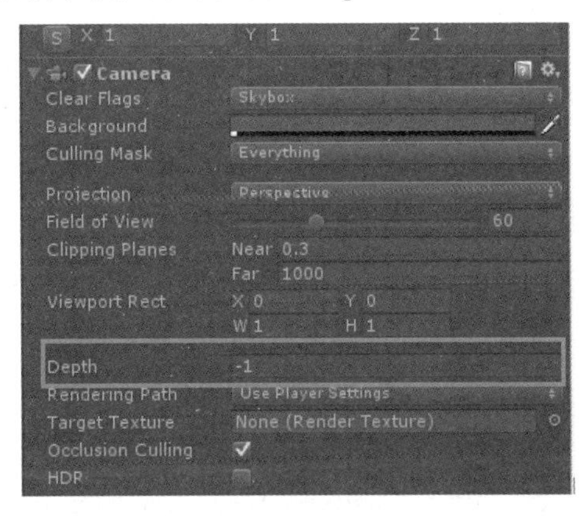

SortingLayer 和 SortingOrder

字面意思是“层的排序”，Canvas 和 Renderer 都有这个属性。

Canvas 中的 Sorting Layer 可以控制 Canvas 的层级。

Sorting Order 可以控制 UI 和粒子的层级。

RenderQueue

这是 Unity 中的一个概念，大致意思就是渲染顺序。

设置一般材质的 RenderQueue 可以直接在 Shader 中设置。

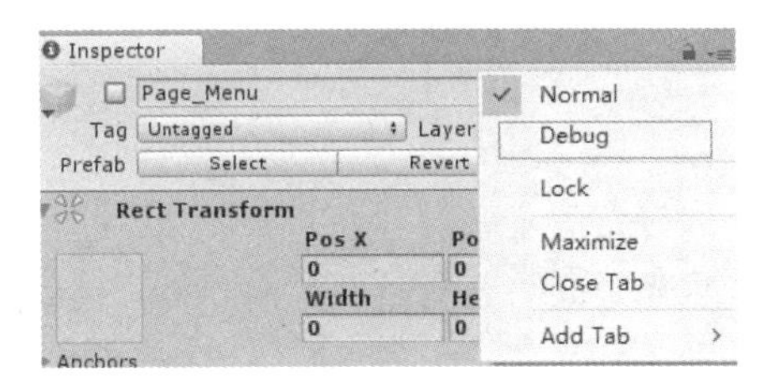

ShaderLab 有 4 个提前定义好的 RenderQueue，可以设置它们之间的值。

Background：表示在任何物体之前渲染。

Geometry（default）：渲染大多数几何物体所用的 RenderQueue。

AlphaTest：用于 Alpha 测试。

Transparent：用于渲染半透明物体。

Overlay：渲染所有物体之上。

空间深度

摄像机坐标系下的 *Z* 轴控制着该摄像机下的物体的深度，在 Fragment Shader 中进行深度测试可以控制渲染到屏幕的顺序。

5.2.4 实现圆盘转动的效果

1. 圆盘转动的数学知识

圆盘转动主要是对我们在圆盘上输入的位置点和之前的位置点做处理，让 UI 知道我们是往哪个方向转动的。笔者初学 Unity 的时候没有太多的经验，使用的是以圆盘中心为原点划分四个象限，通过鼠标的偏移来做旋转。现在来看，当初游戏数学知识不过关让自己走了很多弯路，为了避免各位读者重走笔者之前的老路，先普及一个数学概念——向量的点乘与叉乘。

点乘的公式如下。

$$\vec{a}\cdot\vec{b}=|\vec{a}||\vec{b}|\cos\theta$$

两个向量点相乘得到一个标量，数值等于两个向量的长度相乘后再乘以二者夹角的余弦值。

公式里面有个余弦值，我们可以利用余弦的特性判断出：

- 若结果为 0，则表示两个向量之间是垂直关系；
- 若结果小于 0，则两个向量的夹角大于 90°；
- 若结果大于 0，则两个向量的夹角小于 90°。

总结：点乘通常用来判断角度，在判断物体是否转动到目标角度、虚拟摇杆在某个方向上的力度，或者在 shader 里面对光线做处理时都会用到。

叉乘的公式如下。

$$|\vec{a}|\times|\vec{b}|=|\vec{a}|\cdot|\vec{b}|\cdot\sin\theta$$

笔者的数学老师曾说过，两个向量叉乘确定一个平面，而平面是有方向的。

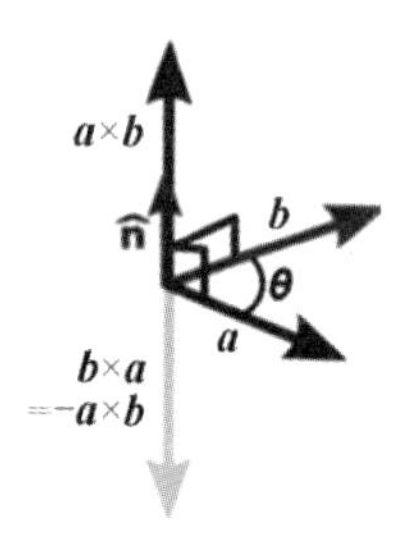

a×**b** 不等于 **b**×**a**，因为两者确定的平面的方向是相反的。比如，根据右手定则，**a**×**b** 得到的是向上的向量；而 **b**×**a** 时，右手是向着 **a** 向量的方向收拢，得到的是向下的向量。

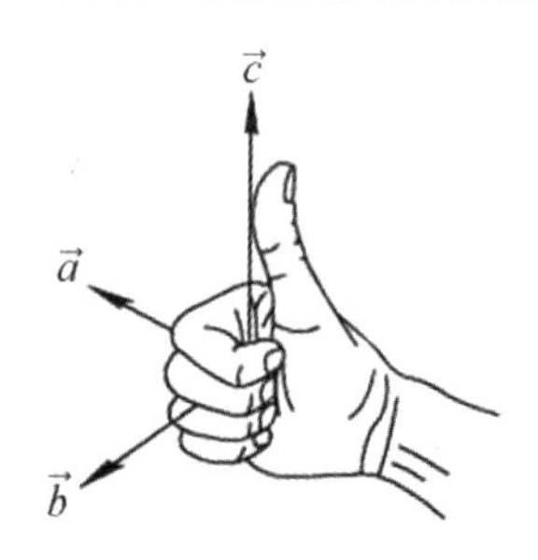

总结：叉乘通常用来判断向量的方向，通过叉乘的正负判断判断 **a** 向量对 **b** 向量的相对位置是非常有效的。

2. 代码

我们只用获取鼠标开始拖曳转盘 UI 时，鼠标偏移位置带来的角度变化，以及转盘是左转还是右转。如果我们想让转动是单方向的，就直接在转动为逆时针的时候 return，如果想要任意方向的转动，则将 return 的地方改为 angle=-angle。

```
using System.Collections;
using System.Collections.Generic;
using UnityEngine;
using UnityEngine.EventSystems;

public class TurnAround :NoteLogic
{
    /// <summary>
    /// UI 上的圆盘物体
    /// </summary>
    public RectTransform uiDisk;
    /// <summary>
    /// 对 UI 监听的一个重写（可以下载源码查看）
    /// </summary>
    public EventTriggerListener eventTrigger;
    /// <summary>
    /// 上一帧单击的方向
    /// </summary>
    Vector2 perTouchDir;
    /// <summary>
    /// 圆盘中心点的位置
    /// </summary>
    Vector2 uiDiskPos;
    /// <summary>
    /// 记录当前转动的角度
    /// </summary>
    float curAngle;

    /// <summary>
    /// 和上篇一样，通过重构虚函数，让操作部分实现不同 Node 不同操作
    /// </summary>
    public override void OnJudgetOperation()
    {
        //将 UGUI 的开始拖曳事件和拖曳事件绑定功能函数
        eventTrigger.onBeginDrag = BegionTurn;
        eventTrigger.onDrag = Turn;
        uiDiskPos = uiDisk.transform.position;

        //判断时间是否超出，超出则直接判定当前分数
        StartCoroutine(OnDelayCall(judgeTime));
    }


    IEnumerator OnDelayCall(float rTime)
    {
        yield return new WaitForSeconds(rTime);
        JudgetStore();
    }

    /// <summary>
    /// 开始拖曳 UI 的时候，存储一个单击点到转盘中心点的向量
    /// </summary>
    public void BegionTurn(PointerEventData rData)
    {
```

```
    perTouchDir = rData.position - uiDiskPos;
}

/// <summary>
///处理转动
/// </summary>
/// <param name="rData"></param>
public void Turn(PointerEventData rData)
{
    //得到鼠标光标从当前的位置到转盘中心的向量
    var curTouchDir = rData.position - uiDiskPos;
    //上一帧向量和当前帧向量叉乘得到一个判断当前向量位置的值
    var crossValue = Vector3.Cross(perTouchDir, curTouchDir);
    //获取两帧之间转动的角度（Unity 自带的函数，原理其实可以用点乘来搞定）
    float angle = -Vector3.Angle(perTouchDir, curTouchDir);
    //如果逆时针旋转，不响应
    if (crossValue.z > 0)
    {
        return;
    }


    //让 UI 旋转
    uiDisk.transform.Rotate(new Vector3(0, 0, angle));
    //保存当前帧向量
    perTouchDir = curTouchDir;


    curAngle -= angle;
    //提示圆圈 UI 根据转动的值由大变小
    circleTipObj.gameObject.transform.localScale = Vector3.one * Mathf.Lerp(10, 0,
    curAngle / targetValue);

    //转动到目标值，判定分数
    if (curAngle > targetValue)
    {
        JudgetStore();
    }
}

public void JudgetStore()
{
    if (curState == eState.Over)
    {
        return;
    }

    if (curAngle > targetValue)
    {
        curScore = eScore.Perfect;
    }
    else if (curAngle > targetValue*0.6f)
    {
        curScore = eScore.Good;
    }
    else
    {
        curScore = eScore.Fail;
    }

    StopCoroutine("OnDelayCall");
```

```
            SetCurState(eState.Over);
        }
    }
```

3. 视频播放

视频播放曾经是 Unity 的一个“坑”，PC 和手机平台的视频播放采用两种不同的方式。在电脑上是采用 MovieTexture 格式，还要装 QuickTime，在手机上则是利用 Handheld.PlayFullScreen-Movie 接口进行播放，而且还是直接停止代码运行。为了在项目中使用视频，需要采用 MobileMovieTexture 插件，但是效果有点差，得用专门的格式，还得放在流文件夹，而且音效还要单独制作。

等到 5.6 版本发布的时候，新出的 VideoPlayer 功能搞定了以上的问题，PC 端和手机端播放视频的方式得到了统一，而且支持摄像机镜头播放、UGUI 播放等多种播放方式，同时还能直接搞定音频。简直太方便了！

实现流程如下。

① 放入视频文件，这里将视频转换成了 Unity 支持的格式——MP4。

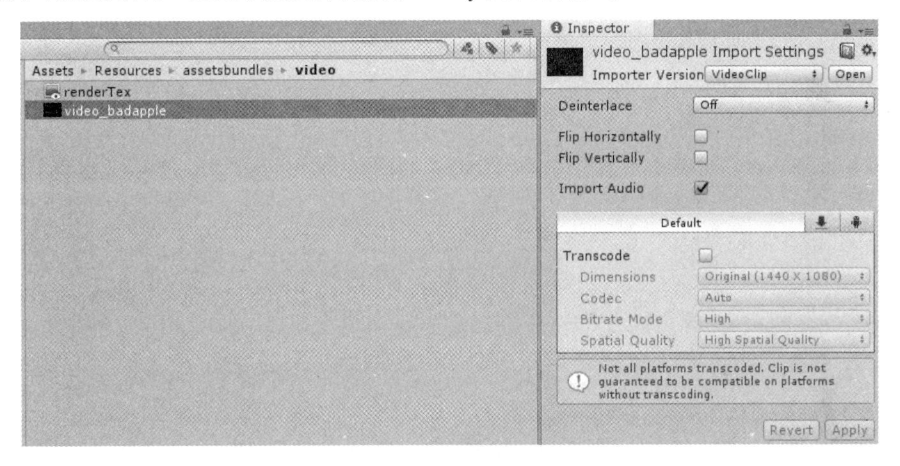

② 新建 VideoPlayer 组件，这里简单介绍一下组件的功能。

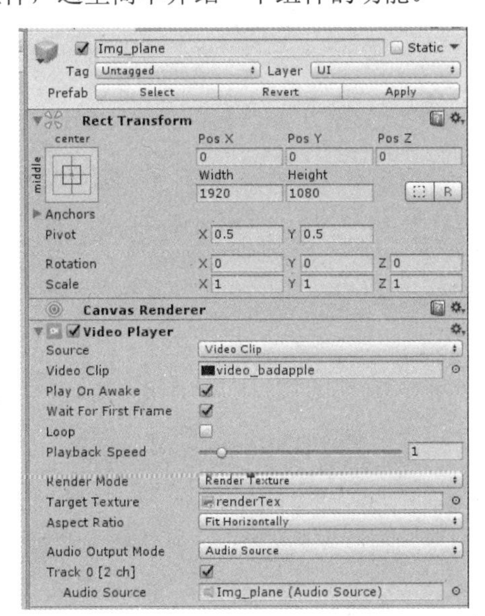

参　数	功　能
Source	可以选择是本地视频还是 URL 视频，如果是 URL 视频，只用在下方写上地址即可
Wait For First Frame	勾选 PlayOnAwake 后有效，避免加载视频过程中直接播放造成卡掉前几帧
Playback Speed	设置视频播放速度
Render Mode	设置视频是哪种方式渲染的，目前有在摄像机上渲染、渲染到贴图上、渲染到材质球、OnlyAPI（笔者没对这个接口做研究）几种方式
Aspect Ratio	长宽比，是宽度适配还是高度适配
Audio Output Mode	音频输出方式，这里选用通关 AudioSource 输出

③ 因为我们将视频渲染到 UI 上，因此需要创建一个渲染贴图，如下图所示。

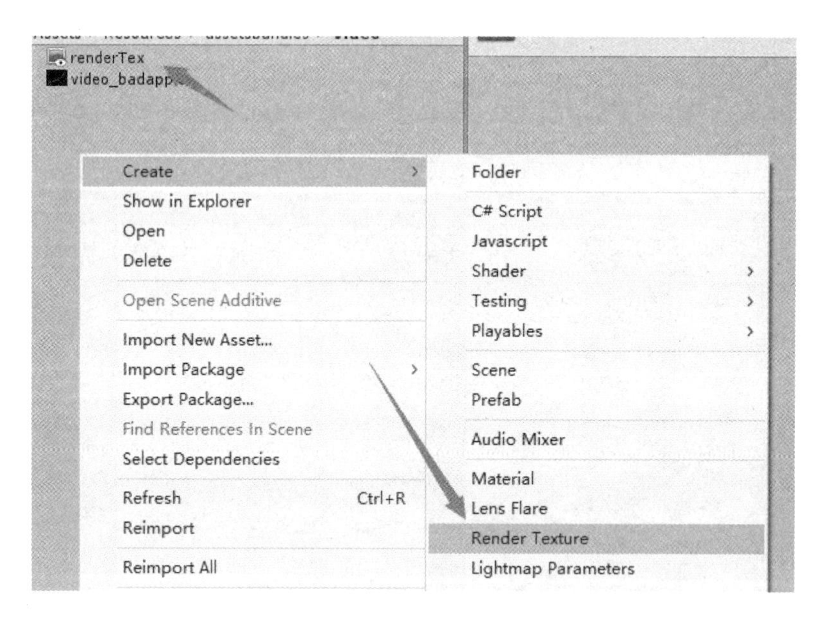

可以直接设置贴图的像素，如下图所示。

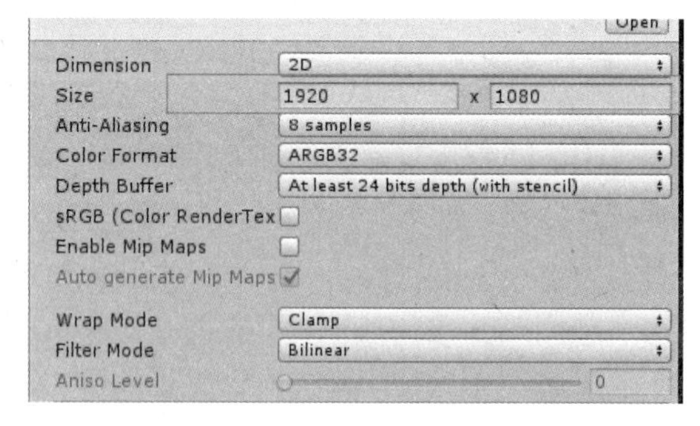

④ 创建一个 UICanva 当作视频播放的界面，如下图所示。

⑤ 创建一个 RawImage 组件，挂载 VideoPlayer 组件和音频组件。

RawImage 的贴图可以是任意类型，不一定非要是 Sprite 类型，因此我们没有选用图片组件。

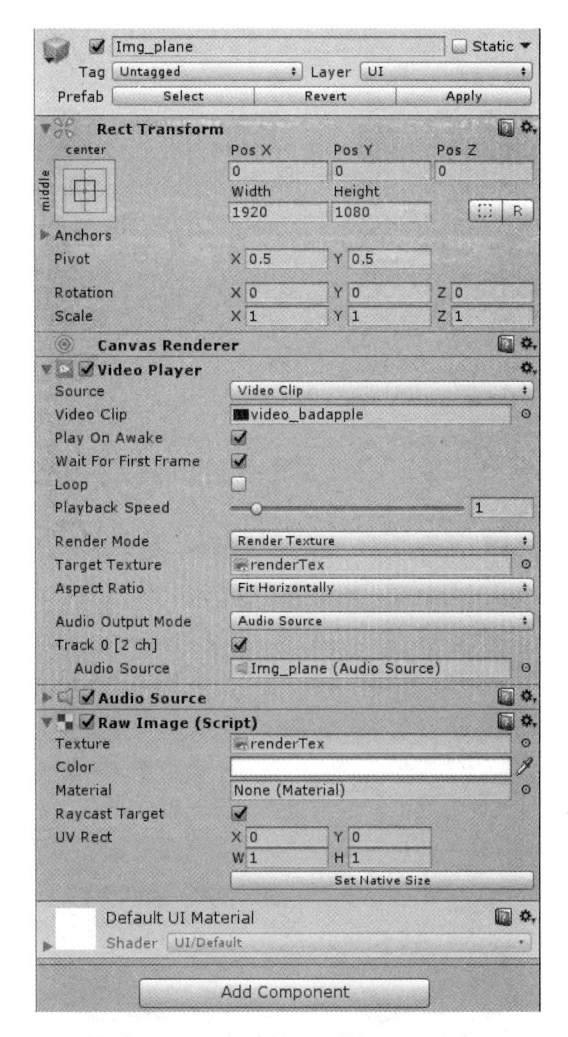

这样我们就可以实现视频播放了，是不是特别简单。

4. 脚本事件

另外，还可以通过监听播放器的通知，让脚本响应事件。Video Player 的事件如下表所示。

Video Player 的事件名	功　能
errorReceived	监听到错误时被执行
frameDropped	发生丢帧时被执行
frameReady	新的一帧准备好时被执行
loopPointReached	播放结束或播放到循环点时被执行
prepareCompleted	视频准备完成时被执行
seekCompleted	查询帧操作完成时被执行
started	在 Play 方法调用之后立刻调用

第6章　动　　画

6.1 基础概念

6.1.1　什么是帧

帧是一个量词，在古代一幅字画叫一帧，而在计算机中每次渲染完毕并显示出来的图像就是一帧。

连续的帧形成了动画，在动画系统中，我们通过制定一系列的帧来记录某个物体会发生的和位置、形变、渲染、事件等相关的改变，便形成了这个物体在游戏中的动画效果。

6.1.2　模型动画与非模型动画

当前有两种模型动画方式：顶点动画和骨骼动画。骨骼动画就像人体移动，通过肌肉带动骨骼，骨骼带动肢体形成了动作。

骨骼动画比顶点动画对处理器性能的要求更高，但同时它也具有更多的优点，骨骼动画可以更容易、更快捷地被创建（有时候针对游戏优化，会将骨骼动画转换为顶点动画）。

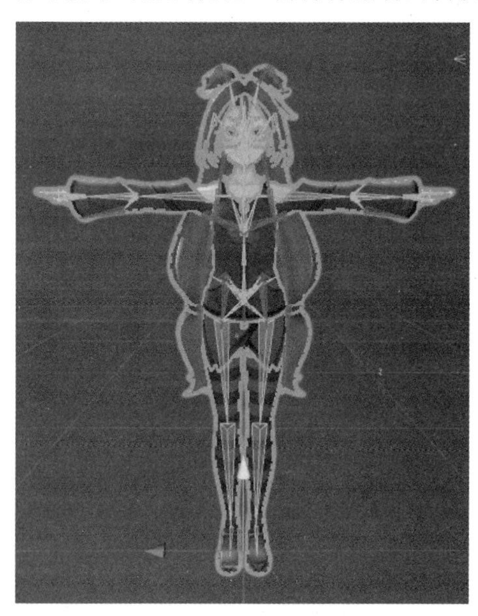

要理解顶点动画，需要先了解游戏中看得到的任何模型都是基于网格来实现的。而顶点动画就是对网格的顶点做位移旋转，因为是直接对网格修改而形成的动画，不需要通过骨骼做二次计算，因此顶点动画更加节省性能开销。但由于一个模型的顶点数量经常达到几百甚至上千个，因此用它来做复杂动画的操作难度非常大。

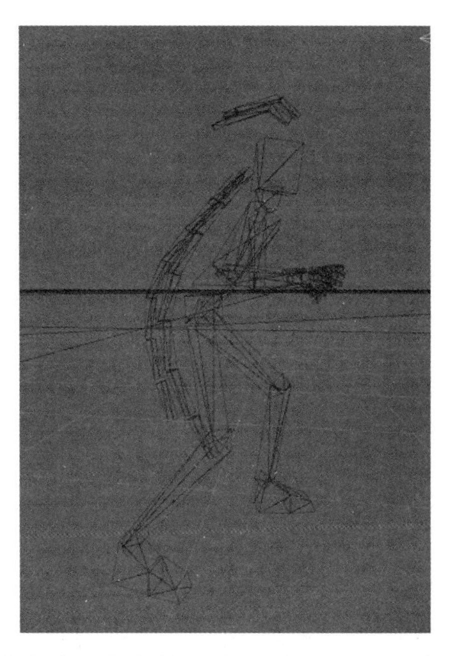

非模型动画经常是对游戏内游戏物体的动画，比如对 UI 界面上的物体实现变换大小、偏移和制作摄像机的摄像轨道等效果。非模型动画可以通过 Unity 的曲线编辑工具配置。

6.1.3　动画混合的核心——插值与权重

在游戏中，角色向前移动和向左移动是不同的动画，那如果操作摇杆向左上移动呢？或者摇杆向左偏一点点并向上呢？这种输入是无穷的，在 PC 游戏时代，我们可以规定游戏只有 4 个方向，只制作 4 个方向上的动画就好了。而在 3D 游戏时代，移动的方向已经偏向自由。因此我们不可能让美术人员再去制作各个方向上的动画，而是让计算机“智能”地为我们计算出动画。

比如我们现在已经有了“↑”“↓”“→”“←”4 个方向上的动画，计算机便可以为我们计算出“↖”这个动画，这个计算依托于**插值**。

插值是离散函数逼近的重要方法，利用它可通过函数在有限个点处的取值状况，估算出函数在其他点处的近似值。例如“↑”和“←”这两个动画分别会修改 A 骨骼的位置坐标为(0,1,0)和(1,0,0)，当作“↖”融合动画的时候，计算机会修改 A 骨骼的位置并在(0~1,0~1,0)坐标中选取点。而选取值更加偏向“↑”还是更加偏向“←”，则取决于**权重**了。权重是一个相对的概念，是针对某一指标而言。某一指标的权重是指该指标在整体评价中的相对重要的程度。权重是从若干评价指标中分出轻重来，一组评价指标体系相对应的权重组成了权重体系。

6.2　Mecanim 动画系统

6.2.1　动画系统的工作流

在 Unity 引擎中，任何功能系统最后都可以简单拆分为三个模块：资源模块、控制&编辑模块、实体模块。

动画剪辑是资源模块，它包含了对象如何随着时间改变它们的位置、旋转或其他属性的信息。

每一个动画剪辑都是单一线性记录的，这些动画剪辑可以是外部软件制作的，也可以是 Unity 利用内部曲线编辑器编辑的。

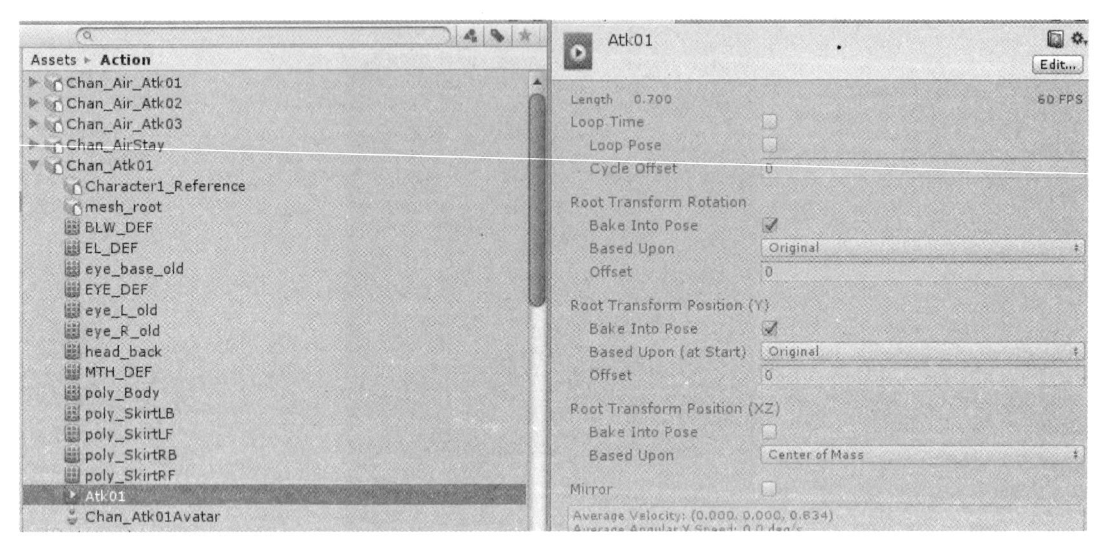

动画控制器属于控制&编辑模块，我们需要对动画剪辑进行管理，因此需要记录动画之间的关系，这些信息便存放于动画控制器中。

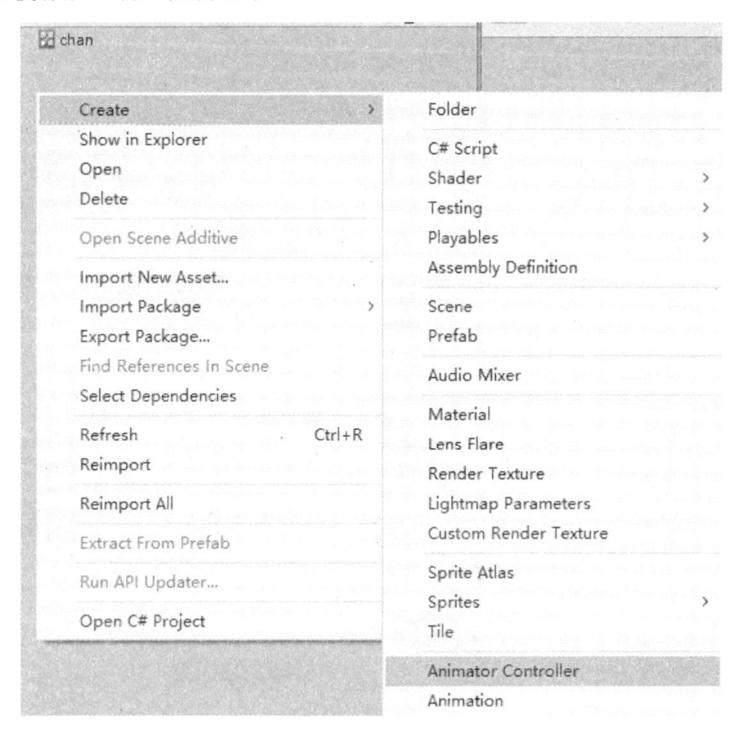

通过动画控制窗口（Window > Animator），可以控制对象何时播放动画剪辑、何时改变、何时混合在一起。在 Unity 中，动画控制窗口能把动画剪辑梳理成结构化的流程图，用户可以很方便地查看当前的状态。

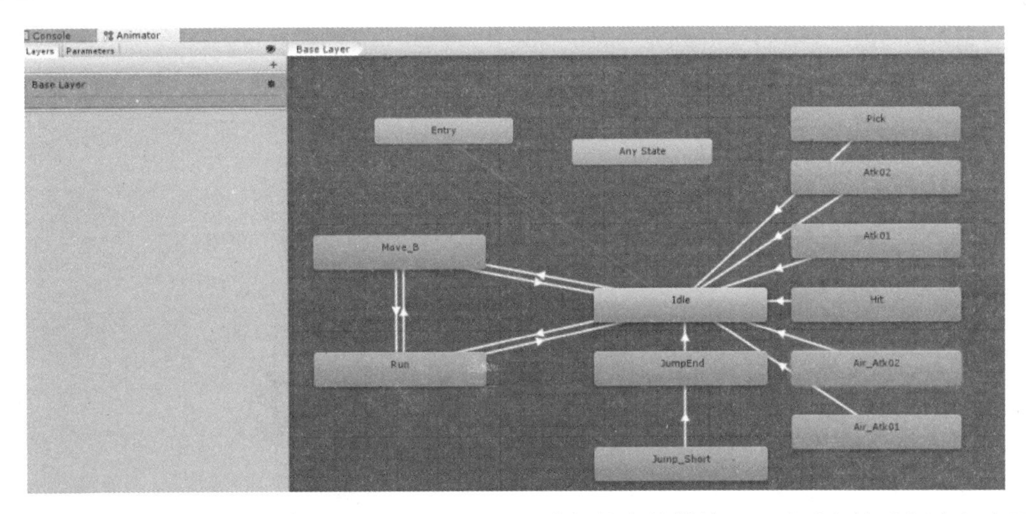

动画组件（Animator）是游戏实际运行时动画功能的实体模块，可以对当前对象读取动画控制器、设置动画刷新时间等。

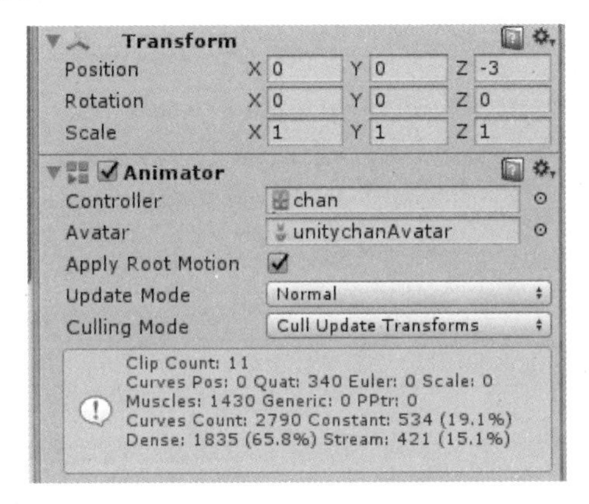

总而言之，一个物体的所有动画剪辑都存放于动画控制器中，一个游戏对象通过动画组件读取动画控制器得到当前应该播放的动画。

6.2.2　动画剪辑

动画剪辑是 Unity 动画系统的核心元素之一。Unity 支持从外部源导入动画，并提供使用动画窗口在编辑器中从头创建动画剪辑的能力。

6.2.2.1　来自外部源的动画

从外部源导入的动画剪辑可以包括如下内容。

- 动作捕捉捕获的人形动画。
- 由外部 3D 应用程序创建的动画（如 3ds max 或 Maya）。
- 来自第三方库的动画（例如，来自 Unity 商店的动画）。
- 对长的动画剪辑进行切割得到的动画。

来自外部源的动画是以 FBX 文件类型导入 Unity 中的。这些文件，无论它们是通过何种软件导出，都可以在 Unity 中得到对象线性记录形式的动画数据。

导入动画的属性包括以下内容。

Model 选项卡的参数和功能如下。

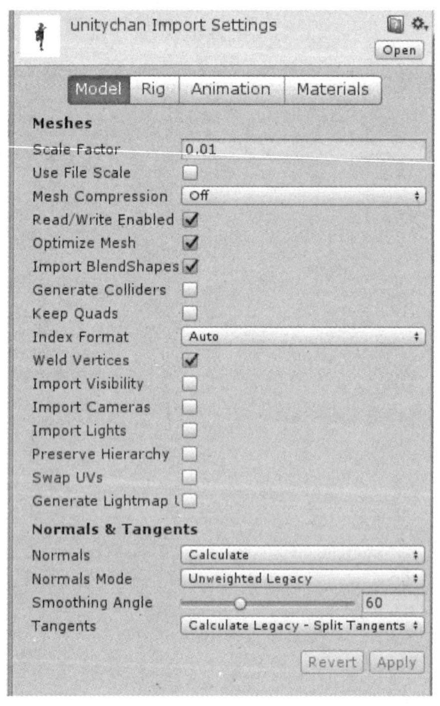

参　数	功　能
Meshes	
Scale Factor（比例因子）	因为文件在不同的编辑软件中，显示单位和系统单位是不一样的。为了让文件在 Unity 中的大小和在编辑软件中的大小是一样的，就需要设置比例因子。比如通常情况下，3ds max 导出的 FBX 文件在 Unity 中的比例因子设置为 0.01。如果修改 3ds max 中的系统单位为 1cm，那么比例因子设置为 1 就可以了。以下为常见格式的比例： .fbx、.max、.jas、.c4d 为 0.01 .mb、.ma、.lxo、.dxf、.blend、.dae 为 1 .3ds 为 0.1
Use File Scale（使用文件默认缩放）	勾选此复选框来使用默认的模型缩放，可以和 Scale Factor 结合使用。如果勾选后，调整 Scale Factor 为 1，则完全使用编辑软件中的文件缩放
Mesh Compression（网格压缩）	选择不同的压缩值，Low、Medium 和 High 分别为压缩的效果。压缩效果越好，则网格显示效果越差，但网格的计算会越快。优化游戏性能时可以采用网格压缩的方式，兼顾效果和性能来选择参数
Read/Write Enabled（网格读/写开关）	如果启动，则当网格在内存中时，脚本可以通过访问读取/修改该网格，禁用该选项会节省内存。但如果禁用该选项而游戏中又出现了访问该网格数据的操作时，会导致系统崩溃，因此需要明确了解是否有读/写该模型网格的地方，做优化时一定要慎重
Optimize Mesh（网格优化）	勾选该选项会使几何体更快地被绘制，因为 Unity 将会计算模型的所有三角形并形成有顺序的三角形列表。如果不勾选将会节省部分内存，但会影响性能

续表

参 数	功 能
Import BlendShapes（导入 BlendShapes）	BlendShapes 是 Maya 软件混合动画的一种方式。比如制作表情动画，如果一根一根地调整骨骼去制作一个表情动作，相对来说很麻烦，而如果制作一个通常的表情和一个笑容的表情，利用 BlendShapes 实现中间动画的过渡，相对来说就简单许多，导入 BlendShapes 可以让动画变换更加平滑
Generate Colliders（生成碰撞）	如果启用，创建模型的时候系统会自己添加碰撞组件，该碰撞组件将会直接创建在骨骼节点上，网格碰撞将会非常消耗系统性能
Keep Quads（继续周围细分）	Unity 对网格的绘制都是通过三角形绘制的，如果模型有四边形存在，Unity 将会将四边形分割为两个三角形进行计算。而如果要继续进行曲面细分（三角形并不是最小的分割单元），就需要用到 Tessellation（曲面细分，DirectX 11 的特性）。曲面细分是一种将多边形分解成更加细小的碎片以提升几何逼真度的方法。如果勾选该选项，便可以支持 Tessellation 的渲染
Index Format（索引格式）	顶点索引，就是将我们的所有顶点进行标号索引，之后我们再使用它的时候，调用它的索引就可以了，无须重新创建一个新的顶点 例如：一个立方体应该需要 6 个面，每个正方形面由两个三角形组成，因此一个正方体最少需要 12 个三角形。而每个三角形需要 3 个顶点来确定，这就意味着我们需要给系统 36 个顶点信息来绘制这个正方体。而实际上去掉重复的顶点以后，我们只需要 8 个顶点就可以确定一个立方体了 该选项用于定义网格索引缓冲区的大小 注意：由于带宽和内存存储大小的原因，通常希望保留 16 位索引作为默认值，必要时才使用 32 位
Weld Vertices（熔接顶点）	勾选此复选框来组合在空间中共享相同位置的顶点。通过减少网格的总数来优化网格上的顶点计数。默认情况下勾选此复选框
Import Visibility（导入可见）	勾选后可以从 FBX 文件中读取可见性属性，在动画控制器中可以看到 MeshRender 的激活和关闭（笔者猜测制作“角色突然消失之后出现”这一类技能动作时会用到）
Import Cameras（导入摄像机）	导入 FBX 文件中的摄像机
Import Lights（导入灯光）	导入 FBX 文件中的灯光
Swap UVs（切换 UV）	与场景烘焙有关，当有光照贴图的物体的 UV 通道不正确时启用此选项。这将交换你的主 UV 通道与次 UV 通道
Generate Lightmap UVs（生成光照 UVs）	启用此选项会为光照贴图创建第二个 UV 通道
Normals & Tangents	
Normals（法线）	决定是否使用法线和如何计算法线。此选项对优化游戏的大小是有用的 Import（文件导入），默认选项，从文件导入法线 Calculate（法线计算），根据平滑角度计算法线。如果选中，则启用平滑角度，下面会介绍到平滑角度 None（禁用法线），如果网格既没有法线贴图，也不受实时光照影响，则可使用此选项
Normals Mode（法线模式）	决定计算法线的模式 Unweighted Legacy（传统、无加权），2017.1 版本之前的 Unweighted 的计算方式，和最新的版本的计算方式有差异 Unweighted（无加权），无加权计算 Area Weighted（区域加权），法线按面的面积加权

续表

参　数	功　能
	Angle Weighted（顶点角加权），法线由每个面上的顶点角加权 Area and Angle Weighted（区域和顶点角加权），默认选项，法线由每个面上的面面积和顶点角加权
Smoothing Angle（平滑角度）	平滑角度的大小会影响边作为硬边处理的锋利程度。它还被用来切分法线贴图切线。例如：一个矩形有四个角，如果我们将最上面两个角平滑，那么矩形会变为倒 U 形，上面两个角的锋利程度被影响了
Tangents（切线）	决定如何定义和计算切线和副法线 Import，根据文件数据导入 Calculate，默认选项，通过计算得到切线 None，关闭切线和副法线 Split Tangents，如果法线贴图灯光被网格上的接缝破坏，则启用该选项

Rig 选项卡的参数和功能如下。

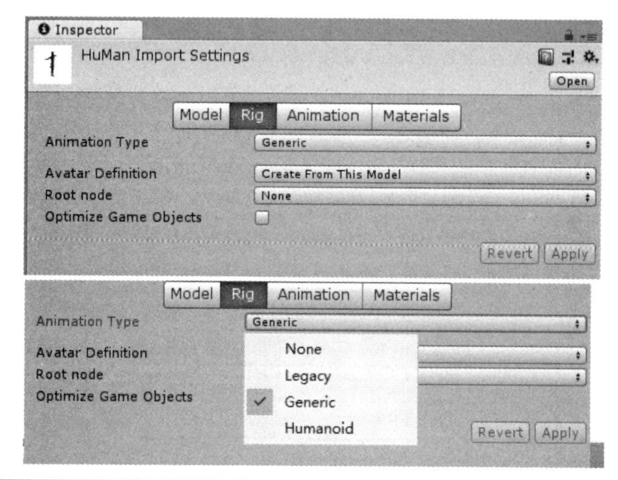

参　数	功　能
Animation Type（动画类型）	设置当前动画的类型 None，无动画设置 Legacy，传统动画设置 Generic，通用的 Mecanim 动画系统，选用该选项，模型将不会创建骨骼映射，相关人形动画的设置将会被关闭 Humanoid，类人形的 Mecanim 动画系统，将会创建骨骼映射，同时与角色相关的动画设置都会开启
Avatar Definition（骨骼化身定义）	确定骨骼化身选用何种方式生成 Create From This Model，基于自身模型创建 Copy From Other Avatar，基于其他模型创建的骨骼化身创建
Optimize Game Object（优化游戏物体）	当该选项开启时，将会删除角色自身骨骼创建的游戏对象，会将该对象存储在骨骼映射和动画组件中。角色的 Skinned Mesh Renderers 组件将直接使用 Mecanim 动画系统内部的骨架 该选项将会提高动画角色的性能，在该模式下蒙皮网格矩阵是多线程计算的

下面看一个 Optimize Game Objecect 选项的效果的实例。

若我们不勾选该优化选项，可以看到角色模型将会把子物体的各个骨骼都创建成为一个游戏物体，如下图所示。

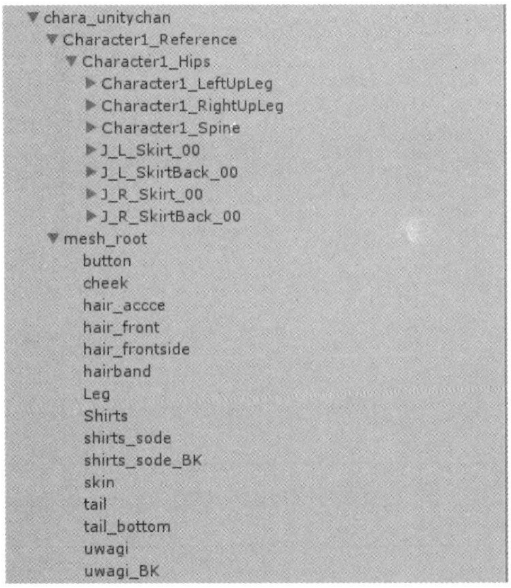

```
▼ chara_unitychan
  ▼ Character1_Reference
    ▼ Character1_Hips
      ▶ Character1_LeftUpLeg
      ▶ Character1_RightUpLeg
      ▶ Character1_Spine
      ▶ J_L_Skirt_00
      ▶ J_L_SkirtBack_00
      ▶ J_R_Skirt_00
      ▶ J_R_SkirtBack_00
  ▼ mesh_root
      button
      cheek
      hair_accce
      hair_front
      hair_frontside
      hairband
      Leg
      Shirts
      shirts_sode
      shirts_sode_BK
      skin
      tail
      tail_bottom
      uwagi
      uwagi_BK
```

这样做我们可以看到模型各个骨骼的层级关系，但是这对游戏本身来说是没有必要的，因为我们只关心需要用到的骨骼物体，因此，为每个骨骼都创建了一个游戏物体实际上是牺牲了游戏性能。

如果勾选该选项后，Unity 将会只创建蒙皮相关的游戏物体，如下图所示。

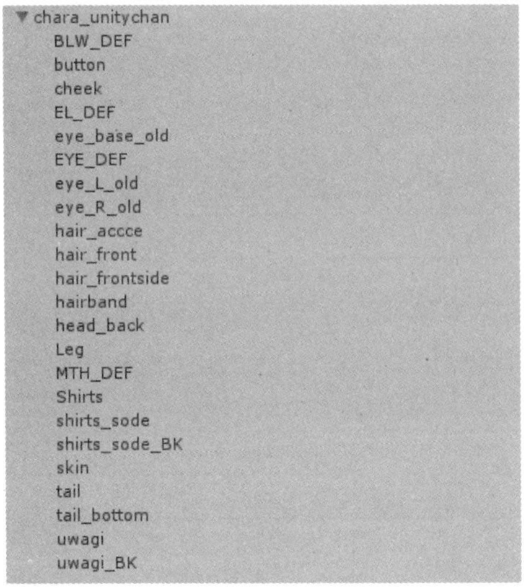

```
▼ chara_unitychan
    BLW_DEF
    button
    cheek
    EL_DEF
    eye_base_old
    EYE_DEF
    eye_L_old
    eye_R_old
    hair_accce
    hair_front
    hair_frontside
    hairband
    head_back
    Leg
    MTH_DEF
    Shirts
    shirts_sode
    shirts_sode_BK
    skin
    tail
    tail_bottom
    uwagi
    uwagi_BK
```

因为我们有时需要在角色骨骼上挂载物体，因此我们需要将部分特殊的骨骼创建成挂点物体，比如武器挂点。我们可以在 Extra Transforms to Expose 复选框下添加我们要用到的额外的骨骼。

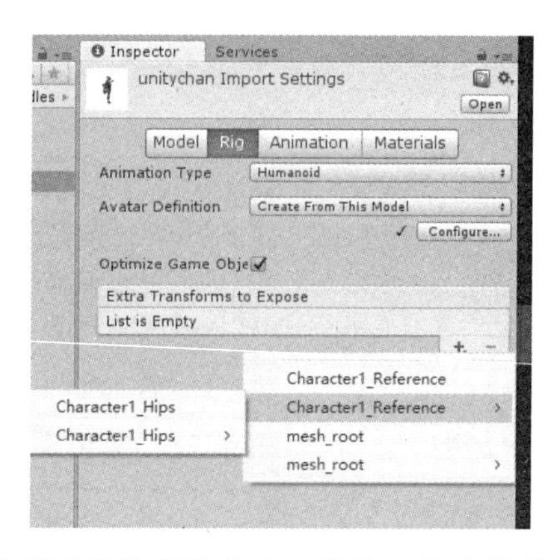

总的来说该选项避免了计算无用的骨骼节点，优化了游戏性能，建议勾选。同时，如果我们需要遍历模型来修改模型与其子物体层级，实现关闭模型和实现模型特效的功能，子节点众多将会造成游戏卡顿。

Animations 选项卡的参数和功能如下。

<table>
<tr><th>参　数</th><th colspan="2">功　能</th></tr>
<tr><td colspan="3">Animations（动画）</td></tr>
<tr><td>Bake Animations（烘焙动画）</td><td colspan="2">Unity 将转换为导入运动学。此选项仅适用于 Maya、3ds max 和 Cinema 4D 文件。当动画选项为 Humanoid 且使用到了逆向运动学动画特性时才会用到</td></tr>
<tr><td>Anim Compression（动画压缩）</td><td colspan="2">设置网格动画的压缩类型</td></tr>
<tr><td>Off（关闭）</td><td colspan="2">关闭动画压缩。意味着 Unity 将不会对关键帧的数量进行减少，动画精度将会提高。但是会造成文件大小的增加和运行内存的更多消耗</td></tr>
<tr><td>Keyframe Reduction（关键帧缩减）</td><td colspan="2">减少导入的关键帧，选中后，动画压缩错误的选项将会显示</td></tr>
<tr><td>Optimal（最优设置）</td><td colspan="2">最优化压缩，压缩效率最高，动画效果失真度也相应提高
Rotation Error、Position Error、Scale Error 三个参数的默认值都是 0.5。值越小，动画的旋转、位移、缩放相关的精度就越高，失真度越小，而压缩效果越差</td></tr>
<tr><td colspan="3">Clip（剪辑）</td></tr>
<tr><td>Name（名字）</td><td colspan="2">当前动画剪辑的名字</td></tr>
<tr><td>Source Take（资源获取）</td><td colspan="2">源动画文件资源轨道，比如美术人员制作了一套动画放在了一个动画剪辑里面，我们可以通过设置截取其中一段动画的开始帧和结束帧的位置，来得到想要的那个动画</td></tr>
<tr><td>Start（开始帧）</td><td colspan="2">当前动画剪辑的开始帧</td></tr>
<tr><td>End（结束帧）</td><td colspan="2">当前动画剪辑的结束帧</td></tr>
<tr><td>Loop Time（开启动作循环）</td><td colspan="2">设置动画剪辑是否循环播放
Loop Pose（重复姿势），使动画播放无缝衔接
Cycle Offset（周期偏移），影响动画开始时的位置，例如设置为 0.5，将会在动画长度最中间的关键帧开始播放动作</td></tr>
<tr><td>Root Transform Rotation
（根变换旋转的设置）</td><td>Root Transform Position (Y)
（根变换 Y 轴位置的设置）</td><td>Root Transform Position (XZ)
（根变换 XZ 平面的根位置的设置）</td></tr>
</table>

续表

参数		功能
	Bake into Pose（合并姿势）	勾选时，利用外部控制器带动角色位移和旋转；不勾选时，使用动画本身的旋转和位移带动角色移动 比如一个角色播放冲刺攻击的动作，如果我们勾选该选项，则需要外部去控制冲刺的距离。如果不勾选，则是使用动画本身的冲刺距离，当动画播放完毕后回到原来的位置 当勾选 Animator 组件中的 Apply Root Motion 选项时，当模型动画播放结束后，对坐标的影响将会保留在模型上
	Based Upon	选用根变换的方式 Original（初始值），保持在源文件中写入的旋转 Body Orientation（身体方向），播放动作时让角色旋转始终面向身体前方 Center of Mass（重心），角色的位置与质量中心的位置一致 Feet（脚），角色的位置与脚步位置保持一致 Offset（偏移），对角色（根节点）旋转的偏移量
Mirror（镜像）		使角色动画左右反转播放（只能在类人形骨骼上使用）
Additive Reference Pose（附加参考姿势）		勾选该选项后可以在 Source Take 上创建一个参考指针，当我们拖动或者直接设置下方的 Pose Frame 可以看到该帧的参考姿势 这个选项的作用是提取单帧动作，在没有这个选项前，我们都是通过拖动开始帧来观看单帧效果（对已经剪辑好的动画是不利的）。而单帧的动作可以用来很好地制作混合层的动作融合，例如绝地求生中角色站立不动的左右瞄准（左瞄和右瞄是通过单帧的动画实现的，这样枪才会稳）
Mask（动画遮罩）		在 Humanoid 选项下可以关闭该动画对某些肢体的影响，只适用于类人形动画。同时可以设置逆向运动学功能的开启和关闭（左键单击肢体部分变为红色则为关闭） 如果要直接屏蔽对部分骨骼的影响，可以在 Transform 选项下选择开关骨骼节点。这个选项适用于非人形的骨骼动画
Curves（参数曲线）		可以给该动画添加一个控制参数的曲线，如果该参数在动画控制器组件中有定义，那么这个值将会被动画控制器修改 例如：在一个跳跃动作的 FBX 文件的该选项下添加一个名为 JumpHeight 的曲线，然后设置一段关于当前角色跳跃高度值的关键帧。那么当我们在 Animator 中创建一个名为 JumpHeight 的参数，并播放到跳跃动画的时候，Animator 中的这个参数将会被动画剪辑中的曲线值控制（值得一说的是，该参数将只能被动画剪辑中的曲线影响）
Events（动画事件）		可以在该动画剪辑的某个关键帧下创建一个触发事件，该事件可以传入值类型变量以及资源对象。例如：我们将攻击动作绑定音效，想在挥舞武器的某个时间段播放破空声音就可以通过动画事件添加
Motion（根运动节点）		允许用户自己定义该动画影响的根运动节点。根运动节点是很重要的，比如我们选取角色模型的根节点为根运动节点，那么该动画的位移将会带动根运动节点移动,也就是角色移动。但有时我们会遇到设置角色模型的其他节点为根运动节点的情况，该选项便支持该设置
Import Messages（动画导入的报告信息）		生成该动画文件是如何被导入的信息，其中有一个 Retargeting Quality Report 选项，单击后可以查看动画重定向质量的报告信息

下面看一下 Curves 和 Events 的实例。

我们在一个跳跃动画的 Curves 选项下添加一个名为 JumpHeight 的曲线，然后在角色跳跃中单击输入框右边的图标，便可添加一个可以设置的关键帧。

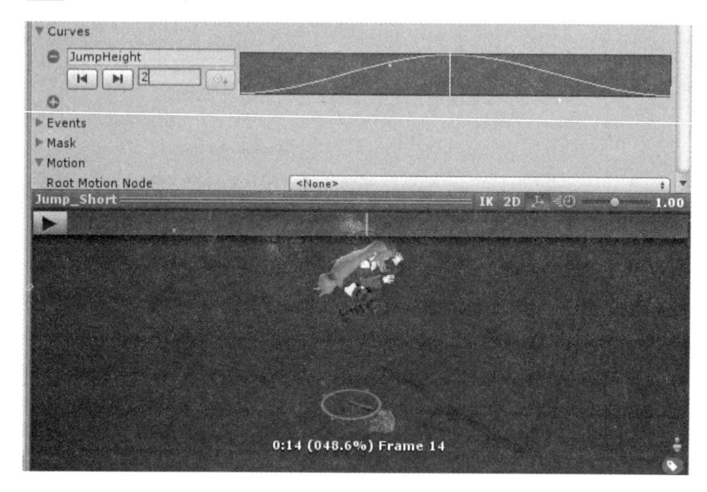

之后当我们将该动画拖入动画控制器中，然后在 Parameters 栏添加 JumpHeight 的 Float 值类型的参数，当我们运行时，可以看到该参数的部分值被置灰，即该参数已经被动画文件中的 Curves 控制。

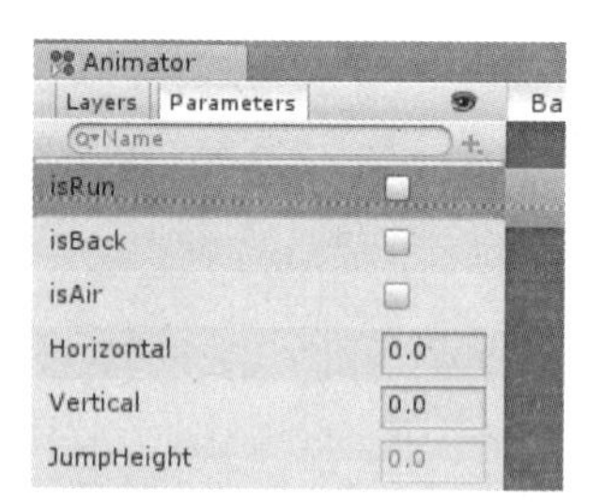

该值可以在脚本中读取，通过调用 Animator 组件的 API 接口的 GetFloat 可以访问浮点类型的参数。

例如，通过 Animator.GetFloat（JumpHeight）获得当前的参数值。

通过选取该动画剪辑片段的关键帧可以添加事件，单击按钮可以添加一个触发事件。定义 Function 的名字为控制脚本中（绑定在角色身上的、和 Animator 组件同层级的脚本）的函数名字，当动画播放到该事件的关键帧时，动画将会调用函数并实现参数传递。

脚本中创建的函数必须为公有函数才能被动画控制器访问，其中形参可以不设置。

如果要获得设置事件的参数，如 Float、Int、String、Object，则函数需要创建相应的形参。需要注意的是，函数的形参最多只能有一个。

例如，下图中 NewEvent()函数的形参为 String，则可以接受 String 类型的参数；改为 Object

则可以接受 Object 类型的参数。

勾选 Import Materials 后可以使用文件自带的材质属性，以下为勾选后出现的功能选项。

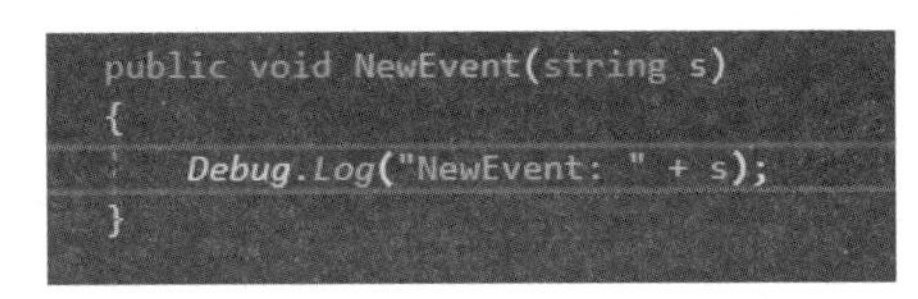

Materials 选项卡的参数与功能如下。

参　　数	功　　能
Use Embedded Materials（使用嵌入材质）	该参数为 2017.2 及以后版本的默认的选项，选择该选项后，可以将外部创建的材质设置到模型文件中
Use External Materials (Legacy)（使用外部材质）	该参数为 2017.1 及之前版本的默认选项，选择此选项后，模型将会每次都自动创建材质球，该材质球将会存放到该模型同级的 Materials 文件夹下

以下为选用嵌入材质的效果图，red、blue、green 为我们自定义的材质球。

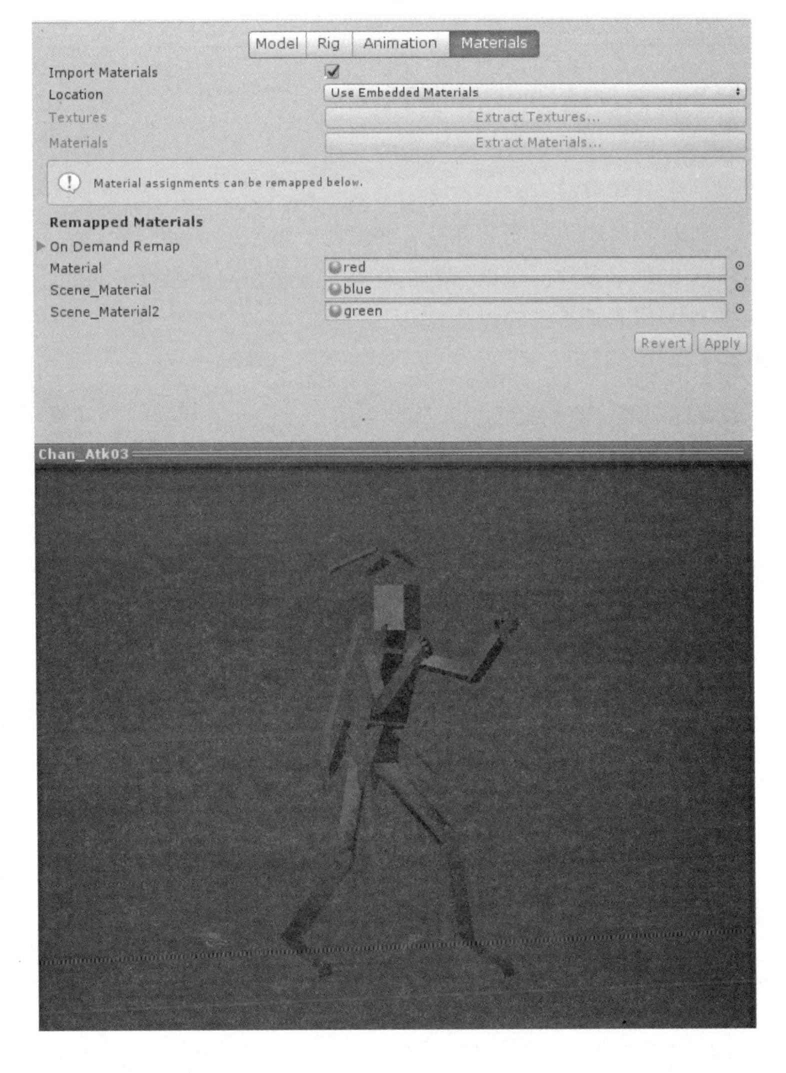

参　数	功　能
Textures（纹理）	如果模型自带纹理，可以提取纹理得到材质中的纹理贴图。灰色的代表没有纹理可以提取
Materials（材质）	如果模型自带材质，可以提取导入模型的材质资源。灰色的代表没有材质可以提取
Remapped Materials（重映射材质）	
On Demand Remap（需求映射）	如果设置了 Use External Materials（使用外部材质），那么将会出现以下设置 Naming，决定材质球如何命名 By Base Texture Name，通过材质球的漫反射纹理的贴图的名字命名 From Model's Material，根据导入模型的材质的名字命名 Model Name + Model's Material，通过将模型名字和材质名字相结合命名 Search（搜寻材质），通过 Nameing 设置的选项规则去寻找满足条件的材质资源 Local（本地），在和模型同目录的文件夹下（包括子文件夹）搜索符合符号命名规则的材质球 Recursive-Up（递归），递归所有材质资源的父文件夹和其子文件夹，寻找匹配命名规则的材质球 Everywhere（任何位置），寻找工程中所有位置的材质资源并进行匹配 Search and Remap 单击其按钮，Unity 将会根据设置搜寻、重新映射材质球 List Of Imported Materials，该列表显示发现的所有导入材质，可以在这里手动重新映射存在的材质

6.2.2.2　在Unity内创建和编辑动画

Unity 的动画窗口可以创建和编辑动画剪辑的下述内容。

- 对象的位置、旋转和缩放。
- 部件属性，如材料的颜色、光的强度、声音的音量。
- 控制对象身上的脚本参数，包括浮点、整数、枚举、向量和布尔变量。
- 设置动画事件调用的脚本中的函数。

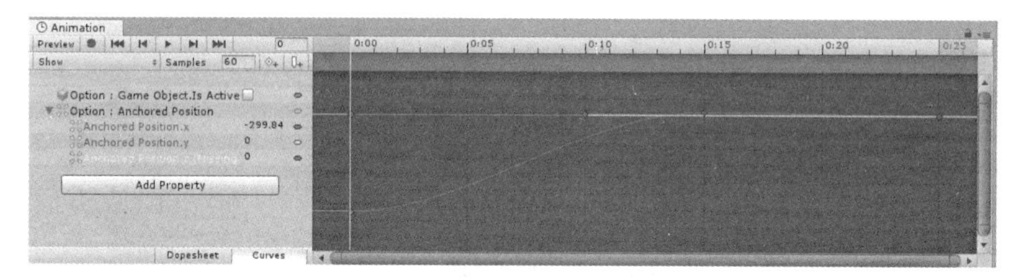

动画窗口在 Unity 4.0 以后的版本中被添加到 Unity 中。它提供了一个简单的方法来创建动画短片和动画游戏对象。

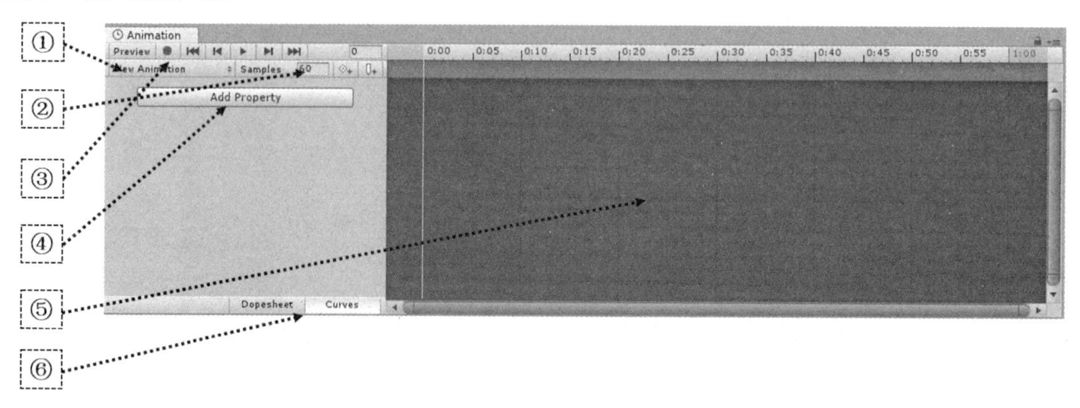

- ①号位置：点开你要编辑的动画剪辑，它是通过读取动画控制组件里面的信息查找的。

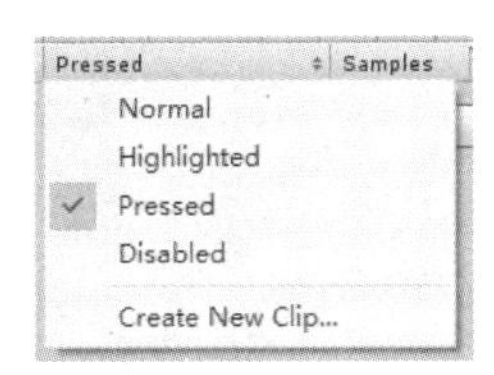

- ②号位置：设置动画的帧率，一般游戏 30 帧动画已经非常流畅了。
- ③号位置：录制模式，单击后，Unity 将会把你对物体的修改操作直接保存在时间帧窗口中。
- ④号位置：添加属性按钮，单击后会查找这个物体上的所有组件，如果我们挂载了一个脚本在这个物体上，这里也会把脚本控制参数暴露出来。

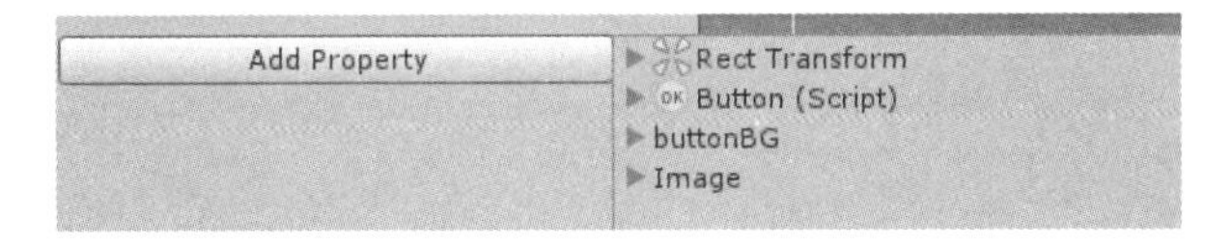

- ⑤号位置：控制每一帧状态的窗口，这是可视化编辑的，我们的主要操作都在这里进行。
- ⑥号位置：控制当前动画控制窗口的编辑模式为曲线编辑还是关键帧编辑。

6.3 动画控制器

6.3.1 动画状态机

对于一个角色来说，几个不同的动画对应它在游戏中可以执行的不同动作。而这个动画如何触发（是否有触发的限制条件）、触发后退出到哪个状态、是否需要提高动画的播放速度等问题都是由动画状态机处理的。

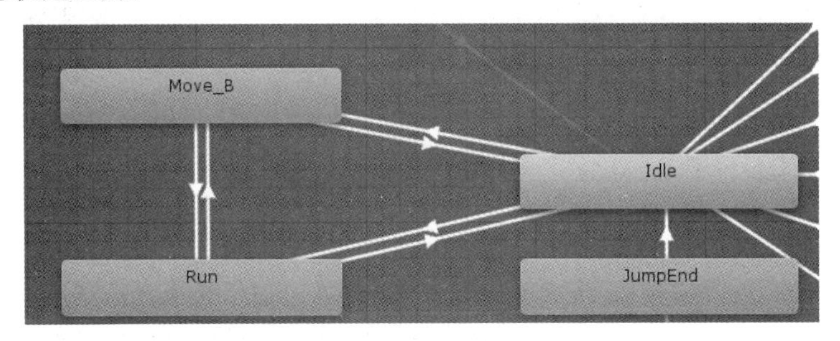

我们可以右键单击动画控制器的空白处来创建状态机。

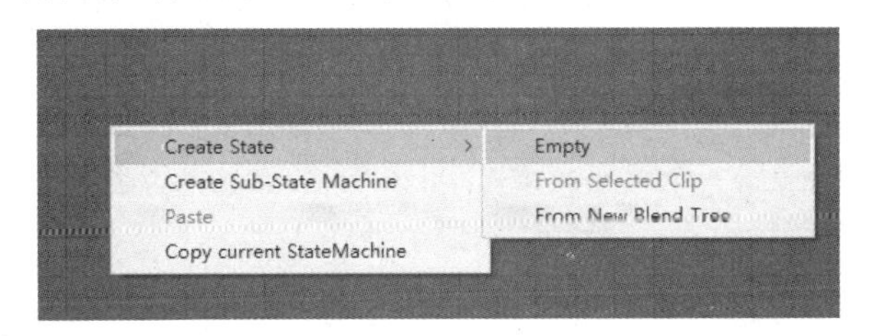

之后将动画剪辑拖动到状态机的 Motion 参数处，完成状态机与动画剪辑的绑定，如下图所示。

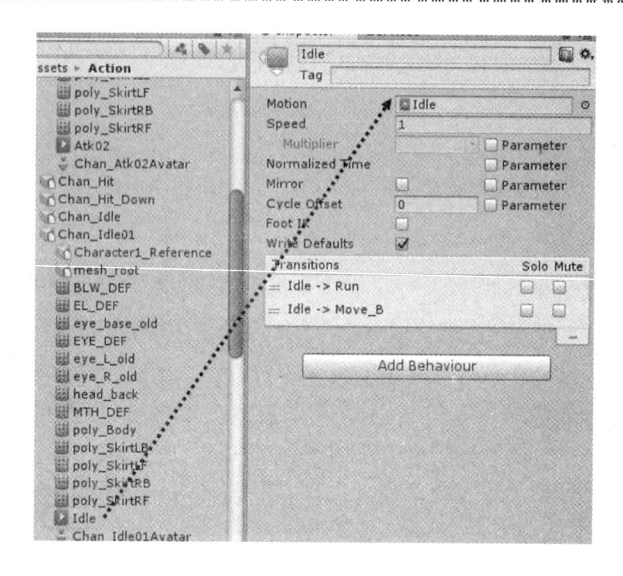

6.3.1.1 参数

参数	功能
Motion	此状态对应的动画片段
Speed	动画默认的速度
Mirror	镜像开关。仅对人形动画有效
Foot IK	是否对足部使用逆向运动学，仅对人形动画有效
Write Defaults	动画状态是否写回默认值。解释：在动画初次播放之前会有一个起始状态，如果勾选此项，那么在动画中止时当前状态会覆盖起始状态
Transitions	所有状态转移的列表

6.3.1.2 Solo和Mute功能

Solo 和 Mute 功能一般是在复杂的状态机中做调试用的，以下是 Solo 和 Mute 的特性。

- 如果选择了 Mute，那么被选择的状态转移一定会被禁用。
- 如果不选择 Solo，在没有变量控制（结束条件为 Exit Time）的情况下，该状态优先选择动作列表中最前（或者说最上）的状态转移。
- 如果选择了某个 Solo，那么在没有变量控制（结束条件为 Exit Time）的情况下，优先选择标记 Solo 的状态转移。
- 如果有多个状态转移选中了 Solo，那么优先选择这些已选中 Solo、在动作列表中靠前的状态转移。

6.3.1.3 子状态机

一个角色的复杂的动作由多个阶段组成，与其用单个状态处理整个动作，还不如确定单独的阶段，并为每个动作单独使用一个状态。比如，一个角色从跳跃到落下有弯腰、起跳、落地三个动作，我们可以将三个动作合并在一个跳跃阶段中处理。

这样处理的好处是可以将一系列相同状态的动作变为一个状态机进行处理，简化了流程图，避免了状态机变得庞大而笨拙。

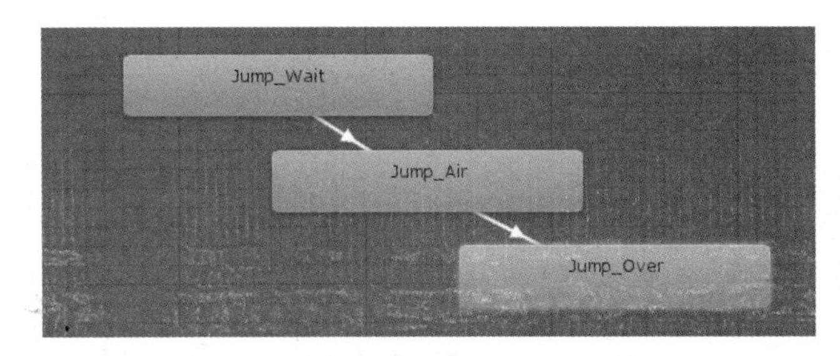

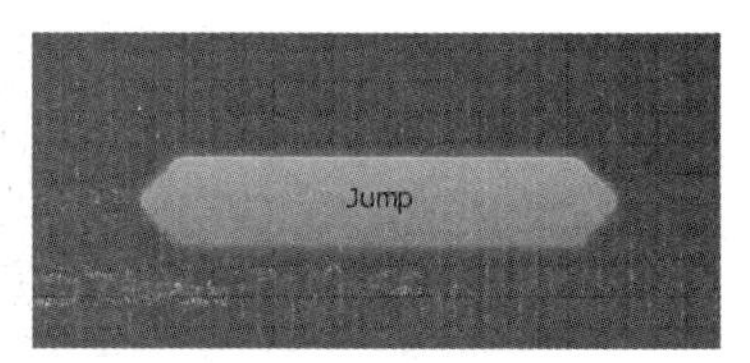

双击子状态机后，可以继续编辑子状态机，就像它是一个完全独立的状态机一样。

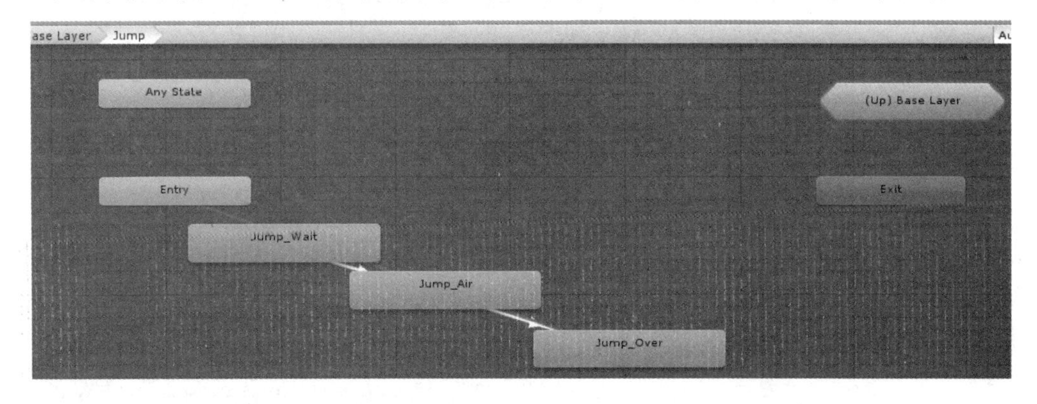

6.3.1.4 动画状态转换

Unity 的动画转换允许动画在不同状态下过渡。动画转换不仅定义了状态之间的混合需要多长时间，而且定义了它们应该在什么条件下激活。只有当某些条件为真时，才能设置转换。

如果转换时间不为零，则动画切换时将会对过渡前后的动画进行混合，混合的结果取决于两个动画的位移、旋转等属性的插值。

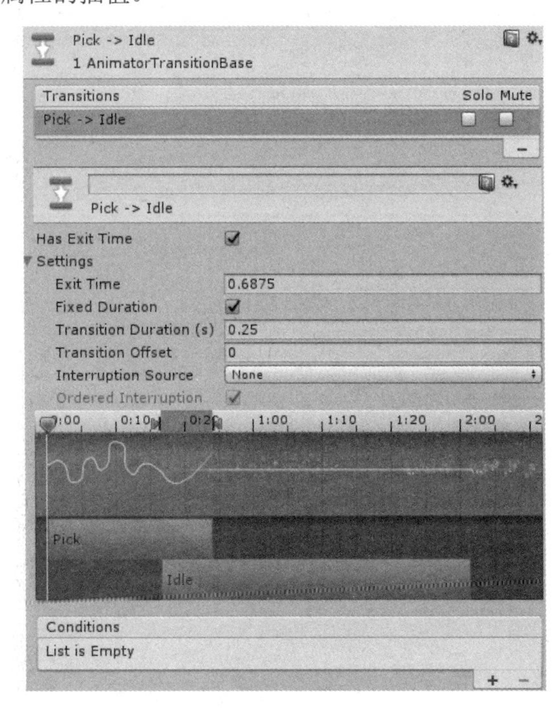

参　数	功　能
Has Exit Time	是否启用退出时间，如果开启本选项，那么在本状态切换到其他状态时，要先花时间退出本状态，用于必须有动画过渡的情形
Settings	可以展开以下选项进行详细设置 Exit Time，当勾选了 Has Exit Time 时本选项生效，本选项指定了具体的退出时间。这个值是一个归一化的值，和动画长度有关。例如取值 0.75，代表当动画播放了 75%时开始过渡到下一个动画。 循环的动画相对来说比较复杂。如果这个值小于 1，那么每一帧都可以在指定的时机过渡到下一个状态；如果这个值大于 1，那么就会在一定时间后再过渡到下一个状态。例如，3.5 代表在播放 3 次半动画以后再进行切换 Fixed Duration，选中此项，则切换时间以绝对时间（秒）表示，否则以归一化的时间比例表示 Transition Duration，过渡时间，后面有详情图示可以参考 Transition Offset，过渡时间的偏移量，同样可以参考详情图示 Interruption Source，选择过渡是否可以被打断 Ordered Interruption，与动画打断相关
Conditions	当动画变量符合相应条件时触发动画状态转移，这是动画与脚本交互的关键要素

转换中断

下面详细介绍 Interruption Source 选项，它用来控制状态如何被打断。

例如，我们的动画系统下有一个默认的 Idle 动画，Idle 动画有 Jump 动画分支和 Walk 动画分支，而 Walk 动画分支下又有一个 Jump2 动画分支，当我们同时满足两个 Jump 动画的切换条件时，Interruption Source 就可以判断优先从哪个动画源切换到 Jump 或 Jump2。Interruption Source 的选项如下表所示。

参　数	功　能
None	关闭 Interruption Source 选项
Current State	从当前源打断
Next State	从下一个源打断
Current State then Next State	优先从当前源打断，如果当前源不能切换到下一个状态，则从下一个源打断
Next State then Current State	与 Current State then Next State 选项相反

转换图形编辑界面

可以通过直接操作图形编辑界面修改一些参数的值，以代替直接输入数字，如下图所示。

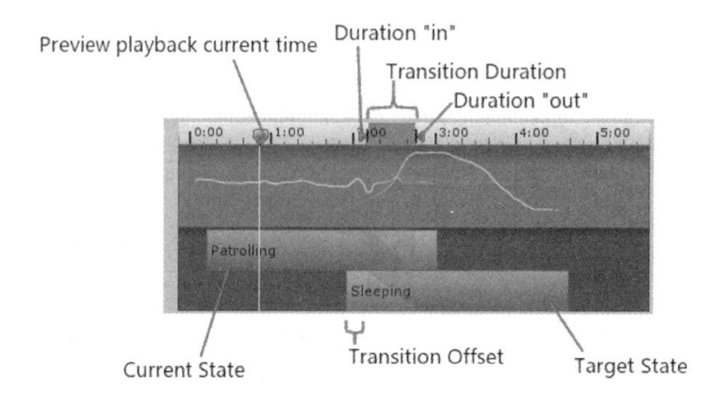

- 拖动 out 标记修改动画过渡的时间长度。
- 拖动 in 标记改变过渡的时间长度与退出时间。
- 拖动下一个 Animation 选项卡可以调整过渡的偏移。
- 拖动当前预览的帧，可以观察过渡效果。

6.3.1.5　状态机脚本

动画状态机上可添加脚本，该脚本是特殊类型的脚本。该脚本允许编写当状态机进入、退出或保留在特定状态下时执行的代码。

通过状态机下的 Add Behaviour 按钮可以创建、添加该类脚本。

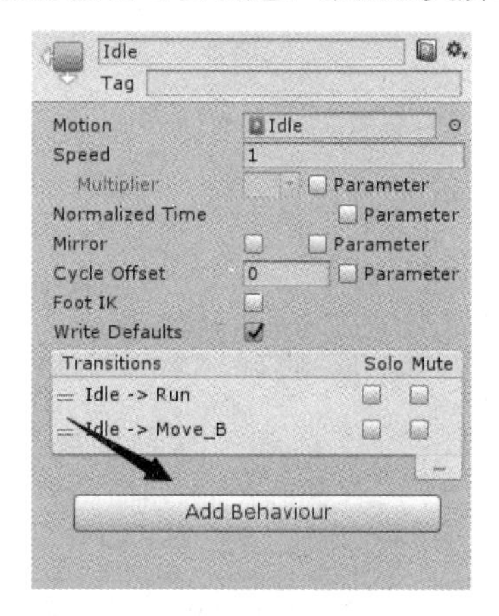

状态机脚本有一些预定好的消息，包括：OnStateEnter、OnStateExit、OnStateIK、OnStateMove、OnStateUpdate。

```
    using System.Collections;
    using System.Collections.Generic;
    using UnityEngine;

    public class Idle : StateMachineBehaviour {

        // 本函数在开始进入某个状态时调用
        override public void OnStateEnter(Animator animator, AnimatorStateInfo
stateInfo, int layerIndex)
        {
        }

        // 在进入和退出之间，每帧调用
        override public void OnStateUpdate(Animator animator, AnimatorStateInfo
stateInfo, int layerIndex)
        {
        }

        // 在动画状态退出时调用
        override public void OnStateExit(Animator animator, AnimatorStateInfo
stateInfo, int layerIndex)
        {
        }

        // 本函数在 Animator.OnAnimatorMove()之后调用，适合移动物体的操作。
        override public void OnStateMove(Animator animator, AnimatorStateInfo
stateInfo, int layerIndex)
```

```
        {
        }

        // 在动画逆向运动学更新后调用，适合用于设置逆向运动学的操作
        override public void OnStateIK(Animator animator, AnimatorStateInfo stateInfo,
int layerIndex)
        {
        }
    }
```

6.3.2 动画层级

如果一个角色要播放移动射击动作，上下身的动作是需要分离的。因此我们需要用不同的动画层来控制身体不同部位的复杂动作。

通过单击动画窗口左上角的 Layers 标签可以管理当前动画层的信息。单击“+”按钮可以添加一个新的层级。单击已有层级右侧的齿轮图标可以设置当前动画层的 Weight（权重）、Mask（遮罩）、Blending（混合类型）、IK（逆向运动学）等属性。

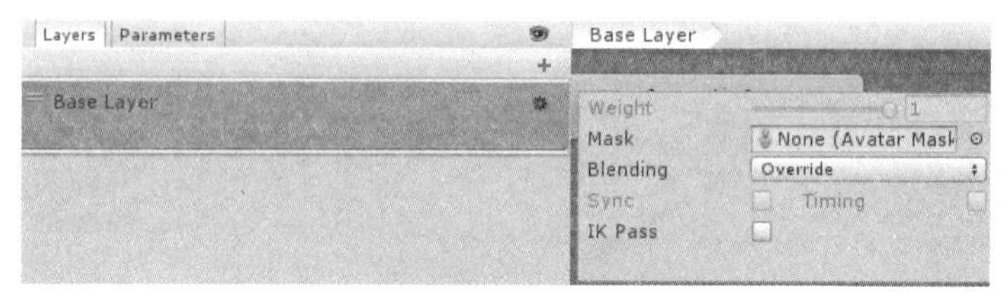

参　　数	功　　能
Weight（权重）	当前动画层级播放的动画对角色动作的影响程度
Mask（遮罩）	通过对 Avatar Mask（模型化身遮罩）进行设置来屏蔽部分肢体的动画效果。比如当前动画层负责角色下半身的移动动作，该层不能对角色的上半身的动作有影响，因此需要屏蔽移动动画对上半身肢体的控制
Blending（混合类型）	设置动画混合为 Override（覆盖）或 Additive（叠加）
Sync（同步）	单击该设置，可以选择 Source Layer 去同步其他层的动画，选择后会复制该层的所有状态机，不同的是复制的状态机是没有动画片段的，角色重新复制新的动画片段以实现混合同步。该设置的作用是：如果你需要角色在受伤和健康状态下有不同的攻击动作，如受伤状态脚的移动是跛脚的，那么就可以同步移动动画层级下的状态机
Timing（时间配置）	和 Sync 选项关联，如果选中，那么融合两个动画层级的状态的长度将会取决于 Weight 值的大小，Weight 值越大，融合时间越偏向自身。如果不选中，那么同步的动画将会调整到原始层动画的长度
IK Pass（逆向运动学传递）	开启后，动画状态机将会传递 IK 信息到状态机脚本，调用 OnStateIK 函数

6.3.3 动画混合树

在游戏开发的过程中，通常会遇到需要对两个或多个动画进行混合的情况。比如从行走动作到跑步动作，或者在跑步中往左和往右偏移。如果采用动画过渡的方式来实现，很难去处理一个动画对多个动画混合的效果，因为动画过渡用于在一段时间内完成由一个动画平滑过渡到另一个动画状态。因此，如果要实现一个动画状态对多个动画片段的混合，就需要用到动画混合树（Blend Tree）。动画混合树可以作为状态机中一个特殊的动画状态存在。

动画混合是利用插值技术对多个动画片段进行混合，每个动作对最终结果的影响取决于权重（混合参数）。

制作一个动画混合树需要以下步骤。

1. 在 Animator Controller 视图中单击空白区域。
2. 在弹出菜单中选择 Create State > From New Blend Tree。
3. 双击混合树可以进入混合树视图。

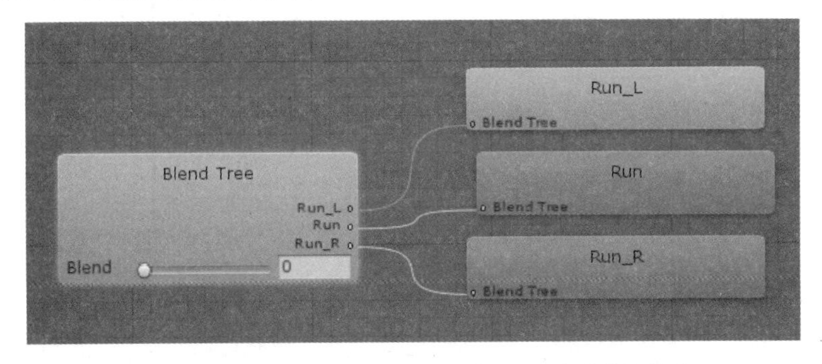

如果选中 Blend Tree，可以看到当前选中节点和相邻子节点的设置。

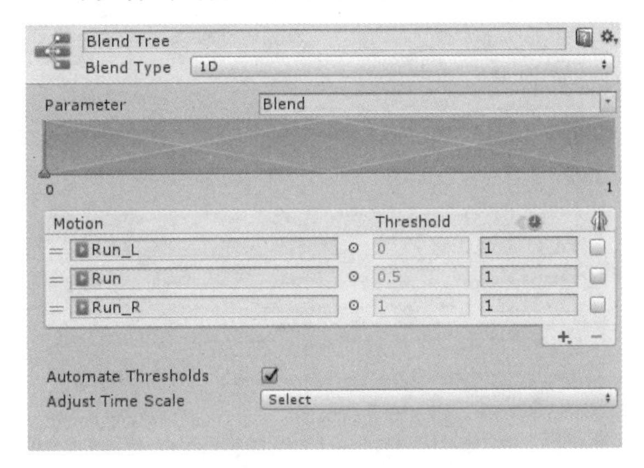

6.3.3.1　1D混合

在 Inspector 视图的 Blend Node 属性面板中，第一个选项就是混合类型。

其中 1D 混合是通过唯一一个参数来控制子动画的混合。需要选择 Parameter 来控制混合树，拿人物往前跑为例，0.5 为向前跑动，0 为向左偏移，1 为向右偏移。

在下图中，中间的图像表示动画混合权重，比如在 0 位置将会播放向左跑的动画，此时图形没有和其他部分重合。在 0~0.5 的区域则可以看到一个重合的深色三角形，这里根据权重混合向左跑和向前跑的动画。

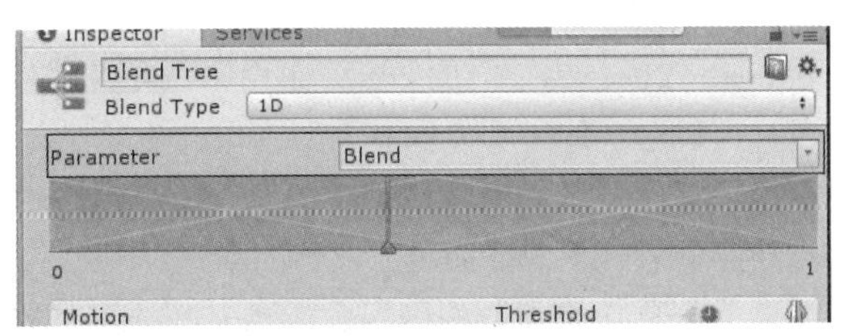

通过单击 Add Motion Field 在混合树添加动画片段，添加完成后 Motion 的 Thresh 选项可以

调节混合参数的临界值（如果该值设为了 2，则当混合参数变为 2 时才会完全播放该动作）。闹钟图标用于设置该动画剪辑的播放速度，最右侧的图标选项用于设置左右镜像的动画（只支持类人形动画）。

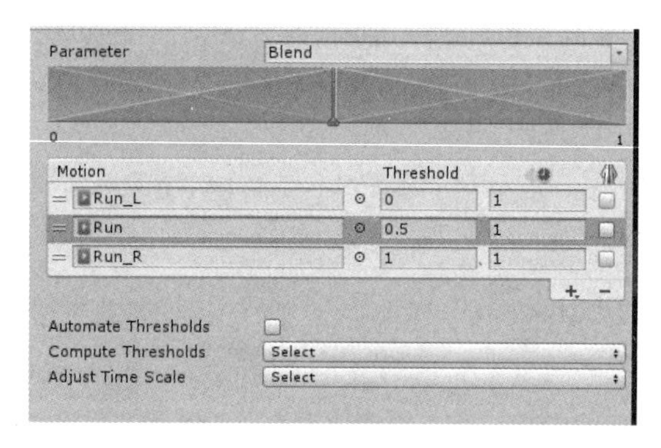

6.3.3.2 2D混合

2D 混合是指通过两个参数来控制子动画的混合。2D 混合有三个模式，区别为影响每个片段的方式。

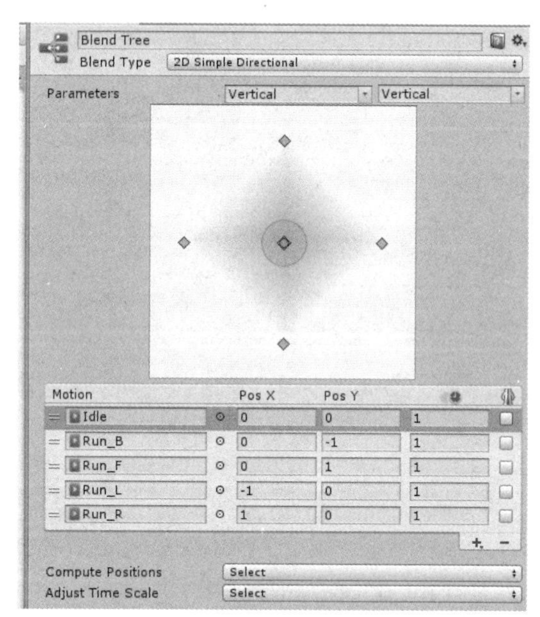

- 2D Simple Directional：2D 简单方向的融合，适用于在单个方向上只有一个动画的情况，例如只有向前、向后、向左、向右移动，以及原地不动这 5 个动作的融合。当同一个方向有多个动作时，例如向前走和向前跑，则不适用这个选项。
- 2D Freeform Directional：2D 自由方向的融合，也用于方向性动作的融合。在 2D 简单方向的融合的基础上，可以融合同一个方向有多个动作的情况。
- 2D Freeform Cartesian：用于非简单方向性动作的融合，例如 *X* 轴代表左转、右转，以及可以融合“向前跑动并向右转”等非简单方向性的动作。

简单地说，2D 混合创建了一个 2 个参数的坐标系，当 Parameter 的参数值（*X*，*Y*）偏向哪个值的动画剪辑时，将会受到该动画的影响。最终会根据所有点在该区域的影响权重，来计算动画混合的效果。

6.3.3.3 直接混合

游戏开发中会遇到部分动画混合与一两个参数没有关系的情况，比如想实现某个参数对某个动作产生精确的影响，而不会影响到其他动作，就需要使用直接混合（Direct Blending）功能。

当我们想设置多个参数分别对不同的动画造成影响时，如表情动画，如果要实现表情的自然过渡，可以对混合树进行如下图所示的设置。

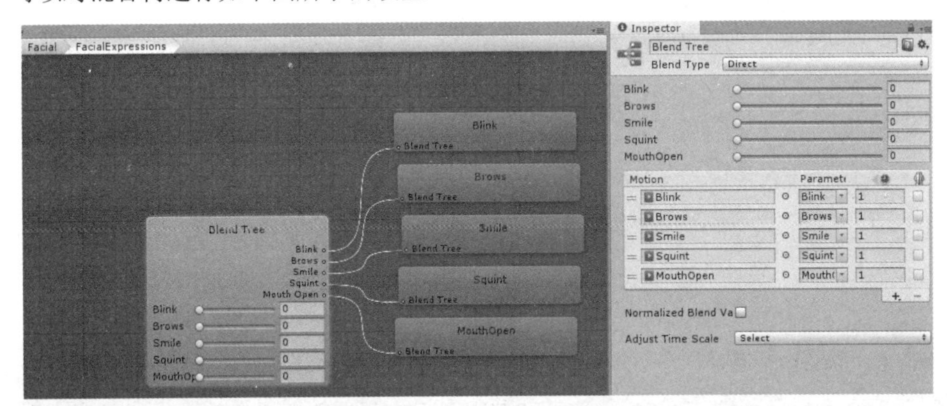

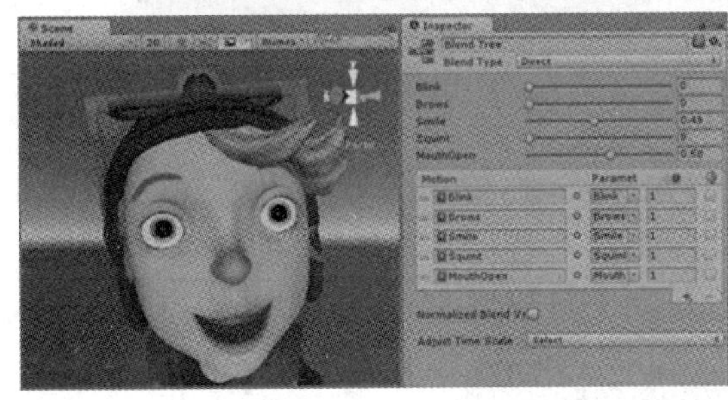

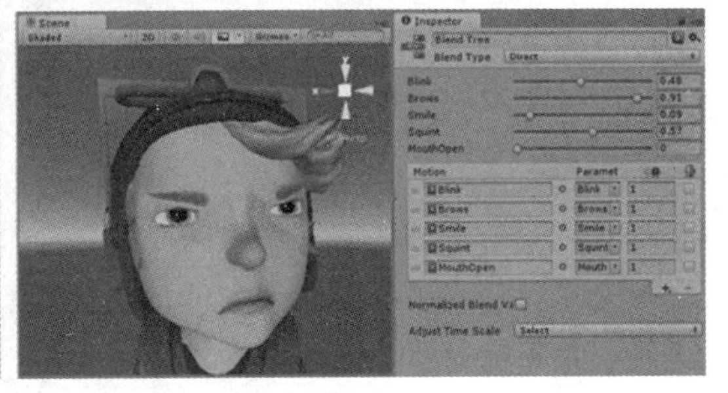

6.4 使用人形角色动画

Mecanim 动画系统特别适合人形动画角色的制作。人形骨架是游戏中最普遍的一种骨架结构。由于人形骨骼结构的相似性，用户可以将动画效果从一个人形骨架映射到另外一个人形骨架，从而实现动画重定向的功能。创建人形动画的基本步骤是建立一个骨架结构到用户实际骨架结构的映射，这种映射关系为 Avatar。

6.4.1 人形骨架映射

6.4.1.1 创建Avatar

创建人形角色动画在导入模型资源的 Rig 选项卡中，修改 Animation Type 参数为 Huamnoid。此时可以看到：如果该模型可以创建骨架结构映射，那么 Configure 按钮处应该会有勾选的提示（如果该模型无法创建，则会显示“×”）。单击 Apply 以后，引擎会在资源中生成 Avatar。

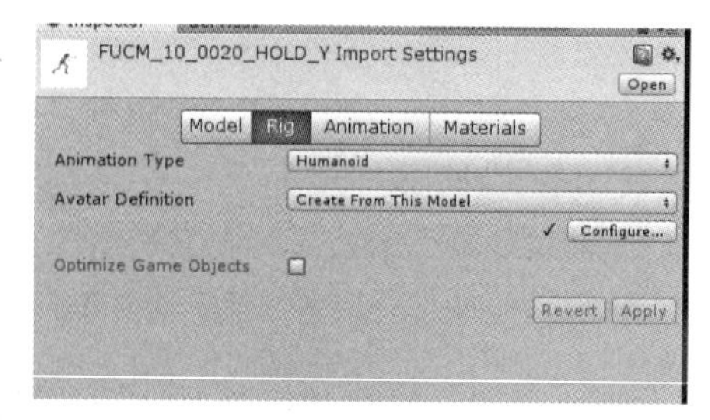

生成的 Avatar 资源如下图所示，选择该资源可以配置 Avatar。

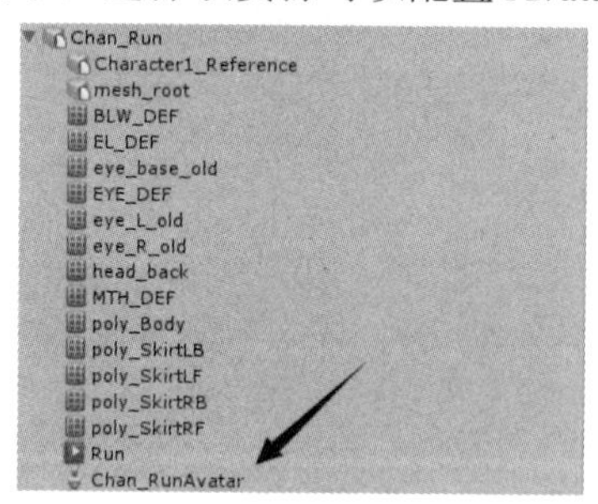

6.4.1.2 编辑Avatar

当我们单击 Rig 选项卡的 Configure 按钮后将会进入映射编辑界面，因为之前的匹配仅仅是成功匹配了必要的骨骼关节。如果要达到更好的效果，需要将非关键骨骼也进行匹配，并使模型处于 T 形姿态（比如下图肩膀附近的骨骼并没有做匹配）。

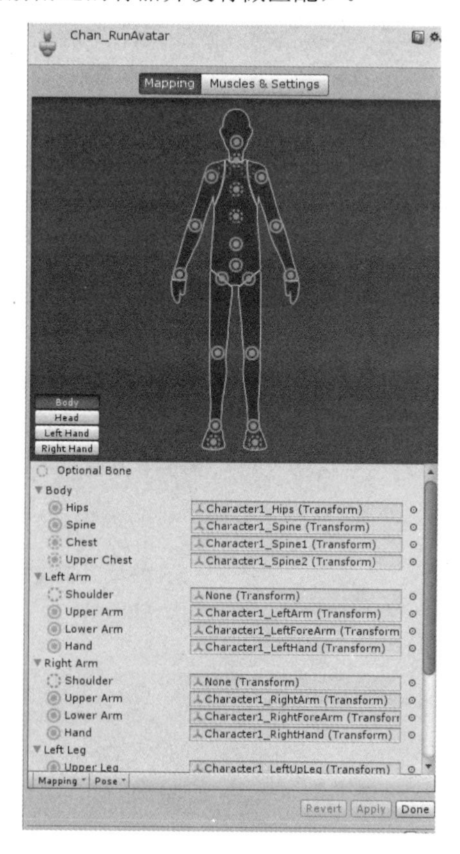

Avatar 是 Mecanim 系统中极为重要的模块，因此要确认模型资源是否被正确的设置。必须匹配的骨骼是实线圆圈，可选匹配的骨骼是虚线圆圈。

在 Avatar 被创建成功后，最好进入界面去确认 Avatar 的有效性，确认模型资源骨骼是否正确匹配，以及模型是否显示为 T 形。

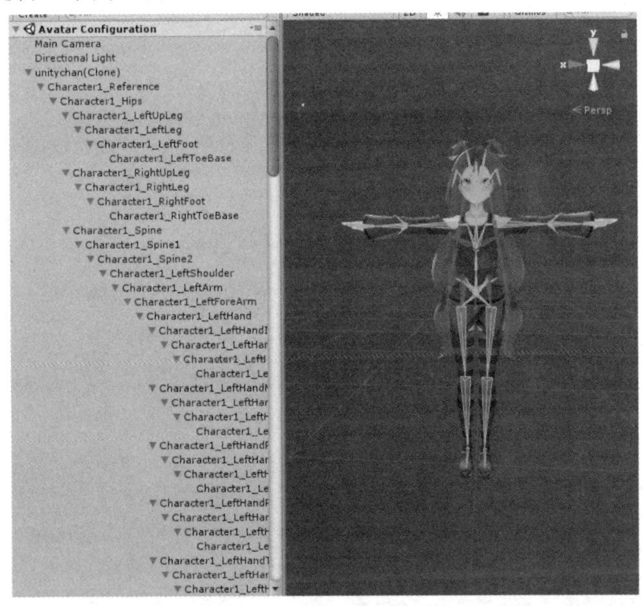

Scene 视图将会用来显示当前被选中模型的骨骼、肌肉和动画信息，而不再显示场景。因此单击前注意场景的保存。

如果系统无法自动为模型找到合适的匹配，我们可以进行手动配置。

1. 单击 Pose > Sample Bind-pose 得到模型的原始姿态。

2. 单击 Mapping > AutoMap 可以让系统基于原始姿态创建映射；Mapping > Load 可以读取外部设置好的映射文件；Save 可以保存当前设置好的骨骼映射。

3. 匹配失败的部分骨骼可以通过 Hierarchy 视图进行拖动，并指定映射骨骼的位置。

4. 单击 Pose > Enforce T-Pose 让模式恢复到 T 形姿态。

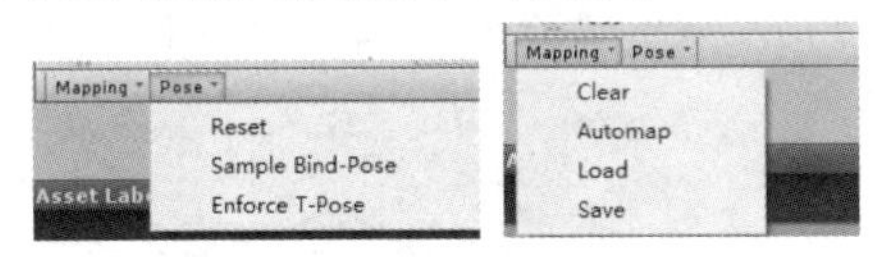

上述的骨骼映射信息、存储信息保存为一个人形模板文件（Human Template File），其文件扩展名为.ht，这个文件可以在所有使用这个映射关系的角色中复用。

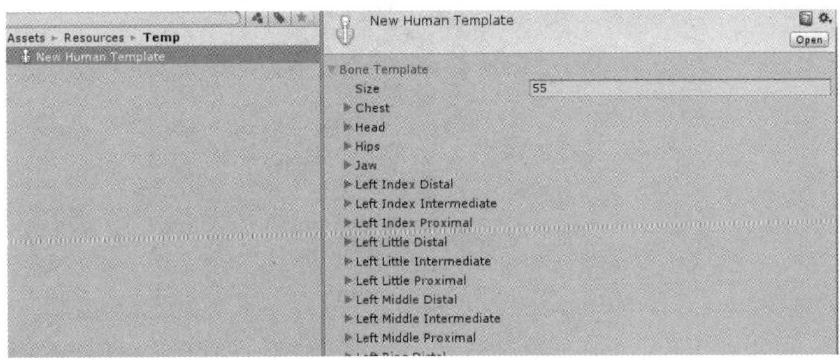

6.4.1.3 设置肌肉参数

Mecanim 使用 Muscle（肌肉）来限制不同骨骼的运动范围。一旦 Avatar 配置完成，Mecanim 就能解析骨骼的结构。为了确保骨骼运动看起来真实，用户可以在 Avatar 面板的 Muscles 选项中调节相关参数。

在 Preview 参数下的 Muscle Group Preview 区域可以对一个模块的骨骼进行批量调整，用户也可以在 Per-Muscle Settings 区域对每一个骨骼进行微调。

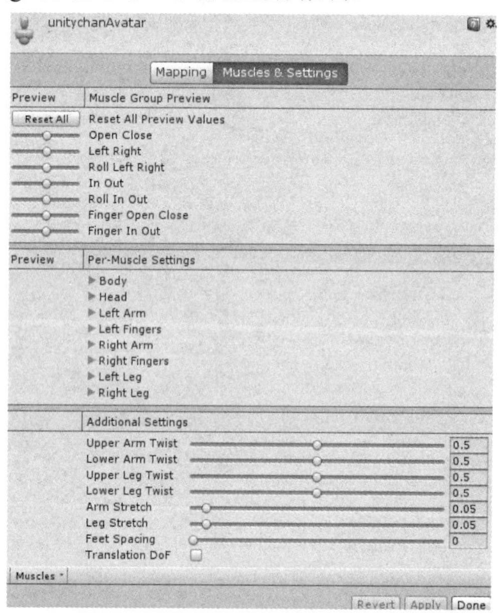

6.4.2 人形动画身体遮罩

在之前的动画层级控制器中，已经提到过身体遮罩，在游戏开发中，我们常常需要控制身体的一部分受动画影响，而其他部分是被屏蔽的。比如一个角色抱着物体移动，这时就不需要移动的动画继续控制双手摆动，而是需要在 Mask 中屏蔽手臂运动。

在模型资源的 Animation 选项卡可以找到 Mask 控制选项。

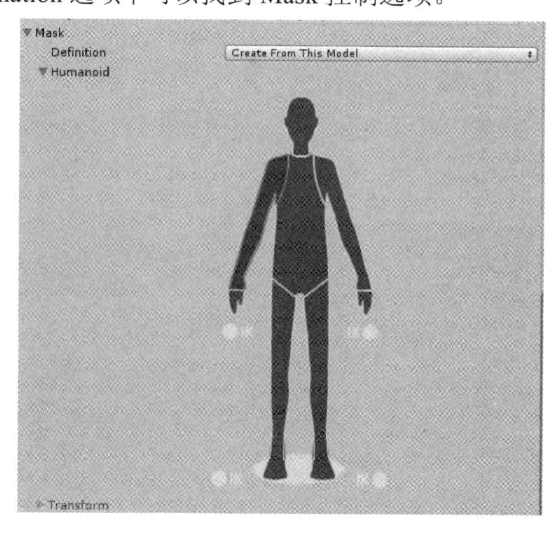

单击身体区域，变红即表示该动画屏蔽了该肢体的运动。同时可以看到单击手脚逆向运动学的选项，表示可以通过单击打开或关闭该部位的逆向运动学功能。

另外，我们可以通过 Asset > Create > Avatar Mask 命令创建 Mask 资源，并保存为.mask 文件，这意味着我们可以在动画控制器中创建 Mask 模板来实现资源的复用。

6.4.3　人形动画的重定向

在游戏开发中经常会通用一套动作模型。比如一款 RPG 游戏，角色可能千奇百怪，但是模型动作通常不会特别多。重新利用现有动画以供多个模型使用，从而无须创建全新的动画方法，这便是动画重定向。

在 Unity 中，重定向只能支持人形模型。因为目前只有人形模型才能创建骨架映射。

动画重定向有两种形式。一种是要与其共享动画的角色模型将和最初创建该动画的模型使用相同的骨架，这种方式相当于保证模型骨骼的所有层级和命名都相同，这样一个动画将会在相同骨架的模型上生效，因为动画是根据名字和路径去查找操作的骨骼的。另一种形式为通过 Avatar，让动画通过映射在多个不同骨架下产生相同的模型动作。

我们首先实现 Avatar 方式的动画重定向。

我们需要准备两个不同的模型，分别生成它们的人形骨骼映射 Avatar。

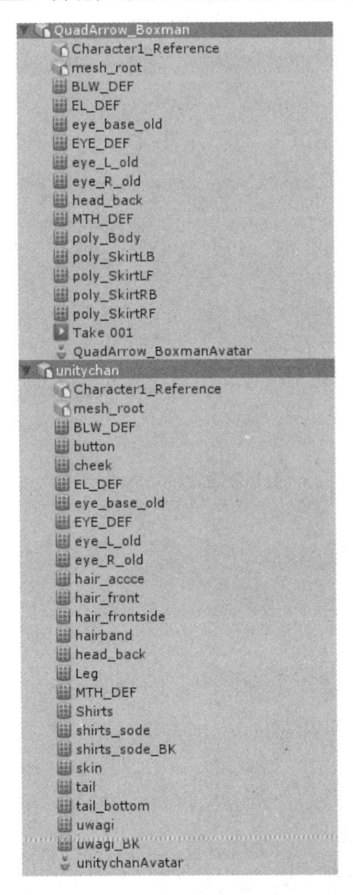

我们将需要加入动画的模型拖到场景中去，然后在模型根节点上创建一个动画控制器，需要在该控制器中加入一组动画片段。之后在角色挂载的控制器的 Avatar 选项里选择我们在该模型

资源下生成的人形骨架映射 Avatar。

单击运行后，模型将会播放动画控制器中的默认动作。

之后我们将另外一个模型拖入场景中，同样在其模型根节点上创建一个动画控制组件，之后将 Avatar 选项拖入自身的人形骨架映射 Avatar。而在 Controller 选项选择之前模型的动画控制器。

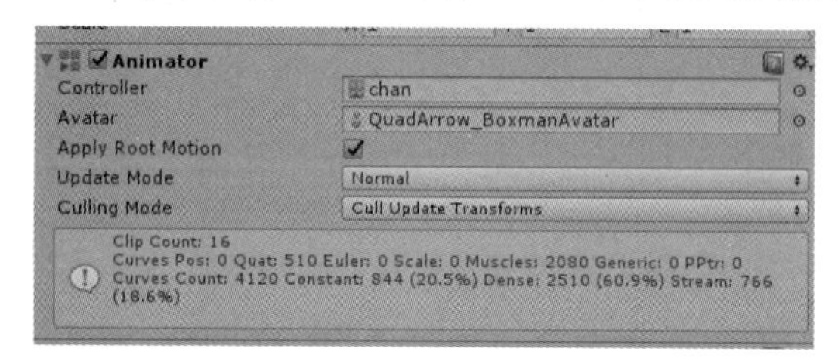

最后，运行 Unity，我们可以看到两个模型都执行相同的动作。

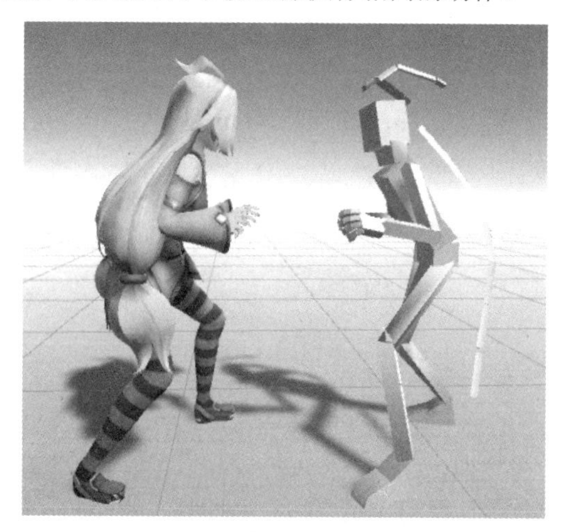

6.4.4 逆向运动学

相对于由手臂肌肉带动手腕然后举起物体这种正向运动（FK），你抓住一个物体，当这个物体的位置和旋转变动时会带动你的手臂，从而带动你整个身体运动（比如角色挥舞武器进行攻击，砍到墙壁后武器停下，动作也随之停下），这种叫作逆向运动（IK）。

Unity 中的逆向运动学需要人形角色才能使用，使用前我们需要做以下准备。

1. 设置人形动画资源、模型和动作。模型需要创建 Avatar 骨架映射，该角色需要将逆向运动学动画的资源设置在 Animation 选项卡中，并确认 Mask 参数的肢体 IK 是打开的。

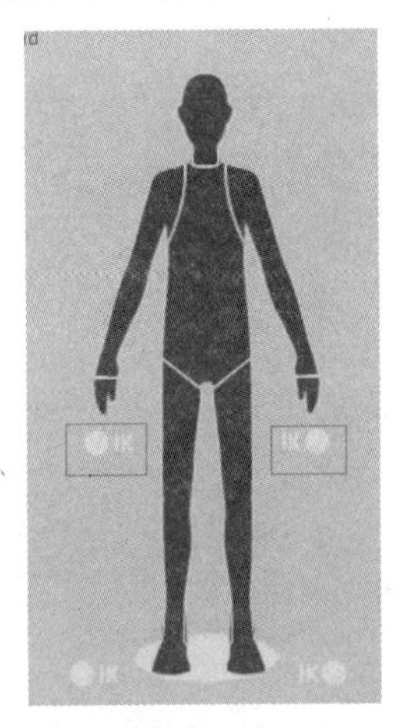

2. 在动画控制器的 Layer 层设置中选中 IK Pass。

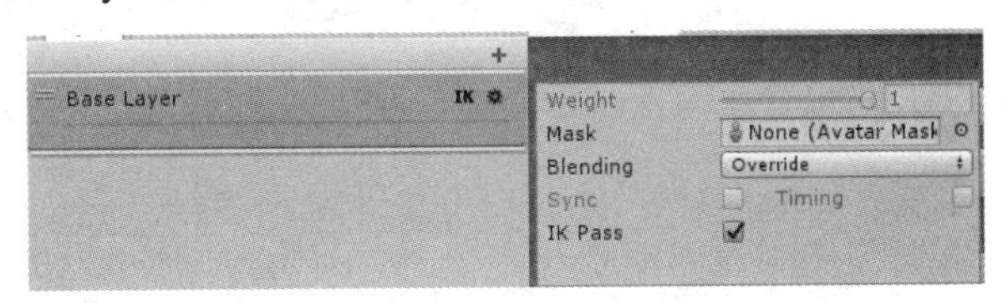

3. 需要准备一个接受 IK 信息的脚本。新创建一个 Monobehaviour 脚本，在其中加入 OnAnimatorIK()函数并接受动画控制器传递的 IK 信息（当动画控制器播放打开了 IK 属性的动画状态时，将会调用该函数）。然后将该脚本添加到角色带有动画控制器的物体上。

```
using UnityEngine;

public class IK : MonoBehaviour
{
    public Animator CharaAnimator;

    /// <summary>
    /// 影响角色动画的物体
    /// </summary>
    public GameObject BoxObj;


    void OnAnimatorIK()
    {
        //让角色看向该物体，头部盯着 boxObj
        CharaAnimator.SetLookAtWeight(1);
        CharaAnimator.SetLookAtPosition(BoxObj.transform.position);
```

```
            //让角色的左手位置受到 BoxObj 的位置的影响
            CharaAnimator.SetIKPositionWeight(AvatarIKGoal.LeftHand, 1);
            CharaAnimator.SetIKPosition(AvatarIKGoal.LeftHand, BoxObj.transform.
            position);
            //让角色的左手角度受到 BoxObj 的角度的影响
            CharaAnimator.SetIKRotationWeight(AvatarIKGoal.LeftHand, 1);
            CharaAnimator.SetIKRotation(AvatarIKGoal.LeftHand, BoxObj.transform.
            rotation);
        }
    }
```

脚本创建后给暴露的参数赋值，Animator 为自身的动画控制器，Box Obj 是 Unity 预制的 Cube 物体。

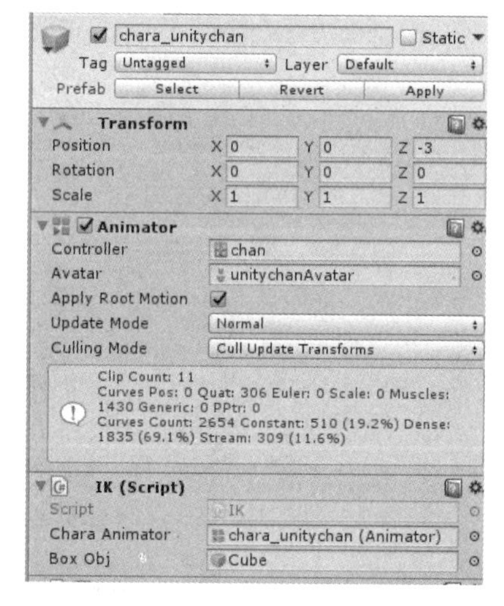

运行并拖动 Cube 物体，可以看到角色左右会被 Cube 物体拉扯移动，并且角色会看向该物体。

6.5 实践：实现一个带有动画且操作流畅的角色控制器

6.5.1 创建工程

首先，运行 Unity3D，单击右上角的 New 选项创建工程。在弹出后的页面输入你的工程名称，单击 Create Project 按钮，这样完成了我们工程的创建。

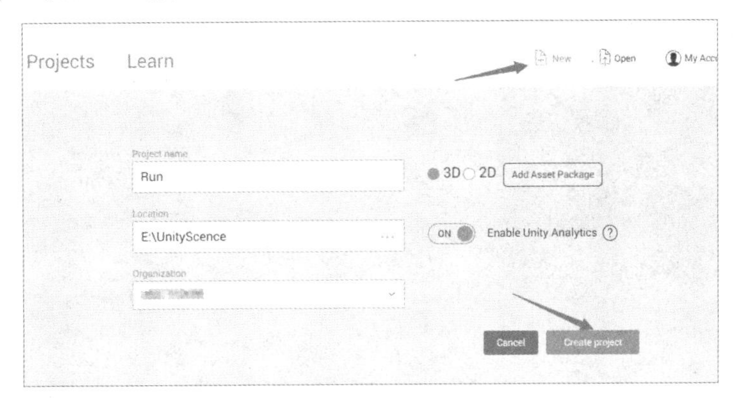

6.5.2　模型下载

本例中的人物模型可以使用官方免费提供的模型，在 Unity 的菜单中单击 Asste Store ，打开资源商店进行下载，完成后导入即可。下图是在 Unity 商店下载资源的步骤。

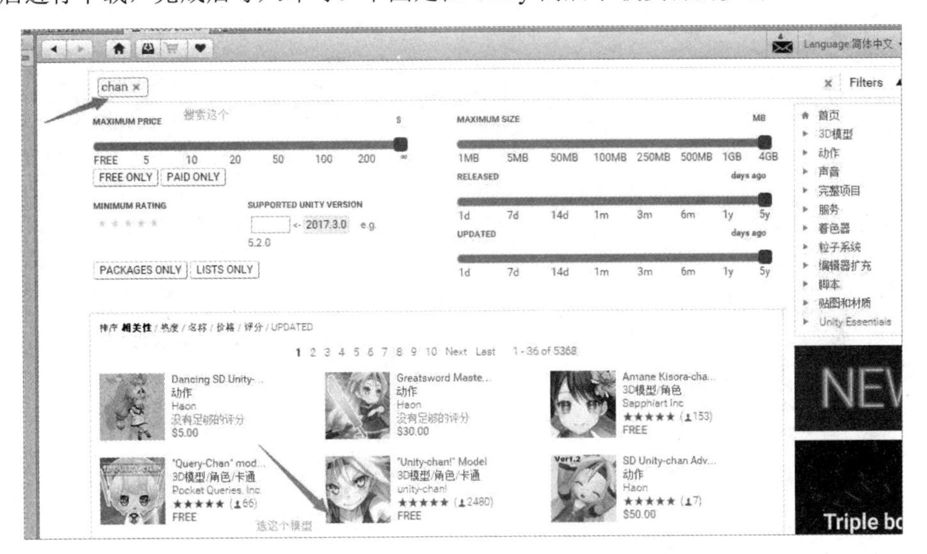

6.5.3　创建动画状态机

在上面的章节中，我们已经介绍了如何创建动画状态机及其相应的功能。本例就来进行实际的创建与应用。首先在 Unity 的 Project 界面新建一个动画控制文件，并命名为 PlayerAnimatorController.controller，如下图所示。

完成后，找到我们之前下载导入的人物模型，路径如下图所示。

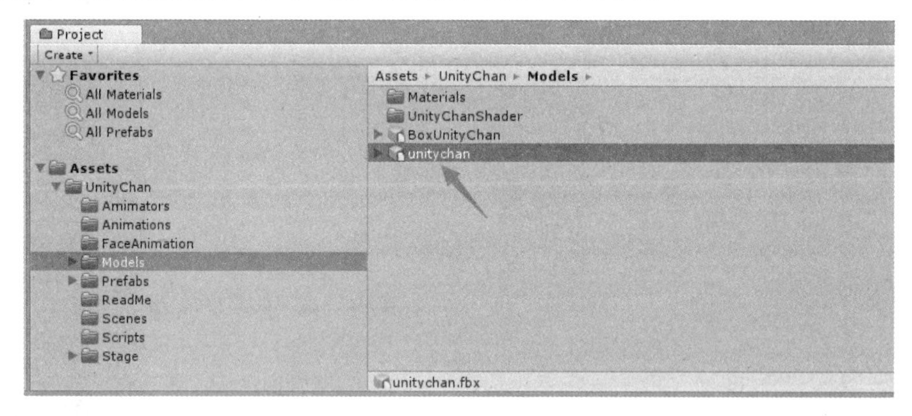

将其拖入场景中，并在旁边的 Inspector 视图的 Animtor 组件的 Controller 选项中拖入我们创建好的动画控制器文件进行应用，如下图所示。

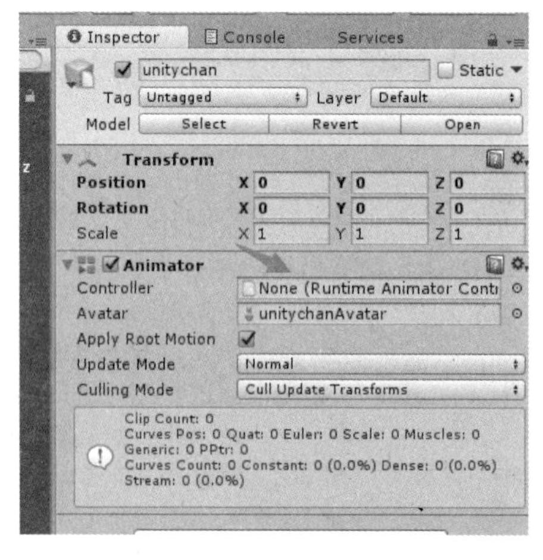

完成以上步骤后，双击 PlayerAnimatorController.controller 文件，进入 Animtor 视图中，就可以进行动画状态机的动作导入以及动作控制。

6.5.4 配置动画状态机

创建完成后，我们现在需要让人物能够动起来，这个时候就需要在动画状态机中设置动画的触发条件，以及播放什么动作。这里，我们设定人物暂时只播放 3 种动画，具体如下。

1. 跑步动作。
2. 跳跃动作。
3. 下滑动作。

6.5.4.1 跑步动作

我们先设置常规游戏中最主要的动作——跑步动作。跑步动作由两部分组成：一是静止时的动作，一是跑起来的动作。为了完成我们的跑步动作，我们需要新建一个动画混合树，以便进行动画。完成后双击进入编辑，单击混合树，添加 2 个 Motion,并在右边的 Inspector 视图选择好动作，动作分别选择我们导入好的 WALK00_F 与 RUN00_F。在左上角的 Parameters 界面将 Blend 参数重新命名为 MoveSpeed，以方便代码获取这个值并修改进行动画的速度；然后取消 Automate Thresholds 的勾选，设置进行动画的速度，如下图所示。

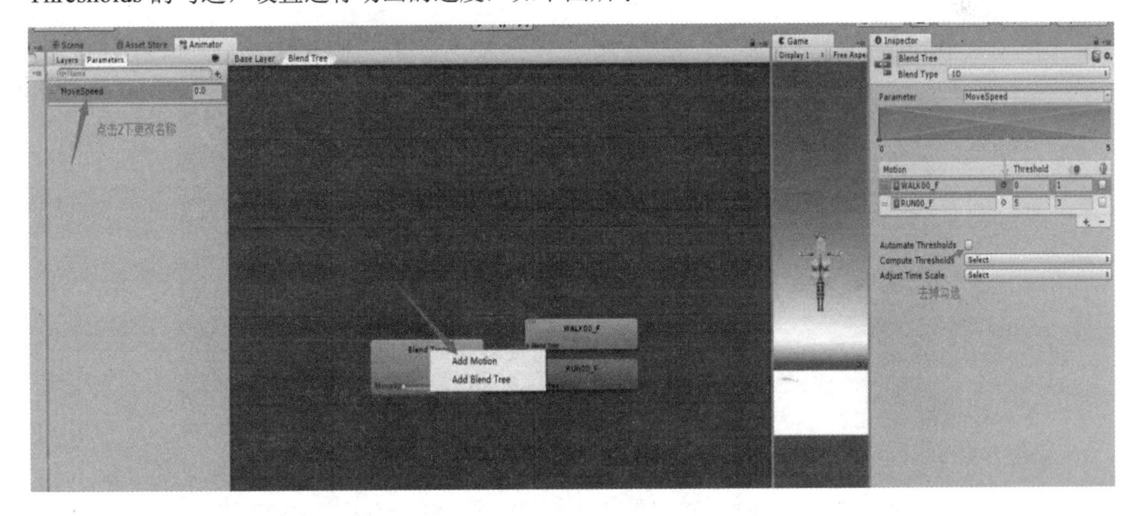

6.5.4.2 跳跃动作

完成了跑步动作的混合后，再来设置我们游戏的跳跃动作。这个时候先回到刚开始创建动画混合树的界面，重新创建一个新的空的状态，如下图所示。

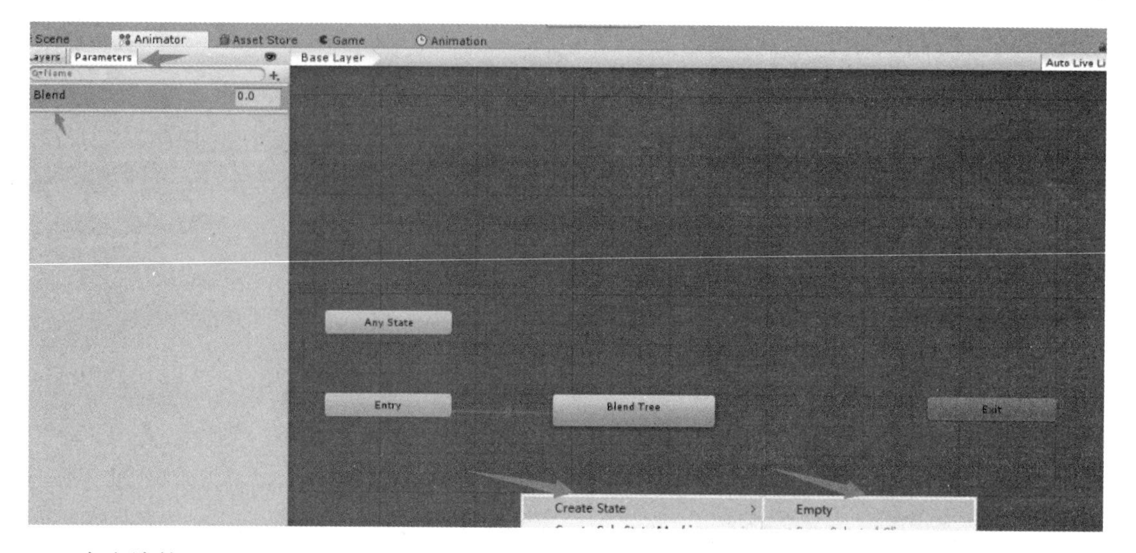

在右边的 Inspector 视图的 Motion 选项选择人物的跳跃动作 Jump00。然后我们选择创建好的状态，新建一个 Make Transition 连线，并将跳跃状态与创建好的动画混合树连接起来。同时，对动画混合树也创建一个连线，将动画混合树与跳跃状态联系起来，形成一个双向连接，用于两个动画之间的过渡，如下图所示。

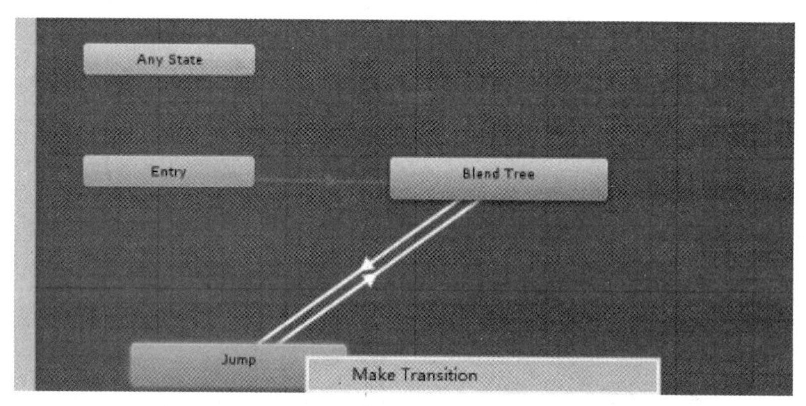

接着，单击左上角的 Parameters 界面的“+”按钮，新建一个 Bool 开关，并命名为 IsJump，用于控制动画是否进行过渡。然后单击连线，将创建好的开关进行应用，如下图所示。

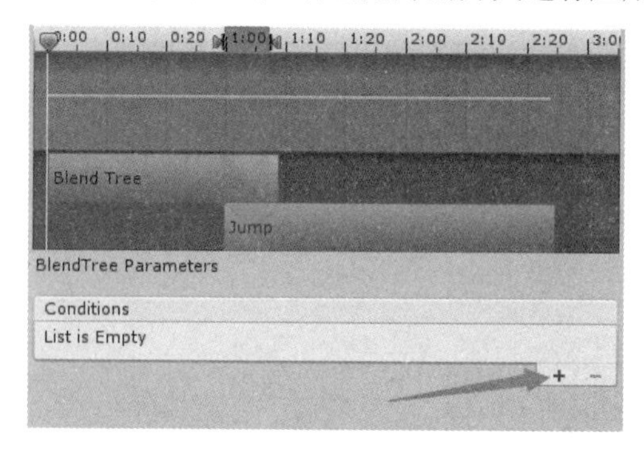

将“Blend Tree——Jump”连线方向设置为 True；将“Jump——Blend Tree”连线方向设置为 False，并取消勾选 Has Exit Time 选项（此选项的作用是在动画播放完成后，自动退出当前动

画，默认勾选）。

6.5.4.3　下滑动作

下滑动作与跳跃动作的设置大致相同，不同的是选择的动画是 SLIDE00。这里就不再过多阐述了。

6.5.5　代码控制

经过上面的步骤，我们已经配置好了角色的动画状态控制机，接下来就是在代码中控制并播放角色的动作了。

6.5.5.1　播放跳跃动画

首先，新建一个 PlayerController.cs 文件，然后将其挂载到角色身上，用于控制角色的行为。第一步得拿到玩家当前的动画控制器，为此在代码中写入以下内容。

```
using System.Collections;
using System.Collections.Generic;
using UnityEngine;
public class PlayerController : MonoBehaviour {
    public Animator playAnimtor;                              //动画控制组件
    public float jumpPower;                                   //角色的跳跃高度
    public float speed;
    void Start ()
    {
    playAnimtor = GetComponent<Animator>();
    }
}
```

这样我们就拿到了角色当前动画的组件，以及当前的动画控制器。第二步是进行角色动画的播放以及关闭，代码如下。

```
void Update ()
    {
      if (Input.GetKeyDown(KeyCode.Space))     //按下空格键
      {
        playAnimtor.SetBool("IsJump", true);   //播放跳跃动画
      }
    }
```

在这个演示中，我们在 Update 函数中进行检测，在游戏运行时，如果玩家按下了空格键，跳跃动画就会播放。细心的读者会发现，我们只进行了打开跳跃动画的操作，没有进行关闭操作，这会造成跳跃动画进行循环。该怎么解决呢？通常的方法是在动画播放完毕后，执行以下代码，以进行动画的关闭。

```
playAnimtor.SetBool("IsJump", false);    //关闭跳跃动画
```

6.5.5.2　播放下滑动画

播放下滑动画与播放跳跃动画相似，且由于之前我们已经获取到了当前的动画组件。所以，现在我们只需要在原有代码的基础上添加一段代码就可进行播放，代码如下。

```
if (Input.GetKeyDown(KeyCode.K))    //按下K键
{
  playAnimtor.SetBool("IsSlide", true);    //播放下滑动画
}
```

6.5.5.3 播放跑步动画

由于我们的跑步动画是由静止动画与前跑动画组合而成的，且在我们的动画状态机的设置当中，我们是根据角色的速度来进行两个动画的播放与切换，所以在游戏一开始角色速度为0时进行静止动画的播放。现在我们并没有进行角色的移动操作，但是想要看到跑步的效果，我们只需要更改一下之前在动画状态机中设置好的参考值 MoveSpeed，代码如下。

```
void Update ()
  {
      if (Input.GetKeyDown(KeyCode.L))  //如果按下L键
      {
         playAnimtor.SetFloat("MoveSpeed",speed);  //根据角色速度进行更改
         speed++; //更新速度
      }
  }
```

这样一来，我们只需要在游戏运行时按下 L 键就可以看到角色根据速度播放不同的动画了。在实际游戏中，通常是在 Upadte 函数中实时更新角色的速度，用来控制动画的播放，而不是使用按键来进行更新。而且跑步动画不需要停止，只需要更改当前角色的移动速度就可以满足我们的需求。我们会在后续的游戏示例中详细说明，这里就不再过多阐述了。

第 7 章　游戏开发的数学基础

数学是游戏引擎的基础。

游戏有各种各样的类型，有非常抽象的游戏，也有偏向模拟现实世界的游戏。对于抽象类游戏来讲，游戏规则本身需要一定的数学知识，例如纸牌和麻将；某些小游戏看似画面抽象，但还是会构建于完整的物理系统之上，比如流行的《割绳子》；模拟现实的游戏自然无须多言，对于拟真的 3D 游戏来说，无论是摄像机的移动、角色的移动、阴影的显示、输入操作的转换还是粒子的播放，每一帧背后都有大量的数学运算在支持。游戏引擎和游戏逻辑的实现必须基于坚实的数学基础，这样，游戏才能带给玩家真实感人的体验，否则可能会让玩家感觉到虚假或者困惑，从而无法沉浸在游戏世界中。

在 3D 游戏的开荒时代，以《毁灭战士》《雷神之锤》为代表的 3D 游戏将当时最前沿的图形学技术进行改造和变革，实现了在一秒之内渲染数十次的目标，奠定了现代 3D 游戏的基础。到了今天，游戏引擎已经得到了充分的发展，我们已经不需要再从计算顶点、渲染像素开始从头制作游戏了。虽然如此，当需要制作一款具有独特性的游戏时，依然有很多至关重要的问题需要考虑：玩家的输入如何转化为角色的行动？角色的行动和动画如何拟合？摄像机如何配合角色的移动，等等。这些问题关系到了游戏的手感、表现力和游戏性，是游戏成败的关键。而完美地实现我们最初想要的效果，也需要完备的数学算法的支持。

因此，数学也是游戏机制的基础。

游戏数学的内容非常庞杂，市面上有不少书籍整本书都在讨论相关的问题。本章只讨论游戏中最普遍、最基本的一些数学问题，目标是帮助初学游戏开发的读者们能够解决一部分游戏开发中的与计算相关的问题。

坐标系

7.1.1　左手坐标系、右手坐标系

3D 坐标系是 3D 数学的基本概念。3D 软件一般都采用笛卡儿坐标系来描述物体的坐标信息。笛卡儿坐标系可以是左手坐标系也可以是右手坐标系，先看一下两种坐标系的图示，下方左图是左手坐标系，右图是右手坐标系。

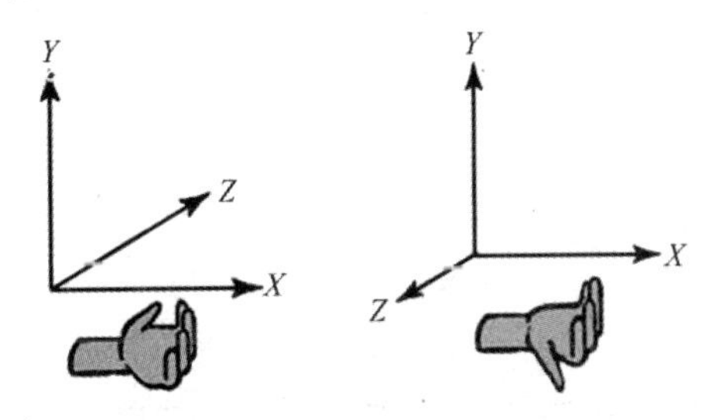

3D 空间中的朝向问题总是复杂的，两种坐标系看似一样，实际上是镜像对称的，就像左右

手一样。为什么要叫左手坐标系、右手坐标系呢？如上图所示，手掌沿 *X* 轴放平，向 *Y* 轴握拳，如果左手拇指指向 *Z* 轴的方向，就是左手坐标系；如果左手拇指的指向和 *Z* 轴相反，那么就是右手坐标系。这时如果换成右手，右手拇指的指向就会和 *Z* 轴方向相同了，因为我们的手也是镜像对称的。

坐标值通常用放在小括号中的三个数表示，分别是(x, y, z)，比如坐标(1, 0, 2)。

Unity 采用左手坐标系，且 *X* 轴、*Y* 轴、Z 轴的默认方向与上图中的左边完全一致，即 *X* 轴、*Y* 轴、*Z* 轴的默认指向为右、上、前。

7.1.2 世界坐标系

无论是在生活中还是在游戏开发中，我们总是在使用不同的坐标系来指代方位，下面以回答问路为例。

1. 超市就在我的左手边。这是以回答者本人的坐标系为基准来说的。

2. 往前走，第一个路口左拐，直走，再右拐就到了。这里的左、右是以行人的坐标系为基准来说的。

3. 超市在南边 200 米的位置。这是以世界坐标系为基准来说的，东、南、西、北是常用的指示世界坐标系的方法。

世界坐标系是场景内所有物体和方向的基准，也被称为全局坐标系。在世界坐标系中，原点(0, 0, 0)是所有物体位置的基准，且世界坐标系指定了统一的 *X* 轴、*Y* 轴、*Z* 轴的朝向。例如新建一个物体坐标为(1, 2, 1)。那么它在 *X* 轴方向离原点 1 米，在 *Y* 轴方向离原点 2 米，在 *Z* 轴方向离原点 1 米。

7.1.3 局部坐标系

每个物体都有其独立的坐标系，并且随着物体进行相同的移动或者旋转，这被称为局部坐标系，也被称为本地坐标系。模型 Mesh 保存的顶点坐标均为局部坐标系下的坐标。

在 Unity 中，局部坐标系与“父子关系”这一概念有很强的相关性，子物体会以父物体的坐标系作为定位自身的坐标系。

如下图所示，A 点的全局坐标是(1,2)，B 点的全局坐标是(2,3)，如果 B 是 A 的子物体，那么 B 点的局部坐标为(1,1)；如果 A 点是 B 点的子物体，那么 A 点的局部坐标为(-1, -1)。

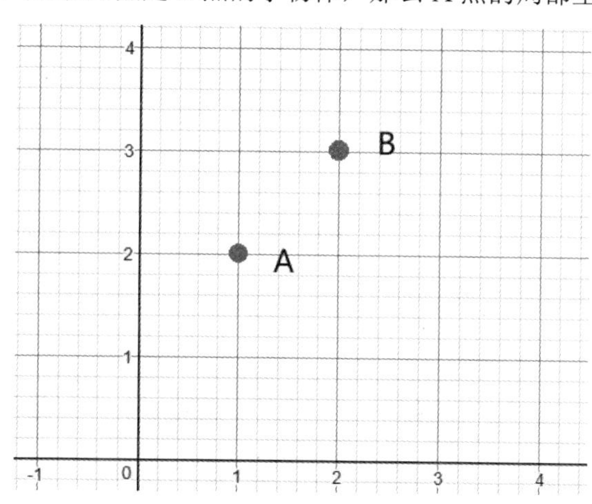

局部坐标系有一个特例——摄像机坐标系。摄像机作为一个组件，也是挂载在某个物体上的，那个物体的坐标系就是摄像机的坐标系。摄像机坐标系有很多用途，用它可以方便地判断物体是否在摄像机前方，以及物体之间的前后遮挡关系。

7.1.4 屏幕坐标系

2D 游戏和 3D 游戏的世界坐标系不尽相同，但是屏幕坐标系一定是 2D 的，因为显示设备是平面的（就算是 VR 设备，也是由两个屏幕组成的）。

在 Unity 中，可以使用 transform.TransformPoint 方法将局部坐标转换为世界坐标系，也可以使用 transform.InverseTransformPoint 方法将世界坐标系转换为局部坐标系。transform.TransformDirection 和 transform.InverseTransformDirection 则用于将向量在世界坐标系和局部坐标系之间进行转换。

以下示例将讲解如何通过改变物体的世界坐标系和局部坐标系来改变物体的运动方向。

1. 在 Unity 场景中，先新建一个立方体，并将旋转的 *Y* 值改为 300，也就是沿 *Y* 轴旋转 300°。
2. 新建脚本 CoordinateLocal.cs，内容如下。

```
using UnityEngine;
public class CoordinateLocal : MonoBehaviour {
    void Start() {
    }

    void Update() {
        transform.Translate(Vector3.forward * Time.deltaTime);
    }
}
```

将这个脚本挂载到立方体上，运行游戏，会看到立方体沿着自身的 *Z* 轴方向慢慢地移动。

3. 再新建脚本 CoorindateWorld.cs，内容如下。

```
using UnityEngine;
public class CoordinateLocal : MonoBehaviour {
    void Start() {
    }

    void Update() {
        Vector3 v = transform.InverseTransformDirection(Vector3.forward);
        transform.Translate(v * Time.deltaTime);
    }
}
```

将新建的脚本挂载到立方体上，并取消勾选原来的脚本 CoordinateLocal，这样就只有新的脚本发挥作用了。可以通过取消勾选/勾选的方式在两个脚本之间切换。

这时运行游戏，就发现立方体会沿着世界坐标系的 *Z* 轴方向移动了。

解释一下以上结果。

transform.Translate 函数默认是以局部坐标系为基准的，所以在第一个脚本中，虽然 Translate 函数的参数为 Vector3.forward，但依然会以局部坐标系的前方为准。Vector3.forward 的值是常数 (0, 0, 1)，它在不同的坐标系下代表不同的“前方”。

第二个脚本就比较复杂了，由于 Translate 函数会以局部坐标系为基准，我们就要把世界坐标系的“前方”转化为局部坐标系的向量 $\boldsymbol{v}$，这里我们认为 Vector3.forward 是世界坐标系的“前方”，因此用 InverseTransformDirection 方法将(0, 0, 1)这个向量以局部坐标系表示（也就是 $\boldsymbol{v}$），然后以 $\boldsymbol{v}$ 作为参数来执行 Translate 方法，立方体就会朝世界坐标系的“前方”移动了。

7.2 向量

向量的重要性不言而喻。在游戏开发中会反复用到向量的概念，以及 Vector3 这个数据类型。向量不仅可以在空间中被用来表示位置和方向，其在物理系统中还有更多的用途，它可以表示力、速度、加速度等概念。

在数学中，既有大小又有方向的量就是向量。在几何中，向量可以用一段有方向的线段来表示，如下图所示。

7.2.1 向量的加法

向量的加法为 x、y、z 方向的分量分别相加，在几何上的表示方法如下图所示。

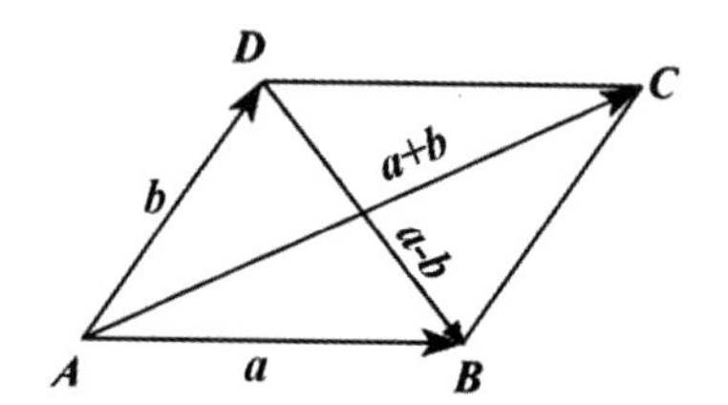

从 A 点到 C 点的向量，就是 $\boldsymbol{a}+\boldsymbol{b}$ 的结果。注意由于从 D 到 C 的向量与向量 $\boldsymbol{a}$ 完全相等，所以 $\boldsymbol{a}+\boldsymbol{b}$ 既可以看作是平行四边形的对角线，也可以看作是向量 $\overrightarrow{AD}$ 加上向量 $\overrightarrow{DC}$ 得到的。这就得到了向量加法在几何中的两种表示方法：首尾相接法和平行四边形法。

首尾相接法就是先平移一个向量，让它的起点与另一个向量的终点重合，然后连接另一个向量的起点和该向量的终点。

平行四边形法是将两个向量的起点放在一起，然后做一个平行四边形，对角线向量即两个向量的和。

在物理上，向量相加用来计算两个力的合力，或者几个速度分量的叠加。

在日常生活中也有向量加法的例子，比如从家里走到学校，再走到商店，将这两个位移相加，就得到了从家直接到商店的位移。

7.2.2 向量的减法

先解释什么是负向量，向量 $-\boldsymbol{a}$ 就是大小和 $\boldsymbol{a}$ 相同、方向和 $\boldsymbol{a}$ 相反的一个向量，它被称之为向量 $\boldsymbol{a}$ 的负向量。

那么 $\boldsymbol{a}-\boldsymbol{b}$ 运算就可以看作是 $\boldsymbol{a}+(-\boldsymbol{b})$，前面加法的例图中已经标明了 $\boldsymbol{a}-\boldsymbol{b}$ 的几何表示方法。具体做法为：将两个向量的起点放在一起，以 $\boldsymbol{b}$ 的终点开始，到 $\boldsymbol{a}$ 的终点结束，这个向量就是 $\boldsymbol{a}-\boldsymbol{b}$。

7.2.3 点乘

两个向量的点积是一个标量，其数值为二者的长度相乘，再乘以二者夹角的余弦，公式如下。

$$\boldsymbol{a} \cdot \boldsymbol{b} = |\boldsymbol{a}|\,|\boldsymbol{b}| \cdot \cos\theta$$

通过两个向量的点积可以快速判断两个向量的夹角。

- 若点积等于 0，则二者垂直；
- 若点积大于 0，则二者的夹角小于 90°；
- 若点积小于 0，则二者的夹角大于 90°。

7.2.4　叉乘

两个向量的叉积是一个新的向量，新向量垂直于原来的两个向量，且长度为二者长度相乘，再乘以夹角的正弦值。

叉积的方向也可以用左手判断（用左手还是右手和坐标系有关），手掌沿第一个向量放平，向第二个向量握拳，拇指的指向即为叉积的方向。

可以看出，两个向量叉乘的顺序不同，手掌转向也会不同，所以叉乘不满足交换律。

7.2.5　Vector3 结构体

提醒：C#中有类（Class）和结构体（Struct）的区别，虽然它们都具有字段、属性、方法，但是前者是引用类型，后者是值类型，在使用时区别很大。Vector2 和 Vector3 属于结构体，详情可参考 C#语法的相关资料。

在 Unity 中，和向量有关的结构体有 Vector2、Vector3，分别用来表示二维和三维向量，其中 Vector3 最为常用，下面列举 Vector3 的字段（属性）和方法。

字段（属性）	说　明
x	向量 x 方向上的分量
y	向量 y 方向上的分量
z	向量 z 方向上的分量
normalized	得到单位化向量（方向相同，长度为 1）
magnitude	得到向量长度，长度是标量
sqrMagnitude	得到向量长度的平方，运算速度比得到长度要快

方　法	说　明
Cross	向量叉乘
Dot	向量点乘
Project	计算向量在另一个向量上的投影
Angle	返回两个向量的夹角
Distance	返回两个向量的距离
+	用于向量相加
-	用于向量减法
*	用于向量乘以标量（会改变向量长度）
/	用于向量除以标量（会改变向量长度）
==	判断两个向量是否相等
!=	判断两个向量是否不相等

7.2.6 位置与向量的区别和联系

在数学中，点的坐标与向量有着严格的概念区分，如下图所示。

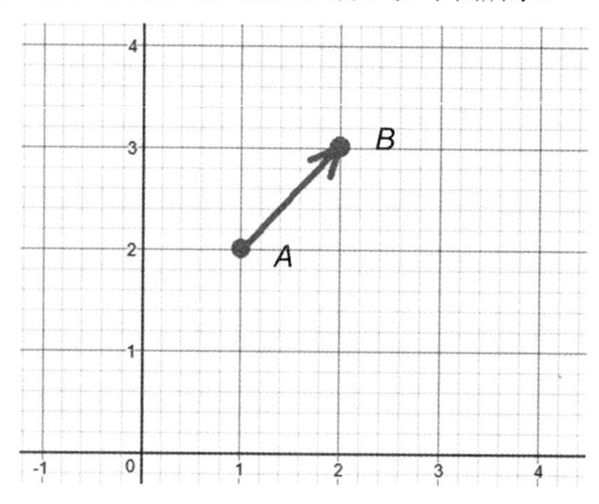

点 A 的坐标为(1, 2)，点 B 的坐标为(2, 3)，向量$\overrightarrow{\boldsymbol{AB}}$可以记为(1, 1)。

在数学符号系统中，点用大写字母表示，向量会以两个点的名称再加顶上箭头表示，或者用小写字母加顶上箭头表示，在印刷品中会以黑体小写字母表示。总之，在表示向量时，总是有特殊的符号和记法，能够比较清楚地区分向量和点。而在程序中，向量和坐标位置的记法就模糊了，这给编写脚本的新手带来了一些容易混淆的地方。

向量和坐标可以混合计算的原因是它们是有联系的。A 点的坐标既是一个位置坐标，又是向量$\overrightarrow{\boldsymbol{OA}}$的值，原点记作 O，坐标为(0, 0)，所以用 A 的坐标减去 O 的坐标就得到了向量$\overrightarrow{\boldsymbol{OA}}$。换句话说，任何一个点 X 的坐标都可以看成是从原点 O 到 X 点的向量。向量和坐标显然是有联系的。但要注意，由于我们说的向量都是自由向量，它的位置可以任意平移，它更多地表示了一个相对关系。

在脚本中，向量和位置都以 Vector3 表示，那如何区分坐标和向量呢？仅从字面上其实无法区分，代码的意图决定了 Vector3 的意义。

```
// 这是当前物体的坐标
Vector3 p1 = transform.position;
// 这是 B 物体的坐标
Vector3 p2 = gameObjectB.transform.position;
// 这是从当前物体到 B 物体的向量
Vector3 diff = p2 - p1;
// 获得了一个新的坐标，相当于 B 物体再远离当前物体一倍的位置
Vector3 p3= p2 + diff;

// 从 C 物体的位置出发，发生从 A 物体到 B 物体的位移，得到新的坐标
Vector3 p3 = gameObjectC.transform.position + diff;

// 调整向量的长度为一半
Vector3 diffHalf = diff * 0.5f;
```

如以上示例代码所示，坐标和向量不仅都用 Vector3 表示，而且它们之间还会发生运算，常用的情况列举如下。

元素 1	运算符	元素 2	一般意义
坐标	+	坐标	一般无意义。特殊的比如(*A*+*B*)/2 可以得到线段的中点
坐标	+	向量	从某个坐标位移，得到新的坐标
向量	+	向量	向量叠加为一个新的向量，详见向量加法的几何意义
坐标	-	坐标	得到一个向量，被减数是终点
坐标	-	向量	得到新的坐标，相当于加上负向量
向量	-	向量	得到一个向量，不同情景下有不同的意义，详见向量减法

向量的加减法看似非常基本，但是在游戏开发中却经常被用到。例如以下问题。

1. 在游戏人物头顶 1 米处添加粒子。
2. 在游戏人物前方 1 米处生成炮塔。
3. 敌人瞄准游戏人物前方 0.5 米处（射击的提前量）。
4. 敌人一边朝玩家移动，一边躲开危险区域（躲避障碍时用到向量的叠加）。

前 3 个问题用“坐标+向量偏移”的方法即可解决。第 4 个问题代表了一类游戏 AI 问题，详见游戏 AI 开发的相关资料。

7.2.7　Vector3 的用法

用两个例子来演示 Vector3 的使用方法。

7.2.7.1　例子：获得两个物体的距离

在场景中创建一个立方体，在主摄像机上挂载 Distance.cs 脚本，内容如下。

```
using UnityEngine;
public class Distance : MonoBehaviour {
   Transform otherCube;
   void Start()
   {
      otherCube = GameObject.Find("Cube").transform;
      float dist = Vector3.Distance(otherCube.position, transform.position);
      Debug.Log("Distance: " + dist);
   }
}
```

执行后就可以在控制台窗口中看到立方体和摄像机之间的距离了。

7.2.7.2　例子：缓动效果

接下来实现一种比较特别的缓动效果：物体一开始快速向终点移动，但是离终点越近速度就越慢，最终达到目标位置。

首先，新建一个球体，在检视窗口的 Transform 组件菜单中选择 Reset，重置坐标为(0, 0, 0)，然后挂载 MoveToTarget.cs 脚本。

```
using UnityEngine;
public class Distance : MonoBehaviour {
   public Vector3 target = new Vector3(10, 0, 10);
   void Update()
   {
```

```
        transform.position = Vector3.Lerp(transform.position, target, 0.3f);
    }
}
```

准备完毕后运行游戏，会发现物体快速向坐标(10, 0, 10)移动，距离越近移动越慢。

简单解释一下，Vector3.Lerp 被称为差值函数，它的用法可以表示为以下公式。

插值结果 = Lerp（起点，终点，比例）

起点、终点、差值结果的类型都是 Vector3，比例是一个 Float 类型的数字。插值的结果在起点和终点之间，根据比例而定。如果比例为 0，则返回起点；如果比例为 1，则返回终点；如果比例为 0.5，则返回二者中间的位置。比例小于 0 时等价于 0，比例大于 1 时等价于 1。

在本例中，起点的位置取的是物体当前的位置，比例固定为 0.3，所以物体每一帧移动的距离都是剩余距离的 30%，因此，一开始移动得很快，之后越来越慢，实现了一种非常特别的移动效果。

7.3 矩阵

和向量一样，矩阵也是 3D 数学的基础。矩阵就像一个表格，具有几行、几列。要想正确进行物体的位移、旋转、缩放变换，必须要用到矩阵。

3D 游戏中的向量一般只有 3 个维度，但矩阵要使用 4×4 矩阵，4×4 矩阵是能够正常进行所有线性变换的最小矩阵。

3D 游戏中矩阵算法的内容，远远超过了本书介绍的范围，以下通过展示单独的平移、旋转、缩放矩阵，让读者对矩阵有一个直观的认识，以消除陌生感。

1. 平移矩阵。

$$\boldsymbol{T}(p)=\begin{bmatrix}1 & 0 & 0 & 0\\0 & 1 & 0 & 0\\0 & 0 & 1 & 0\\p_x & p_y & p_z & 1\end{bmatrix}$$

向量 $\boldsymbol{v}$ 乘以矩阵 $\boldsymbol{T}(p)$，相当于让向量 $\boldsymbol{v}$ 的 $\boldsymbol{x}$、$\boldsymbol{y}$、$\boldsymbol{z}$ 方向上的分量分别变化 P_x、P_y、P_z。

2. 旋转矩阵。

$$\boldsymbol{X}(\theta)=\begin{bmatrix}1 & 0 & 0 & 0\\0 & \cos\theta & \sin\theta & 0\\0 & -\sin\theta & \cos\theta & 0\\0 & 0 & 0 & 1\end{bmatrix}$$

矩阵 $\boldsymbol{X}(\theta)$可以让向量沿着 X 轴旋转 $\theta°$ 。

3. 缩放矩阵。

$$S(q)=\begin{bmatrix} q_x & 0 & 0 & 0 \\ 0 & q_y & 0 & 0 \\ 0 & 0 & q_z & 0 \\ 0 & 0 & 0 & 1 \end{bmatrix}$$

缩放矩阵可以对向量的各个分量进行缩放，向量 $\boldsymbol{v}$ 与矩阵 $\boldsymbol{S}(q)$相乘后，$\boldsymbol{v}$ 的三个分量分别缩放 P_x、P_y、P_z 倍。

矩阵变换最强大的地方在于，它可以通过矩阵乘法进行组合，组合以后通过一个矩阵就可以表示一组变换操作，假设对三个矩阵 $\boldsymbol{S}$、$\boldsymbol{R}$、$\boldsymbol{T}$ 分别进行缩放、旋转、位移操作，三者相乘就得到了矩阵 $\boldsymbol{M}$。那么：

$$\boldsymbol{vSRT}=\boldsymbol{vM}$$

对 $\boldsymbol{v}$ 依次乘以矩阵 $\boldsymbol{S}$、$\boldsymbol{R}$、$\boldsymbol{T}$ 进行变换，得到的结果向量和 $\boldsymbol{v}$ 直接乘以矩阵 $\boldsymbol{M}$ 得到的结果是一致的。

虽然矩阵的作用很强大，但是由于使用它有一定的门槛，所以 Unity 已经封装了一些矩阵和变换函数，用户可以直接使用。旋转相关的问题还可以用四元数来解决，这进一步减少了直接操作矩阵的必要性。

7.4 齐次坐标

在 3D 数学中，齐次坐标就是将原本的三维向量(x, y, z)用四维向量(x, y, z, w)来表示。

引入齐次坐标有如下目的。

1. 更好地区分坐标点和向量。在三维空间中，(x, y, z)既可以表示一个点，也可以表示一个向量。如果采用齐次坐标，则可以使用$(x, y, z, 1)$来代表坐标点，而使用$(x, y, z, 0)$来代表向量。在进行一些错误操作，例如将两个坐标点相加时，会立即得到一个错误的结果（w 值为 2，既不是点也不是向量）。

2. 统一用矩阵乘法表示平移、旋转、缩放变换。3×3 的矩阵可以用来表示旋转和缩放矩阵，但是无法表示平移，这会带来很多问题。用 4×4 的矩阵就可以统一 3 种线性变换。

齐次坐标是计算机图形学中一个非常重要的概念，但是 Unity 中很少会考虑齐次坐标的问题。这个概念只在编写某些 Shader 的时候会用到，在游戏逻辑中大部分情况下还是使用 Vector3。Unity 引擎内部会使用齐次坐标的概念，但是对用户是隐藏的。

7.5 四元数

7.5.1 概念

四元数包含一个标量分量和一个三维向量分量，四元数 Q 可以记作：

$$Q=[w,(x,y,z)]$$

在 3D 数学中使用单位四元数来表示旋转，对于三维空间中旋转轴为 n，旋转角度为 α 的旋转，如果用四元数表示，四个分量分别为：

$$w=\cos(a/2)$$
$$x=\sin(a/2)\cos(\beta_x)$$
$$y=\sin(a/2)\cos(\beta_y)$$
$$z=\sin(a/2)\cos(\beta_z)$$

其中三个余弦的角度，分别为旋转轴的 x、y、z 分量。

从上面的描述中可以看到四元数表示的旋转并不直观。在 3D 数学中，旋转还可以用欧拉角和矩阵表示，但是每一种表示方法都有其各自的优缺点，下表对这三种方式进行了对比。

	欧 拉 角	矩 阵	四 元 数
旋转一个位置点	不支持	支持	不支持
增量旋转	不支持	支持，运算量大	支持，运算量小
平滑差值	支持（存在潜在问题）	基本不支持	支持
内存占用	3 个浮点数	16 个数值	4 个浮点数
表达式是否唯一	无数种组合	唯一	互为负的两种
潜在问题	万向锁	矩阵蠕变	误差累计

由于三种表示旋转的方法都有各自的优点和缺点，所以在实际中会根据具体需求进行考虑。此外，因为旋转的表示方法非常重要，所以应当尽可能在引擎层面进行统一，这样才能尽可能减少开发游戏时的问题。

本书在前面的章节中介绍过，Unity 内部旋转是用四元数，即结构体表示的，但是界面上的很多地方会用到更直观的欧拉角。

7.5.2 结构体的简介

下面详细介绍结构体的参数和功能。

参 数	功 能
x	四元数的 x 分量，不应直接修改
y	四元数的 y 分量，不应直接修改
z	四元数的 z 分量，不应直接修改
w	四元数的 w 分量，不应直接修改
This[int index]	允许通过下标运算符访问 x、y、z、w 分量。例如[1]可以访问 y
EulerAngles	获得对应的欧拉角
Identity	获得无旋转的四元数
ToAngleAxis	将旋转转换为一个轴和一个角度的形式
SetFromToRotation	与 FromToRotation 类似，但是直接修改当前四元数对象
SetLookRotation	与 LookRotation 类似，但是直接修改当前四元数对象
*	四元数相乘，代表依次旋转的操作
==	判断四元数是否相等
!=	判断四元数是否不相等

续表

Dot	两个旋转点乘
AngleAxis	根据一个轴和一个角度获得一个四元数
FromToRotation	获得一个四元数，代表从 From 到 To 向量的旋转
LookRotation	给定前方和上方向量，获得一个旋转
Slerp	插值，根据比例在两个四元数之间进行球面插值
Lerp	插值，根据比例在两个四元数之间插值并将结果规范化
RotateTowards	将旋转 From 变为旋转 To
Inverse	返回本旋转的逆旋转
Angle	返回 *a* 和 *b* 两个旋转之间的夹角
Euler	转换为对应的欧拉角

7.5.3　四元数的操作示例

在游戏对象的变换组件中，transform.rotation 为对象在世界坐标系下的旋转，transform.localRotation 是对象在父对象坐标系下的旋转，两个变量的类型均为四元数。因此，只要通过改变 transform.rotation 或者 transform.localRotation 就可以设置游戏对象的旋转。

7.5.3.1　示例——输入控制旋转

为了更好地解释 Unity 中四元数的使用方法，作者特别设计了一个有趣的控制角色旋转的例子，如下图所示。

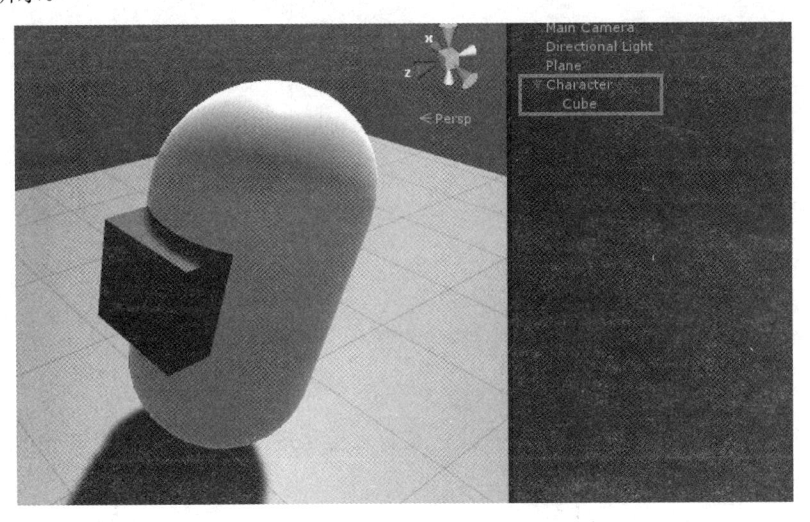

场景中有一个胶囊体外形的角色，具有一个红色立方体的面是它的正面。我们的目标是通过键盘输入能够任意控制角色的旋转，而且我们准备一步一步地加入更多功能，以体会四元数的强大与灵活。

首先，在场景中搭建上图中的角色，然后在角色物体上挂载 SimpleRotate 脚本，代码如下。

```
using UnityEngine;

public class SimpleRotate : MonoBehaviour {
```

```
    void Update () {
        float v = Input.GetAxis("Vertical");
        float h = Input.GetAxis("Horizontal");

        // 将横向输入转化为左右旋转，将纵向输入转化为俯仰旋转。得到一个很小的旋转四元数
        Quaternion smallRotate = Quaternion.Euler(v, h, 0);
        // 将这个小的旋转叠加到当前旋转的位置上
        transform.rotation = smallRotate * transform.rotation;
    }
}
```

以上代码将键盘输入转化为一个小的旋转动作，然后使用四元数相乘的方法，把小的旋转应用在当前的 transform.rotation 上面，每帧调用一次，以形成连续的旋转动画。

运行游戏，使用键盘的 A 键和 D 键就可以控制物体的左右旋转，使用 W 键和 S 键可以控制物体的俯仰角度。

有了俯仰角度以后，再使用 A 键和 D 键，会发现左右旋转依然是以角色本身为准的。这点是四元数运算的一个特性，可以通过测试进行体会。

7.5.3.2 示例——世界坐标系旋转

可能有读者会好奇：如果必须让物体以世界坐标系为基准进行左右旋转呢？这个问题对初学者来说有点复杂，但是如果采用四元数提供的“轴、角”方式，也很容易解决。修改代码如下。

```
using UnityEngine;

public class SimpleRotate : MonoBehaviour {

    void Update () {
        float v = Input.GetAxis("Vertical");
        float h = Input.GetAxis("Horizontal");

        // 将纵向输入转化为第一个旋转
        Quaternion smallRotate = Quaternion.Euler(v, 0, 0);

        // 用“轴、角”方式构造横向的旋转
        // 世界坐标系中的 Vector3.up，其实就是 Y 轴的方向
        Quaternion smallRotate2 = Quaternion.AngleAxis(h, Vector3.up);

        // 对物体连续应用两个旋转
        transform.rotation = smallRotate2 * smallRotate * transform.rotation;
    }
}
```

测试即可发现，现在当角色倒下的时候，左右旋转就是以世界坐标系为基准了。

7.5.3.3 示例——旋转到指定位置

很多时候，我们需要让角色快速旋转到指定位置，比如当敌人发现主角的时候，无论他当前的朝向是哪里，都会快速转向主角。但是转身毕竟是有速度限制的，如果瞬间转向，效果就会很假。以下的代码能够让角色以插值的方式转向(0, 0, 0)的位置。

```
using UnityEngine;

public class SimpleRotate : MonoBehaviour {
```

```
    void Update () {
          float v = Input.GetAxis("Vertical");
          float h = Input.GetAxis("Horizontal");

          // 将横向输入转化为左右旋转，将纵向输入转化为俯仰旋转。得到一个很小的旋转四元数
          Quaternion smallRotate = Quaternion.Euler(v, h, 0);
          // 将这个小的旋转叠加到当前旋转的位置上
          transform.rotation = smallRotate * transform.rotation;

          if (Input.GetButton("Jump"))
          {
             // 目标位置是没有旋转的位置，相当于欧拉角(0, 0, 0)
             Quaternion target = Quaternion.identity;

             // 插值旋转，制造先快后慢的效果
             Quaternion temp = Quaternion.Slerp(transform.rotation, target, 0.1f);

             transform.rotation = temp;
          }
       }
   }
```

这时如果按住空格键（默认的 Jump 跳跃键），物体就会向着零位旋转。

这里采用插值的效果是物体旋转先慢后快，这是 Slerp 函数的常用方法，每次都在物体的当前位置和目标位置之间取值，当距离越短，取到的差值就越小。

能否匀速转动呢？答案是可以的，只需要将 temp 的计算改为如下代码即可。

```
   // 匀速旋转，每次最大转动 1 度
   Quaternion temp = Quaternion.RotateTowards(transform.rotation, target, 1.0f);
```

RotateTowards 方法同样也是接收了两个起点、终点的四元数，和 Slerp 几乎一样，不同的是，RotateTorwards 方法的含义是生成一个从起点到终点的旋转，但是角度大小不超过第三个参数的范围。这个函数用于匀速转动时非常方便。

7.5.3.4　示例——角色快速起身

四元数的操作非常灵活，一旦熟悉了也会非常有趣。考虑这样的需求：由于各种原因，角色倒地了，但是角色需要快速爬起来，也就是回到直立的状态。应当如何旋转呢？

下面是示例代码。

```
   using UnityEngine;

   public class SimpleRotate : MonoBehaviour {

    void Update () {
          float v = Input.GetAxis("Vertical");
          float h = Input.GetAxis("Horizontal");

          // 将横向输入转化为左右旋转，将纵向输入转化为俯仰旋转。得到一个很小的旋转四元数
          Quaternion smallRotate = Quaternion.Euler(v, h, 0);
          // 将这个很小的旋转叠加到当前旋转的位置上
          transform.rotation = smallRotate * transform.rotation;

          if (Input.GetButton("Jump"))
          {
             // 同前文，略……
```

```
            }

            if (Input.GetButton("Fire1"))
            {
                // 要让物体直立，就是要让物体的上方与世界上方一致
                // 也就是让 transform.up 和 Vector3.up 一致
                Quaternion target = Quaternion.FromToRotation(transform.up, Vector3.up);
                target = target * transform.rotation;

                // 匀速旋转，每次最大转动 1 度
                Quaternion temp = Quaternion.RotateTowards(transform.rotation, target,
1.0f);

                transform.rotation = temp;
        }
            }
        }
```

简单来说，要让角色起身，就是要考虑让角色自身的上方和世界的上方一致。那么就要创建一个从角色上方到世界上方的四元数。这个四元数是一个旋转的动作，不是目标旋转位置。将它乘以当前旋转位置，就得到了目标旋转位置。

然后再使用前面的 RotateTowards 方法匀速转过去即可。

7.6 本章小结

本章侧重最基本的坐标系、向量等概念的讲解，而且在最后附上了几个简单但又有代表性的例子，希望能给读者打一个良好的数学基础。

每当谈论到数学时，总是有些人感觉非常有趣，而另一些人觉得非常头疼。好消息是越基础的东西在日常开发中用到的越多，比如向量的加减法、归一化就比向量的点乘、叉乘用到的多得多。

所以，无论你是否喜欢学习游戏开发中的数学，能掌握并灵活运用最基本的概念总是最重要的，而且也不是难事。

第 8 章　场 景 管 理

8.1　多场景编辑

多场景编辑允许我们在同一个场景窗口中打开多个场景，而且可以更容易实现运行时的场景管理。

同时编辑多个场景是新一代引擎具有的功能，它可以方便开发者创建巨大的无缝衔接的地图，还可以让多人同时编辑同一个场景（比如技术人员、设计师、美术人员分别修改场景中不同的部分），通过拆分场景、合并场景的方法让合作变得非常容易。

本章将介绍和多场景管理有关的几个问题。

1. 多场景编辑。
2. 运行时的场景管理、SceneManager 类。
3. 其他注意事项。

8.1.1　在编辑器中打开多个场景

要打开一个新的场景并且附加到当前的层级窗口中，有两种方法：一是在工程窗口中的场景文件上单击右键，选择 Open Scene Additive（增量打开场景）；二是把工程窗口中的场景拖到层级窗口中。双击场景会直接切换场景，而选择 Open Scene Additive 则会将场景附加到层级窗口中，把场景文件拖动到层级窗口也有同样的效果。

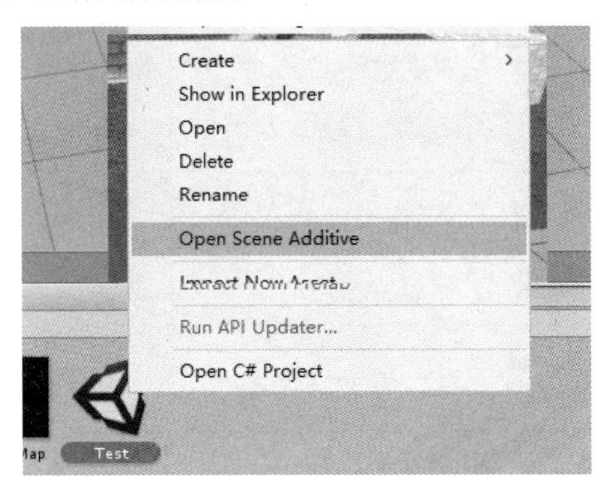

在场景中打开了多个场景后，每个场景在层级窗口中都是一个独立的父节点。且每个场景会有一个单独的“分隔栏”，在这条分隔栏里可以看到每个场景的标题、是否保存过（*号代表有未保存的改动）。

下图是同时打开多个场景的示例，Unity 图标的那一行就是该场景的栏位。

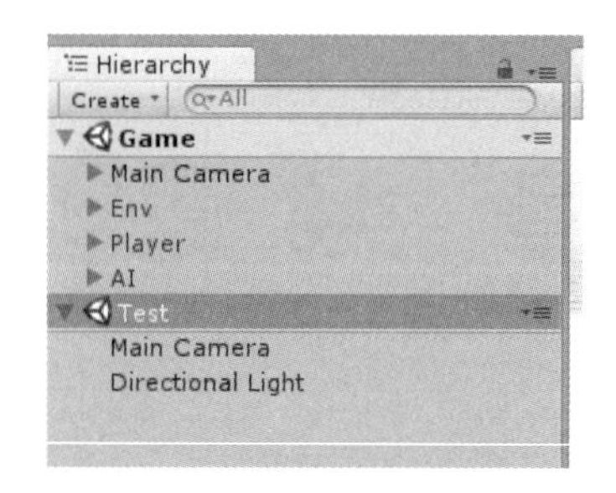

当场景在层级窗口中打开以后，还可以将场景卸载或加载，甚至还可以隐藏/显示整个场景中的所有物体。这些操作与直接关闭、打开场景是不同的。

当打开的场景较多时，可以使用折叠的方式方便地查看所有场景，这个操作类似父物体折叠。

当编辑多个场景时，每个场景都可以单独编辑、单独保存，也允许修改多个场景而暂时不保存。这相比每次编辑一个场景要方便得多。场景有未保存的修改时，会以*号标记，如下图所示。

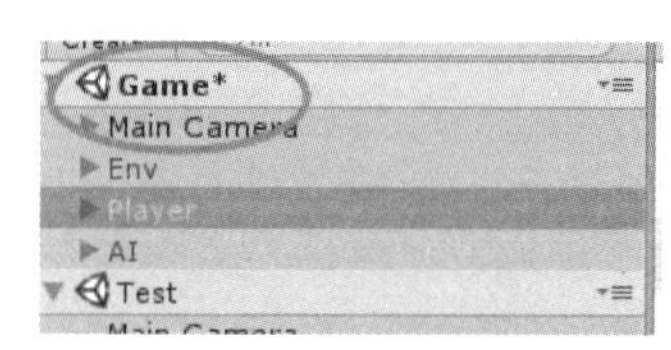

每个场景都可以单独保存，在每个场景名称栏的右键菜单中即可选择。此外，选择主菜单中的 Save Scene 或者按下 Ctrl/Cmd + S 组合键可以同时保存所有场景。

8.1.2 场景分隔栏菜单

下面是场景分隔栏菜单的界面和参数。

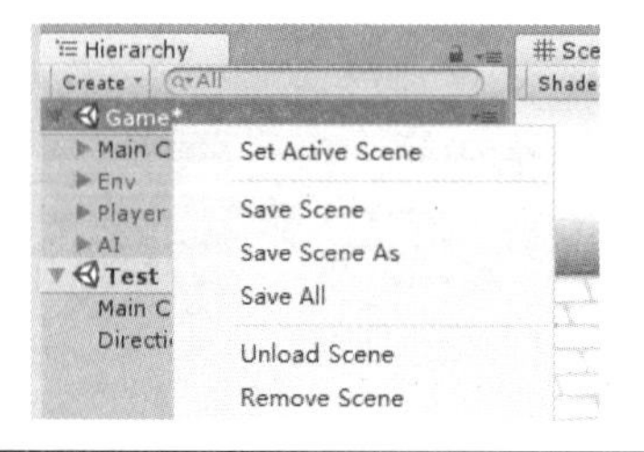

参　　数	功　　能
Set Active Scene	设置此场景为激活状态。激活后，新建的物体会进入这个场景。同一时间有且只有一个场景处于激活状态
Save Scene	单独保存这个场景
Save Scene As	将这个场景另存为一个场景文件
Save All	保存所有场景
Unload Scene	卸载场景，但是它还会保留在层级窗口中
Remove Scene	卸载场景，并从层级窗口中删除
Select Scene Asset	在工程窗口中选中这个场景对应的文件
Game Object	新建游戏物体的快捷入口

在场景分隔栏菜单中也可以创建游戏物体。

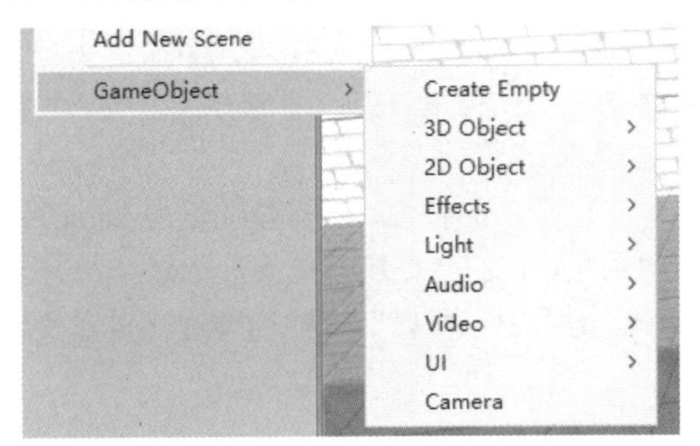

8.1.3　多场景烘焙光照贴图

要为多个场景同时烘焙光照贴图，只需要打开所有需要操作的场景，在 Lighting 窗口中关闭 Auto 选项，单击 Generate Lighting 按钮即可。

照明计算的输入数据来自所有场景的静态物体和灯光。 而阴影和 GL（全局光照）光线反弹将适用于所有场景。但是，光照贴图和实时 GL 数据会为每个独立场景分离。这意味着场景之间的光照贴图永远不会共享，卸载场景时可以安全地卸载它们。光照探针（Lightprobe）数据总是共享的，并且所有场景烘焙在一起的所有探测器都在同一时间加载。

另外，在编辑器专用脚本中，可以使用 Lightmapping.BakeMultipleScenes 方法来自动为多个场景烘焙光照信息。

8.1.4　多场景烘焙寻路网格

要为多个场景同时烘焙寻路网格，可以打开所有要处理的场景，然后在寻路窗口中单击 Bake 按钮即可。所有的寻路数据将会被烘焙到一个文件里，所有相关场景都将共享这份寻路信息。但是要注意，这个寻路信息文件的位置会和当前激活的场景放在一起（例如，当前激活的是 Main 场景，则寻路信息文件位于 Main/NavMesh.asset），所有已加载的场景会共享这份寻路信息。在烘焙寻路信息之后，应当确保这些相关的场景都被保存，且要保证之后这些场景能找到寻路信息文件。

另外，在编辑器专用脚本中，可以使用 NavMeshBuilder.BuildNavMeshForMultipleScenes 函数来自动进行上述操作。

8.1.5　多场景烘焙遮挡剔除信息

要为多个场景同时烘焙遮挡剔除信息，同样需要打开所有需要操作的场景，然后在 Occlusion Culling 窗口中单击 Bake 按钮即可。遮挡剔除信息会保存在 Unity 工程的 Library/Occlusion 目录中，且每个场景都会记录对剔除信息文件的引用。所以在烘焙之后应当保存一次所有场景。

在以“附加到当前场景”的方式打开一个场景时，如果新的场景和原有场景引用同一份遮挡剔除数据，那么遮挡剔除系统的行为就像是对合并后的整个场景应用了遮挡剔除。

8.1.6 多场景运行游戏

如果在运行游戏时有多个场景存在于层级窗口中，就会自动添加一个叫作DontDestroyOnLoad的新场景。

Unity 5.3之后的版本提供了这个新的特性，所有被标记为DontDestroyOnLoad的物体，都可以被认为并不属于某个单独的场景，它们会在场景切换后依然存在。这些被标记的物体会出现在那个特殊的DontDestroyOnLoad场景中，可以对这些物体进行很方便地选择和操作。

8.1.7 场景相关设置

有一些设置是针对单独的场景的，包括如下几项：

1. 渲染设置和光照贴图设置，二者都在光照窗口中。
2. 导航网格设置。
3. 遮挡剔除窗口中的场景设置。

这些设置的工作方式是：每个场景都可以单独设置和保存各自的设置信息，且保存在场景文件中，场景之间是独立的。

如果打开了多个场景，那么这时设置的渲染、寻路信息实际上是针对激活的场景的。也就是说，如果要改变一个场景的相关设置，要么单独打开这个场景，要么在多场景编辑中将它激活，才可以对那个场景进行设置。

当在编辑器中激活其他场景，或者在游戏运行时切换场景，原有场景的设置信息也同样会被替换成新场景的设置。

8.1.8 注意事项

在文件菜单中，Save Scene选项会保存所有的场景，而Save Scene As选项则只保存当前激活的场景。

当拖曳一个场景文件到层级窗口时，默认会加载那个场景。而如果按住Alt键进行拖曳，就不会立即加载它，而是保留未加载的状态。

在工程窗口中新建场景的方法类似于创建脚本文件，二者都是在菜单中进行操作。

如果经常要进行多场景编辑，比如我们想保存多个场景打开的状态，避免每次关闭Unity都必须重新打开多个场景。针对这个问题，Unity提供了编辑器脚本方法EditorSceneManager.GetSceneManagerSetup，用于获取当前编辑器中的场景列表。可以序列化这个列表并保存到文件中，下次想要恢复的时候，就可以使用EditorSceneManager.RestoreSceneManagerSetup方法还原场景列表。

获得场景列表后，可以通过它的sceneCount属性获得列表长度，并用GetSceneAt方法获得某一个序号的场景。

GameObject.scene方法可以获得一个游戏物体所在的场景。

SceneManager.MoveGameObjectToScene方法可以移动一个物体到某个场景中。

使用SceneManager.LoadScene方法来加载场景，并使用SceneManager.UnloadScene方法来卸载场景，这样就可以实现基本的场景管理操作。本章还会继续介绍有关运行时场景管理的方法。

最后还有一个问题：跨场景的物体引用的关系。在制作游戏的过程中，不可以跨场景引用物体，比如在场景 A 的某个物体的脚本中，使用变量引用了场景 B 的某个物体。而在游戏运行时这种引用是可能的，因为加载了多个场景时，这些场景是在同一个游戏环境中的。

8.2 运行时的场景管理

8.2.1 场景管理类

SceneManager 类是脚本在运行时管理场景的类。先大致介绍一下它的所有属性、方法和事件。

1. 属性

参　数	功　能
SceneCount	已加载（Loaded）的场景总数
SceneCountInBuildSettings	工程设置中的场景总数

2. 方法

参　数	功　能
CreateScene	用指定的名称创建一个新的空场景
GetActiveScene	获得当前激活的场景
GetSceneAt	用下标获得某个已加载的场景，下标是工程设置中场景列表的下标
GetSceneByBuildIndex	用下标获得场景结构体
GetSceneByName	以场景名称获取某个已加载的场景
GetSceneByPath	以场景路径获取某个已加载的场景
LoadScene	以下标或场景名称加载场景
LoadSceneAsync	加载场景的异步方法。在后台异步加载场景，通常和协程配合使用
MergeScenes	融合一个场景到另一个场景中
MoveGameObjectToScene	将一个游戏物体从一个场景移动到另一个场景
SetActiveScene	激活一个场景
UnloadSceneAsync	异步卸载场景。会销毁场景中的所有物体并移除此场景

3. 事件

参　数	功　能
ActiveSceneChanged	订阅这个事件，当激活场景时得到通知
SceneLoaded	订阅这个事件，当场景加载完成时得到通知
SceneUnloaded	订阅这个事件，当场景卸载完成时得到通知

虽然 SceneManager 类的方法看似很多，实际上最常用的方法就是 LoadScene 以及 LoadSceneAsync。

8.2.2 运行时切换场景

下面我们用一个例子来演示游戏中基本的场景切换。任选一个能够独立运行的游戏场景作为例子（可以是你自己制作的简单的游戏场景），本文以一个简单的 3D 物理滚球游戏场景为例。

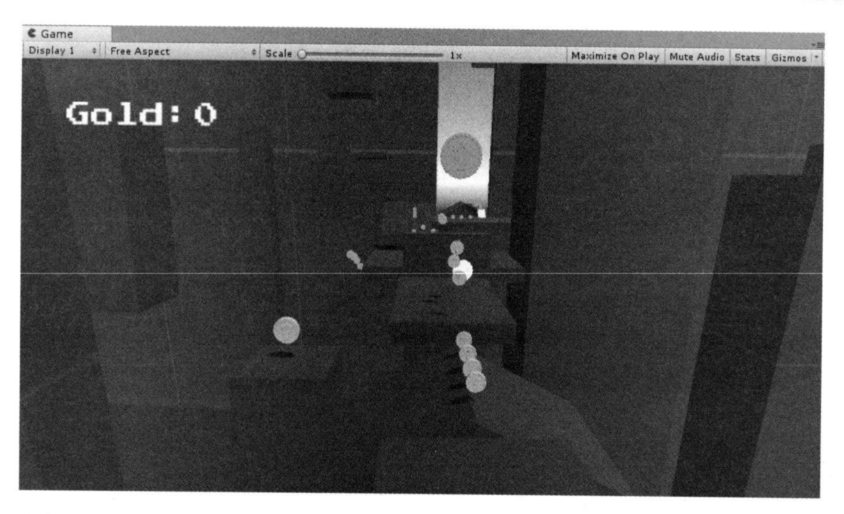

游戏场景名称为Game，直接运行就可以开始游戏了。我们现在考虑为它制作一个初始画面，如下图所示。

象征性地用游戏素材制作了开始场景，命名为Start。这样就和很多游戏一样，带有一个开始画面。

我们的目标是实现简单的场景切换，现在添加一个用于切换场景的脚本ChangeScene.cs，代码如下。

```
using UnityEngine;
using UnityEngine.SceneManagement;

public class ChangeScene : MonoBehaviour {

    // 在编辑器中指定场景名称或者场景序号，使用其中一种即可
    public string changeSceneName;
    //public int changeSceneIndex;

 void Update () {
        // 如果按下键盘的 T 键
  if (Input.GetKeyDown(KeyCode.T))
        {
```

```
                使用 LoadScene 方法，通过名称或者序号加载场景
                SceneManager.LoadScene(changeSceneName);
                //SceneManager.LoadScene(changeSceneIndex);
            }
        }
    }
```

在 Start 场景中创建一个空游戏物体，命名为 ChangeScene，并挂载上面的脚本。挂载成功后，在检视窗口中输入要切换到的场景的名称，比如这个例子里要切换到 Game 场景。

之后在 Start 场景中运行游戏，按下 T 键，会报告以下错误。

```
    Scene 'Game' couldn't be loaded because it has not been added to the build settings
or the AssetBundle has not been loaded.
    To add a scene to the build settings use the menu File->Build Settings...
    UnityEngine.SceneManagement.SceneManager:LoadScene(String)
    ChangeScene:Update() (at Assets/Game/Scripts/ChangeScene.cs:14)
```

上述内容的意思是说 Game 场景不存在，应当在 Build Settings 窗口中添加相应的场景。这个提示非常详细了，按照它的提示操作。

在主菜单中选择 File > Build Settings，打开设置窗口，如下图所示。

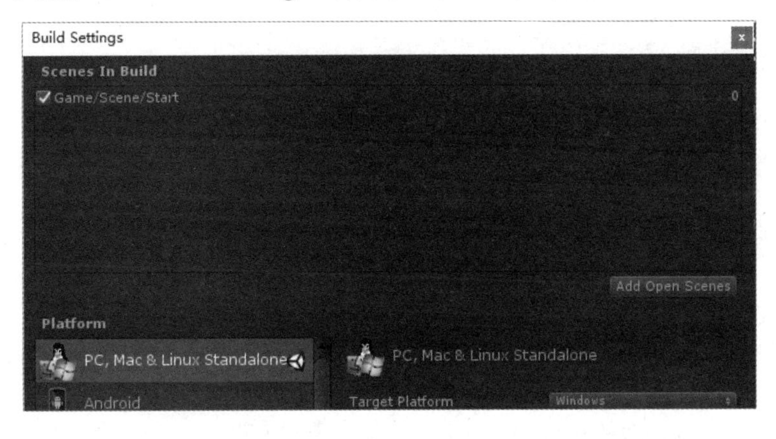

之后可以用拖曳的方式，将场景文件从工程窗口中拖动到场景列表中即可。其中，场景的序号就是场景在这个列表中的序号，场景以文件路径的方式显示出来，所以我们可以用序号、名字或者路径来代表一个场景。

将两个场景都添加好以后，再测试，会发现能够正常切换场景了。

切换场景的关键有以下两点。

1. 场景管理器的使用。
2. 所有游戏中用到的场景，一定要在 Build Settings 窗口中进行设置。

8.2.3　切换场景时不销毁游戏物体

切换场景时不销毁游戏物体这个功能可以在切换场景时不销毁某些物体。它是为了解决什么问题而设计的呢？

在某些游戏中，游戏世界是由许多小场景组成的，比如传统的 RPG 游戏，主角的家是一栋二层小楼，包含主角的卧室、主角父母的卧室、客厅、地下室、厨房、阳台这 6 个房间。这些房间是通过楼梯、门连接起来的。而在制作游戏时，可以将这些房间全部看成是独立的场景，游戏人物走上楼梯、进门的效果都可以通过切换场景来做到。

在这个设计中，有一点非常重要——在切换场景时，游戏人物本身是不需要被销毁的，相对地，每个场景在制作时也不能包含游戏人物。游戏人物独立于场景之外，在场景之间游走。

要做到这一点，只需要在游戏人物身上的脚本中写入以下代码即可。

```
DontDestroyOnLoad(gameObject);
```

DontDestroyOnLoad 是一个静态方法，只要参数是主角的游戏物体，即可让该主角在场景切换时不销毁。而默认主角也是场景中一个普通的物体，会在切换场景时消失。

如果使用这个方法，有几个问题需要注意。

1. 如果某个角色不被销毁，那么他就应当只被创建一次。
2. 物体不销毁，但是在不同场景中的位置不同，要在场景初始化时重新摆放物体的位置。
3. 初学者常见的问题：每个场景中都摆放了主角，但是主角被标记为 DontDestroyOnLoad。这样做的结果就是会在场景切换时会出现多个主角。

在设计多场景游戏时，只要考虑清楚哪些物体不该被销毁，之后总是采用相同的策略，就能避免很多问题。

8.2.4 异步加载场景

SceneManager.LoadScene 方法有一个比较严重的缺陷。首先，加载场景的函数调用会立即执行加载工作，导致游戏会一直等待 LoadScene 函数执行完毕；其次，场景的大小是不确定的，如果场景非常大，那么加载时间就会比较长。

所以问题就是，在切换场景时，玩家会感受到明显的等待或卡顿，甚至在某些设备上出现停止响应的问题。

因此，在实际的游戏开发中，更多的时候我们会专门设计一个 Loading 界面（读取界面）。然后在后台加载场景时，Loading 界面依然可以播放动画，整个游戏也不会完全停滞。这里就要用到 Unity 提供的 LoadSceneAsync 方法来实现这个功能了。

类似 LoadSceneAsync 这样的异步方法还有很多，比如发送/接收网络消息、加载资源等都可以是异步的，这可以改善用户体验。这种异步方式的实现离不开 Unity 的协程（Coroutine）的支持。下面将之前的例子改为异步调用，代码如下。

```
using System.Collections;
using System.Collections.Generic;
using UnityEngine;
using UnityEngine.SceneManagement;

public class ChangeScene : MonoBehaviour {
    // 正在加载场景的标记，防止重复加载
    bool isLoadingScene = false;
    public string changeSceneName;
    //public int changeSceneIndex;

 void Update () {
  if (Input.GetKeyDown(KeyCode.T))
```

```
        {
            if (!isLoadingScene)
            {
                // 开启协程
                StartCoroutine(ChangeSceneAsync());
            }
        }
    }

    IEnumerator ChangeSceneAsync()
    {
    isLoadingScene = true;
        AsyncOperation async = SceneManager.LoadSceneAsync(changeSceneName);
        while (!async.isDone)
        {
            Debug.Log("进度: " + async.progress);
            yield return null;
        }
    }
}
```

简单解释一下上面的代码。当按下 T 键以后，游戏开启了一个协程，协程在第一次调用就执行了 LoadSceneAsync 方法，但是这个方法只是开始了 Unity 引擎内部加载场景的任务，并不等待加载完成，所以代码继续执行，直到第一个 yield return 的位置，本函数暂时中止，让出执行时间给其他函数。下一帧会再回到 yield return 的位置继续执行。

这样就达到了加载场景时，游戏不会在函数内暂停的目的。

另外，可以使用 AsyncOperation 的 isDone 属性来判断加载工作是否完成，使用 async.progress 属性可以获得大致的加载进度，其取值范围为 0~1.0。上述代码在加载场景时打印了加载进度到控制台。

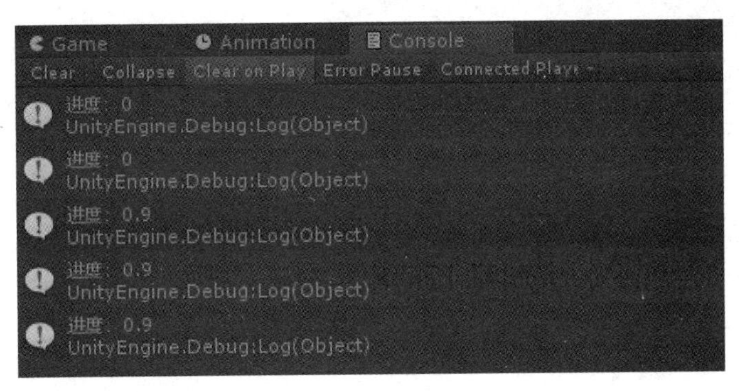

场景比较简单的话，加载进度不够均匀，可以自己设计一种方法来获得更准确的进度百分比。

第9章 导航系统

Unity 导航系统可以让角色在场景中智能化地移动，且提供在场景中自动创建导航网格的功能，另外还提供了动态障碍物和网格链接功能。前者可在运行时修正角色的导航信息，后者可以赋予角色开门或者从平台上跳下的能力。本章将详细描述导航系统。

本章会详细介绍如何为场景构建导航网格，创建导航代理、导航障碍物以及网格链接。

概述

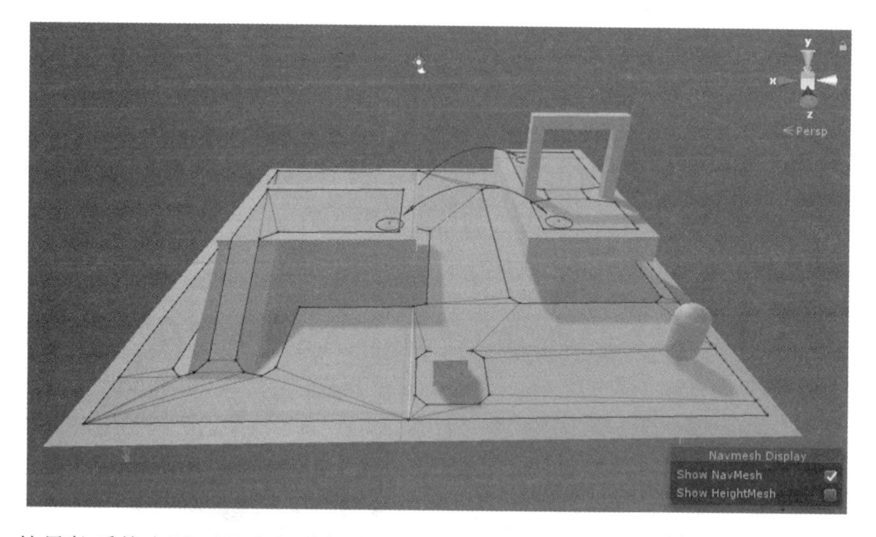

Unity 的导航系统由以下几个部分组成。

导航网格（Nav Mesh，Navigation Mesh的简称）

导航网格定义了场景中可以通过的三角面，以及不是三角面的导航通路，Unity 可以自动构建或烘焙出导航网格。

导航代理（Nav Mesh Agent）

导航代理组件能够创建一些朝着自己的目标移动并且相互之间能够避开的代理,之所以在存在导航网格的游戏场景中使用代理是因为它们知道如何避开彼此以及障碍物。

导航障碍物（Nav Mesh Obstacle）

导航障碍物组件定义了导航中的障碍物，例如用物理系统控制的木桶或者箱子。当障碍物处于移动的状态下，代理会直接避开它，一旦这个障碍物处于静止状态，它将会在导航网格上挖一个洞，所以代理能围绕着这个洞修正它的寻路路径（就是绕着这个洞走），如果这个静态障碍完全阻挡了路径，那么代理会去寻找一条新的路径。

网格链接（Off Mesh Links）

某些通路并不能直观地看到，比如跳过沟或者栅栏，或者在你通过之前先打开一扇门。这些抽象的通路都以网格链接描述。

9.2 导航系统内部的工作机制

在具体说明导航系统的用法之前我们先来说说导航系统内部的工作机制。

当你想要在游戏里智能地移动你的角色（在 AI 系统中称其为代理）时，你不得不去解决两个问题：如何找到目的地，怎样移动到目的地。

这两个问题紧密耦合，但在本质上完全不同。如何推导出关卡路径结构这个问题是全局的、静态的，因为要将这个问题考虑到整个场景中去。移动到目的地则更加局部性和动态性，它仅仅需要考虑移动的方向以及防止和其他移动的代理发生碰撞。

9.2.1 可行走区域

导航系统需要一些数据结构来表示那些在场景中可行走的区域。代理可以在场景中站立和移动的区域叫作可行走区域（Walk Able Area）。代理的外形可以被认为是圆柱体，可行走区域是根据场景的几何外形及代理在场景中可站立的位置自动构建出来的。然后这些位置连接到几何图形的顶部表面，这个表面就是导航网格。

导航网格的表面是通过凸多边形存储的。凸多边形是一种很好的描述方式，因为我们知道在凸多边形的任意两个点之间都有一条直线并且是在凸多边形内部的。除了凸多边形的边界信息之外，我们还存储着相邻凸多边形之间的连接信息。

9.2.2 寻路算法

要想在场景中的两点之间找一条路径，首先我们要知道起点和终点之间相邻且最近的那些多边形。然后开始寻路，从起点开始遍历周围相邻的点，直到找到目的地所在的多边形。追踪这些多边形能够找到引导我们从起点到终点的多边形序列。有一种通用的寻路算法叫作“A*”，而这正是 Unity 使用的寻路算法。

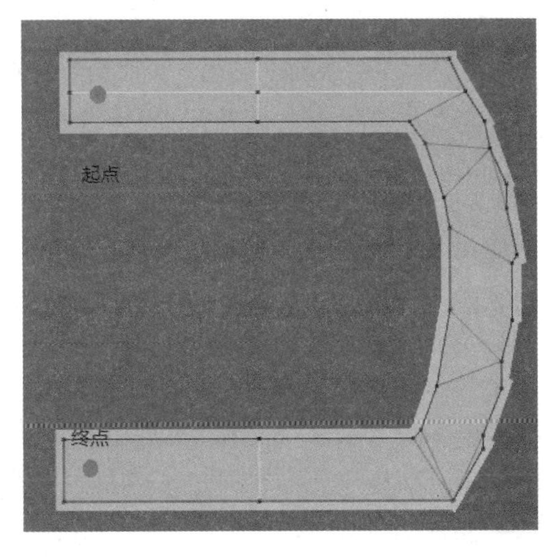

9.2.3 具体路径

从起点到终点的路径上的序列多边形被称作走廊。代理通过转向控制移动到走廊下一角的方式到达目的地。当场景中同时有多个代理在场景中移动的时候，它们在躲避其他代理时会偏离原来的路径。这时如何让代理回到原有的路径上是个复杂的问题。

由于代理在每帧的运动幅度、距离都非常小，我们可以用多边形连接的方式去固定走廊以防止代理绕路，然后快速找到下一个可见的角落并朝着它转向、移动。

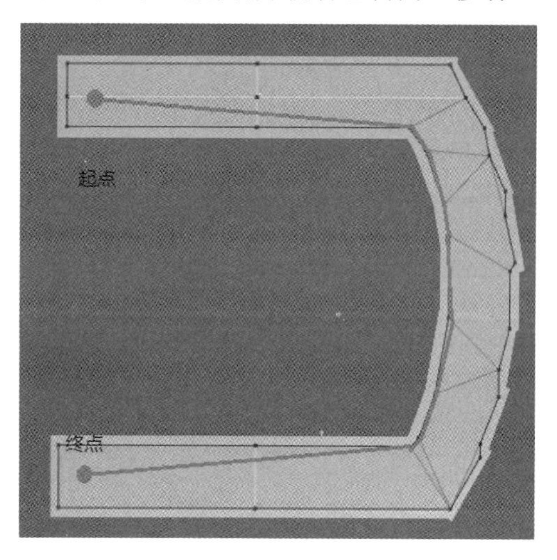

9.2.4 避开障碍

控制逻辑会找到下一个角落的位置并且给出一个到达目的地的预期方向和速度，当使用预设的速度会导致和其他代理发生碰撞时，避障算法会选择新的速度去规避预期移动方向上和其他网格边缘上的、即将到来的碰撞。

Unity 使用了 RVO（Reciprocal Velocity Obstacle，反向速度障碍）算法来预测和防止碰撞。

9.2.5 让代理移动

通过转向和避障计算出最终速度以后，Unity 会用一个简单的加速度算法让代理做匀加速运动，让移动显得更自然。

这时可以得到代理的速度参数，结合 Mecanim 动画，来实现角色的其他行为。

9.2.6 全局导航与局部导航

如何正确理解全局导航和局部导航之间的关系是比较重要的事情。

全局导航用来查找穿过世界的走廊的连接关系，而局部导航则是在每一个走廊中寻找不与其他导航冲突的路径。

举个例子，当你想从办公楼的楼下移动到办公楼里的办公室时，你的路径大概是：大厅→楼梯→走廊→办公室，这个路径的每一个区域就类似走廊，而在每个区域中你还要规避有可能与你反向行动的行人，而这就要用到局部导航。

9.2.7　障碍的两个例子

游戏中会有多种完全不同的障碍，主要分为静态障碍和动态障碍。

当障碍物移动的时候，最好采用局部避障处理寻路。这样代理就能预测性地规避障碍。当障碍物处于静止状态时，会阻挡所有代理的移动，这些障碍物就会影响到全局寻路，即导航网格。

改变导航网格被称为打洞。程序处理了障碍物和导航网格接触的部分并且在接触部分的网格上挖了一个洞，这非常消耗计算性能。这也是为什么对动态物体的处理与对静态物体的处理不同的一个原因，对动态物体会使用规避碰撞的算法。

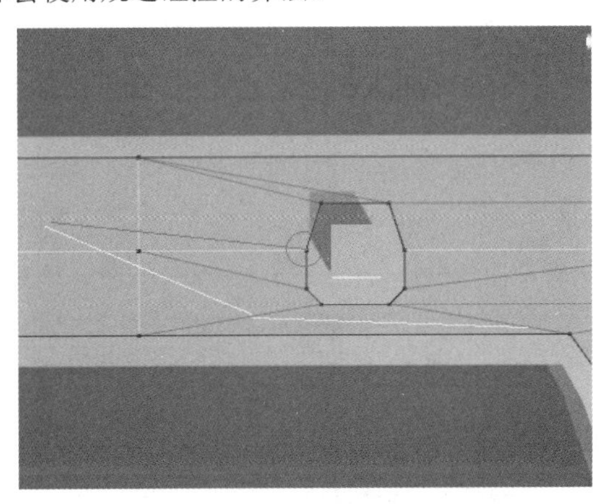

9.2.8　链接关系

有时候必须让代理在不可通过区域间导航，比如跳过栅栏或者穿过关闭的门。这些情形需要知道行动位置（从哪里起跳、着地点在哪里等情形）。

这些情形可以使用网格链接进行标注，它会告诉导航代理这里有一条指定的路径存在。这些链接可以被计算进寻路中，并且同时可以执行特殊动作（比如人物动画的跳跃动作）。

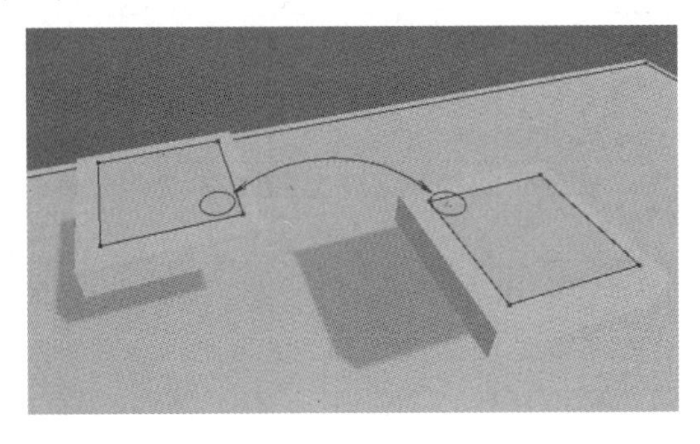

9.3　导航系统的构建组件

9.3.1　导航代理组件

导航代理赋予了物体和角色进行导航移动的能力，且包含了避障等与自主导航相关的能力。

导航代理也有一些参数可供调整，以适应多种截然不同的游戏情景。

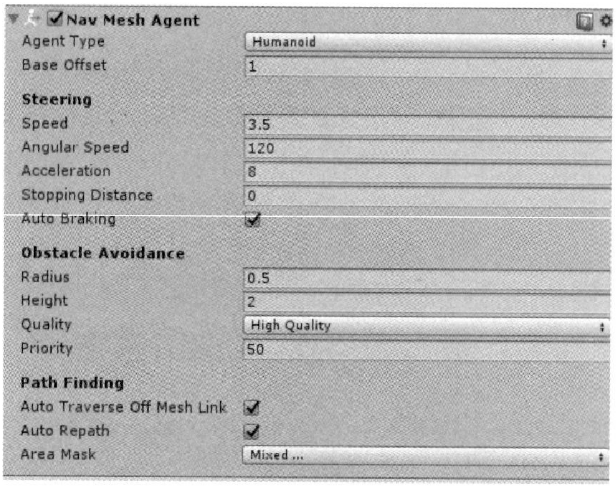

Nav Mesh Agent
Agent Type Humanoid
Base Offset 1
Steering
Speed 3.5
Angular Speed 120
Acceleration 8
Stopping Distance 0
Auto Braking
Obstacle Avoidance
Radius 0.5
Height 2
Quality High Quality
Priority 50
Path Finding
Auto Traverse Off Mesh Link
Auto Repath
Area Mask Mixed ...

9.3.1.1 属性

参　　数	功　　能
Agent Type	选择预设的代理类型
Base Offset	碰撞接触点相对于自身坐标点的偏移
Steering	
Speed	最大的移动速度（Unity 的世界单位/每秒）
Angular Speed	最大旋转速度（度/每秒）
Acceleration	最大的加速度（Unity 世界单位/秒的平方）
Stopping Distance	代理将要靠近目标地点前开始减速至停下来的距离
Auto Braking	当选中时，代理会放慢速度，平滑移动到目的地。当代理需要在多个目标点之间巡逻时不应勾选这个选项
Obstacle Avoidance	
Radius	代理的半径，用来计算和其他代理以及障碍物之间的碰撞
Height	代理可通过的高度。（当头顶上有障碍物且高度小于代理的高度时代理不能通过）
Quality	规避质量。如果代理数量很多，可以通过减少规避质量来节约 CPU 时间。设置为 None 时，只会解决路径碰撞，并不会尝试主动规避其他代理和障碍物
Priority	执行规避时，低优先级的代理将会被忽略。这个值在 0 到 99 之间，数值越小优先级越高
Path Finding	
Auto Traverse Off Mesh Link	勾选时代理将自动使用网格链接的线路。当你使用动画或者特殊的方式去遍历网格链接的路径时，你应该不勾选这个选项
Auto Repath	启用时，当代理到达路径的末尾时会去重新寻路。当没有路径可到达目的地时，会生成接近目的地的路径
Area Mask	与区域类型配合使用，比如汽车不可以爬山。当你准备进行网格烘焙时，你可以设定每个网格的区域类型。比如，你可以将台阶指定为特殊的区域类型，然后只让某些角色能通过这些台阶

9.3.1.2 细节

代理的圆柱体，其大小由 Radius 和 Height 属性决定。圆柱体随着物体一起移动，但即使物体本身发生旋转，圆柱体也会保持直立。圆柱体的形状用于检测和响应其他物体与障碍物之间的碰撞。如果 GameObject 的锚点不在圆柱体的底部，则可以使用 Base Offset 属性调节高度差。

9.3.2　导航障碍物

导航障碍物能让你在导航时，设置代理会主动避开的障碍物（例如由物理系统控制的桶或者箱子等）。当导航障碍物是动态的时，代理会直接规避它。当导航障碍物是静态的时，障碍物会在导航网格上雕刻出一个洞，导航系统改变路径来绕过它。如果导航障碍物导致当前的路径完全被阻塞，则导航系统会生成新的路径。

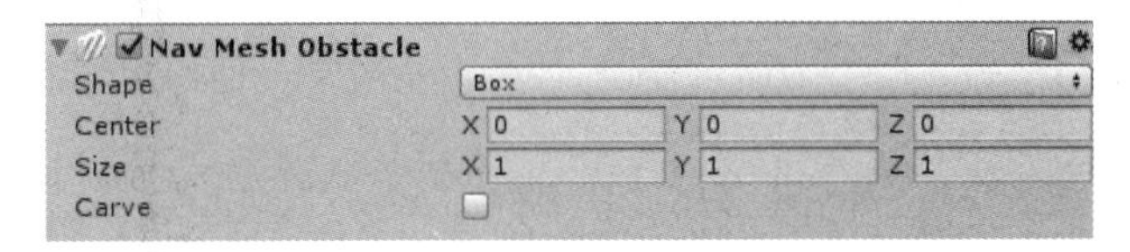

9.3.2.1　属性

参　数	功　能	
Shape	选择导航障碍的形状	
	Box（盒子）	
	Center	盒子的中心相对于 Transform 的位置
	Size	盒子的尺寸
	Capsule（胶囊）	
	Center	胶囊的中心相对于 Transform 的位置
	Radius	胶囊的半径
	Height	胶囊的高度
Carve	当勾选时，导航障碍会在导航网格中雕刻出一个洞	
	Move Threshold	当移动幅度超过移动临界值设置的距离时，Unity 会将导航障碍物视为动态的
	Time To Stationary	将等待障碍物视为静止的时间（以秒为单位）
	Carve Only Stationary	启用后，障碍物只有在静止时才被雕刻。

9.3.2.2　细节

导航网格障碍物可以通过两种方式影响导航行为。

1. Obstructing（阻碍）：当 Carve 选项未被选中时，障碍物的默认行为与碰撞体相似。导航代理试图避免与导航障碍物碰撞。默认的避障算法非常简单，且避障半径较短。因此，可能无法在较混乱的情况下得到好的结果。这种模式适用于障碍物持续移动的情况（例如车辆或其他角色）。

2. Carving（打洞）：启用 Carve 时，障碍物在静止时会在导航网格中雕刻一个洞。这个洞会彻底阻断导航的通路，让代理在寻路时不予考虑。对于通常不可通过但可被玩家打通的障碍物，例如对可被炸出通路的垃圾堆来说，勾选 Carving 选项是一种值得推荐的做法。

9.3.2.3　用于移动导航障碍物的逻辑

当移动超过由 Carve>Move Threshold 设置的距离时，Unity 会将导航障碍物视为动态的。当导航障碍物移动时，雕刻孔也会移动。但是，为了减少 CPU 开销，只在必要时重新计算雕刻孔，此计算的结果可在下一帧的更新中获得。重新计算逻辑有两个选项。

1.只在导航障碍物静止时才进行雕刻。

2.当导航障碍物移动时进行雕刻。

只在导航障碍物静止时才进行雕刻

这是默认行为。要启用它，请勾选导航障碍物组件的 Carve Only Stationary 复选框。 在这种模式下，当导航障碍物移动时，雕刻的孔被移除。当导航障碍物停止移动并且静止超过设置的时间时，它被视为静止状态并且雕刻的孔再次被更新。在导航障碍物正在移动时，代理会使用避免碰撞的策略而不会重新规划路径。

Carve Only Stationary（静止时打洞）选项对性能影响较小，且和物理控制的物体能够很好地配合。

当导航障碍物移动时进行雕刻

要启用此模式，请取消导航障碍物组件的 Carve Only Stationary 复选框。如果未选中，当障碍物移动超过雕刻移动阈值设置的距离时，雕刻的孔会更新。这种模式适用于缓慢移动的大型障碍物（例如，步兵正在躲避的坦克）。

注意：当使用这种方法时，要注意到在更改导航障碍物和实际生效之间存在一帧的延迟。

9.3.3 网格链接组件

网格链接组件可以让你连接两块不能用平面表示的导航网格。 例如，跳过沟渠或围栏，或者在穿过它之前打开门，这些都可以用网格链接来实现。

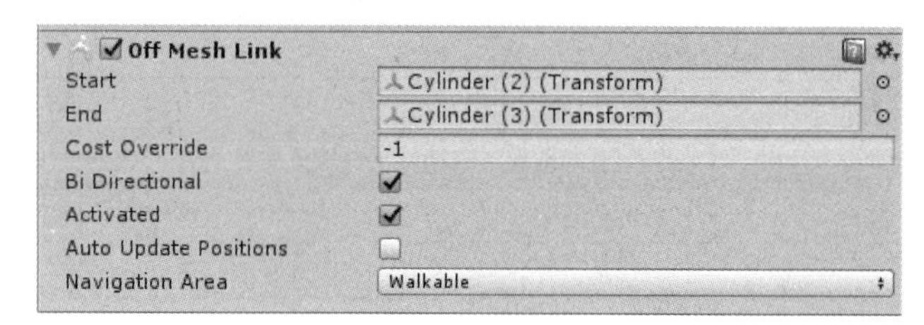

9.3.3.1 属性

参　数	功　能
Start	表示网格链接开始位置的对象
End	表示网格链接终点位置的对象
Cost Override	如果值为正值，则在处理路径请求、计算路径开销时使用它。否则，使用默认成本（该游戏对象所属区域的成本）。如果将 Cost Override 设置为 3.0，则在网格链接上移动将比在默认的导航网格区域上移动相同的距离的成本高 3 倍
Bi Directional	如果启用，链接可以在任意方向移动。否则，它只能从开始点移动到结束点
Activated	指定这个链接是否会被代理使用（如果这个设置为 False，它将被忽略）
Auto Update Position	启用后，当端点对象移动时，网格链接的端点将重新连接到导航网格。如果禁用，即使网格移动了，端点也不会更新
Navigation Area	描述链接的导航区域的类型。与导航网格的区域类型含义相同

9.3.3.2　细节

如果代理不能穿过网格链接，请确保两个端点链接正确。正确链接的终点应在接入点周围显示一个圆圈。

另一个常见原因是导航代理的区域遮罩没有包含网格链接的区域。

9.4 构建导航网格

从几何关卡创建导航网格的过程被称为导航网格烘焙。该过程收集被标记为 Navigation Static 的网格渲染和地形，然后创建接近水平表面可行走的导航网格。

在 Unity 里，可以在导航窗口里生成导航网格（操作步骤为 Window > Navigation）。

可以通过如下 4 个快捷步骤为你的场景生成导航网格。

1. 选择场景里的那些可通过区域和障碍物。

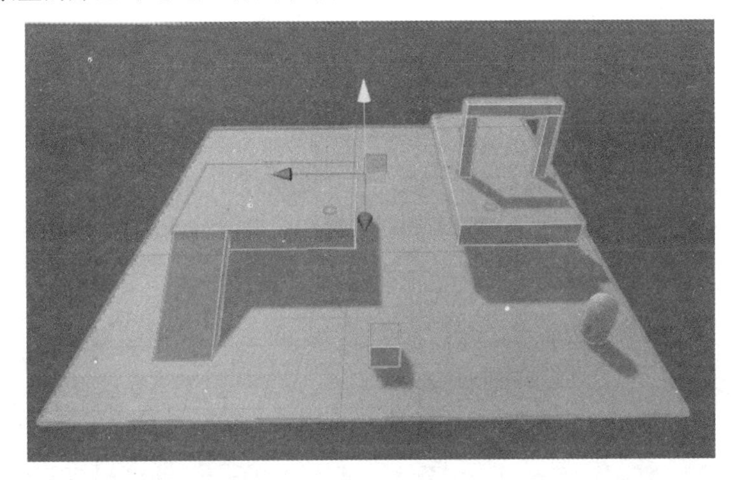

2. 烘焙处理被选中的对象，需要勾选 Navigation Static 选项。

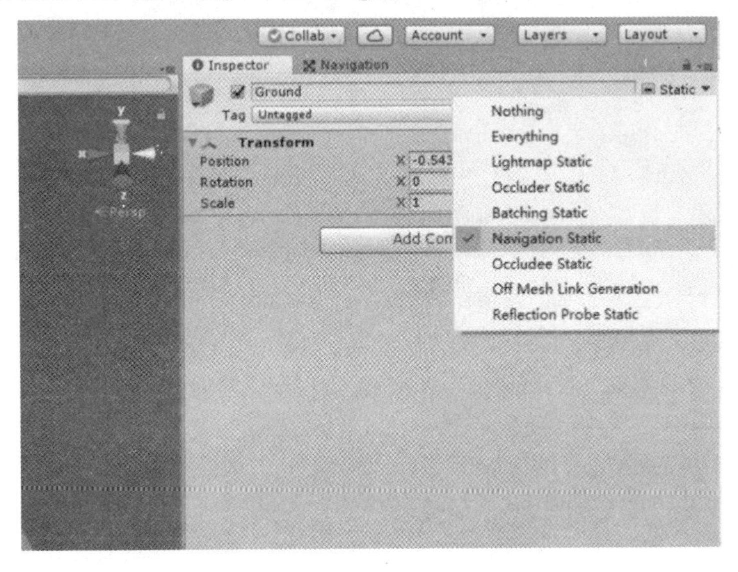

3. 调整烘焙设置去适应代理尺寸。

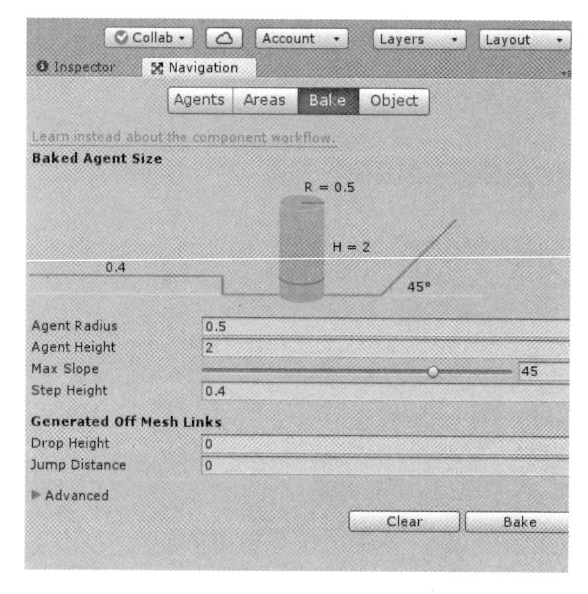

a. 代理半径定义了代理可以靠近墙或者对象边缘的距离。

b. 代理高度定义了代理可以达到的空间有多低。

c. 最大坡度定义了代理可以在多大的斜坡上行走。

d. 台阶高度定义了代理可以踏上多高的障碍。

4. 单击 Bake 按钮创建网格。

当导航窗口是激活状态时，导航网格将会以叠加在水平几何体上的蓝色层显示在场景中。

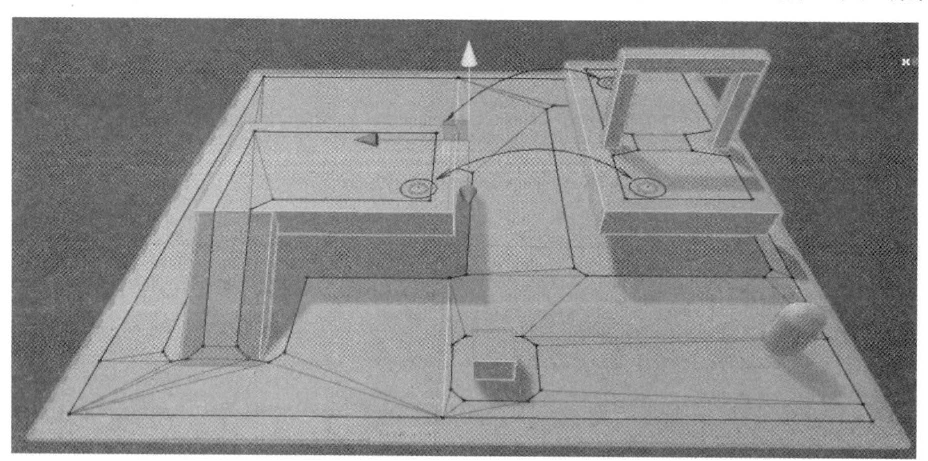

你可能注意到了，生成的导航网格在墙边有一定的收缩。导航网格所展现的区域是代理中心点能通过的区域。

从概念上讲，你放置的代理无论是作为一个点出现在压缩的导航网格上，还是作为一个圆出现在全尺寸导航网格上，两者都是等同的。

代理作为一个点很好解释，这可以让代理有更好的运行效率并且能够让设计者立刻看见代理是否能够通过一些区域且不用担心代理自身的半径。

需要注意的是，导航网格只是实际可行走区域的近似。例如，可行走的台阶会被近似为一个斜面，这样有助于让数据量更小。副作用是如果存在通道过窄的情况，可能需要留出一些余量。

当烘焙完成以后，导航资源文件会被创建在 Asset 文件夹下的与场景同名的目录里面。比如，如果 Assets 下有一个场景叫 First Level，导航的资源文件会被创建在 Assets > First Level 目录中，文件名为 Nav Mesh.asset。

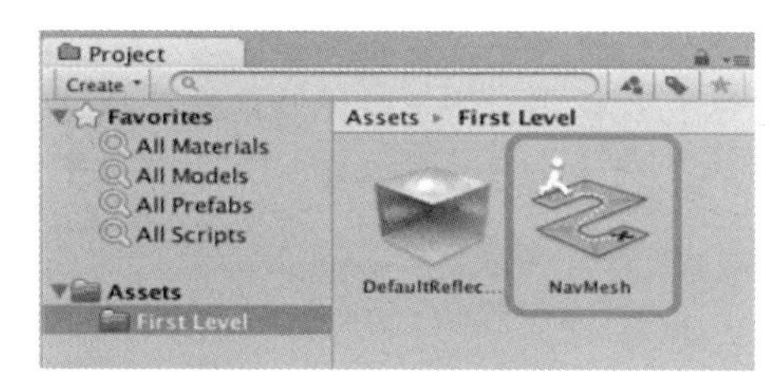

9.5 创建导航代理

在创建了导航网格之后，就可以创建一个可以导航移动的角色了。我们打算从一个圆柱体上构建我们的代理原型。这是使用导航代理组件和一个简单的脚本完成的。

Nav Mesh Agent

Agent Type	Humanoid
Base Offset	1
Steering	
Speed	3.5
Angular Speed	120
Acceleration	8
Stopping Distance	0
Auto Braking	✓
Obstacle Avoidance	
Radius	0.5000001
Height	2
Quality	High Quality
Priority	50
Path Finding	
Auto Traverse Off Mesh Link	✓
Auto Repath	✓
Area Mask	Mixed ...

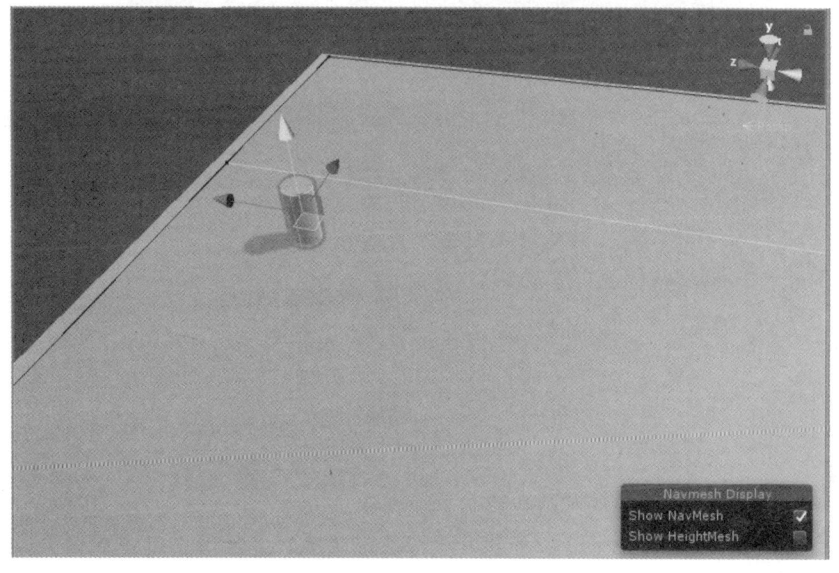

首先创建角色。

1. 创建一个圆柱体：GameObject > 3D Object > Cylinder。
2. 默认的圆柱体尺寸（高度为 2 和半径为 0.5）适用于人形物体，所以我们将保留它们的原样。
3. 添加导航代理组件：组件 > 导航 > Nav Mesh Agent。

现在就准备好了简单的导航代理。可以根据你的角色大小和速度来调整它的尺寸。

接下来创建一个简单的脚本，来让角色移动到由另一个球体指定的目的地，代码如下。

```
// MoveTo.cs
using UnityEngine;
using System.Collections;

public class MoveTo : MonoBehaviour {
    public Transform goal;
    void Start()
    {
        NavMeshAgent agent = GetComponent<NavMeshAgent>();
        agent.destination = goal.position;
    }
}
```

1. 创建一个新的 C#脚本（MoveTo.cs），并用上面的内容替换它的内容。
2. 将 MoveTo 脚本分配给你刚创建的角色。
3. 创建一个球体，代表目的地。
4. 将球体移动到靠近导航网格表面的位置。
5. 选择角色，找到 MoveTo 脚本，并将 Sphere 拖到脚本的 goal 变量上。
6. 运行场景，应该看到代理导航到 Sphere 的位置。

综上所述，在脚本中，需要获取对导航网格的引用，然后设置代理运行，只需将位置赋值给其目标坐标即可。

9.6 创建导航障碍物

导航障碍物组件可用于表示导航障碍物。例如，代理应该避开物理控制的对象，例如移动的板条箱和桶。

我们将添加一个箱子来阻断关卡顶部的通路。

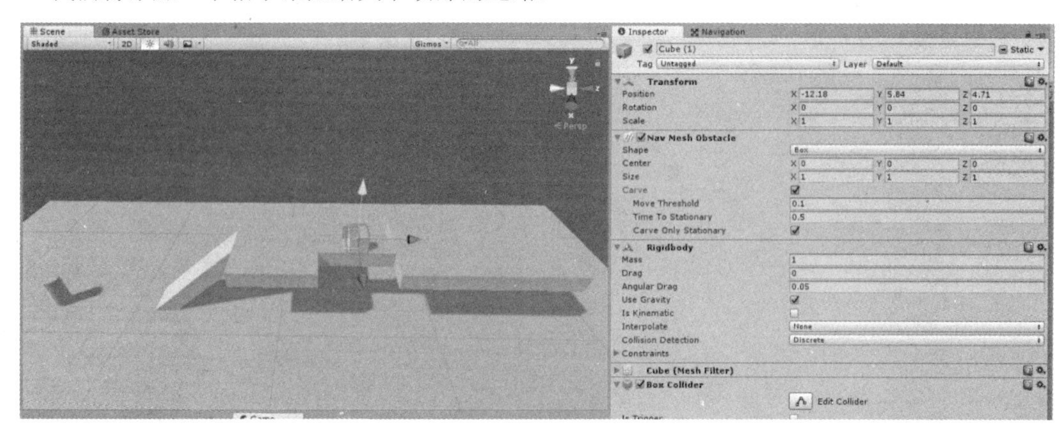

1. 首先创建一个 Cube 作为箱子，依次单击 GameObject > 3D Object > Cube。

2. 将立方体移动到顶部的平台上，默认的立方体大小就很合适。
3. 将导航障碍物组件添加到 Cube 上。添加组件的步骤为 Navigation > Nav Mesh Obstacle。
4. 将障碍物的形状设置为 box。
5. 给障碍物添加刚体。
6. 在导航障碍物组件中勾选 Carve，给导航网格打洞。

现在我们有一个受物理控制的盒子，代理在导航时会考虑这个障碍物。

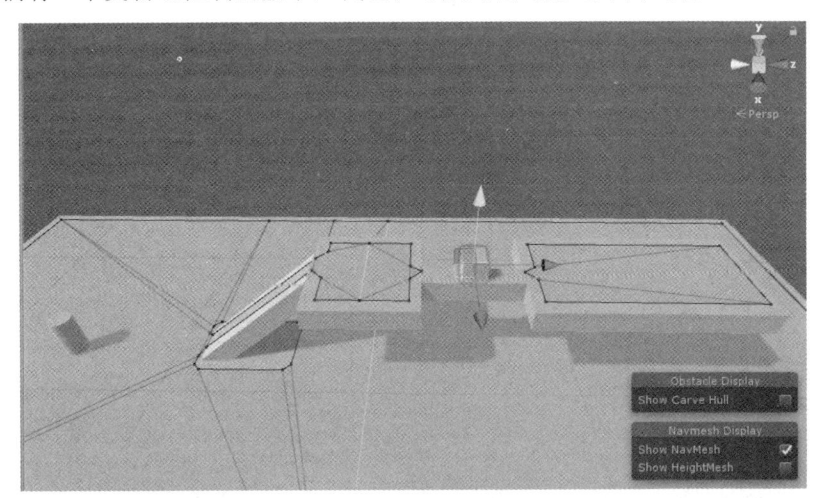

9.7 创建网格链接

网格链接用于创建跨越可行走的导航网格表面的路径。 例如，跳过沟渠或围栏、在穿过门之前打开门，都可以用网格链接来实现。

我们将添加一个网格链接组件来实现从上层平台到地面的跳转。

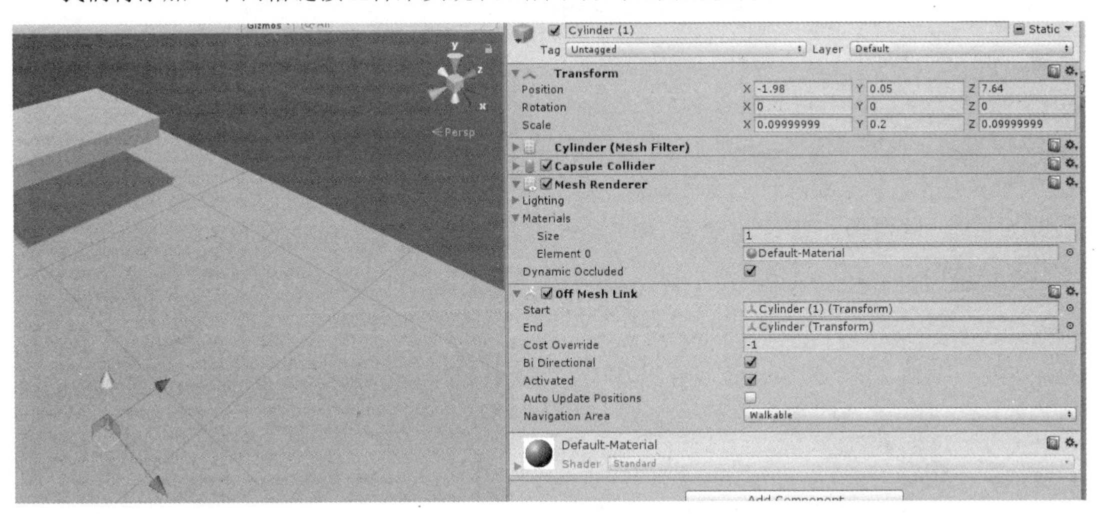

1. 首先创建两个 Cylinder，依次单击 GameObject > 3D Object > Cylinder.
2. 可以将 Cylinder 缩放到（0.1,0.5,0.1）以便更容易地使用它们。
3. 移动顶部平台边缘的第一个 Cylinder，靠近导航代理的表面。

4. 将第二个 Cylinder 放在地面上靠近导航网格的地方，该地点应该位于链路应该着陆的位置。

5. 选择左侧的 Cylinder 并添加一个网格链接。选择添加组件，然后选择 Navigation > Off Mesh Link.。

6. 给开始变量分配最左侧的圆柱体，给结束变量分配最右侧的圆柱体。

7. 完成。

如果代理通过网格链接走的路径比沿着导航网格走过的路径更短，就会使用网格链接。

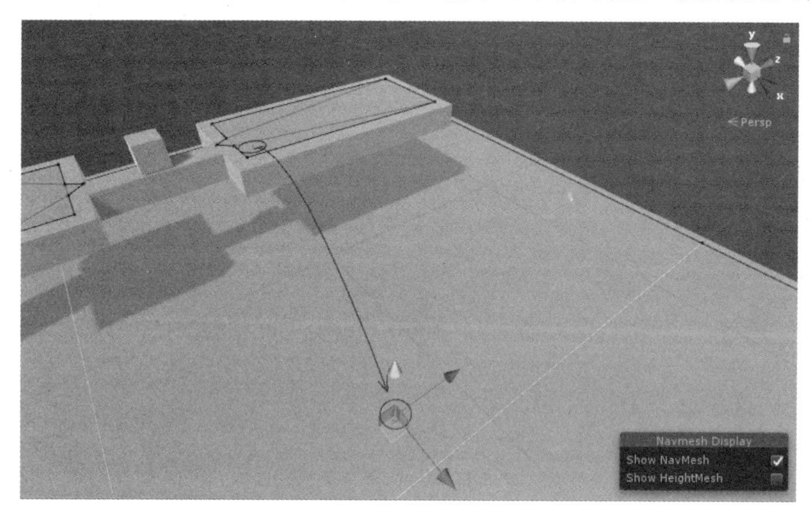

可以用任何游戏物体来挂载网格链接组件，例如，预制体也可以包含网格链接组件。导航网格烘焙可以自动检测并创建常见的跳跃通过和向下跳跃的链接。

9.8 自动构建网格链接

有些时候可以自动生成网格链接，最常见的两个情况是：向下跳跃和跳跃通过。

Drop Down Links（向下跳跃）为从平台跳下。

Jump Across Links（跳跃通过）为跳过缝隙。

为了自动查找跳转位置，构建时 Unity 会尝试沿着导航网格行进，并检查跳转的着陆位置是否在导航网格上。如果跳跃轨迹不受阻碍，则创建网格链接。

第一步，需要标记可以生成跳转起始点的对象。这是通过勾选 Objects 选项卡下的 GenerateOffMeshLinks 选项完成的。

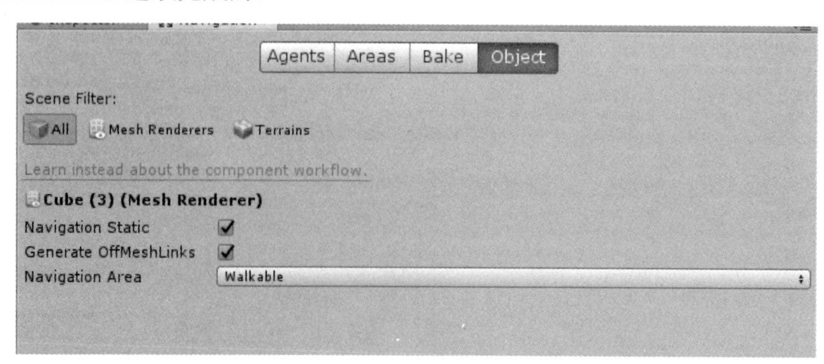

第二步，设置下落和跳转轨迹。

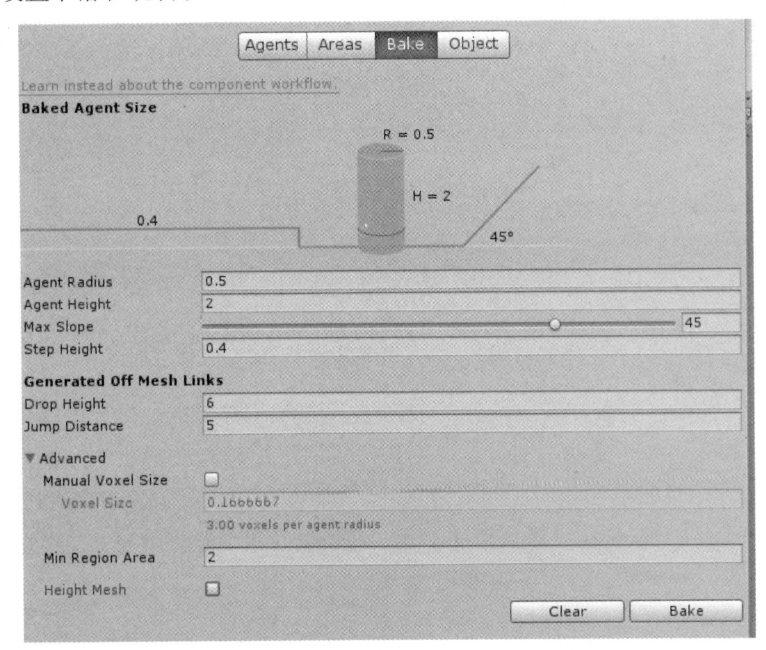

生成向下掉落的路径由 Drop Height 参数控制。 该参数控制连接的最高点的高度，将该值设置为 0 将禁止生成。

生成水平跳跃的路径由 Jump Distance 参数控制。该参数控制连接点的最大距离。

在计算高度或者水平距离时，都应适当地给一个偏大的值，防止生成链接时因为微小的偏差而导致生成失败。

操作完成，可以单击 Bake 键了。当你改变场景并烘焙时，旧的链接将被丢弃，并且基于新的场景创建新的链接。

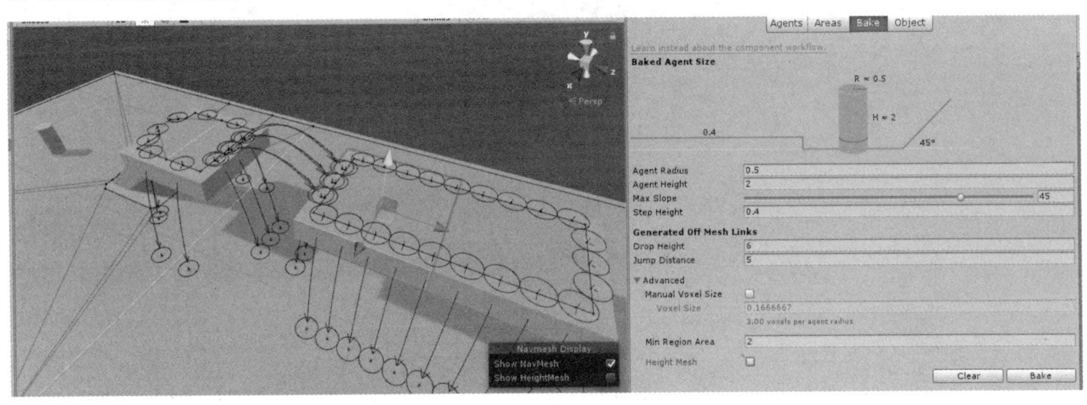

9.9 建立高度网格

高度网格（Height Mesh）可以让你将角色更精确地放置在地表上。

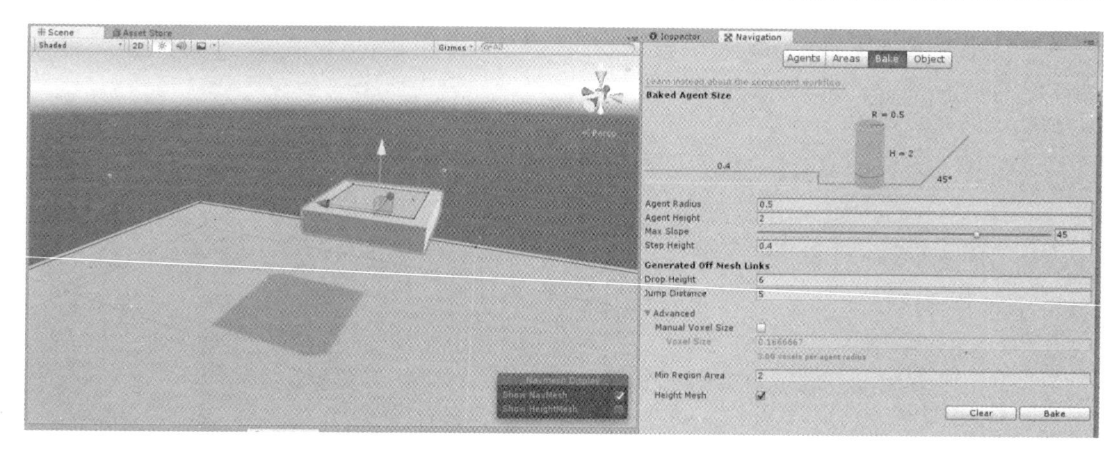

导航时，导航代理被约束在导航网格的表面上。由于导航网格是可行走区域的近似值，因此在构建导航网格时会将某些功能均匀化。例如，楼梯可能在导航网格中显示为斜坡。如果想要准确一些，则应在启动导航网格时启用高度网格。该设置可以在导航窗口中的高级设置下找到。请注意，构建高度网格将在运行时占用更多内存、花费处理的时间，并且在烘焙时也会多花一点时间。

9.10 导航区域和移动成本

导航区域类型定义了跨越特定区域的难度，在路径查找期间优先选择更容易通过的路径。另外，每个导航代理都有一个区域掩码，可以用来指定代理可以通过的区域的类型。

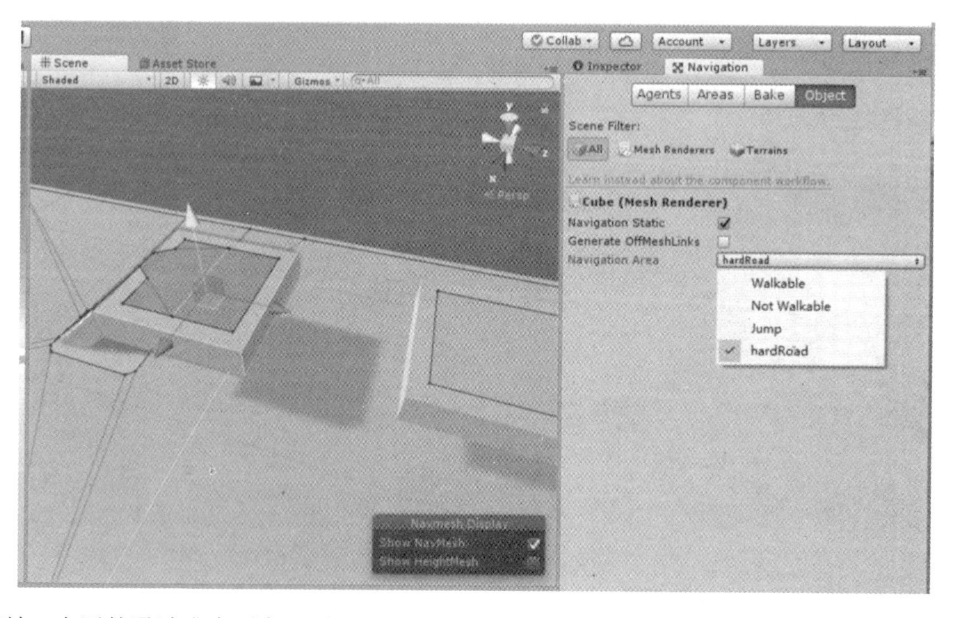

例如，水区的通过成本更高，而门区可以设制为只有特定角色可以通过，例如人类可以穿过，但僵尸不能。

区域类型可以分配给包含在导航网格烘焙中的每个对象，另外，每个网格链接都有一个属性来指定区域类型。

9.10.1　寻路成本

简而言之，寻路成本（Pathfinding Cost）允许用户控制导航代理寻找路径时优先选择的区域。例如，如果将区域的成本设置为 3.0，则跨越该区域的消耗被认为是正常路线的三倍。

为了完全理解成本的工作机制，让我们看一下寻路路径是怎样工作的。

Unity 使用“A *”计算导航网格上的最短路径。该算法从最近的节点开始，访问每个节点可能的连通节点，直到到达目的地。

由于 Unity 导航是由一个多边形网格实现的，因此探路者需要做的第一件事是在每个多边形上放置一个点，这是该节点的位置。 然后计算这些节点之间的最短路径。

在两个节点之间移动的成本取决于行进距离以及与链接下多边形的面积类型相关的成本，即距离*成本。实际上，这意味着，如果一个区域的成本是 2.0，跨多边形的距离看起来会长一倍。“A *”算法要求所有成本必须大于 1.0。

成本对路径结果的影响并不是立竿见影的，可能难以调整，特别是对于较长的路径。处理成本的最佳方式是将它们视为一种引导。 例如，如果希望代理较少使用导航链接，则可以增加链接的成本。

另一个你可能会注意到的问题是，探路者并不总是选择最短的路径，这是由节点布局导致的。在大型开放区域紧挨着小型障碍物的情况下，可能会导致导航网格与非常大和非常小的多边形相关联。在这种情况下，大多边形上的节点可能会放置在大多边形中的任何位置，从探路者的角度来看，它看起来像是绕道而行。

每个区域类型的成本可以在 Areas 选项卡中进行全局设置，也可以使用脚本逐一调整。

9.10.2　区域类型

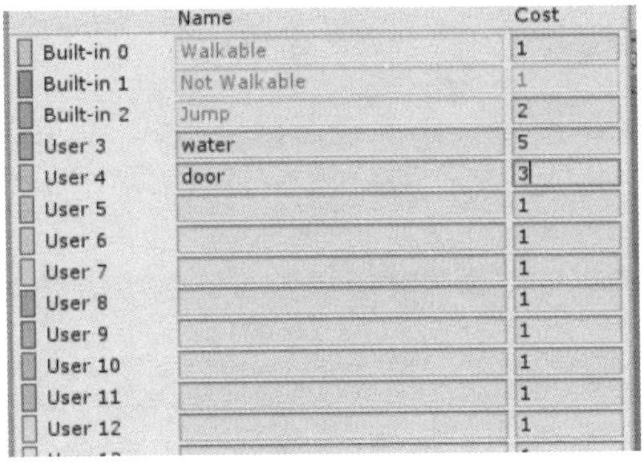

	Name	Cost
Built-in 0	Walkable	1
Built-in 1	Not Walkable	1
Built-in 2	Jump	2
User 3	water	5
User 4	door	3
User 5		1
User 6		1
User 7		1
User 8		1
User 9		1
User 10		1
User 11		1
User 12		1

区域类型（Area Types）在导航窗口的 Areas 选项卡中指定。有 29 种自定义类型以及 3 种内置类型：Walkable、Not Walkable、Jump。

Walkable 是一种通用的区域类型，它指定该区域可以走路。

Not Walkable 是一种防止导航的通用区域类型。对于想要将某个对象标记为障碍物的情况非常有用，但不要将导航网格放在其上。

Jump 是分配给所有自动生成的网格链接的区域类型。

如果多个不同区域类型的对象重叠，则导致导航区域的类型通常是索引最高的那个。但是有一个例外：Not Walkable 始终优先。如果你需要屏蔽某个区域，这可能会有所帮助。

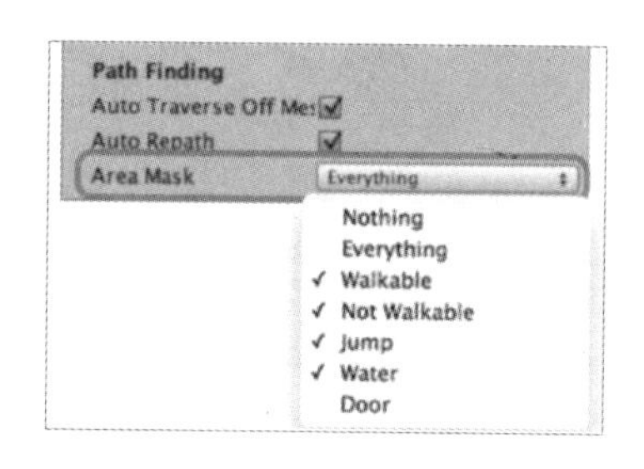

9.10.3 区域掩码

每个代理都有一个区域掩码（Area Mask），用于描述导航时可以通过的区域。区域掩码可以在代理属性中设置，也可以使用脚本修改。

当你只希望某些类型的角色能够穿过某个区域时，区域掩码很有用。例如，在僵尸逃生游戏中，你可以用门区类型标记每个门下方的区域，并从僵尸角色的路径中取消选中门的区域。

9.11 新版导航系统组件

除上述的组件外，Unity 在 5.6 及以后的版本更新了新版的导航系统组件。但是新系统并没有随着 Unity 的更新一同正式发布,它们作为一个开源项目放在 GitHub 上。链接：https://github.com/Unity-Technologies/NavMeshComponents。

新版的导航系统组件相较于旧版的更加灵活并且功能更强大，与之前的组件起到了一个互补的作用。

9.11.1 导航网格表面组件

导航网格表面组件描述的是导航代理可通过的区域，它定义了整个场景中可被创建的导航网格部分。

要想使用导航网格表面组件，要在 GameObject 菜单栏中选中 AI 子选项，再选中 Nav Mesh Surface 即可。单击以后会创建一个空的节点，上面挂载着导航网格表面组件。一个场景里面可以挂载多个导航网格表面组件。

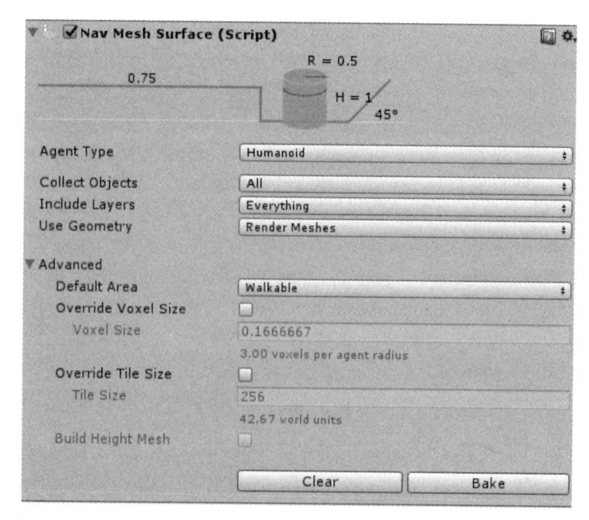

可以在任何场景对象中挂载导航网格表面组件。当想在 Hierarchy 视图中用挂载父节点的方式来决定哪些场景对象可以被导航网格包含时，这很有用。

9.11.1.1　属性

参　数	功　能
Agent Type	代理类型，可以为每一种不同的代理类型设置不同的参数 Humanoid，组件预设的一个类型 Open Agent Settings，设置自定义的代理类型
Collect Objects	定义哪些对象将会被烘焙 All，使用所有激活的游戏对象（这是默认选中的） Volume，使用与边界体积重叠的所有激活的游戏对象 Children，使用挂载着导航网格表面组件的对象下所有的处于激活状态的子物体的游戏对象
Include Layers	对象所在的层将会包含在烘焙中。除 Collect Objects 里指定的那些游戏对象以外，还允许进一步排除特定的对象（如特效和动画角色）。默认选中的是所有的对象，但是你可以部分选中以下这些选项（用打钩表示）或者单独关闭 Noting，自动不选中所有的选项，意思是关掉它们 Everything，自动选中所有的选项，意思是打开它们 Default，默认层 Transparent FX，默认的特效层 Ignore Raycast，默认的忽略射线层 Water，默认的水体层 UI，默认的 UI 层
Use Geometry	选择用于烘焙的几何体 Render Meshes，选择 Render Mesh 组件和 Terrain 组件几何体 Physics Colliders，选择挂载着碰撞器或 Terrains 组件的几何体。代理在当前环境中使用这个选项比使用 Render Meshes 选项在移动时能够更加接近物理边界

使用导航网格表面组件的主要设置可以大范围地构建导航表面。而要精细处理导航的细节，就要用到导航网格修正组件了。

烘焙处理时会自动排除挂有导航代理组件和导航障碍物组件的对象。它们是动态的导航网格组件，所以不会与导航网格绑定在一起。

9.11.1.2　高级设置

高级设置部分允许自定义以下附加参数。

参　数	功　能
Default Area	定义构建导航网格时生成的区域类型，可以使用导航网格修正组件去修改区域类型的更多信息 Walkable，可行走的区域（默认选中） Not Walkables，不可行走的区域 Jump，可跳跃的区域

续表

参　数	功　能
Overried Voxel Size	控制着 Unity 在烘焙导航网格时如何处理输入的几何信息（这是在速度和准确度之间折中处理），勾中复选框使其生效。默认是没有勾选的。每个单位半径 3 个体素（直径 6 个体素）允许捕获狭窄的通道，例如门，同时能够保持较快的烘焙时间。对于较大的区域，每单位半径使用 1 到 2 个体素能加速烘焙。而室内情景适合更小的体素，如每单位半径 4 到 6 个体素。超过每半径 8 个体素并不会提供额外的附加效果
Override Tile Siz	为了使烘焙过程并行处理以及有效利用内存，被烘焙的场景会被分割成不同的小块去烘焙。在导航网格中那些可见的白色线条就是边界。默认的切片大小是 256 个体素，这能够在内存利用和导航网格片段做很好的折中。想要改变这个大小，需要勾选这个复选框，并且在 Tile Size 字段里输入你想要的体素值。切片越小，导航网格的碎片越多，这可能导致一些非最佳路径的产生。导航网格雕刻（挖洞模式）使用的也是这些切片。如果你有多个障碍物，你可以用一个较小的值（如 64 到 128 之间）来加速雕刻，如果你想在运行时烘焙导航网格，可以使用一个较小的切片值来保持最大内存的使用率最低
Build Height Mesh	不支持

9.11.2 导航网格修正组件

导航网格修正导航网格修正组件在运行状态的烘焙导航网格中调整特定对象的行为。

在菜单 GameObject>AI>Nav Mesh Modifier 中可以找到并使用它。

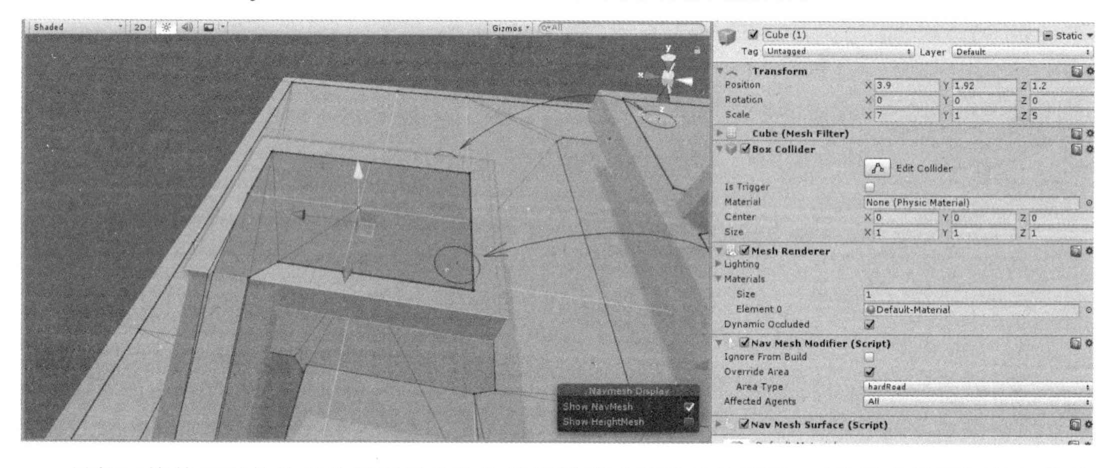

导航网格修正组件的参数原则是父物体的设置影响子物体的设置，子物体的设置覆盖父物体的设置。也就是说如果它挂在到某个物体上，那么所有的子物体也会受到影响。另外，如果有另一个导航网格修正组件挂在更下一层（更深层的子物体），那么下面这一层的导航网格会覆盖上一层导航网格的设置。

导航网格修正组件也会影响导航网格的生成过程，意味着导航网格必须更新以反映导航网格修正带来的改变。

导航网格修正组件的参数和功能如下表所示。

参　数	功　能
Ignore From Build	勾选复选框后，在构建过程中将排除这个游戏对象及其全部内容

续表

参　　数	功　　能
Oerride Area	选中复选框后，将改变对象的区域类型，包含其所有子节点的区域类型
Area Type	从下拉菜单中选择一个新的区域类型
Affected Agents	修改代理的选择。比如，特定的代理可以选择排除某些障碍

9.11.3　导航修正区域组件

导航修正区域组件将定义某个体积范围为特定类型。而导航网格修正是以游戏物体为基本单位的。导航修正区域允许根据特定的需求制定区域类型。

导航修正区域也会影响导航网格的生成过程，这意味着必须重新烘焙导航网格以令导航修正区域的更改生效。下图是 Inspector 面板中显示的导航网格修正组件。

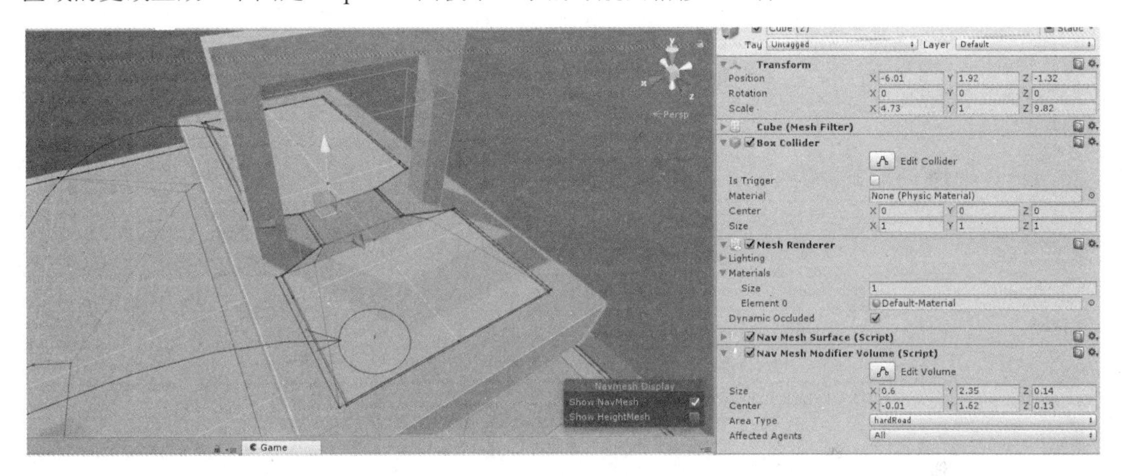

导航修正区域组件的参数和功能如下表所示。

参　　数	功　　能
Size	由 X、Y、Z 值定义的导航网格的尺寸
Center	相对于 GameObject 中心的导航修正区域的中心，由 X、Y、Z 的测量值定义
Area Type	描述导航修正区域应用的区域类型 Walkable，可行走（这是默认选项） Not Walkable，不可行走 Jump，可跳跃
Affected Agents	可选择哪些代理受影响。如可以选择仅将所选导航网格设置为对特定代理类型危险的区域 None，没有 All，所有（默认选中） Humanoid，人形 Ogre，非人形

9.11.4　导航网格链接组件

导航网格链接组件在使用导航网格的两个位置之间创建可导航链接。此链接可以是从一个点到另一个点，也可以跨越一个间隙，在这种情况下，代理使用沿着入口边缘的最近位置穿过链接。

必须使用导航网格链接来连接不同的导航网格曲面。

在菜单 GameObject>AI>Nav Mesh Link 中可以找到并使用它。

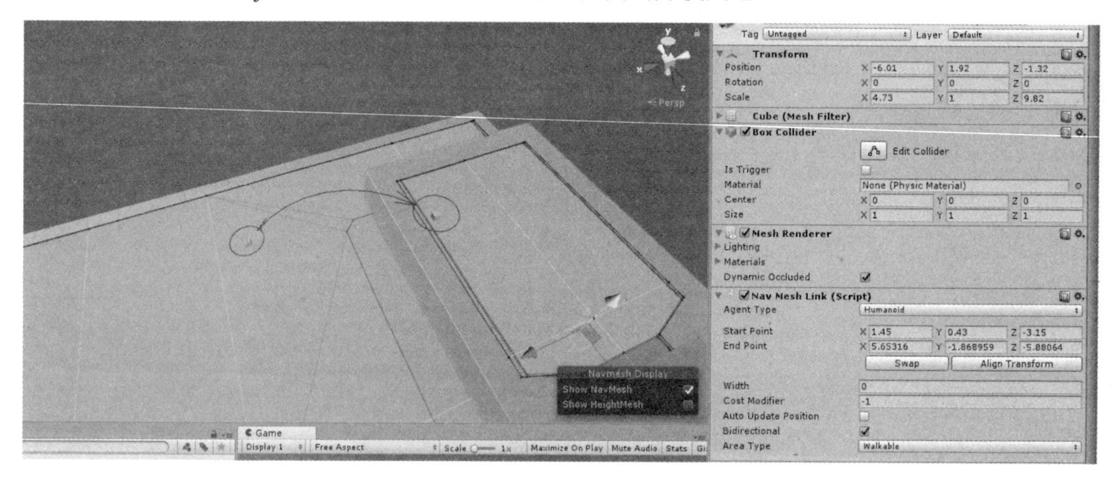

9.11.4.1 属性

参　数	功　能
Agent Type	可以使用链接的代理类型
Start Point	链接的起点，相对于 GameObject。由 X、Y、Z 的测量值定义
End Point	链接的终点，相对于 GameObject。由 X、Y、Z 的测量值定义
Swap	单击这个按钮会交换链接起点与链接终点的坐标
Align Transform	单击这个按钮在链接的中心点移动游戏对象，并将变换的前进轴与终点对齐
Width	导航链接的宽度
Cost Modifier	修正寻路成本
Auto Update Position	启用后，当端点移动时，关闭网格链接将重新链接到导航网格。如果禁用，即使端点移动，链接仍将停留在起始位置
Area Type	链接的区域类型（这会影响寻路成本）
Bidirectional	在选中此复选框后，导航代理将以双向方式（从起点到终点，从终点返回起点）遍历导航网格链接。当此复选框未被选中时，导航网格链接仅具有一次性功能，仅从起点到终点

9.11.4.2 链接多个导航网格曲面

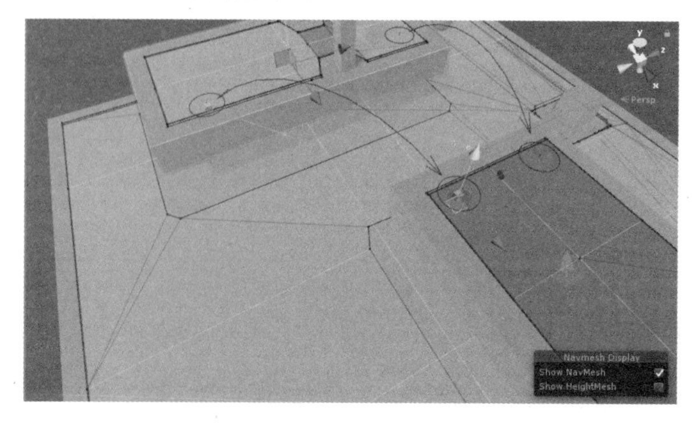

如果希望代理在场景中的多个导航网格曲面之间移动，则必须使用导航网格链接进行连接。

在上面的示例场景中，蓝色和紫色的导航网格被定义在不同的导航网格表面中，并用导航网格链接来连接它们。

可以使用多个导航网格链接连接导航网格曲面。导航网格曲面和导航网格链接必须具有相同的 Agent Type。导航网格链接的起点和终点必须只在一个导航网格表面上。如果在同一位置有多个导航网格，请小心处理。

如果正在加载第二个导航网格曲面，并且在之前有未连接的导航网格链接，请检查它们是否未连接到了不需要的导航网格曲面。

9.11.5　构建导航网格的API

导航网格构建组件提供了用于构建（也称为烘焙）的组件，以及在运行时在 Unity 编辑器中使用导航网格的其他控件。

9.11.5.1　导航表面API

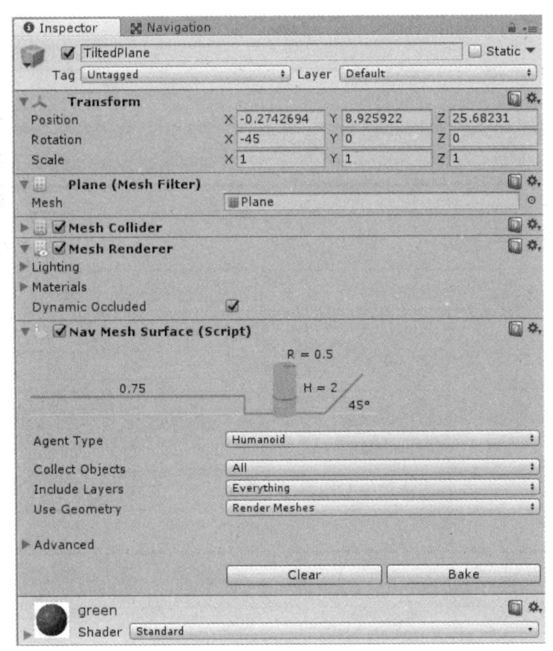

参　　数	功　　能
agent TypeID	描述以导航网格为代理类型构建的 ID
collect Object	定义输入的几何对象是如何从场景里面被收集起来的，All（全部），使用场景中所有的对象 Volume（体积），使用场景中触摸边界体积的实例化对象（查看大小和中心） Size（大小），决定构建的体积。这个大小不会受到缩放的影响
center	构建的体积的中心相对于 Transform 的中心
layerMask	用于指定烘焙哪些层
useGeometr	使用几何图形，定义了用于烘焙的几何 Render Meshes（网格渲染），使用网格渲染和地形里面的几何体 Physics Colliders（物理碰撞），使用碰撞体和地形提供的几何体

续表

参　数	功　能
defaultArea	默认区域，所有输入几何体的默认区域类型，除非特殊指定
ignoreNavMeshAgent	忽略的网格导航代理，为 True 时，挂有导航代理组件的游戏对象在输入时将会被忽略
ignoreNavMeshObstacle	忽略导航网格障碍，为 True 时，挂有导航障碍物组件的游戏对象在输入时将会被忽略
overrideTileSize	覆盖切片（图块）大小，为 True 时切片（图快）大小将会被设置
tileSize	平铺的大小，体素中的切片大小（这个组件描述如何选择切片的大小）
overrideVoxelSize	覆盖体素的大小，为 True 时设置体素的大小
voxelSize	体素的大小，世界单位体素的大小（组件描述的是如何选择切片的大小）
buildHeightMesh	构建高度网格（编者注：目前的 Unity 版本中暂未实现此功能）
bakedNavMeshData	烘焙的导航网格数据，导航网格表面使用时引用的导航网格数据，为 Null 时不生效 activeSurfaces 生效的曲面，所有激活的 Nav Mesh Surfaces 组件的列表

注意：上述值会影响烘焙的结果，所以你必须调用 Bake()去包含它们（就是各种设置以后，必须调用一下 Bake()函数，单击 Bake 按钮即可）。

公 有 函 数	功　能
void Bake ()	void 类型的 Bake 函数 根据导航网格表面组件上的参数设置烘焙出新的导航网格数据

9.11.5.2　导航修正API

参　数	功　能
overrideArea	覆盖区域，为 True 时，Modifier 组件会重写区域类型
area	要应用的新区域类型
ignoreFromBuild	构建时忽略，为 True 时，对象包含 Modifier 组件以及它的子节点，不应用于导航网格烘焙
activeModifier	生效的导航修正，所有激活的导航网格修正组件构成的列表

公 有 函 数	功　能
bool AffectsAgentType(int agentTypeID)	如果是 Modifier 应用指定的代理类型，返回 True，否则为 False

9.11.5.3　导航修正区域API

属　性	功　能
size	本地空间单元中边界卷的大小。变换会影响大小
center	本地空间单元中边界卷的中心。变换会影响中心
area	要应用边界卷内的导航网格区域的区域类型

公 有 函 数	功　能
bool AffectsAgentType(int agentTypeID)	Modifier 用于指定代理类型时返回 True

9.11.5.4　导航网格链接API

参　数	功　能
agentTypeID	可以使用链接的代理的类型
startPoint	本地空间单元中链接的起始点。Transform 会影响其位置
endPoint	本地空间单元中链接的结束点。Transform 会影响其位置
width	以世界长度单位表示的链接宽度
bidirectional	如果为 True，则可以通过两种方式遍历链接。如果为 False，则只能从开始到结束遍历链接
autoUpdate	如果为 True，则链接更新端点以遵循每个帧的 GameObject 变换
area	链接的区域类型（用于寻路成本）

公有函数	功　能
void UpdateLink()	更新链接以匹配关联的转换。这对于更新链接很有用，例如在更改 Transform 位置之后。但如果启用了 autoUpdate 属性，则不需要。如果你很少更改链接转换，则调用 UpdateLink 可以使性能受到的影响小得多

9.12　与其他组件一起使用的问题

也可以将导航代理组件、导航障碍物组件、网格链接组件与其他 Unity 组件一起使用。以下列出了将不同组件混合在一起时的注意事项。

9.12.1　导航代理组件与物理组件混用

1. 不需要将物理碰撞器添加到导航代理组件中用来实现躲避。也就是说，导航系统会模拟代理及其对障碍物和静态世界的反应，这里的静态世界是烘焙的导航网格。

2. 如果想要一个导航代理来推动物理对象或使用物理触发器，可以进行以下步骤。

   a. 添加碰撞组件。

   b. 添加刚体组件。

   c. 打开运动学开关。

   d. 运动学意味着刚体不由物理系统直接控制。

如果导航代理和刚体（非运动学的）在同一时间都处于活动状态，就是一种冲突状态，会发生未定义的行为。

可以不需要物理组件而仅使用导航代理组件移动一个游戏人物。

可以将游戏人物的避障优先级设置为较小的值（表示较高优先级），以便游戏人物顺利穿过人群。

用脚本移动角色时，尽量使用 NavMeshAgent.velocity，这样可以让其他角色预测到该角色的速度，更好地实现避障功能。

9.12.2　导航网格组件与动画组件混用

具有 Root Motion 的导航代理组件和动画组件一起使用会导致竞争的状况出现，两个组件都试图在每一帧中移动变换，有两种方法可以解决这个问题。

信息应该始终朝一个方向流动，也就是说几个系统的工作应该有严格的顺序。比如让导航代理组件移动角色、驱动动画，或者让动画组件根据导航结果移动角色。如果产生循环反馈，将会难以调试。

1. 让动画跟随导航代理移动

使用 NavMeshAgent.velocity 作为 Animator 的输入，以简单直接地让动画匹配代理的移动。这种做法的好处是易于实现，缺点是动画无法匹配代理速度，可能造成滑步的情况。

2. 让导航代理跟随动画运动

禁用 NavMeshAgent.updatePosition 和 NavMeshAgent.updateRotation，让导航行为不直接控制物体的位置。然后用代理计算的位置（NavMeshAgent.nextPosition）和动画根节点的位置（Animator.rootPosition）之间的差异来控制角色的移动。动画根节点位置一般也是物体当前的位置。

3. 导航代理组件与导航障碍物组件混用

二者不能在同一个物体上混合使用。

这两者都会使代理试图避开自己。

4. 导航障碍物组件与物理组件

如果想让物理控制对象影响导航代理的行为，将导航障碍物组件添加到代理应该避开的对象上。

如果一个游戏对象附有一个刚体组件和一个导航障碍物组件，障碍物的速度将自动从刚体组件中获得。这使得导航代理能够预测和避免移动的障碍物。

第 10 章　着　色　器

10.1 Unity 着色器的简介

在 Unity 中，着色器（Shader）有三种实现方式。

1. 表面着色器（Surface Shader）。
2. 顶点着色器和片段着色器（Vetex Shader & Fragment Shader）。
3. 固定着色器（Fixed Function Shader）。

其中 Unity 推荐开发者重点学习和使用表面着色器，以简化特殊效果的实现。在本章后面的内容里，笔者会介绍三者的区别，现在先来介绍着色器的整体概念。

无论选择哪一种着色器的实现方式，在 Unity 中，着色器代码最终都以一种特定的语法来编写，称为 ShaderLab，它被用来组织着色器的结构，看起来像是下面这样。

```
Shader "MyShader" {
    Properties {
        _MyTexture ("My Texture", 2D) = "white" { }
        // 其他属性定义
    }
    SubShader {
        // 具体的代码写在这里
        // 可以是 Surface Shader、Vertex Shader 或者 Fixed Function Shader
    }
    SubShader {
        // here goes a simpler version of the SubShader
        // above than can run on older graphics cards
        // 这里也是写代码的位置
        // 这里通常用来编写上面的着色器代码的简化版本
        // 用以兼容较老旧的设备
    }
}
```

本章会介绍以下内容。

1. 编写表面着色器的基础知识。
2. ShaderLab 的基本语法和关键字。
3. 材质（Material）、着色器（Shader）、纹理（Texture）的概念。
4. 展示多个表面着色器的实例。

10.2 编写表面着色器

编写传统的着色器代码非常复杂，需要考虑到光照的时候尤其复杂。3D 游戏中有着不同的光照算法、不同的阴影算法以及不同的渲染路径（前向渲染和延迟渲染），在编写着色器时，要考虑以上这些问题。

Unity 的表面着色器实际上是一种代码生成技术，Unity 会将我们所编写的表面着色器代码重新转换为底层的顶点/片段着色器代码，这样就比直接编写常规的着色器代码要简单很多。但是要注意，这个转换过程并没有特别高深的智能处理，而只是一种基于规则的代码转换，所以我们仍然要学习和使用标准的 HLSL。

这种转换方法虽然效果很好，但是在实际开发中也有一些问题，比如说很多 Shader 代码的错误是由于转换之后的代码的错误，而用户编写的是转换之前的代码，二者的不一致性可能给定位 bug 带来难度。

10.2.1 简介

首先，我们要定义一个 Surface 函数，Surface 函数的作用是输入模型 UV 或其他数据，然后用代码填写 SurfaceOutput 结构体作为输出结果。SurfaceOutput 结构体描述了表面的基本信息，比如固有色、法线、发光、镜面反射等。这里我们用到的语言是专门用于编写着色器代码的，叫作 HLSL。

表面着色器会接收数据输入、填充输出信息，然后这段代码会被转换成实际的顶点/片段着色器代码，同时也会被划分到多个渲染过程中去，它会考虑前向渲染、延迟渲染等实际情况。

标准的输出结构体的代码如下。

```
struct SurfaceOutput
{
    fixed3 Albedo;  // 固有色
    fixed3 Normal;  // 法线，以切线空间（tangent space）表示
    fixed3 Emission;
    half Specular;  // 镜面反射指数，取值范围为 0~1
    fixed Gloss;    // 镜面反射强度
    fixed Alpha;    // 透明度
};
```

Unity 也支持基于物理的光照模型（PBR），内置的两种标准着色器 Standard 和 StandardSpecular 使用以下这两种输出结构。

```
struct SurfaceOutputStandard
{
    fixed3 Albedo;          // 固有色
    fixed3 Normal;          // 法线，以切线空间（tangent space）表示
    half3 Emission;
    half Metallic;          // 金属化程度的取值范围为 0~1，0=非金属， 1=金属
    half Smoothness;        // 光滑度的取值范围为 0~1
    half Occlusion;         // 灰度，默认值为 1
    fixed Alpha;            // 透明度
};
struct SurfaceOutputStandardSpecular
{
    fixed3 Albedo;          // 固有色
    fixed3 Specular;        // 镜面反射颜色
    fixed3 Normal;          // 法线，以切线空间（tangent space）表示
    half3 Emission;         // 发光
    half Smoothness;        // 光滑度的取值范围为 0~1
    half Occlusion;         // 灰度，默认值为 1
```

```
    fixed Alpha;           // 透明度
};
```

10.2.2 预处理指令

表面着色器的代码放在从 CGPROGRAM 开始到 ENDCG 结束的代码块中，和其他类型的着色器代码是一样的，不同之处在于以下两点。

1. 代码必须放在 SubShader 代码块中，而不是 Pass 代码块中。表面着色器会在转换时自动分解为多个 Pass。

2. 可以使用#pragma surface……这样的预处理指令，指定 Shader 的相关信息。

预处理指令的格式如下。

```
#pragma surface 方法名称 光照模型 [其他参数]
```

10.2.2.1 必要参数

- 方法名称：执行哪个 CG 函数。该函数定义应当为 void surf(Input IN, inout SurfaceOutput o)，其中 Input 是一个自定义的输入结构体类型，它应当包含所有必要的材质坐标和其他参数。
- 光照模型：指定光照模型，默认的光照模型有基于物理的 Standard 和 StandardSpecular，还有其他的非物理简易模型，如 Lambert、BlinnPhong。
- Standard 光照模型使用 SurfaceOutputStandard 输出结构体，与 Standard 着色器相对应。
- StandardSpecular 光照模型使用 SurfaceOutputStandardSpecular 输出结构体，与 StandardSpecular 着色器相对应。
- Lambert 和 BlinnPhong 光照模型不是基于物理的光照模型，它们的成像逼真度相对更低，执行效率更高，适合于一些特殊风格的游戏。

10.2.2.2 可选参数

透明度和 alpha 测试。透明度与 alpha 测试受 alpha 和 alphatest 这两个参数的影响。典型的透明效果有两种类型：传统的 alpha 混合（将透明物体与它背后的物体混合）；以及另一种更符合物理规律的方式，能够表现出半透明物体的透射效果的同时还能表现出反射的效果，被称为“premultiplied 混合”。依据是否开启半透明效果，表面着色器转换成的最终代码会有所不同。

- alpha 或 alpha:auto　自动选择 alpha:fade 或者 alpha:premul，判定依据是使用简单光照还是 PBR 光照。
- alpha:blend　开启 alpha 混合。
- alpha:fade　开启传统的透明混合方式。
- alpha:premul　使用 premultiplied 混合方式。
- alphatest:变量名　开启 alpha 裁剪，裁剪参数为指定的 Float 变量的值。可能需要配合使用 addshadow 参数来生成合适的阴影。
- keepalpha　默认表面着色器会对不透明的点在 alpha 通道内写入 1.0，而不管返回值具体是多少。这个参数用于保留 alpha 通道的值。

- decal:add　附加的贴花着色器。通常是在物体表面上附加一层效果，例如油漆泼洒在箱子上的效果。
- decal:blend　半透明贴花，类似 decal:add，但是还要开启 alpha 混合。

顶点和颜色调整。还有一些参数用于调整顶点的计算，以及改变最终的像素颜色。

- vertex:函数名称　自定义附加的顶点调整函数，用于调整最终顶点的位置。
- finalcolor:函数名称　自定义最终颜色调整函数。
- finalgbuffer:函数名称　自定义 deferred path，用于调整 gbuffer。
- finalprepass:函数名称　自定义 prepass base path。

阴影与细分曲面（Tessellation）。这一类参数用于控制阴影的计算以及细分曲面的处理。（细分曲面是一种自动优化 3D 模型顶点的技术）

- addshadow　生成阴影 pass。通常用于在修改了顶点之后，对阴影做出相应调整。
- fullforwardshadows　在前向渲染（forward rendering）时支持所有的光照阴影类型。默认的着色器在前向渲染时仅支持一个方向光源，当确实需要点光源和探照灯等光源时，使用这个参数。
- tesselate:TessFunction　指定细分曲面处理函数。（DX11 支持 GPU 细分曲面技术）。

代码生成。默认表面着色器会尝试为所有可能的情景生成对应的代码。某些情况下不需要生成一部分代码（较小的 shader 加载较快），可以使用以下参数进行调整。

- exclude_path:deferred、exclude_path:forward、exclude_path:prepass　三种参数的写法分别对应跳过 deferred、forward、prepass 代码的生成。
- noshadow　不生成阴影代码。
- noambient　不生成环境光与光照探针的代码。
- novertexlights　在前向渲染路径中不应用任何光照探针或逐顶点光照。
- nolightmap　在本着色器中禁用 lightmapping。
- nodynlightmap　禁用实时全局光照。
- nodirlightmap　禁用 directional lightmaps。
- nofog　禁用内置的雾效果。
- nometa　不生成 meta pass。
- noforwardadd　禁用前向渲染的附加 pass。
- nolppv　禁用 light probe proxy volume。
- noshadowmask　禁用阴影遮罩（包含 shadowmask 和 Distance Shadowmask）。

其他选项。包括 softvegetation、interpolateview、halfasview、approxview、dualforward、dithercrossfade 等。

以上选项会影响最终着色器代码的生成，若想查看具体生成的代码的变化，在 Shader Inspector 窗口中单击 Show generated code 按钮就可以看到由表面着色器生成的最终着色器代码。

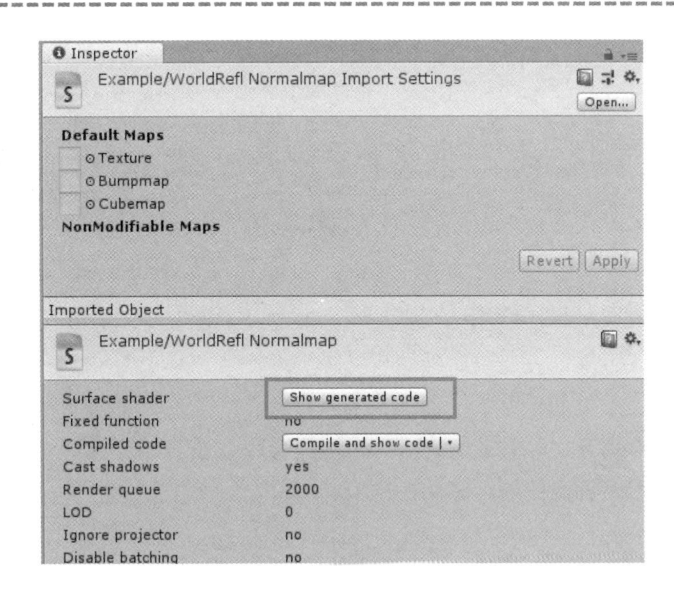

10.2.3　表面着色器的输入结构体

表面着色器的输入，可以选择任何必要的信息（贴图、坐标等）。贴图坐标信息必须命名为“UV+贴图名称”。

以下参数可以添加到输入结构体中。

- float3 viewDir　摄像机的视线向量。
- float4 with COLOR semantic　插值后的逐顶点颜色。
- float4 screenPos　屏幕坐标。
- float3 worldPos　世界坐标位置。
- float3 worldRefl　世界坐标系中的反射向量，在表面着色器未填写 o.Normal 时使用。
- float3 worldNormal　世界坐标系中的法线向量，在表面着色器未填写 o.Normal 时使用。
- float3 worldRefl; INTERNAL_DATA　世界坐标系中的反射向量，在表面着色器已经填写 o.Normal 时使用。
- float3 worldNormal; INTERNAL_DATA　世界坐标系中的法线向量，在表面着色器已经填写 o.Normal 时使用。

10.3　ShaderLab 简介

Unity 中所有的 Shader 文件都是以一种描述性语言表示的，称为 ShaderLab。这些文件用一些嵌套的大括号来声明各种各样的信息，例如哪些属性在检视窗口中显示，哪些内容用于兼容旧的设备，使用哪种混合模式等。而实际的 Shader 代码包含在 CGPROGRAM 代码段中。

本节将介绍 ShaderLab 的基本语法和关键字。CGPROGRAM 代码段以标准的 HLSL/CG 语言编写，因篇幅原因，本节不做详细介绍。

Shader 关键字在一个文件中只有一个，它定义了一个着色器。它还有一些参数用于指定该着色器的使用方式。

10.3.1 语法

```
Shader "name" { [Properties] Subshaders [Fallback] [CustomEditor] }
```

上面的代码定义了一个着色器。该着色器的名称会显示在Unity材质的检视窗口中。Properties是一个属性的列表，该列表可以显示到 Unity 编辑器中。Properties 之后有一个子着色器（Subshaders）列表，后面是可选的回滚定义的以及自定义的编辑器声明。

10.3.2 属性

着色器有一个属性列表，其中定义的所有属性都会在材质的检视窗口中显示出来。典型的属性包括物体颜色、贴图或者简单的运算用的数值。

10.3.3 子着色器与回滚

每个着色器都是由一串子着色器组成的，一个着色器至少有一个子着色器。当加载 Shader 时，Unity 会按顺序遍历所有的子着色器，选择第一个能够和用户硬件匹配的子着色器。如果所有子着色器都无法匹配，Unity 会尝试使用后备的回滚着色器。

不同的显卡有着不同的特性，这对游戏开发者们来说是一个长久的问题。我们总是希望能够利用最新的硬件技术，但是可能只有 3%的设备支持这种技术。因此子着色器的必要性就显而易见了：先为最新的硬件实现一个梦幻级别的效果，然后再添加几个子着色器专门支持其他较老旧的显卡。可以通过简化一些细节的实现来支持旧设备的着色器，增强兼容性。

LOD（Level Of Detail，在不同的距离下显示不同的细节，从近处看时细节更多，从远处看时细节更少），以及着色器替换（Shader Replacement）也会用到子着色器的技术。

10.3.4 例子

下面是一个简单的表面着色器的例子。

```
// 带颜色的顶点光照
Shader "Simple colored lighting"
{
    // 只有一个颜色属性
    Properties {
        _Color ("Main Color", Color) = (1,.5,.5,1)
    }
    // 定义一个子着色器
    SubShader
    {
        // 定义一个 pass
        Pass
        {
            // 指定顶点的颜色
            Material
            {
                Diffuse [_Color]
```

```
            }
            Lighting On
        }
    }
}
```

这个着色器定义了一个颜色属性_Color，默认值为(1, 0.5, 0.5, 1)。还定义了一个子着色器，子着色器包含了 pass，最终是使用固定的方法指定了顶点颜色。

本章的最后会介绍一系列更实际的例子，让读者对 Shader 有一个更全面的认识。

10.4 材质、着色器、贴图的关系

Unity 中和渲染有关的基本概念包括材质、着色器和贴图，这三者有着非常紧密的联系。

材质定义了物体的表面如何被渲染，材质引用了要使用的贴图、拼贴信息、色调信息等内容。材质的选项和参数取决于定义材质的着色器需要哪些参数。

下面是材质球文件的示例。

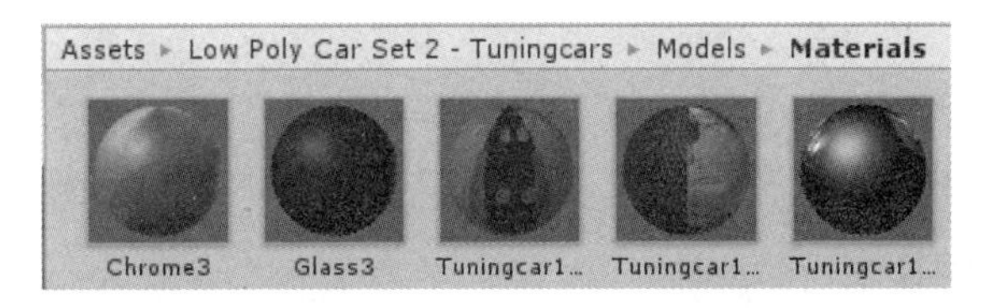

下面是与上面的材质球对应的贴图文件。

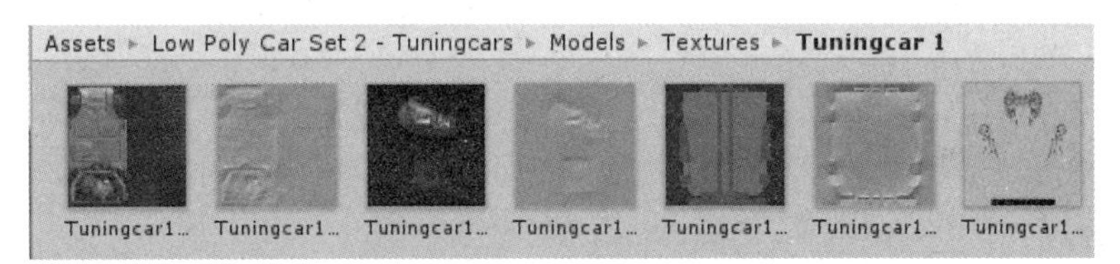

材质球还包含了着色器。

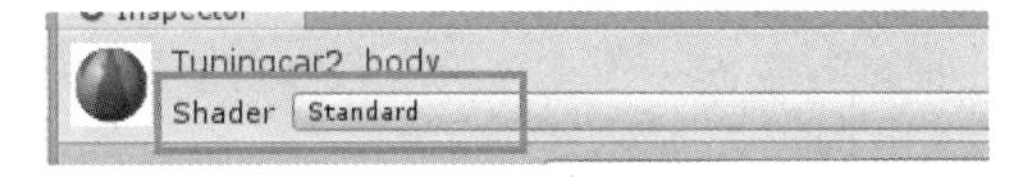

着色器可以被看成是小的 GPU 脚本，可以通过数学知识和算法来计算每个像素的颜色，这种算法是基于光照系统与材质参数设置的。

贴图就是由像素组成的图片，材质一般包含了对贴图的引用，而着色器在计算像素颜色时会用到这个贴图的信息，注意，贴图不仅仅是直觉上的物体外表的图案和颜色，贴图还可以用来表示任何其他表面信息，例如物体的粗糙程度、表面凹凸，甚至顶点位置也可以用贴图来改变，一切都可以由着色器代码控制。

材质关联了一个着色器，着色器定义了该材质的表现，以及该材质可以定义哪些参数。着色器定义了一个或多个需要用到的贴图，在 Unity 编辑器中，选中材质后可以在检视窗口中看到所有的参数，并为需要贴图的参数指定贴图。

Unity 默认的 Standard Shader 足够用于大部分常规游戏的渲染，Standard Shader 是基于物理的，它有很多参数可以调节，可以用来实现各种逼真的物体外观。

除 Standard Shader 之外，还有各种不同的内置着色器，可以在编辑器中随意改变这些着色器，看看截然不同的效果。不同的着色器适用于不同的场景，例如液体、树叶、半透明玻璃、粒子特效、卡通效果或者其他各种独特的美术效果；甚至还可以实现诸如 X 射线、红外线、夜视仪的效果。

10.5 表面着色器的实例

本节将通过一系列的表面着色器的实例，来演示说明表面着色器的使用方法。相信通过实验，读者可以很快就对表面着色器的使用有一个全面的认识，且可以灵活运用到实际的游戏开发中去。

以下实例都使用了内置的光照模型，实际上还可以自定义其他的光照模型，它们都是用表面着色器实现的。

10.5.1 从最简单的例子开始

我们从一个非常简单的例子开始，以下着色器代码只是将颜色设置为白色（white），且使用了内置的漫反射（Lambert）光照模型。

```
Shader "Example/Diffuse Simple" {
    SubShader {
      Tags { "RenderType" = "Opaque" }
      CGPROGRAM
      #pragma surface surf Lambert
      struct Input {
          float4 color : COLOR;
      };
      void surf (Input IN, inout SurfaceOutput o) {
          o.Albedo = 1;
      }
      ENDCG
    }
    Fallback "Diffuse"
  }
```

将以上代码写入一个扩展名为 Shader 的文本文件，并放在工程文件夹中之后，Unity 就会自动编译这个 Shader 脚本。如果没有错误，那么在材质属性那里，就可以选中该 Shader，如下图所示。

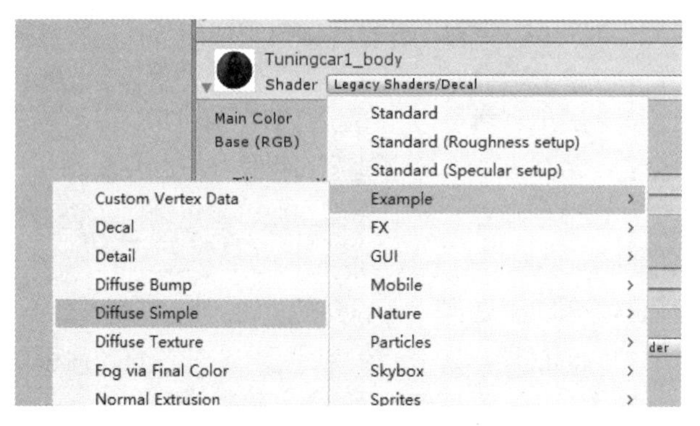

注意： Shader 的名称就是上面代码中第一行指定的 Shader "Example/Diffuse Simple" 。

下图是渲染的效果。

读者会发现，在我们所用的模型中，车轮、窗户、车灯等部分都没有变成白色，确实如此。这个模型可以配置 5 个不同部分的材质，每个材质都可以有独立的 Shader，如下图所示。

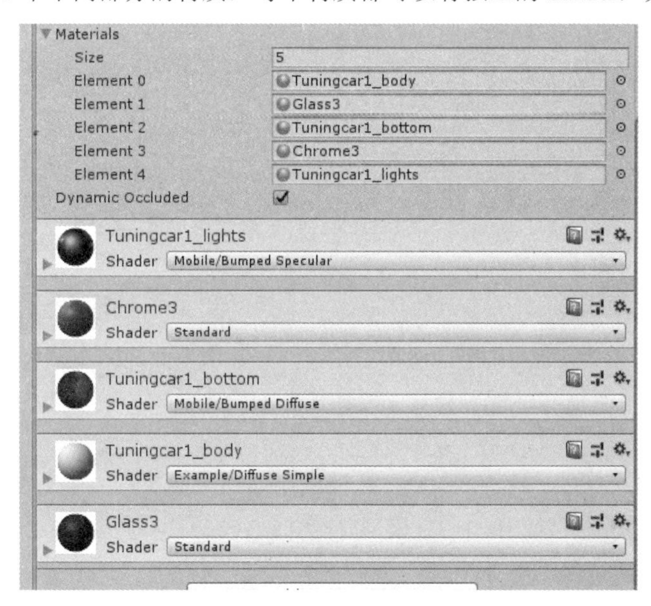

10.5.2　贴图

纯白的模型没有什么用处，接下来我们添加贴图。关键是在 Properties 块中添加一个 _MainTex 属性，这个属性可以在 Unity 的检视窗口中看到，可以任意指定贴图。完整的着色器代码如下。

```
Shader "Example/Diffuse Texture" {
  Properties {
    _MainTex ("Texture", 2D) = "white" {}
  }
  SubShader {
    Tags { "RenderType" = "Opaque" }
    CGPROGRAM
    #pragma surface surf Lambert
    struct Input {
        float2 uv_MainTex;
    };
    sampler2D _MainTex;
    void surf (Input IN, inout SurfaceOutput o) {
        o.Albedo = tex2D (_MainTex, IN.uv_MainTex).rgb;
    }
```

```
    ENDCG
  }
  Fallback "Diffuse"
}
```

这个例子使用了内置的 tex2D 函数在贴图上进行采样。采样出来的是一个像素颜色值，采样不仅需要贴图，还需要模型本身的 UV 信息（UV 决定了模型顶点和贴图之间的对应关系）。效果如下图所示。

10.5.3 法线贴图

法线贴图是一种为模型增加细节的实用方法，例如毛巾表面的凹凸、木材表面小的凹陷都可以用法线贴图来表现。且法线贴图不会真的增加模型的顶点数和面数，只是实现类似的效果，性价比非常高。

表示法线的贴图本身是一种特殊的贴图，通常用贴图上面明暗的变化来表示哪一块是凸起、哪一块是凹陷。法线贴图可以在制作 3D 模型时一并制作好，也可以用自动化的工具生成。一个好的法线贴图可以为模型增色不少。

以下代码中的_BumpMap 即为法线贴图，在 surf 函数中，使用内置的 UnpackNormal 方法将贴图像素转换为法线数据，即可实现很好的法线效果。

```
Shader "Example/Diffuse Bump" {
  Properties {
    _MainTex ("Texture", 2D) = "white" {}
    _BumpMap ("Bumpmap", 2D) = "bump" {}
  }
  SubShader {
    Tags { "RenderType" = "Opaque" }
    CGPROGRAM
    #pragma surface surf Lambert
    struct Input {
      float2 uv_MainTex;
      float2 uv_BumpMap;
    };
    sampler2D _MainTex;
    sampler2D _BumpMap;
    void surf (Input IN, inout SurfaceOutput o) {
      o.Albedo = tex2D (_MainTex, IN.uv_MainTex).rgb;
      o.Normal = UnpackNormal (tex2D (_BumpMap, IN.uv_BumpMap));
    }
    ENDCG
```

```
    }
    Fallback "Diffuse"
  }
```

下图是增加法线的效果，这个法线贴图的效果并不明显，但是在细节处侧面的凹陷感还是非常明显。在模型没有任何改变的情况下添加了一些细节，这就是法线贴图的作用。但是要记得事先准备好一张法线贴图。

10.5.4 边缘发光

我们再添加边缘发光效果。

边缘发光是现实中明显存在的一种现象，特别是在阳光充足的户外，可以观察到物体的边缘更明亮，在游戏中我们不需要通过真实的光线计算达到这个效果，而只需要用一个巧妙的算法找出哪些地方是边缘，哪些地方不是，然后对更加边缘的位置增加更多亮度。

这个原理非常简单，就是考虑摄像机的视线与物体表面法线的夹角。

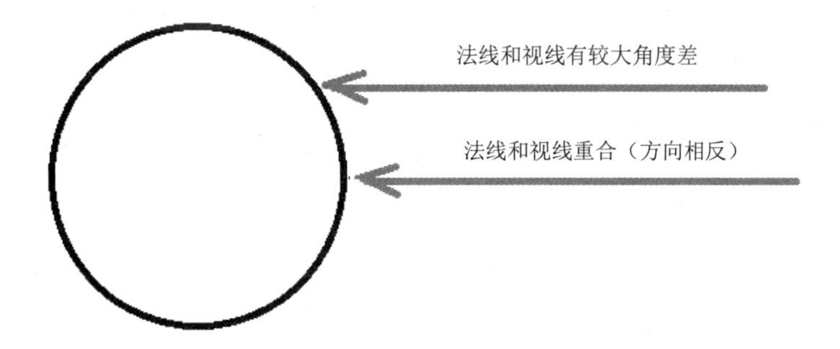

在下面的代码中，RimColor 是发光颜色，RimPower 是发光强度。通过将视线向量 IN.ViewDir 和法线向量进行一些运算后，转换为一个半浮点数值 rim，然后通过 rim 和参数_Rimpower 的幂运算得到发光的量，赋值给 o.Emission，即可得到正确的效果。

```
Shader "Example/Rim" {
  Properties {
    _MainTex ("Texture", 2D) = "white" {}
    _BumpMap ("Bumpmap", 2D) = "bump" {}
    _RimColor ("Rim Color", Color) = (0.26,0.19,0.16,0.0)
    _RimPower ("Rim Power", Range(0.5,8.0)) = 3.0
  }
  SubShader {
    Tags { "RenderType" = "Opaque" }
    CGPROGRAM
    #pragma surface surf Lambert
```

```
    struct Input {
        float2 uv_MainTex;
        float2 uv_BumpMap;
        float3 viewDir;
    };
    sampler2D _MainTex;
    sampler2D _BumpMap;
    float4 _RimColor;
    float _RimPower;
    void surf (Input IN, inout SurfaceOutput o) {
        o.Albedo = tex2D (_MainTex, IN.uv_MainTex).rgb;
        o.Normal = UnpackNormal (tex2D (_BumpMap, IN.uv_BumpMap));
        half rim = 1.0 - saturate(dot (normalize(IN.viewDir), o.Normal));
        o.Emission = _RimColor.rgb * pow (rim, _RimPower);
    }
    ENDCG
  }
  Fallback "Diffuse"
}
```

下面是设置边缘发光后的效果。

10.5.5 细节贴图

接下来演示如何在原有贴图的基础上覆盖一层表现细节的贴图。细节贴图用到的 UV 和模型贴图 UV 基本是一致的，但是 Tiling 略有不同，所以还是要单独指定一个 uv_Detail 来专门用于细节贴图，代码如下。

```
Shader "Example/Detail" {
  Properties {
    _MainTex ("Texture", 2D) = "white" {}
    _BumpMap ("Bumpmap", 2D) = "bump" {}
    _Detail ("Detail", 2D) = "gray" {}
  }
  SubShader {
    Tags { "RenderType" = "Opaque" }
    CGPROGRAM
    #pragma surface surf Lambert
    struct Input {
        float2 uv_MainTex;
        float2 uv_BumpMap;
        float2 uv_Detail;
    };
    sampler2D _MainTex;
    sampler2D _BumpMap;
```

```
    sampler2D _Detail;
    void surf (Input IN, inout SurfaceOutput o) {
        o.Albedo = tex2D (_MainTex, IN.uv_MainTex).rgb;
        o.Albedo *= tex2D (_Detail, IN.uv_Detail).rgb * 2;
        o.Normal = UnpackNormal (tex2D (_BumpMap, IN.uv_BumpMap));
    }
    ENDCG
  }
  Fallback "Diffuse"
}
```

可以看到，细节贴图的采样以乘法叠加到了 o.Albedo 上，也就是说乘法可以用于颜色的混合，且可以通过系数控制混合的比例。笔者将一个较杂乱的贴图直接贴在了车身上，效果如下图所示。

这种做法在实际游戏中并不多见，但是用于学习和解释多层贴图的方法还是很有意义的。

10.5.6　屏幕空间中的细节贴图

接下来是一个特殊的细节贴图演示，主要用来展示屏幕空间和模型 UV 空间不同的计算方法，代码如下。

```
Shader "Example/ScreenPos" {
  Properties {
    _MainTex ("Texture", 2D) = "white" {}
    _Detail ("Detail", 2D) = "gray" {}
  }
  SubShader {
    Tags { "RenderType" = "Opaque" }
    CGPROGRAM
    #pragma surface surf Lambert
    struct Input {
        float2 uv_MainTex;
        float4 screenPos;
    };
    sampler2D _MainTex;
    sampler2D _Detail;
    void surf (Input IN, inout SurfaceOutput o) {
        o.Albedo = tex2D (_MainTex, IN.uv_MainTex).rgb;
        float2 screenUV = IN.screenPos.xy / IN.screenPos.w;
        screenUV *= float2(8,6);
        o.Albedo *= tex2D (_Detail, screenUV).rgb * 2;
    }
    ENDCG
  }
  Fallback "Diffuse"
}
```

以上代码移除了法线贴图，以便突出重点。可以看出，上面的代码用 screenPos.xy 属性和 screenPos.w 属性构造出了一个屏幕空间的 UV，然后用这个 UV 进行贴图采样，得到了一个和模型无关，只和屏幕坐标有关的效果，如下图所示。

10.5.7 立方体反射

这个例子采用了内置的世界空间反射（worldRefl）输入参数，来让环境中的光线和颜色改变模型的发光值，这样就实现了一种金属反射的效果，代码如下。

```
Shader "Example/WorldRefl" {
  Properties {
    _MainTex ("Texture", 2D) = "white" {}
    _Cube ("Cubemap", CUBE) = "" {}
  }
  SubShader {
    Tags { "RenderType" = "Opaque" }
    CGPROGRAM
    #pragma surface surf Lambert
    struct Input {
        float2 uv_MainTex;
        float3 worldRefl;
    };
    sampler2D _MainTex;
    samplerCUBE _Cube;
    void surf (Input IN, inout SurfaceOutput o) {
        o.Albedo = tex2D (_MainTex, IN.uv_MainTex).rgb * 0.5;
        o.Emission = texCUBE (_Cube, IN.worldRefl).rgb;
    }
    ENDCG
  }
  Fallback "Diffuse"
}
```

在代码中，_Cube 属性的使用是一个重点，简单来说，就是假设将模型放在了一个立方体中，然后让立方体内表面的颜色映照在模型表面上，这样就好像模型反射了周围环境的光线，实现了金属反射效果。立方体贴图可以在编辑器中指定，也可以用天空盒来实现。

在上图中，模型的凹凸并不明显，也可以将法线贴图和反光一并考虑，实现细节处的反射，代码如下。

```
Shader "Example/WorldRefl Normalmap" {
  Properties {
    _MainTex ("Texture", 2D) = "white" {}
    _BumpMap ("Bumpmap", 2D) = "bump" {}
    _Cube ("Cubemap", CUBE) = "" {}
  }
  SubShader {
    Tags { "RenderType" = "Opaque" }
    CGPROGRAM
    #pragma surface surf Lambert
    struct Input {
        float2 uv_MainTex;
        float2 uv_BumpMap;
        float3 worldRefl;
        INTERNAL_DATA
    };
    sampler2D _MainTex;
    sampler2D _BumpMap;
    samplerCUBE _Cube;
    void surf (Input IN, inout SurfaceOutput o) {
        o.Albedo = tex2D (_MainTex, IN.uv_MainTex).rgb * 0.5;
        o.Normal = UnpackNormal (tex2D (_BumpMap, IN.uv_BumpMap));
        o.Emission = texCUBE (_Cube, WorldReflectionVector (IN, o.Normal)).rgb;
    }
    ENDCG
  }
  Fallback "Diffuse"
}
```

以上代码的关键点是在输入结构体中添加 INTERNAL_DATA，然后先填写法线信息 o.Normal，再利用 WorldReflectionVector 函数，并传入输入结构体 IN，这样就得到了考虑过法线信息的采样结果，效果如下。细节明显变多了，特别是引擎盖的凹凸。

10.5.8　世界空间切片

以下实例对模型进行了空间中的“切片”，实际上是通过不渲染某些像素实现的，代码如下。

```
Shader "Example/Slices" {
  Properties {
    _MainTex ("Texture", 2D) = "white" {}
    _BumpMap ("Bumpmap", 2D) = "bump" {}
  }
```

```
    SubShader {
      Tags { "RenderType" = "Opaque" }
      Cull Off
      CGPROGRAM
      #pragma surface surf Lambert
      struct Input {
          float2 uv_MainTex;
          float2 uv_BumpMap;
          float3 worldPos;
      };
      sampler2D _MainTex;
      sampler2D _BumpMap;
      void surf (Input IN, inout SurfaceOutput o) {
          clip (frac((IN.worldPos.y+IN.worldPos.z*0.1) * 5) - 0.5);
          o.Albedo = tex2D (_MainTex, IN.uv_MainTex).rgb;
          o.Normal = UnpackNormal (tex2D (_BumpMap, IN.uv_BumpMap));
      }
      ENDCG
    }
    Fallback "Diffuse"
}
```

可以看到，用 IN.worldPos 属性可以得到一个点在世界空间中的坐标，然后利用内置的 clip 函数取消掉某些点的渲染。这样就实现了切片效果，如下图所示。

10.5.9 修改顶点的位置

表面着色器不仅可以用来对贴图进行计算，甚至还可以直接改变顶点的位置。以下的例子很有意思：让每个顶点朝着自己的法线的方向向外移动，就可以让模型“变胖”，代码如下。

```
Shader "Example/Normal Extrusion" {
  Properties {
    _MainTex ("Texture", 2D) = "white" {}
    _Amount ("Extrusion Amount", Range(-1,1)) = 0.5
  }
  SubShader {
    Tags { "RenderType" = "Opaque" }
    CGPROGRAM
    #pragma surface surf Lambert vertex:vert
    struct Input {
        float2 uv_MainTex;
    };
    float _Amount;
    void vert (inout appdata_full v) {
        v.vertex.xyz += v.normal * _Amount;
    }
    sampler2D _MainTex;
```

```
    void surf (Input IN, inout SurfaceOutput o) {
      o.Albedo = tex2D (_MainTex, IN.uv_MainTex).rgb;
    }
    ENDCG
  }
  Fallback "Diffuse"
}
```

注意到，以上代码的这一行内容。

```
#pragma surface surf Lambert vertex:vert
```

上述内容指定了表面渲染函数 surf 以及顶点处理函数 vert，vert 函数作为顶点处理函数，用到的参数和计算方式又和 surf 函数有很多不同。通过在编辑器中调整 Amount 的值，可以让模型“变胖”或“变瘦”。

对我们的汽车模型来说，“变胖”意味着解体，如下图所示。

出现解体的原因和这个模型有关，这个模型的引擎盖、侧面是由分离的面组成的，所以改变顶点位置以后会出现不连接的情况，一般的角色模型没有这个问题。

10.5.10　逐顶点的数据处理

顶点处理函数不仅可以修改顶点的位置，甚至可以在处理顶点时附加一些其他信息。这些信息在渲染的流程中，会传递到后续的片段着色阶段，也就是说可以在表面着色函数中获取到。利用顶点信息可以实现更多可能的效果。

```
Shader "Example/Custom Vertex Data" {
  Properties {
    _MainTex ("Texture", 2D) = "white" {}
  }
  SubShader {
    Tags { "RenderType" = "Opaque" }
    CGPROGRAM
    #pragma surface surf Lambert vertex:vert
    struct Input {
        float2 uv_MainTex;
        float3 customColor;
    };
    void vert (inout appdata_full v, out Input o) {
        UNITY_INITIALIZE_OUTPUT(Input,o);
        o.customColor = abs(v.normal);
    }
    sampler2D _MainTex;
    void surf (Input IN, inout SurfaceOutput o) {
        o.Albedo = tex2D (_MainTex, IN.uv_MainTex).rgb;
```

```
        o.Albedo *= IN.customColor;
      }
      ENDCG
    }
    Fallback "Diffuse"
  }
```

在这段代码中，顶点处理函数依然是 vert，但是它又添加了一个参数 out Input o，其中 Input 是一直以来用到的输入结构体，在其中我们又添加了一个 customColor 属性让信息从 vert 传递到 surf。注意，这里的 customColor 命名虽然可以任意，但是规定绝对不能以 UV 开头，否则会带来问题。

这个例子直接将顶点法线转换为颜色，然后得到了一个特殊的效果，如下图所示。

这个例子不太实际，更切合实际的用法请参考前面的边缘发光的例子。当时我们计算了每一个像素的法线和视线的夹角关系，计算量很大，实际上完全可以用计算顶点法线代替计算像素法线，这样计算次数就能大幅减小，且效果相差并不大。

10.5.11 调整最终颜色

可以设计一个调整最终颜色函数用来在渲染的最后阶段改变颜色值。表面着色器提供了名为 finalcolor:的变量来添加一个最终执行函数，它的参数是 Input IN、SurfaceOutput o 和 inout fixed4 color，具体代码如下。

```
Shader "Example/Tint Final Color" {
  Properties {
    _MainTex ("Texture", 2D) = "white" {}
    _ColorTint ("Tint", Color) = (1.0, 0.6, 0.6, 1.0)
  }
  SubShader {
    Tags { "RenderType" = "Opaque" }
    CGPROGRAM
    #pragma surface surf Lambert finalcolor:mycolor
    struct Input {
        float2 uv_MainTex;
    };
    fixed4 _ColorTint;
    void mycolor (Input IN, SurfaceOutput o, inout fixed4 color)
    {
        color *= _ColorTint;
    }
    sampler2D _MainTex;
    void surf (Input IN, inout SurfaceOutput o) {
        o.Albedo = tex2D (_MainTex, IN.uv_MainTex).rgb;
```

```
    }
    ENDCG
  }
  Fallback "Diffuse"
}
```

这个例子添加了一个 mycolor 函数作为最终执行函数，mycolor 里面只有一行代码，让输入的_ColorTint 直接和当前颜色 color 做乘法。注意：这里得到的 color 参数，实际上已经被光照贴图、光照探针以及其他因素影响过了，所以说这里的调整在其他步骤之后，是一个最终调整。如下图的颜色会整体偏向红色。

10.5.12 雾

上面所讲的调整最终颜色，常见用途是在前向渲染中实现自定义的雾效果。雾会影响最终的像素颜色，正好适用于调整最终颜色，雾的典型代码如下。

```
Shader "Example/Fog via Final Color" {
  Properties {
    _MainTex ("Texture", 2D) = "white" {}
    _FogColor ("Fog Color", Color) = (0.3, 0.4, 0.7, 1.0)
  }
  SubShader {
    Tags { "RenderType" = "Opaque" }
    CGPROGRAM
    #pragma surface surf Lambert finalcolor:mycolor vertex:myvert
    struct Input {
        float2 uv_MainTex;
        half fog;
    };
    void myvert (inout appdata_full v, out Input data)
    {
        UNITY_INITIALIZE_OUTPUT(Input,data);
        float4 hpos = UnityObjectToClipPos(v.vertex);
        hpos.xy/=hpos.w;
        data.fog = min (1, dot (hpos.xy, hpos.xy)*0.5);
    }
    fixed4 _FogColor;
    void mycolor (Input IN, SurfaceOutput o, inout fixed4 color)
    {
        fixed3 fogColor = _FogColor.rgb;
        #ifdef UNITY_PASS_FORWARDADD
        fogColor = 0;
        #endif
        color.rgb = lerp (color.rgb, fogColor, IN.fog);
    }
    sampler2D _MainTex;
    void surf (Input IN, inout SurfaceOutput o) {
```

```
            o.Albedo = tex2D (_MainTex, IN.uv_MainTex).rgb;
        }
        ENDCG
    }
    Fallback "Diffuse"
}
```

这段代码实现了从屏幕四周到中央衰减的雾。它的算法原理是在计算顶点时，计算该顶点离屏幕中央的距离，处理后记录到 fog 变量中。在最后的 mycolor 处理函数中通过 IN.fog 可以访问之前保存的 fog 值，依据 fog 值进行颜色调整。

注意：在前向渲染中，雾的颜色只能是黑色，所以在这段代码里用以下代码对当前的渲染方式进行了检查和处理。

```
#ifdef UNITY_PASS_FORWARDADD
```

10.5.13 总结

从以上的多个例子可以看出：着色器核心算法的实现，离不开 3D 图形学以及数学技巧两大部分。我们既可以选择认真学习 3D 图形学和数学，从头打造一个独特的着色器；也可以选择在现有的着色器范例上进行微调，以实现适合于特定游戏的着色器。着色器的编写方法博大精深，且更新的、更快的、更逼真的算法依然在发展之中，新的硬件与软件为提升游戏画面的表现力带来了更多可能。

第 11 章　打包与发布

在游戏开发进行到一定阶段时，我们会想要看看游戏在编辑器外独立运行是什么效果。本章将指导读者进行实际的发布操作，包含多种平台的发布方法。

11.1 打包设置

单击主菜单的 File > Build Settings 选项可以打开发布设置窗口，其中有很多发布选项。下图所示是打包界面。

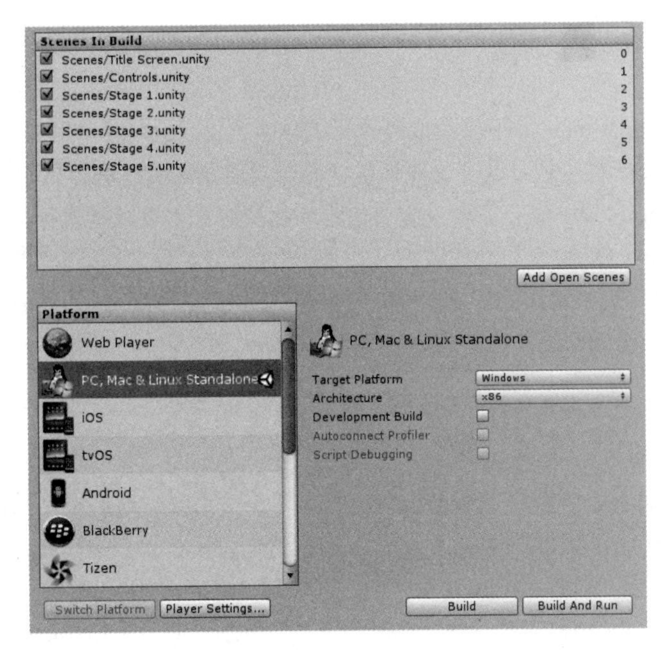

11.2 发布设置菜单

Scenes In Build 一栏是一个场景列表，默认是空的。如果在场景列表为空时进行发布，那么只有当前正在编辑的场景会被发布出去且作为启动场景。很多时候我们只是想快速做一些测试工作，就会只发布当前编辑的场景。

正式发布的游戏往往包含多个场景，有两种方式添加场景：一种是单击 Add Open Scenes 按钮，打开一个选择场景的窗口进行选择操作；另一种是直接将保存的场景文件从工程窗口拖动到发布窗口中。

拖动场景到列表中以后，你会发现每个场景都被分配了一个数字，其中 Scene 0 是游戏开始后第一个被自动加载的场景。当你需要加载一个新的场景时，可以在脚本中调用 SceneManager.LoadScene 方法。

如果你已经添加了多个场景文件并且希望重新排列它们的顺序，只需要在列表中简单地选中并拖动它们即可，将一个场景拖动到其他场景的下面或者上面就可以交换场景的顺序了。

要删除某个已经添加的场景，只要选中该场景并按一下键盘上的 Delete 键即可。

Platform 列表就是可供选择的要发布的平台，选中某个平台后单击 Build 按钮就可以发布针对这个平台的游戏包了，这时会弹出一个对话框让用户选择文件名称和保存位置，之后就进入了打包发布的流程。整个操作非常简单，流程也是傻瓜化的。发布 Windows、macOS 等桌面系统的游戏包是非常简单的。

发布窗口中的 Development Build（开发版本）选框用来开启性能分析器功能，同时也会打开相应的调试功能，以方便开发者在正式发布的版本中调试问题或者分析性能。

11.3 发布为桌面程序

用 Unity 发布游戏为独立的 Windows、macOS 或 Linux 系统的程序非常容易。如上节所说，只要添加场景并进行一些简单的设置，然后单击 Build 按钮即可。最终发布生成的程序因平台不同而有很大的区别。在 Windows 下会生成可执行文件（后缀为.exe），同时有一个存放数据的文件夹（名为 XXX_Data）被生成，这个文件夹包含着游戏需要的所有资源。对 macOS 系统来说，会生成一个 app bundle，其中包含了所有必要的程序和资源，可以直接执行。

所以，如果想将 macOS 版本的游戏发给其他人，只需要复制这个 bundle 即可。而传输 Windows 版本的游戏，就要同时提供发布的 exe 文件和资源包，另外需要注意：发布时生成的动态链接库文件（例如 UnityPlayer.dll）也是必要的。

11.4 发布时的内部流程

发布时，Unity 首先会根据所选平台的模板建立一个空白的应用程序，然后遍历所有场景，依次打开这些场景，分析其中的资源并优化，然后将它们依次打包到应用程序中。其中，针对场景用到的所有资源，会将它们保存成一种特定的格式到独立的文件中。

任何具有 EditorOnly 标签的游戏物体，都不会被打包到发布版中。这个标签表示这些物体只会在开发过程中用到，一般用来扩展编辑器功能，或显示一些辅助信息。

当加载一个新的场景或关卡的时候，前一个场景的所有物体都会被销毁。我们有办法防止这种情况发生，只需要在脚本中对不想销毁的物体使用 DontDestroyOnLoad 方法即可。这个方法通常用于在切换场景时保持音乐播放，或者让控制游戏流程的脚本保持特定状态而不会被重置。

```
// 例如，不希望某个物体 gameObjA 在切换场景时被销毁
DontDestroyOnLoad(gameObjA);
```

使用 SceneManager.sceneLoaded（注册事件通知）可以让物体在场景加载完毕后得到通知，代码如下。

```
public class TestScene : MonoBehaviour {
 void Start ()  {
        SceneManager.sceneLoaded += OnSceneLoaded;
    }
    void OnSceneLoaded(Scene scene, LoadSceneMode mode)  {
```

```
        Debug.Log("场景加载完毕 " + scene.name + " 加载模式 " + mode);
    }
}
```

11.5 发布为安卓应用程序

在将你的游戏发布成安卓应用程序之前，我们首先需要配置好打包需要的环境变量，以及相关开发工具包才能够进行打包。

11.5.1 JDK概述

在下载安装之前，我们先了解一下什么是 JDK，打包为什么会需要 JDK。JDK（Java Development Kit）是 Java 语言的软件开发工具包，主要用于开发移动设备、嵌入式设备上的 Java 应用程序。由于安卓应用程序开发是以 Java 语言为基础的，所以要想我们的游戏能够发布到安卓平台上，需要 Java 的支持。

11.5.2 JDK的下载、安装

由于开发 Java 语言的 SUN 公司后来被甲骨文公司收购，所以我们现在需要在甲骨文公司的官网找到我们需要的最新的 JDK，单击即可下载，如下图所示。

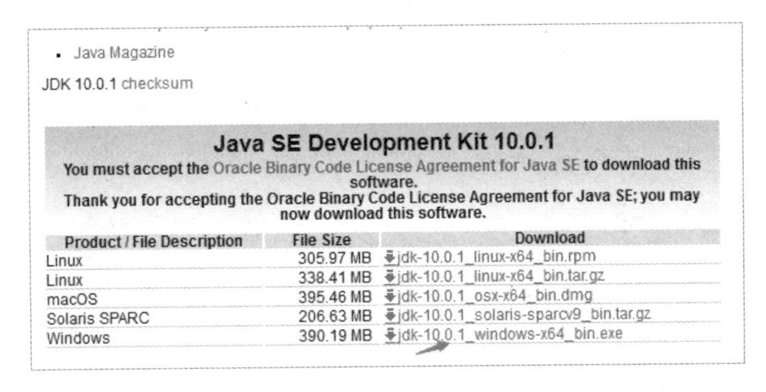

- Java Magazine

JDK 10.0.1 checksum

Java SE Development Kit 10.0.1

You must accept the Oracle Binary Code License Agreement for Java SE to download this software.

Thank you for accepting the Oracle Binary Code License Agreement for Java SE; you may now download this software.

Product / File Description	File Size	Download
Linux	305.97 MB	jdk-10.0.1_linux-x64_bin.rpm
Linux	338.41 MB	jdk-10.0.1_linux-x64_bin.tar.gz
macOS	395.46 MB	jdk-10.0.1_osx-x64_bin.dmg
Solaris SPARC	206.63 MB	jdk-10.0.1_solaris-sparcv9_bin.tar.gz
Windows	390.19 MB	jdk-10.0.1_windows-x64_bin.exe

下载完成系统对应的 JDK 包后，运行 jdk-10.0.1_windows-x64_bin.exe 程序，如下图所示。

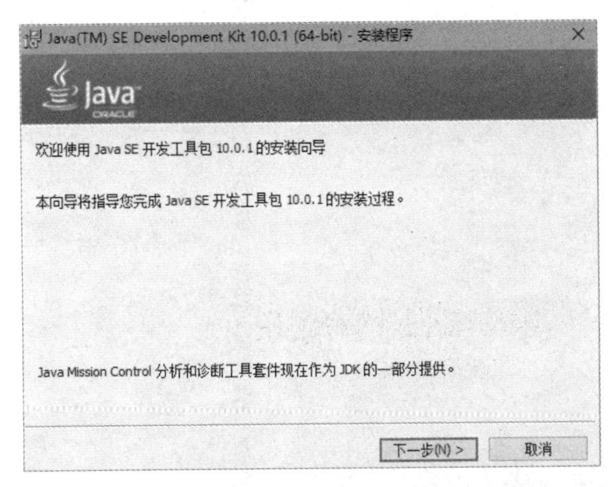

单击“下一步”按钮，进行安装组件的选择与安装目录的设置，如下图所示。

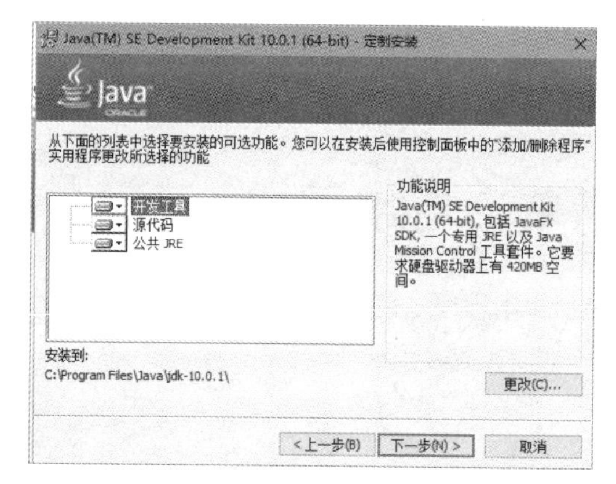

设置好安装目录后，单击“下一步”按钮进行安装，然后安装 JRE，如下图所示。

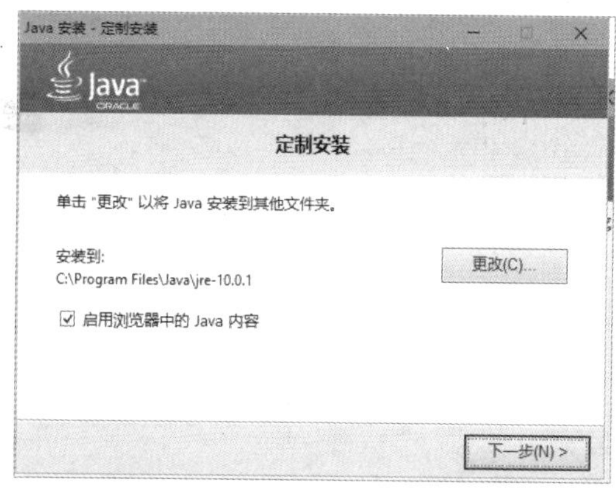

单击“下一步”按钮，等待程序完成安装即可。

11.5.3 配置环境变量

完成 JDK 的安装后，我们还需要设置 Java 程序需要的环境变量，然后才能够进行使用。我们以 Windows 10 系统举例，右键单击【此电脑】→单击【属性】→单击【高级系统设置】→单击【环境变量】，如下图所示。

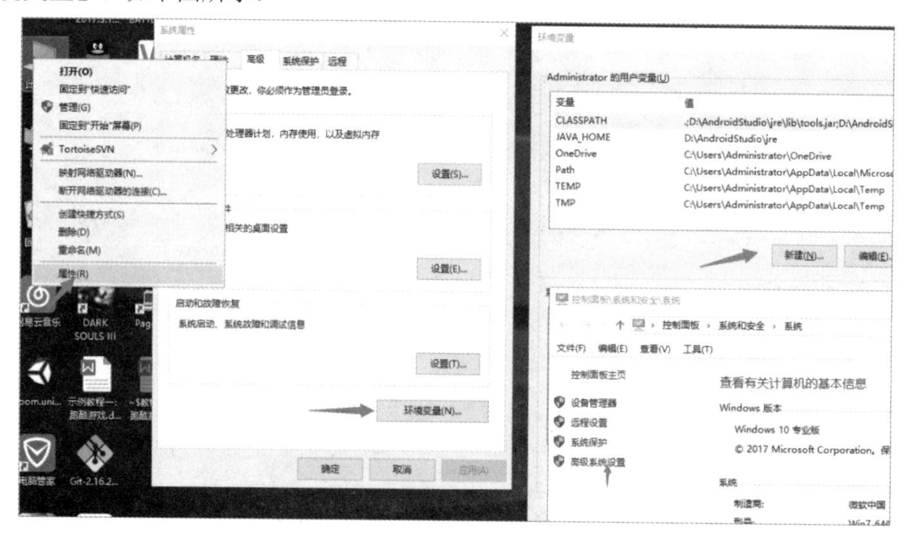

然后单击“新建”按钮，一共需要新建 3 个环境变量，具体如下。

1. 变量名：JAVA_HOME

   变量值：C:\Program Files\Java\jdk-10.0.1（注意：此处为你的 JDK 安装路径）

2. 变量名：Path

   变量值：%JAVA_HOME%/bin

3. 变量名：CLASSPATH

   变量值：.;%JAVA_HOME%/lib/tools.jar;%JAVA_HOME%/lib/dt.jar

11.5.4　SDK概述

SDK（Software Development Kit，软件工具开发包）是被软件开发工程师用于特定用途的软件包，是软件框架、硬件平台、操作系统等建立应用软件的开发工具的集合。如果我们的游戏想要发布为安卓平台的应用程序，还需要下载安卓的 SDK 才行。

11.5.5　下载安卓SDK

由于之前我们的 Java 环境已经搭建好了，现在下载的安卓 SDK 包不用安装，只需要下载、解压后，就可以使用了。下载安卓 SDK 包的主要方式有以下 3 种。

1. 在 Android 官网下载 Android Studio 软件，并进行安装。
2. 网上找到别人下载好的 SDK 压缩包，直接下载、解压。
3. 在国内开发网站 androiddevtools 下载 SDK Tools，进行 SDK 的下载。

这里我们以第三种下载方式为例。

11.5.5.1　下载SDK Tools

访问国内的开发网站 androiddevtools，找到 SDK Tools 的下载选项，选择对应系统的版本，单击下载，如下图所示。

版本	平台	下载	大小	SHA-1校验码
3859397	Windows	sdk-tools-windows-3859397.zip	132 MB	7f6037d3a7d6789b4fdc06ee7af041e071e9860c51f66f7a4eb5913df9871fd2
	Mac OS X	sdk-tools-darwin-3859397.zip	82 MB	4a81754a760fce88cba74d69c364b05b31c53d57b26f9f82355c61d5fe4b9df9
	Linux	sdk-tools-linux-3859397.zip	130 MB	444e22ce8ca0f67353bda4b85175ed3731cae3ffa695ca18119cbacef1c1bea0
24.4.1	Windows	installer_r24.4.1-windows.exe	144 MB	f9b59d72413649d31e633207e31f456443e7ea0b
		android-sdk_r24.4.1-windows.zip	190 MB	66b6a6433053c152b22bf8cab19c0f3fef4eba49
	Mac OS X	android-sdk_r24.4.macosx.zip	98 MB	85a9cccb0b1f9e6f1f616335c5f07107553840cd
	Linux	androiddk_r24.4.1-linux.tgz	311 MB	725bb360f0f7d04eaccff5a2d57abdd49061326d

11.5.5.2　运行SDK Manager，下载对应的组件包

下载完成后，解压运行其中的 SDK Manager 文件，进入下载页面，如下图所示。

Android SDK Manager

Packages Tools

SDK Path: F:\android-sdk-windows

Packages

Name	API	Rev.	Status
☐ Tools			
☑ Android SDK Tools		24.4.1	Update available: rev. 25.2.5
☑ Android SDK Platform-tools		27.0.1	Not installed
☑ Android SDK Platform-tools, revision 27.0.1 / Size: 4.5 MiB / Provided by dl.google.com		27.0.3	Not installed
☐		27.0.2	Not installed
☐		27.0.1	Not installed
☐ Android SDK Build-tools		27	Not installed
☐ Android SDK Build-tools		26.0.3	Not installed
☐ Android SDK Build-tools		26.0.2	Not installed
☐ Android SDK Build-tools		26.0.1	Not installed
☐ Android SDK Build-tools		26	Not installed
☐ Android SDK Build-tools		25.0.3	Not installed

Show: ☑Updates/New ☑Installed Select New or Updates Install 5 packages...

☐Obsolete Deselect All Delete 1 package...

在 Tools 选项卡中，我们只需要下载上图所勾选的 3 项就行，API 就选择当前时间安卓的最新版本并进行下载，如下图所示。

Name	Rev.	Status
☐ Android SDK Build-tools	26 rc2	Not installed
☐ API 28, P preview		
☐ Android P (API 27, P preview)		
☑ Android 8.1.0 (API 27)		
☐ Android 8.0.0 (API 26)		
☐ Android 7.1.1 (API 25)		

我们把 Extras 包含的选项全部勾选，如下图所示。

Name	Rev.	Status
☑ Extras		
☑ Android Support Repository	47	Not installed
☑ Android Auto Desktop Head Unit emulator	1.1	Not installed
☑ Google Play services	49	Not installed
☑ Instant Apps Development SDK	1.2	Not installed

单击右下角的 Install 按钮进行下载，在后续的许可界面选择 Accept License，然后单击 Install 按钮，等待安装完成即可。

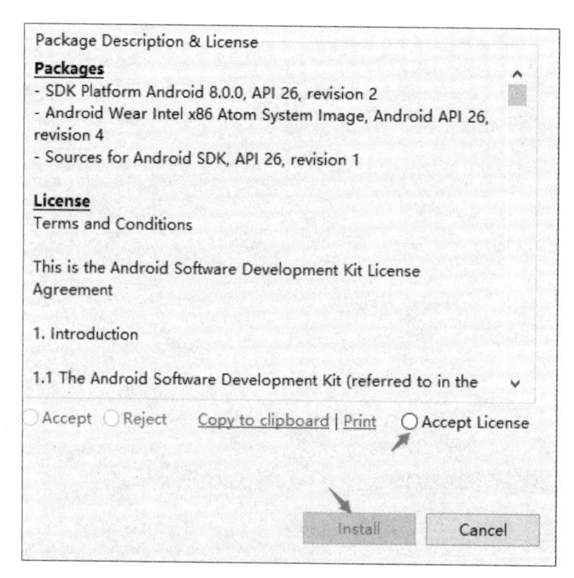

11.5.6　导出设置

11.5.6.1　路径设置

配置完打包需要的环境后，我们回到 Unity 来设置 JDK 与 SDK 的路径。打开 Edit→Preferences→External Tools 界面，如下图所示。

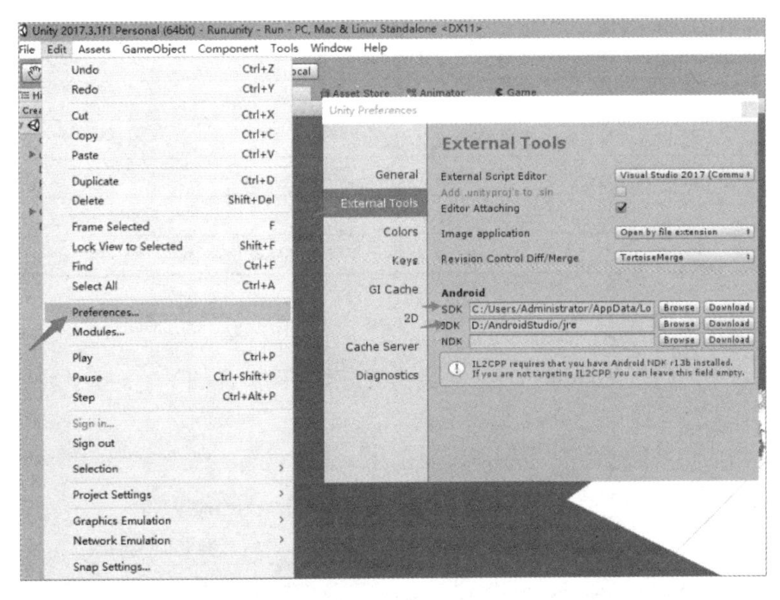

在其中的 SDK 与 JDK 选项分别填上 SDK 的路径以及 JDK 的路径。

11.5.6.2　导出设置详解

路径设置完成后，我们回到本章一开始的界面。选中安卓平台，单击 Switch Platform 来切换平台，切换完成后单击 Player Settings 按钮，进行导出设置，如下图所示。

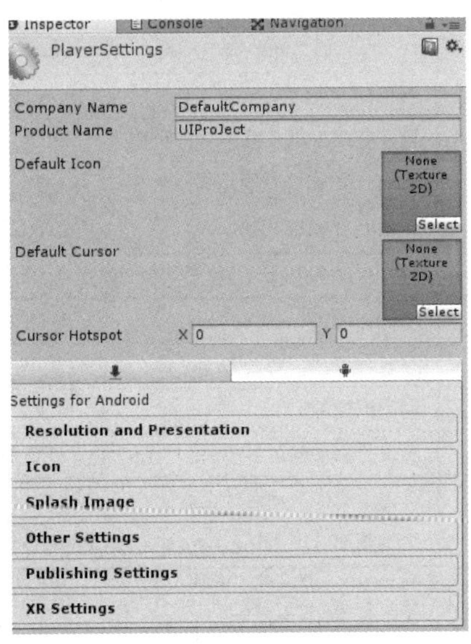

导出设置的大部分选项与本次打包的联系不太多，在这里我们只需要简单了解一下即可。

选项英文名	选项中文名
Company Name	公司名称
Product Name	产品名称
Default Icon	默认图标
Default Cursor	默认光标，鼠标的样式
Cursor Hotspot	光标点，鼠标的作用点
Resolution and Presentation	分辨率与描述菜单
Icon	图标
Splash Image	启动动画
Other Settings	其他设置
Publishing Settings	发布设置
XR Settings	XR 设置，应用于虚拟现实游戏

11.5.6.3 其他设置详解

Other Settings 中的选项与我们的打包息息相关，需要读者详细了解一下，我们以当前版本为例进行详细介绍。

第一部分，渲染相关的参数如下图所示。

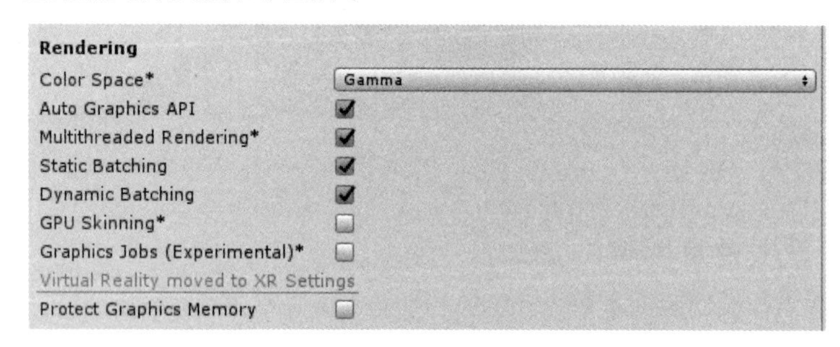

参　　数	功　　能
Rendering	渲染
Color Space	色彩空间，用于渲染的色彩空间 Gamma，伽马空间渲染 Linear，线性渲染
Auto Graphics API	选择自动图形接口
Multithreaded Rendering	多线程渲染
Static Batching	静态批处理，降低 Drawcall，优化性能
Dynamic Batching	动态批处理
GPU Skinning	加速骨骼动画，启用 DX11/ES3 的一种蒙皮技术，仅支持 VR 应用程序
Graphics Jobs(Experimental)	将图形渲染循环运行至其他 CPU 核心，只有 Vulkan 图形 API 才支持
Protect Graphics Memory	强制图形缓冲，显示经过硬件保护的路径，设备不支持则该选项无效

第二部分，识别相关的参数，如下图所示。

Identification
Package Name com.Company.ProductName
Version* 1.0
Bundle Version Code 1
Minimum API Level Android 4.1 'Jelly Bean' (API level 16)
Target API Level Automatic (highest installed)

参　　数	功　　能
Identification	识别
Package Name	包名，打包需要按照对应格式进行修改
Version	版本号
Bundle Version Code	内部版本号
Minimum API Level	向下兼容最低的 API 版本
Target API Level	打包的目标 API 版本

第三部分，配置相关的参数如下图所示。

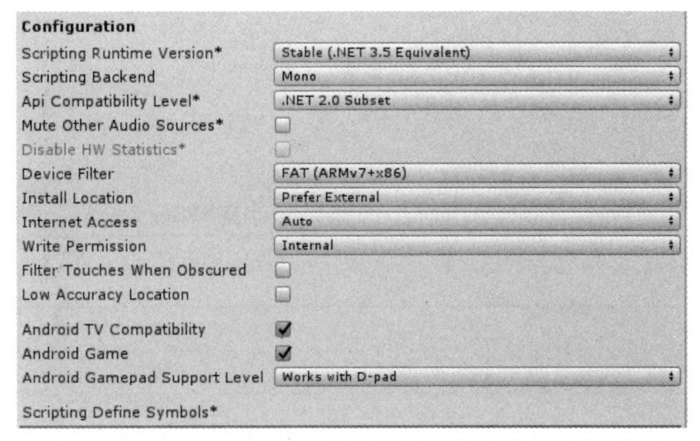

参　　数	功　　能
Configuration	配置
Scripting Runtime Version	运行时的脚本版本，指当前开发语言的版本
Scripting Backend	脚本引擎 Mono，使用默认的 Mono 虚拟机 IL2CPP，使用 IL2CPP
Api Compatibility Level	脚本 API 的版本
Mute Other Audio Sources	其他音频来源
Disable HW Statistics	禁用 HW 统计
Device Filter	设备筛选器，选择应用程序在指定 CPU 上运行，如 ARMv7、x86
Install Location	安装位置 Automatic，自动选择 Prefer External，外部存储（SD 卡） Force Internal，内部存储
Internet Access	网络访问权限 Auto，自动 Require，根据需求获取
Write Permission	写入权限

续表

参　　数	功　　能
	Internal，内部存储 External（SDCard），外部存储（SD 卡）
Filter Touches When Obscured	所在窗口被其他可见窗口遮住时，是否过滤触摸事件
Low Accuracy Location	低精度定位，GPS
Android TV Compatibility	安卓 TV 兼容选项
Android Game	将应用程序标记为游戏
Android Gamepad Support Level	游戏手柄支持等级
Scripting Define Symbols	脚本编译时的标志设置

第四部分，优化相关的参数如下图所示。

参　　数	功　　能
Optimization	优化
Prebake Collision Meshes	是否只在创建游戏时添加碰撞盒
Keep Loaded Shaders Alive	保证 Shader 不会被卸载
Preloader Assets	预先读取的 Assets 列表
Stripping Level	代码剥离等级，只有在脚本后端选择 IL2CPP 时才能使用 Disabled，没有减少 Strip Assemblies，一级尺寸减少 Strip ByteCode (iOS only)，二级减少，包含一级减少 Use micro mscorlib，三级减少，包含一级、二级减少
Enable Internal profiler	启用内部分析器，允许在安卓的 logcat 获取设备分析的数据
Vertex Compression	选择顶点进行压缩，压缩可以节省内存和带宽，但精度会更低
Optimize Mesh Data	优化 Mesh 数据，勾选该选项会移除材质不需要的 Mesh 数据
Logging	更改 Log 的类型

11.5.6.4　更改包名与打包

前面的内容中，我们详细介绍了 Other Settings 中选项的作用，现在我们对工程进行打包，只需要按照格式更改包名 Package Name 以及产品名称 Product Name 就行了。然后单击 Build 按钮进行打包，等待完成即可。

第 12 章　示例教程——跑酷游戏

在第 6 章，我们已经简单演示了如何播放玩家动画。在本章，玩家的动作与之前例子中的动作并无什么区别。于是我们在原先工程的基础上，演示本章的内容。

12.1 准备工具

在开始制作游戏之前，先准备好我们游戏中需要用到的工具。在这里我们使用了一款用于制作动画的插件——DoTween 插件。

下载完成后，在我们刚建好的工程中新建一个文件夹并命名为 Plugins，将 DoTween 插件解压后的文件放入这个文件夹中。

12.2 分析需求

工具准备完成后，现在需要分析我们这款跑酷游戏的需求，或者说实现功能。我们以经典的《神庙逃亡》为例进行我们游戏的需求分析。这款游戏主要实现了以下功能。

1. 人物动作——跳跃、跑步、下滑。
2. 地图生成——前进地图、转向地图、道具。
3. 背景音效——音乐。
4. 得分显示——游戏分数。

但是原版游戏的地图不够炫酷，我们这里将地图生成改变一下，做成“道路动起来，能够自己到游戏人物脚下铺路”这种形式。

12.3 控制人物动作

由于在第 6 章我们已经搭建好了玩家的动画状态机，这里我们就不再进行演示。

虽然之前我们已经能够控制玩家动画的播放与关闭，但是对于一个游戏来说，这样还远远不够。我们需要用复杂一点的方法来进行我们游戏中玩家动画的播放与关闭，获取动画组件的代码如下。

```
using System.Collections;
using System.Collections.Generic;
using UnityEngine;
using DG.Tweening;                                        //引入 DoTween 插件
public class PlayerController : MonoBehaviour {
    public Animator playAnimtor;                          //动画控制组件
    public float jumpPower;                               //玩家的跳跃高度
    RuntimeAnimatorController nowController;              //现在运行时的动画控制器
    AnimationClip[] cilps;                                //现在播放的动画数组
    void Start ()
    {
```

```
playAnimtor = GetComponent<Animator>();
nowController = playAnimtor.runtimeAnimatorController;
cilps = nowController.animationClips;
}
```

由于官方提供的动画与我们的游戏不太匹配，因此我们需要对关闭动画的时间进行微调，以达到满意的效果。我们用了更为复杂的方法来进行动画关闭的控制，通过时间关闭动画的代码如下。

```
void Start ()
{
    for (int i=0;i<cilps.Length; i++)
    {
        if (cilps[i].events.Length<=0)
        {
            switch (cilps[i].name)
            {
                case "JUMP00":    //如果当前是跳跃动画
                    AnimationEvent endEvent = new AnimationEvent();
                    endEvent.functionName = "JumpEnd";
                    endEvent.time = cilps[i].length - (20.0f / 56.0f) * 1.83f;
                    //设置事件的执行时间 cilps[i].length 表示动画的播放时长
                    cilps[i].AddEvent(endEvent);  //把事件添加进跳跃动画当中
                    break;
            }
        }
    }
}
public void JumpEnd()
{
    playAnimtor.SetBool("IsJump", false);
}
```

在上面的程序中，我们以跳跃动画为例子。通过动画的名字，在动画播放到某一个时间时添加了动画事件，并进行动画关闭。程序运行后，就会在我们设置好的时间执行这个事件，进行动画的关闭。这样我们就能够在游戏中流畅地进行动画的切换了。

12.4 生成地图

12.4.1 创建地图模板

在《神庙逃亡》游戏中，游戏地图是由几个小一点的地图模板随机组合生成的。在我们的轻量版的跑酷游戏当中，不需要这么多的地图模板，只需要一个就够了。

首先，我们在场景视图中创建一个 Cube，并将它的 TransForm.position 改成(0,0,0)，同时更改这个 Cube 的名字为 CubeCenter, 去掉这个 Cube 上面的 BoxCollider。其次，创建第二个 Cube，并将它的 TransForm.position 改成(1,0,0)，同时更改这个 Cube 的名字为 CubeRight, 去掉这个 Cube 上面的 BoxCollider。再次，创建第三个 Cube，并将它的 TransForm.position 改成(-1,0,0)，同时更改这个 Cube 的名字为 CubeLeft, 去掉这个 Cube 上面的 BoxCollider。最后，在 CubeCenter 下面创建一个空物体，并命名为 RoadTemplate。

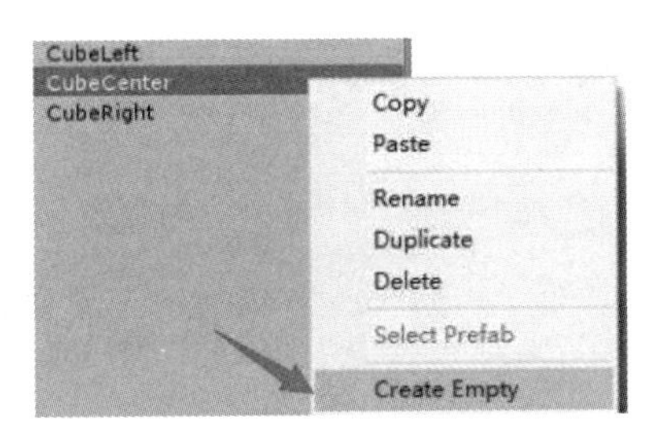

将这个空物体设为 3 个 Cube 的父节点，同时添加一个 BoxCollider，并将这个碰撞盒的 Size 改成(3,1,1)，使其刚好覆盖 3 个 Cube。

将这个道路模板保存为预制体。

12.4.2　设置地图生成规则

在跑酷游戏中，玩家的运动方向始终只有以下 3 个。

1．直线方向——foward。

2．相对于自己的左方向——left。

3．相对于自己的右方向——right。

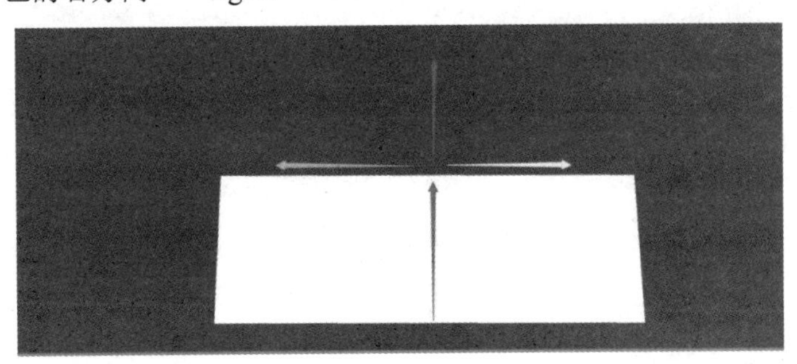

要生成能够使用的、无限的地图，我们必须设置游戏道路的生成规则与我们玩家的运动方向相匹配，这样才能达到这个目标。因此，设置规则如下。

1．在你生成一次转向道路后，10 个回合之内不能再进行转向。（如果还能继续转向，将会出现无法使用的道路。）

2．只有在你完全经过一段道路进入下一段道路后，才能进行下一段道路的生成。（防止无限生成占用不必要的资源。同时也防止道路生成过长，出现道路重叠，影响游戏体验。）

3．转向道路的转向角度固定为 90°。

依照上面的规则，我们创建一个 GameMode.cs 文件，在里面实现我们的道路生成方法。生成地图的代码如下。

```
    public void BuidRoad()
    {
        int turnSeed = Random.Range(1,10);      //随机数用于确定是否转向
        if (turnSeed == 1 && buidfound<=0)      //转向且当前生成离上一次生成差了 10 次
        {
            buidfound = 10;                     //更新回合数
            int dictSeed = Random.Range(1,3);
            for (int i = 0; i < 3; i++) //先生成 3 个格子的道路，作为转向区
            {
                var tmpRoad = Instantiate(roadTemplate, guideTrs.position,
guideTrs.rotation);
                PlayRoadAnimator(tmpRoad);
                roads.Add(tmpRoad);//添加当前生成的道路进入可还原列表
                guideTrs.position += guideTrs.forward;
            }
            if (dictSeed == 1)
            {
                guideTrs.position -= guideTrs.forward * 2;
                //转向区域生成完成后，引导物体回退 2 格
                guideTrs.Rotate(Vector3.up, 90);         //转向
                guideTrs.position += guideTrs.forward * 2; //转向后引导物体的 forward
                轴改变，改变 pos 值，到达下一段道路的生成地点
            }
            else
            {
                guideTrs.position -= guideTrs.forward * 2;
                guideTrs.Rotate(Vector3.up, -90);
                guideTrs.position += guideTrs.forward * 2;
            }
        }
        else
        {
            var tmpRoad = Instantiate(roadTemplate, guideTrs.position, guideTrs.
rotation);
            PlayRoadAnimator(tmpRoad);
            roads.Add(tmpRoad);//添加当前生成的道路进入可还原列表
            guideTrs.position += guideTrs.forward;  //每生成一段道路，引导物体的位置改变
        }
        buidfound--;
    }
```

在上面的代码中，我们通过使用一个引导物体 guideTrs，来确定接下来道路的位置与旋转等信息，在这个基础上进行道路生成。

12.4.3 使地图运动

经过了上面的步骤，我们已经得到了一个能够玩的跑酷游戏的地图。但是我们的目标是做一个运动的、能够自己到角色脚下铺路的地图。现在的地图还远远达不到我们的要求，这个时候就需要用到我们刚开始下载的插件，来完成这样一个动画效果。

我们先创建一个 RoadChildrenChange.cs 文件。进行游戏道路信息的改变。随机改变子物体信息的代码如下。

```
    using UnityEngine;
```

```
using DG.Tweening;
public Vector3 firstLocalPos;                          //保存最开始的相对坐标
public Quaternion firstLocalRotation;                  //保存最开始的相对旋转
    private void Awake()
    {
        firstLocalPos = transform.localPosition;
        firstLocalRotation = transform.localRotation;
    }
    public void PosChange()  //位置改变
    {
        int changeValueUp = 0;
        int chageValueRight = 0;
        while (Mathf.Abs(changeValueUp)<=4.0f)         //限定坐标的 Y 轴的改变范围
        {
            changeValueUp = Random.Range(-10,10);
        }

        while (Mathf.Abs(chageValueRight) <= 4.0f) //限定坐标的 X 轴的改变范围
        {
            chageValueRight = Random.Range(-10, 10);
        }
        transform.localPosition += transform.up * changeValueUp;
        transform.localPosition += transform.right * chageValueRight;
    }
    public void ChangeRotate() //旋转改变
    {
        transform.Rotate(transform.right, Random.Range(0, 180));
        transform.Rotate(transform.forward, Random.Range(0, 180));
        transform.Rotate(transform.up, Random.Range(0, 180));
    }
    public void Init()  //初始化信息，回到一开始的坐标与旋转
    {
        transform.DOLocalMove(firstLocalPos, time); //使用插件在 time 时间后回到
        初始坐标
        Tween t = transform.DOLocalRotateQuaternion(firstLocalRotation, time);
        //回到初始旋转
        t.OnComplete(InitGold);
    }
```

在上面的程序中，我们在一开始保存了当前物体的坐标与旋转信息，并声明了 3 个函数，完成我们想要的功能。具体内容如下。

1. PosChange()——用于改变物体当前的位置（即坐标）。
2. ChangeRotate()——用于改变物体当前的旋转。
3. Init()——用于初始化物体的信息，当进行铺路时进行调用，通过插件做出动画效果。

以上就完成了我们想要的动画效果，然后将其挂载到我们上面创建好的地图模板 RoadTemplate 下的 3 个子物体 Cube 上。

虽然我们现在已经完成了实现动画效果的方法的创建，但是细心的读者会发现，我们并没有使用已经创建好的 3 个方法。所以，接下来我们要做的是使用这 3 个方法，达成我们的目的。首

先，新建一个 RoadControl.cs，挂载到我们的地图模板上，在这里我们主要是获取子物体上的方法，并进行调用。执行子物体上的方法的代码如下。

```
using UnityEngine;
public class RoadController : MonoBehaviour {

    public RoadChildrenChange[] childrens;  //子物体上的脚本数组

    void Awake()
    {
        childrens = GetComponentsInChildren<RoadChildrenChange>(); //在一开始获
        取所有子物体上的脚本
    }
    public void ChangeChildrens()  //执行所有子物体上的改变信息的方法
    {
        for (int i=0;i< childrens.Length;i++)
        {
            childrens[i].nowType = RoadType.road;
            childrens[i].PosChange();
            childrens[i].ChangeRotate();
            childrens[i].isTurn = true;
        }
    }

    public void InitChildrens()   //初始化所有子物体的信息
    {
        for (int i = 0; i < childrens.Length; i++)
        {
            childrens[i].Init();
            childrens[i].isTurn = false;
        }
    }
```

完成后，虽然看起来我们还是没有调用这个方法，其实我们在地图生成的程序中已经在使用这个方法完成我们的目的了（PlayRoadAnimator(tmpRoad)这一行），播放道路动画的代码如下。

```
public void PlayRoadAnimator(GameObject road)  //播放道路的动画
{
    var tmpRoadController = road.GetComponent<RoadController>();
    if (tmpRoadController==null) { return; }
    tmpRoadController.ChangeChildrens();
}
```

这样我们在道路刚生成好时，就在生成位置的基础上，随机改变坐标的旋转信息，造成一种散乱的场景，如下图所示。关于方块的坐标与旋转信息的还原，这个与玩家当前的移动位置有关，稍后的人物控制章节会进行详细的说明。

12.4.4　生成道具

跑酷游戏中的道具多种多样，我们以金币为例进行说明。首先，在网上找到金币的模型，如下图所示。然后，放入场景当中，调整大小相对游戏来说合适就好。完成后，保存为预制体，放入 Resources 文件夹下，没有的话，在 Assets 文件夹下创建一个 Resources 文件夹放入即可。

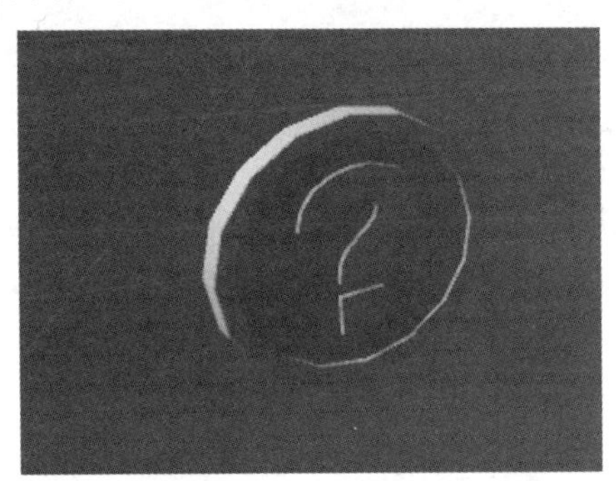

接下来就是生成金币的环节了。在跑酷游戏当中，金币总是生成在道路上方，只是高度不同而已。我们在游戏中暂时设定金币生成的高度总是在道路上面就行。由于金币的生成位置总是与道路位置相似，只是高度不同，于是我们在 RoadChildrenChange.cs 文件中加入生成金币的方法，代码如下。

```
private void Start()
{
    gold = Resources.Load("Gold") as GameObject;      //读取金币预制体文件
    bool isCreat = Random.Range(1, 10) == 3 ? true : false; //是否生成金币
    if (isCreat)
    {
        Vector3 tmpPos = transform.position;
        gold = Instantiate(gold, tmpPos += transform.up * 1.2f, Quaternion.identity);
        gold.transform.SetParent(transform);
```

```
        nowQuat = gold.transform.rotation;  //保存当前金币的旋转，方便初始化
    }
}
```

这样我们就在开始生成道路的时候，在每一个方块上进行金币的随机生成，效果如下图所示。

12.4.5 复杂地形

12.4.5.1 分析地形

现在我们已经得到了一个有金币、有道路的跑酷游戏场景。但是现在还不够，因为我们现在只能够在平地上进行跑酷，没有难度。我们需要加入复杂的地形，提高游戏的趣味性。这里暂时制作 5 种地形，供读者参考。具体如下。

1. 上升地形。
2. 下降地形。
3. 左斜地形。
4. 右斜地形。
5. 陷阱地形。

12.4.5.2 方向地形

方向地形的制作比较简单，只需要在引导物体更换坐标时，改变下一次坐标的相应方向的值就行。我们在 GameMode.cs 文件中重新声明地形的生成函数，以上升地形举例，代码如下。

```
public void BuidUpTerrain()  //生成上升地形
{
    var tmpRoad = Instantiate(roadTemplate, guideTrs.position, guideTrs.rotation);
    PlayRoadAnimator(tmpRoad);
```

```
        roads.Add(tmpRoad);  //添加当前生成的道路进入可还原列表
        guideTrs.position += guideTrs.forward;
        guideTrs.position += guideTrs.up * 0.2f;
    }
```

但是地形地图需要连续一段才能看出效果，因此，我们设定任何一种地形都是至少由 10 段道路组成，这样的话我们就必须在地图生成程序中加入新的限制生成条件，以完成我们想要的效果，修改代码如下。

```
public bool isBuidDirRoad;                               //是否生成方向道路
  int dirRoadType;                                       //方向道路的类型
  int dirRoadNumber;                                     //方向道路的数量
  public void BuidRoad()                                 //生成道路的方法
    {
        if (isBuidDirRoad && dirRoadNumber > 0)
        {
            switch (dirRoadType)                         //通过道路的类型进行生成
            {
                case 1:
                    BuidUpTerrain();
                    dirRoadNumber--;
                    break;
                case 2:
                    BuidDownTerrain();
                    dirRoadNumber--;
                    break;
                case 3:
                    BuidLeftTerrain();
                    dirRoadNumber--;
                    break;
                case 4:
                    BuidRightTerrain();
                    dirRoadNumber--;
                    break;
            }
            if (dirRoadNumber <= 0)
            {
                isBuidDirRoad = false;
            }
        }
```

在之前的程序中我们已经进行了道路生成的限制，记录了上一次生成的地形类型 dirRoadType，以及已经生成的数量 dirRoadNumber 。如果生成的数量小于 10 个，下次就继续生成，已经超过 10 个的话，就关闭地形生成。完成后，效果如下图所示。

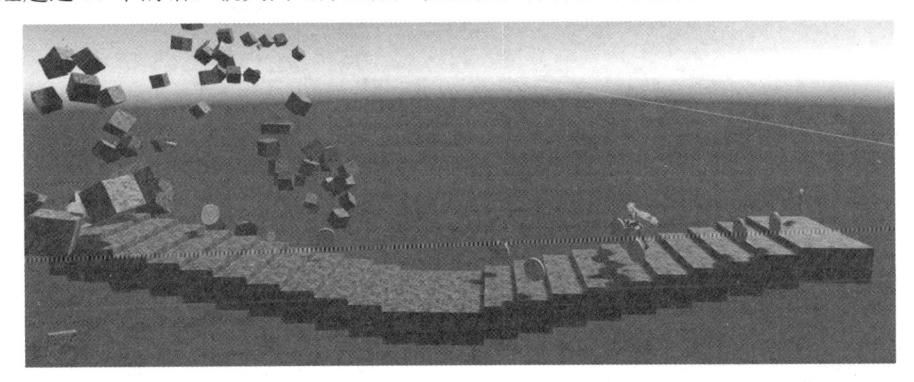

12.4.5.3 陷阱地形

陷阱地图的生成虽然较为简单，只需要改变一下道路模板的自身旋转，但是有 3 种模式，具体如下。

1．相对于道路居右。

2．相对于道路居中。

3．相对于道路居左。

知道了这几种模式，我们就能在代码中进行实现，在 GameMode.cs 文件中声明新的陷阱地形的生成函数，代码如下。

```
public void BuidTrapRoad()
    {
        guideTrs.position += guideTrs.forward;
        var tmpRoad = Instantiate(roadTemplate, guideTrs.position, guideTrs.rotation);
        var tmpController = tmpRoad.GetComponent<RoadController>();
        tmpController.ChangeRoadType();
        tmpRoad.transform.Rotate(Vector3.up,90);
        int trapType = Random.Range(1,4);    //用于确定陷阱的相对位置：1 左边；2 居中；
        3 右边
        switch (trapType)
        {
            case 1:
                tmpRoad.transform.position += tmpRoad.transform.forward;
                break;
            case 2:                          //居中类型不做操作
                break;
            case 3:
                tmpRoad.transform.position -= tmpRoad.transform.forward;
                break;
        }
        guideTrs.position += guideTrs.forward * 2.0f;
        PlayRoadAnimator(tmpRoad);
        roads.Add(tmpRoad); //添加当前生成的道路进入可还原列表
    }
```

我们在这个函数里面对生成的道路进行了一个转向处理，并随机移动了以下位置，使得生成的陷阱地形更具有随机性，而不是让道路处于一个固定的地方，如下图所示。

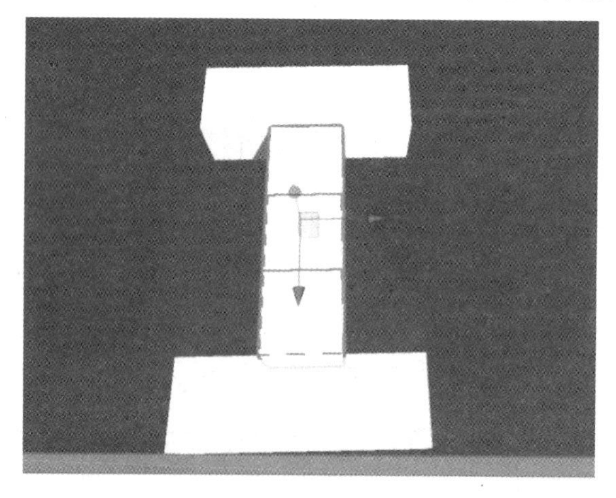

12.5 控制人物

12.5.1　分析人物动作

到了这一步，我们已经完成游戏的大部分内容了，接下了来就是游戏中的人物控制了，参考《神庙逃亡》，我们可以得出游戏中有以下动作。

1．向前移动。
2．左右移动。
3．左转。
4．右转。
5．跳跃。
6．下滑。

在之前的章节，我们已经演示了动画功能，并准备好了大量的动作，这里我们可以直接开始制作。

12.5.2　添加角色控制器

关于游戏中游戏人物的移动控制，我们使用 Unity 提供的角色控制器进行游戏人物的控制。选中场景中的游戏人物，在 Inspector 视图中给游戏人物添加角色控制器组件，然后调整大小使其刚好覆盖游戏人物即可。

12.5.3　向前移动

游戏中游戏人物向前移动，本质上就是一直朝着自己的 *Z* 轴跑动。这样的话，我们需要在 PlayerController.cs 文件中获取角色控制器组件，然后进行游戏人物移动的处理，代码如下。

```
    public CharacterController playController;
    public Vector3 MoveIncrements;
    public float moveSpeed = 6.0f;          //玩家角色的移动速度
    void Start ()
        {
        playController = GetComponent<CharacterController>();
        }
  void Update ()
        {
        moveSpeed += Time.deltaTime*0.3f;
        MoveIncrements = transform.forward * moveSpeed * Time.deltaTime;
        playController.Move(MoveIncrements);  //玩家移动
        playAnimtor.SetFloat("MoveSpeed",playController.velocity.magnitude);
        //更新跑步动画
        }
```

此处我们使用的是 charactercontroller.move()函数。这个移动函数是通过修改调用函数时的参数进行移动的，它是一个增量的移动函数。如果你在游戏人物的坐标为(1,1,1)时调用这个函数，并给了一个(1,1,1)参数。那么在下一帧，游戏人物的坐标就会变为(2,2,2)。我们在代码中更改了 MoveIncrements 相对于游戏人物的坐标轴的正方向的值，因此，游戏人物的坐标在下一帧就会增加我们设好的参数（MoveIncrements）这么多，以达成我们想要的移动效果。同时，我们也在通过玩家的移动速度来更新游戏人物的跑步动画。

12.5.4 左右移动

左右移动的本质是沿自己的 *X* 轴的正方向进行移动，与前面的向前移动差不多，只不过这个需要玩家的按键输入。这样的话，我们只需要在之前的移动函数中加上几段代码就可以实现这个功能了，代码如下。

```
    float transverseSpeed = 5.0f;  //玩家横向的移动速度
void Update ()
    {
    float moveDir = Input.GetAxis("Horizontal"); //获取玩家的A键与D键的输入
    MoveIncrements += transform.right * transverseSpeed * Time.deltaTime*moveDir;
    //改变移动增量
    }
```

12.5.5 左转与右转

左转与右转的情况类似，都是游戏人物进行转向，只是转向的方向不同，但是转向的角度是一样的，都是 90°。这里我们以左转为例，代码如下。

```
if (Input.GetKeyDown(KeyCode.J) && isTurnleftEnd)
{
    isTurnleftEnd = false;    //更新转向状态
    transform.Rotate(Vector3.up,-90);
    Quaternion tmpQuaternion = transform.rotation; //计算转向后的四元数并保存
    transform.Rotate(Vector3.up, 90);    //角度回滚
    Tween tween = transform.DORotateQuaternion(tmpQuaternion, 0.3f);
    //使用oTween插件进行转向的平滑运动
            tween.OnComplete(() => isTurnleftEnd = true);    //动画结束后更新转向状态
}
```

上面使用 DoTween 插件进行了游戏人物的平滑转向，而且新增加了一个状态——isTurnleftEnd 来确定当前转向是否完成，防止出现由于转向没有完成又继续转向造成的错误。这样我们就能在玩家按下 J 键的时候实现游戏人物左转的效果。

12.5.6 跳跃与下滑

跳跃功能与下滑功能的原理相似，我们以跳跃功能为例进行说明。

游戏中玩家的跳跃是由以下 2 部分组成的。

1. 播放跳跃动作。
2. 玩家位置的升高。

我们首先来实现玩家跳跃动作的播放。虽然我们在之前的动画小例子中已经简单地演示了如何播放玩家的跳跃动画，但是游戏中跳跃动画的播放有许多限制，只有将这些限制条件一并添加上去，游戏才能正常运行。于是我们在之前移动程序的基础上添加播放跳跃动画的代码，代码如下。

```
bool isJumpState;      //现在是否是转向状态
```

```
if (Input.GetKeyDown(KeyCode.Space) && playController.isGrounded)//按下空格键且
游戏人物在地面
{
    isJumpState = true;                      //更新跳跃状态
    playAnimtor.SetBool("IsJump", true);  //播放跳跃动画
}
```

现在运行游戏并按下空格键，就会看到游戏人物已经能够做出跳跃这个动作了，但是这还不够，我们还需要将游戏人物的位置升高才算完成，这个时候我们还需要在上面的写入位置改变代码，这样才能够实现这个功能，代码如下。

```
if (isJumpState)                        //如果现在正在进行跳跃
    {
     MoveIncrements.y += jumpPower*Time.deltaTime;//根据设置好的跳跃高度进行平滑运动
    }
    else
    {
     MoveIncrements.y += playController.isGrounded ? 0f : -5.0f * Time.deltaTime
* 1f;  //更新重力
    }
```

12.5.7　播放道路动画

在上面的内容中，我们提到了方块的坐标和旋转信息的还原与玩家的移动位置有关，这里我们就来实现根据玩家当前位置来播放道路的动画效果。

首先，我们需要删除玩家脚下当前的道路。我们通过角色控制器提供的碰撞函数来实现这个功能，代码如下。

```
private void OnControllerColliderHit(ControllerColliderHit hit)
{
    if (hit.gameObject!=nowRoad)                  //去掉重复情况，避免误删除
    {
        nowRoad = hit.gameObject;
        Destroy(hit.gameObject,1.0f);
        GameMode.instance.BuidRoad();             //生成道路
        GameMode.instance.CloseRoadAnimator();
    }
}
```

在上面的删除代码中，我们设置好了玩家当前道路的删除时间。同时我们调用 GameMode 代码中的道路生成函数，以及动画关闭函数 CloseRoadAnimator()。我们还需要在 GameMode 代码的基础上加入新的代码，以实现我们的功能，代码如下。

```
public static GameMode instance;         //声明当前脚本的实例
public List<GameObject> roads;          //保存现在能够进行还原的道路
public void CloseRoadAnimator()
{
    if (roads.Count<=0) { return; }
    var tmpRoadController = roads[0].GetComponent<RoadController>();//取一个进行
    还原
    if (tmpRoadController!=null)
    {
        tmpRoadController.InitChildrens(); //执行当前道路的还原函数
    }
```

```
    roads.RemoveAt(0);
    }
```

在上面的代码中，我们通过声明当前脚本的实例，使得外部的代码文件能够使用 GameMode 中的函数。同时使用了一个列表将之前所有已经播放过动画的道路进行保存。在我们执行关闭动画函数的时候，取其中的第一个函数来进行当前道路信息的还原。这样就能通过移动游戏人物的位置来进行道路的还原以及无限道路的生成了。

12.6 游戏音效

经过上面的一系列实现，现在我们的游戏已经能够进行简单的试玩了。但是游戏还缺少一点气氛，这个时候需要加入一点音效，让我们的游戏更具有生机。

12.6.1 背景音效

我们首先添加游戏的背景音效。Unity 支持绝大部分的音频格式，不用担心格式的问题，我们只需要找到适合游戏的背景音乐就行。将找到的音频放入工程的 Asset 目录下，Unity 就会自动识别。然后，我们选中游戏中的摄像机物体，并给这个物体添加音频播放组件 Audio Source，如下图所示。

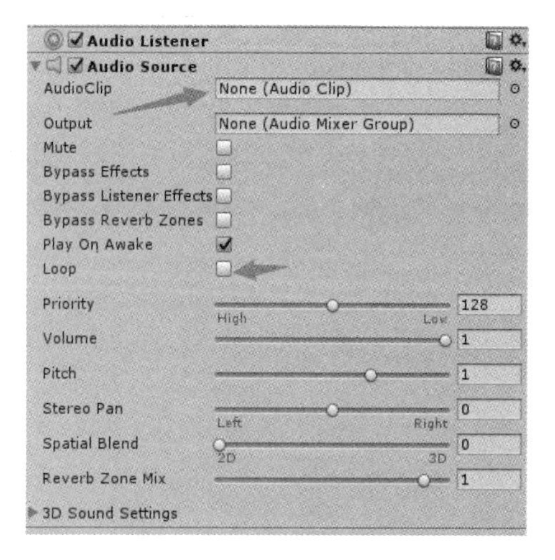

其中，AudioClip 选项是我们的播放音源，Play On Awake 选项表示游戏一开始就进行播放，Loop 选项表示循环播放。由于我们的背景音乐是循环播放不停歇的，所以将我们的背景音乐拖入 AudioClip 选项，并勾选 Loop 选项，运行游戏后，我们就能够听到我们选择的游戏背景音乐了。

12.6.2 道具音效

由于我们游戏当中只有金币这一种道具，于是我们使用一种简单的音频播放方式来进行道具音效的播放。

首先还是在网上找到吃金币的音效，将其放入 Resources 目录下。然后在金币预制体上添加一个碰撞器，调整碰撞器大小刚好覆盖金币模型，并勾选 Is Trigger 选项，使之成为触发器。接着创建一个 GoldCollision.cs 文件，将其挂载到金币的预制体上，如下图所示。

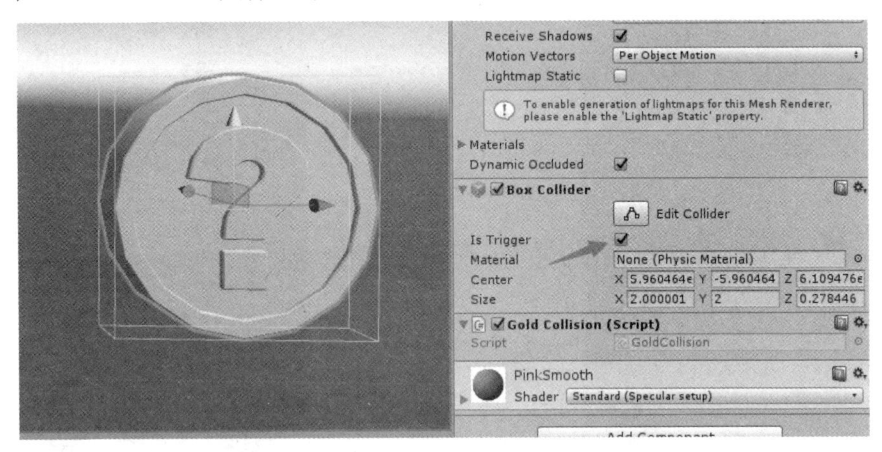

准备完成后，我们在 GoldCollision.cs 文件中写入以下代码，来进行道具音效的播放。

```
using UnityEngine;
    public GameMode gameMode;
    AudioClip clip;  //道具音效
 void Start ()
    {
           gameMode = GameObject.FindObjectOfType<GameMode>();
           clip = Resources.Load("Clip2",typeof(AudioClip)) as AudioClip; //读取
           音效
    }
    private void OnTriggerExit(Collider other)
    {
        var player = other.gameObject.GetComponent<PlayerController>();
        if (player)//如果是玩家触发
        {
           gameMode.goldNumber++;  //金币数量增加
           AudioSource.PlayClipAtPoint(clip,Camera.main.transform.position,
           0.8f); //播放音效
           Destroy(gameObject);//删除自己
        }
    }
```

这里并没有通过添加音频播放组件的方式进行音乐播放，而是使用了 AudioSource.PlayClipAtPoint()这个方法来实现我们的目的，这个方法的 3 个参数分别是音源、播放位置以及音量。

12.7 显示得分

跑酷游戏的得分基本上是由吃到的金币数与跑的距离进行结合运算出的一个数字，这里我们就简单地使用吃到的金币数作为我们在游戏中的得分。关于分数在游戏中的显示，首先，我们新建一个 Canvas，在 Canvas 下面新建一个 Text 的 UI。打开 2D 视图进行物体位置的改变，调整物体至游戏画面的左上方，如下图所示。

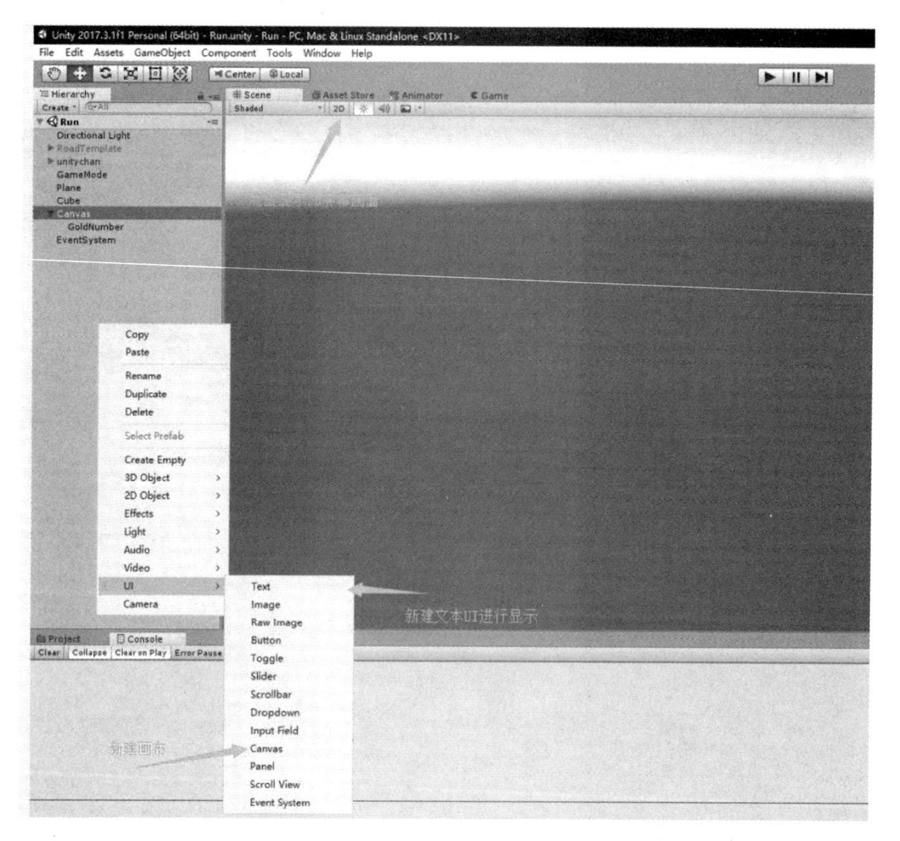

接下来就是根据金币的数量来改变显示。在之前的程序当中已经将金币数量累积的方法写好，我们现在需要做的就是获取金币的数量。于是我们在 GameMode.cs 文件中加入以下代码。

```
public int goldNumber;                        //吃到的金币数
public Text numberText;                       //显示数量的文本
private void Update()
    {
        numberText.text ="当前金币数：" + goldNumber.ToString();
    }
```

12.8 触摸控制

经过上面的步骤，我们已经完成了整个游戏的制作，游戏已经能够在 Windows 平台上运行，甚至还可以使用 Unity 的强大功能，将游戏打包到安卓平台上。虽然能够在安卓平台上运行，但是我们的操作方式是使用键盘上的输入来进行游戏的控制，而在安卓平台上使用键盘进行控制是不行的。所以，我们需要在我们的代码上重新写入第二套控制方式，使得游戏在安卓平台运行时，用户也可以对游戏人物进行控制。

12.8.1 向量的点乘

在安卓平台上，玩家的输入是触摸屏上手指的单击与滑动。如何将这些输入转换成我们需要的操作信息？这个时候就需要使用向量的点乘来完成我们的工作。

向量点乘的表示：$\boldsymbol{a} \cdot \boldsymbol{b}$。

公式：$\boldsymbol{a} \cdot \boldsymbol{b} = |\boldsymbol{a}|\ |\boldsymbol{b}|\cos\theta$。

上面列举出了我们需要用到的公式。在手机上。我们可以通过玩家在手机上的滑动，获得一条向量。通过这条向量和点乘，可以计算出当前向量与屏幕坐标系的 X 轴与屏幕坐标系的 Y 轴之间的夹角。通过它们之间的夹角来判断我们游戏中的人物此时应该如何移动，或者说该出现什么效果。

既然我们是通过玩家滑动方向与 X 轴、Y 轴的夹角来判断运动方向，那么我们需要制定什么样的夹角范围来确认当前游戏中玩家的移动方向呢？通过滑动方向的向量与 Y 轴的夹角，可以确定方向是朝上一点，还是朝下一点；通过滑动方向的向量与 X 轴的夹角可以确定是朝左，还是朝右边。

于是我们规定如下规则。

- 跳跃操作——与 Y 轴的夹角大于等于 0° 且小于等于 45° ；且处于第 1、第 2 象限内。
- 右转操作——与 Y 轴的夹角大于 45° 且小于 135° ，且处于第 1、第 4 象限内。
- 左转操作——与 Y 轴的夹角大于 45° 且小于 135° ，且处于第 2、第 3 象限内。
- 下滑操作——与 Y 轴的夹角大于等于 135° 且小于等于 180° ，且处于第 3、第 4 象限内。

具体如下图所示。

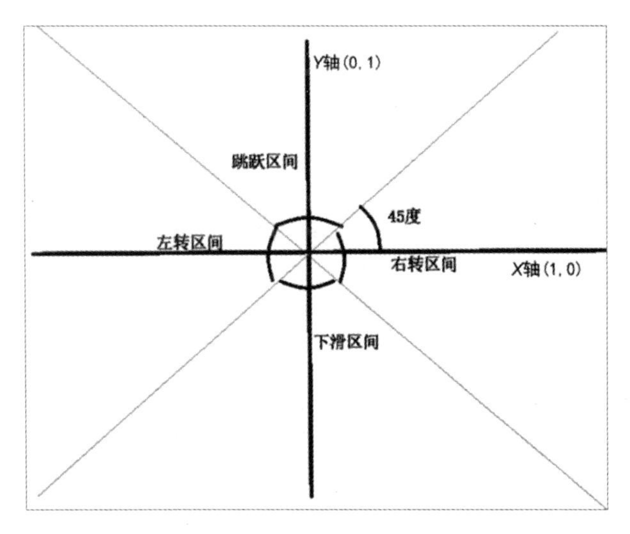

12.8.2　代码实现

知道了我们现在需要完成的目标，接下来就是在代码中进行实现。

由于我们之前已经在代码中编写了我们的控制代码，现在要做的就是编写在手机上利用触摸进行控制的代码，如果直接写入代码文件中，会出现冲突以及错误。所以我们需要让编译器区分我们后面写入的代码与前面写入的代码。在本例中我们使用了 Unity 提供的预处理指令来进行平台的区分。

首先，在 PlayerController.cs 文件的 Update 函数中写入预处理指令，代码如下。

```
#if UNITY_STANDALONE_WIN     //如果是在 Windows 平台
/*这个范围内的代码只会在 Windows 平台上执行*/
```

```
    #endif
```

在上面的代码中，我们使用预处理指令让编译器识别在 Windsow 平台上才会执行的代码。接下来就需要把之前写好的控制代码复制到这个代码块中。

然后进行触摸控制的实现，在 PlayerController.cs 中写入以下代码。

```
    public Vector2 ScreenAixY = new Vector2(0, 1);      //屏幕坐标系的 Y 轴
    public Vector2 ScreenAixX = new Vector2(1, 0);      //屏幕坐标系的 X 轴
    Vector2 startPos;                                   //开始点
    Vector2 EndPos;                                     //结束点
    bool isInput = false;                               //是否触摸
    float angle;                                        //夹角度数
```

这是我们实现触摸控制需要使用到的字段，我们还需要写入预处理指令来区分我们在安卓平台上执行的代码，具体内容如下。

```
    #if UNITY_ANDROID
    /*这个范围内的代码只会在安卓平台上执行*/
    #endif
```

这样我们就可以在这个预处理指令的代码块内，写入我们的触摸控制代码。但是，建议读者在写触摸控制代码之前，先将我们的目标平台切换至安卓（可参考打包操作的相关章节）。因为当我们的目标平台不是安卓时，在这个预处理指令当中写入代码，编译器会默认当前为假，因此不会对这里面的代码提供联想，以及实现其余功能。如果我们切换了目标平台，我们就能在预处理指令的代码块中继续使用 VS 提供的强大功能，接着在这个预处理指令中写入我们的控制代码。

第一步，获取玩家滑动触摸的 2 个点的坐标，代码如下。

```
    #if UNITY_ANDROID
        MoveIncrements = transform.forward * moveSpeed * Time.deltaTime;
        MoveIncrements += transform.right * transverseSpeed * Time.deltaTime *
Input.acceleration.x;   //获取重力感应数值
        if (Input.touchCount == 1)
        {
            if (Input.touches[0].phase == TouchPhase.Began)
            {
                startPos = Input.touches[0].position;
            }

            if (Input.touches[0].phase == TouchPhase.Ended && Input.touches[0].
phase != TouchPhase.Canceled)
            {
                EndPos = Input.touches[0].position;
                isInput = true;    //更新触摸状态
            }
        }
```

上面我们使用了 touch 类来进行移动端的触摸操作控制。其中 Input.touchCount 指的是触摸数量，即当前有几根手指在进行触摸操作。Input.touches[0].phase 指的是获取当前帧第一个手指与屏幕的触摸点的触摸状态。我们通过当前点的触摸状态来确定滑动的起始点与滑动的结束点。

第二步，通过获得的滑动向量进行点乘计算，代码如下。

```
        if (isInput)
        {
            Vector2 nowDir = EndPos - startPos;       //计算手指之间滑动的向量
```

```
            float cosValueX = Vector3.Dot(nowDir, ScreenAixX) / nowDir.magnitude
* ScreenAixX.magnitude;    //与屏幕坐标系的 X 轴的余弦值
            float cosValueY = Vector3.Dot(nowDir, ScreenAixY) / nowDir.magnitude
* ScreenAixY.magnitude; //与屏幕坐标系的 Y 轴的余弦值
            angle = Mathf.Acos(cosValueY) * Mathf.Rad2Deg; //通过余弦值计算角度
```

在上面，我们通过向量的点乘公式与点乘运算方法 Vector3.Dot 计算出了滑动向量与 *X* 轴、*Y* 轴夹角的余弦值。还将滑动向量与 *Y* 轴之间的夹角计算了出来，用于后续计算。

第三步，通过余弦值与夹角区分操作，先区分第 2、第 3 象限中的操作，代码如下。

```
    if (cosValueX < 0)
    {
        if (angle > 45 && angle < 135)
        {
            if (isTurnleftEnd)
            {
                isTurnleftEnd = false;                              //更新转向状态
                transform.Rotate(Vector3.up, -90);
                Quaternion tmpQuaternion = transform.rotation;   //计算转向后的四元数并
                保存
                transform.Rotate(Vector3.up, 90);                   //角度回滚
                Tween tween = transform.DORotateQuaternion(tmpQuaternion, 0.3f);
                    //使用 DoTween 插件进行转向的平滑运动
                tween.OnComplete(() => isTurnleftEnd = true);    //动画结束后更新转向状态
            }
        }
        else if (angle >= 0 && angle <= 45)
        {
            if (playController.isGrounded)
            {
                        isJumpState = true;                      //更新跳跃状态
                        playAnimtor.SetBool("IsJump", true);//播放跳跃动画
            }
        }
        else if (angle >= 135 && angle <= 180)
        {
                playAnimtor.SetBool("IsSlide", true);

        }
    }
```

由于余弦函数的特性（在 0～90° 时为正，在 90° ～180° 时为负数），我们可以在不取度数值的情况下，通过与 *X* 轴的余弦值确定当前向量的分布范围是在第 2、第 3 象限，还是在第 1、第 4 象限。然后我们在这个范围里面通过滑动向量与 *Y* 轴夹角再进行细分，通过之前制定好的规则来区分当前滑动是跳跃，是左转，还是下滑。

第 4 步，区分第 1、第 4 象限，代码如下。

```
            else
            {
                if (angle > 45 && angle < 135)
                {
                    if (isTurnRightEnd)
                    {
                        isTurnRightEnd = false;
                        transform.Rotate(Vector3.up, 90);
                        Quaternion tmpQuaternion = transform.rotation;
                        transform.Rotate(Vector3.up, -90);
```

```
                    Tween tween = transform.DORotateQuaternion(tmpQuaternion, 0.3f);
                    tween.OnComplete(() => isTurnRightEnd = true);
                }
                Debug.Log("右转" + "     " + angle);
            }
            else if (angle >= 0 && angle <= 45)
            {
                if (angle > 0)
                {
                    if (playController.isGrounded)
                    {
                        isJumpState = true;                         //更新跳跃状态
                        playAnimtor.SetBool("IsJump", true);    //播放跳跃动画
                    }
                    Debug.Log("跳跃" + "     " + angle);

                }
                else if (angle >= 135 && angle <= 180)
                {
                    playAnimtor.SetBool("IsSlide", true);
                    Debug.Log("下蹲" + "     " + angle);

                }
            }
        }
        isInput = false;  //更新触摸状态
    }
#endif
```

第 1 和第 4 象限与 X 轴的夹角小于 90°，余弦函数的值大于 0。这样我们就完成了游戏在触摸屏上操作的代码。

接下来就可以通过之前打包与发布游戏相关章节提供的方法，将我们的游戏打包至安卓平台上运行了。

第 13 章　示例教程——2D 物理弹球

各位读者对下图是否觉得很眼熟，这个例子是仿照流行的微信小游戏《弹一弹》和《弹球王者》，并用 Unity 引擎重新实现的。

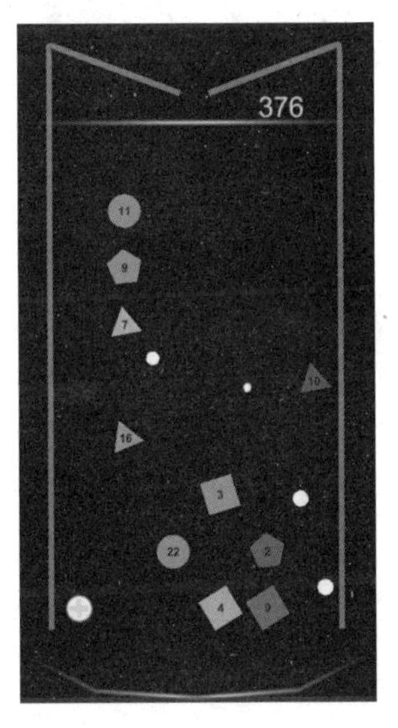

13.1 游戏玩法

1. 最底层关卡随机生成几何图形。

2. 玩家从枪口发射小球进行打击消灭，几何图形上的数字代表血量，被打击一次数字减 1，分数加 1，数字为 0 时，该几何图形被消灭。

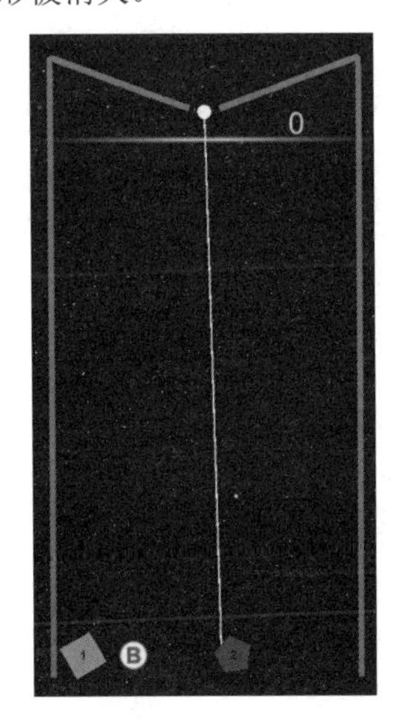

3. 每发射一次小球代表一个回合结束，关卡往上走一层，底层再创建一次几何图形。

4. 在游戏中还有道具可以“吃”。

- 变大道具：让该小球变大，攻击力乘 2，每个小球只能变大一次。

- 添加小球道具：在场景中增加一个小球供玩家使用。

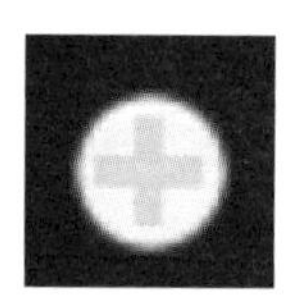

5. 当有几何图形到达顶层时，游戏结束，统计最终分数。

13.2 分析需求

这款游戏有什么功能上的需求呢？

1. 发射弹球——从枪口往鼠标所在方向发射。
2. 创建关卡——随机创建敌人和道具。
3. 场景交互——小球碰到不同类型的物体会有不同的效果。
4. 关卡上升——每回合几何图形和道具往上走一层。
5. 判断状态——当前游戏是否结束。
6. 显示得分——计算游戏分数。

13.3 搭建场景

该游戏属于 2D 游戏，因此，我们用 2D 精灵来搭建场景。

13.3.1 砌墙（限定小球的活动区域）

1. 我们创建一些空物体，挂上 2D 碰撞器。

2. 给它们设置好位置和大小，再创建一个空的父物体 Wall 来管理它们。

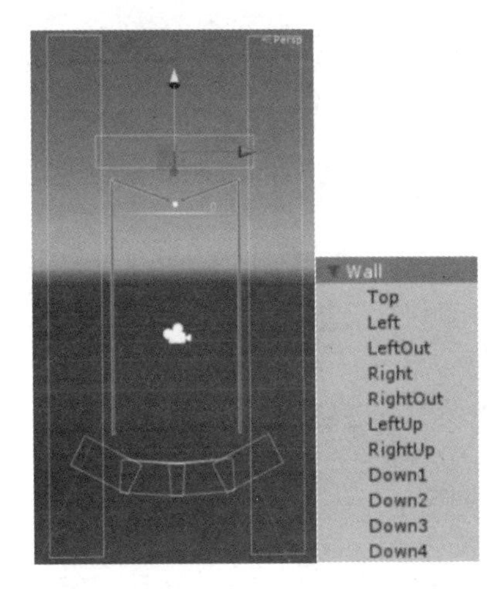

3. 创建 2D 物理材质，将材质添加进 2D 碰撞器中可以使碰撞器拥有弹性。

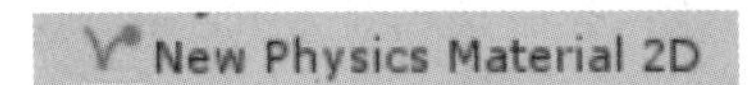

4. 单击它可以设置弹性。

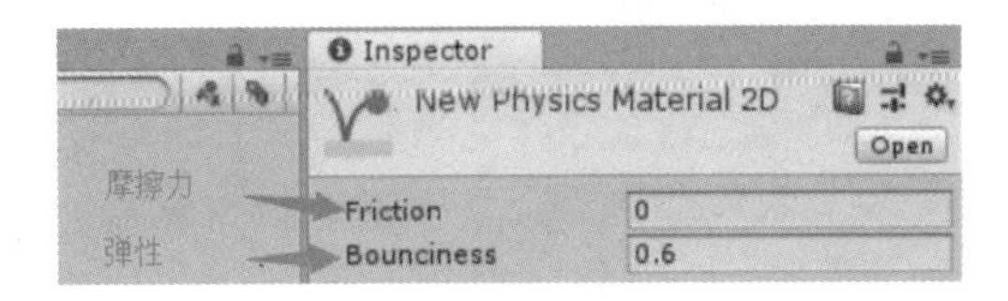

5. 除顶层和底层的墙以外，在其他墙的碰撞器里添加弹性材质。

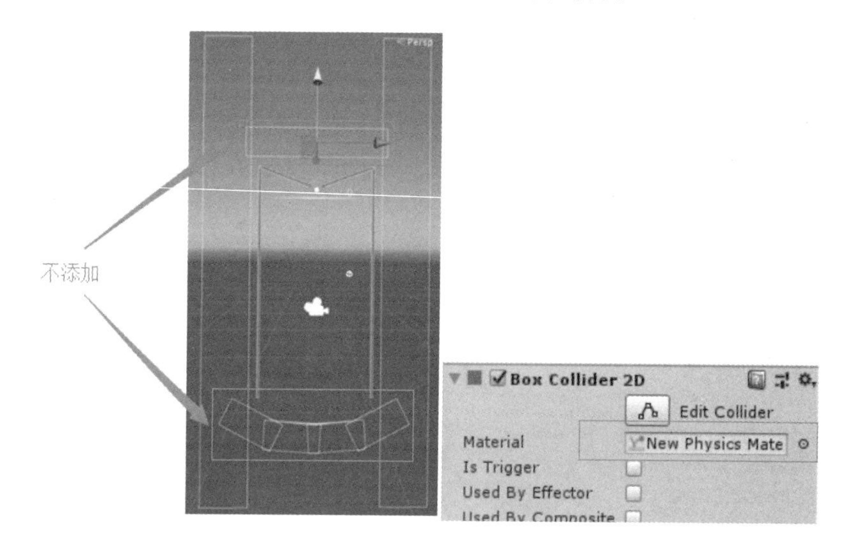

13.3.2 创建枪口（用于初始化小球的发射位置）

1. 创建一个空物体作为枪口，取名为 Muzzle，放在指定位置。

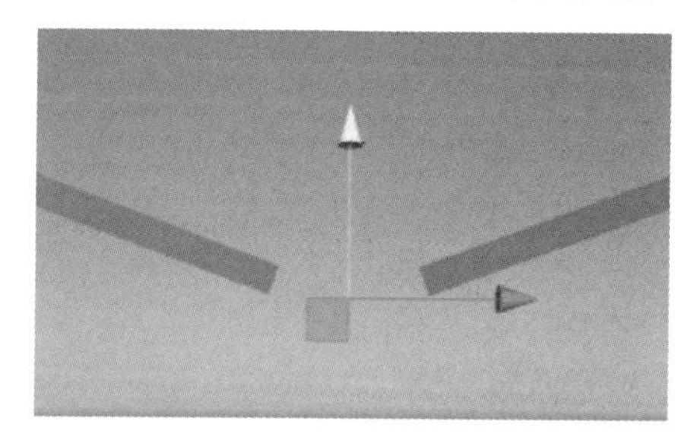

2. 为 Muzzle 做一个阀门并取名为 Valve，作用是不让小球从枪口位置弹出去。

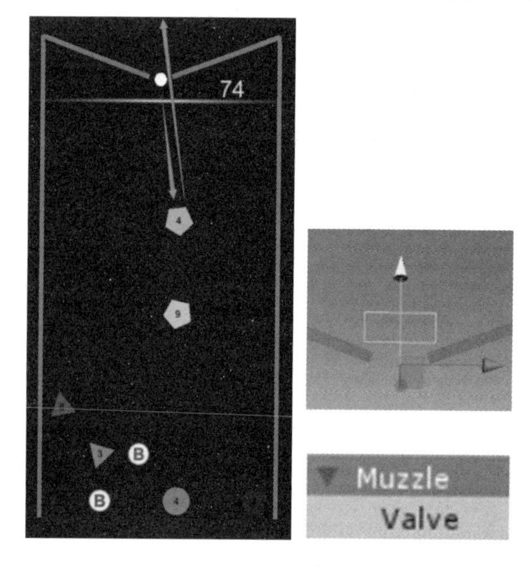

13.3.3　显示分数

创建一个空物体 Score，再创建一个用来显示分数的 Text，取名为 CurrentScore。

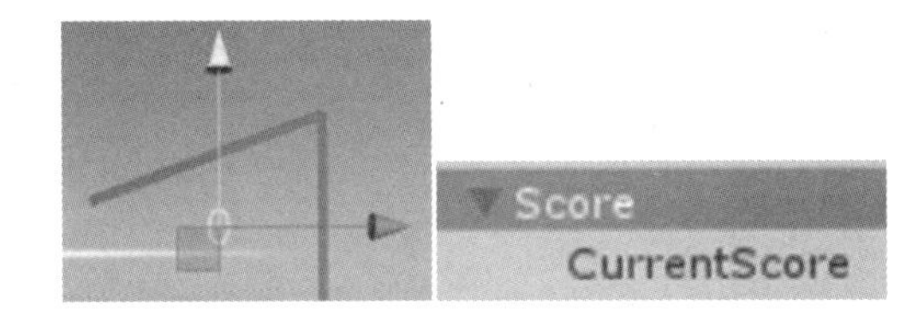

13.3.4　创建小球

1. 使用 2D 精灵创建一个小球，取名为 Ball。

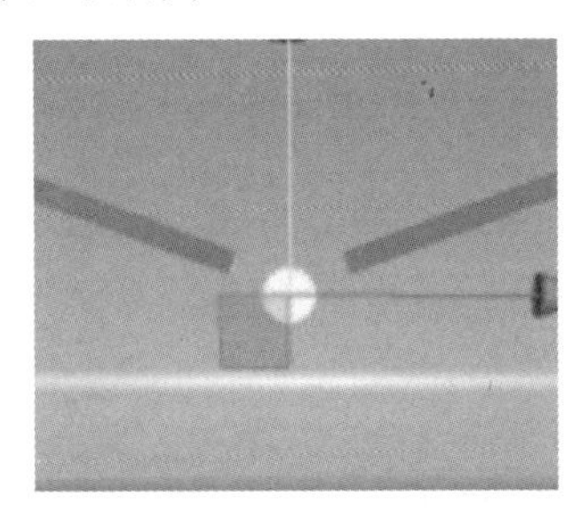

2. 为小球添加刚体组件，做好如下设置。

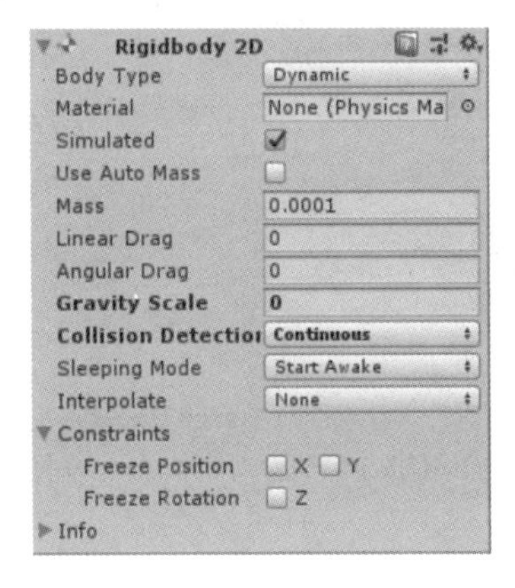

3. 创建一个空物体 Balls 来管理小球。

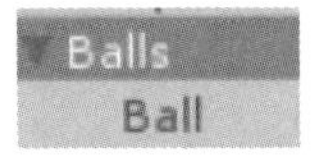

4. 小球的脚本我们后面再完成。

13.3.5　创建道具预制件

我们目前的道具有两款：变大道具、添加小球道具。

1. 我们先来做变大道具 BigProp。首先做一个精灵，上面的字母用 Text 做就行了。

2. 这个道具的作用是让小球碰到它以后体积变大、攻击力翻倍，需要创建一个脚本挂到它身上，这个脚本可以这样写。

```
using System.Collections;
using System.Collections.Generic;
using UnityEngine;
/// <summary>
///挂在变大道具上
/// </summary>
public class BigBall : MonoBehaviour
{
    private void OnCollisionEnter2D(Collision2D collision) //被碰撞时调用
    {
        if (collision.gameObject.tag != "BigBall") //当普通小球碰到时
        {
            collision.transform.localScale *= 1.2f;//小球变大20%成大球
            collision.gameObject.tag = "BigBall"; //大球的标签设置为"BigBall"
        }
        Destroy(gameObject); //销毁变大道具
    }
}
```

3. 再来做一个添加小球道具，如果该道具被小球碰到，则增加一个小球供玩家使用（当大球碰到它时也只增加一个小球）。

4. 添加小球道具也要挂一个脚本，脚本内容如下。

```
using System.Collections;
using System.Collections.Generic;
using UnityEngine;
/// <summary>
/// 挂在复制道具上
/// </summary>
public class CopyBall : MonoBehaviour
{
    //小球需要做一个预制件并拖进来
    public Transform ball;
    private void OnCollisionEnter2D(Collision2D collision)//被小球碰到时调用
    {
        //获取小球的transform组件
        Transform tf = collision.transform;
```

```
        //在小球位置复制一个新小球(小球预制件)
        Transform newBall = Instantiate(ball, tf.position,tf.rotation);
        //新小球设置小球的父物体 Balls 为自己的父物体
        newBall.parent = tf.parent;
        //新小球往右弹开
        newBall.GetComponent<Rigidbody2D>().AddForce(transform.right * 0.02f);
        //旧小球往左弹开
        tf.GetComponent<Rigidbody2D>().AddForce(-transform.right * 0.02f);
        //销毁该道具
        Destroy(gameObject);
    }
}
```

5. 把变大道具和添加小球道具都做成预制件。

6. 我们继续来完成小球的功能，首先为小球创建一个小球状态机，用于记录和存储小球当前的状态，当小球处于不同的状态时可以拥有不同的属性，根据小球的当前位置改变状态。

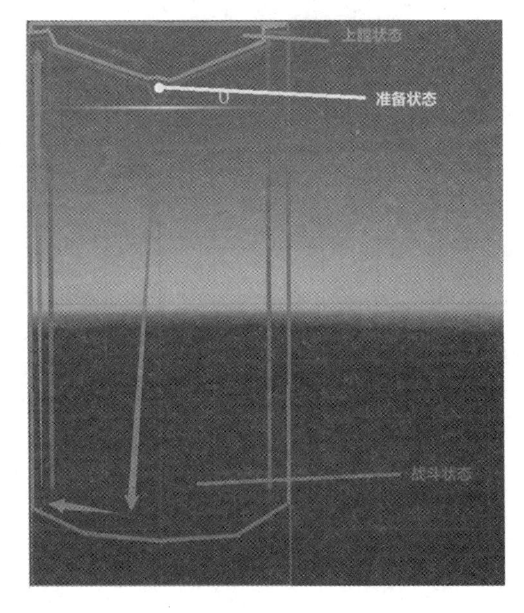

7. 也就是说，小球在枪口位置是处于准备状态的，此时的小球可以被发射，当进入红色战斗区域时，小球处于战斗状态，会按照红色箭头寻路回到顶层，到达顶层时处于上膛状态，会往枪口处移动，创建状态机脚本。

```
using System.Collections;
using System.Collections.Generic;
using UnityEngine;
/// <summary>
/// 小球状态机,不用挂在任何物体上
/// </summary>
public enum BallState
{
    Ready, //准备阶段
    Battle, //战斗阶段
```

```
    Bore, //上膛阶段
}
```

8. 如果不是很懂小球状态机，可以暂时忽略，这需要结合后面的代码来理解。
9. 创建小球的脚本时，有一些注意事项，小球可能会被卡住不动。

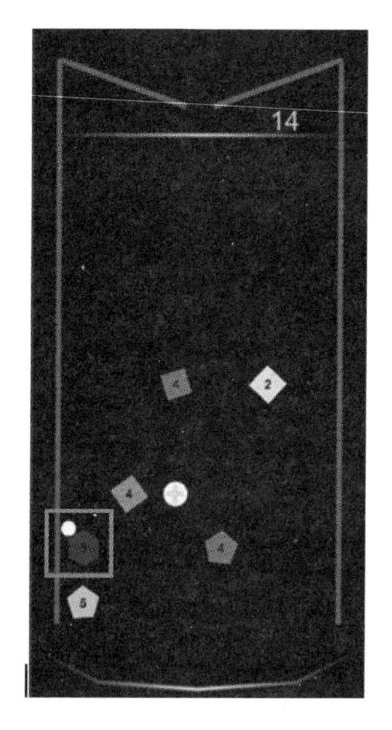

我们创建小球的脚本时要考虑小球被卡住的解决办法，脚本详情如下。

```
using System.Collections;
using System.Collections.Generic;
using UnityEngine;
using UnityEngine.UI;
/// <summary>
/// 挂在小球上
/// </summary>
public class BallMove : MonoBehaviour
{
    float timer; //计时用，记录小球卡住的时间
    public BallState state = BallState.Ready; //初始状态为准备状态
    //碰撞时调用一次，用于打击几何体（敌人）
    private void OnCollisionEnter2D(Collision2D collision)
    {
        if (state == BallState.Battle) //如果在战斗阶段
        {
            GetComponent<Rigidbody2D>().gravityScale = 1; //碰到东西后重力为1
            if (collision.gameObject.tag == "Enemy") //如果碰到敌人
            {
                //获取敌人数字
                Text enemyNumber = collision.transform.GetChild(0).GetComponent<Text>();
                //获取当前分数
                Text Score = GameObject.Find("ScoreText").GetComponent<Text>();
                if (tag == "BigBall") //如果自己是大球
                {
                    //敌人数字-2
                    enemyNumber.text = ((System.Convert.ToInt32(enemyNumber.text)) -
2).ToString();
                    //当前分数+2
```

```
                Score.text = ((System.Convert.ToInt32(Score.text)) + 2).ToString();
            }
            else //如果自己是小球
            {
                //敌人数字-1
                enemyNumber.text = ((System.Convert.ToInt32(enemyNumber.text)) -
1).ToString();
                //当前分数+1
                Score.text = ((System.Convert.ToInt32(Score.text)) + 1).ToString();
            }
        }
    }
}
//碰撞时持续调用,防止小球被卡住
private void OnCollisionStay2D(Collision2D collision)
{
    if (collision.gameObject.tag == "Enemy") //如果和敌人持续碰撞
    {
        timer += Time.deltaTime; //开始计时
        if (timer > 1) //一秒后还停留在原地
        {
            switch (Random.Range(0, 4)) //向随机方向弹开
            {
                case 0:
                    GetComponent<Rigidbody2D>().AddForce(transform.up * 0.01f);
                    break;
                case 1:
                    GetComponent<Rigidbody2D>().AddForce(-transform.up * 0.01f);
                    break;
                case 2:
                    GetComponent<Rigidbody2D>().AddForce(transform.right * 0.01f);
                    break;
                case 3:
                    GetComponent<Rigidbody2D>().AddForce(-transform.up * 0.01f);
                    break;
            }
        }
    }
}
//离开碰撞时调一次
private void OnCollisionExit2D(Collision2D collision)
{
    timer = 0; //计时归零
}
private void Update()
{
    transform.Rotate(0, 0, 0.0001f); //物体必须处于非完全静止状态,持续碰撞才会生效
    switch (state) //判断小球当前的状态
    {
        case BallState.Bore: //上膛阶段
            GetComponent<Rigidbody2D>().gravityScale = 0; //重力变为 0
            break;
        case BallState.Ready: //准备阶段
            GetComponent<CircleCollider2D>().isTrigger = false; //关闭触发
            GetComponent<Rigidbody2D>().Sleep(); //小球停止不动
            break;
    }
}
}
```

10. 然后做一个小球的预制件，主要用于碰到添加道具时创建一个新小球，因为此时小球应属于战斗状态，所以预制件小球的组件设置如下。

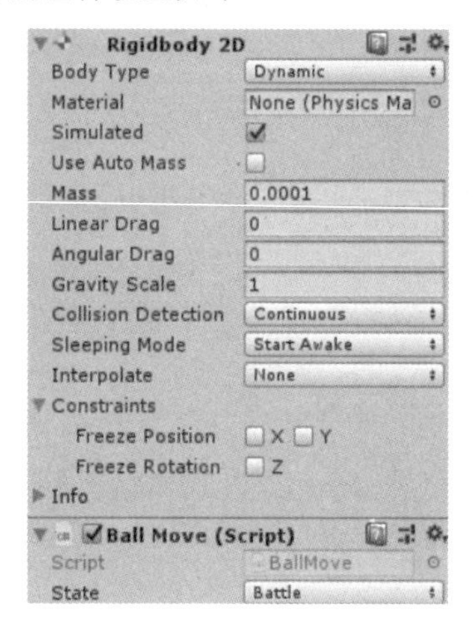

13.3.6 创建几何图形

1. 随便创建几个几何图形，这里我们先创建 6 个，都使用 Text 作为它们自己的子物体。

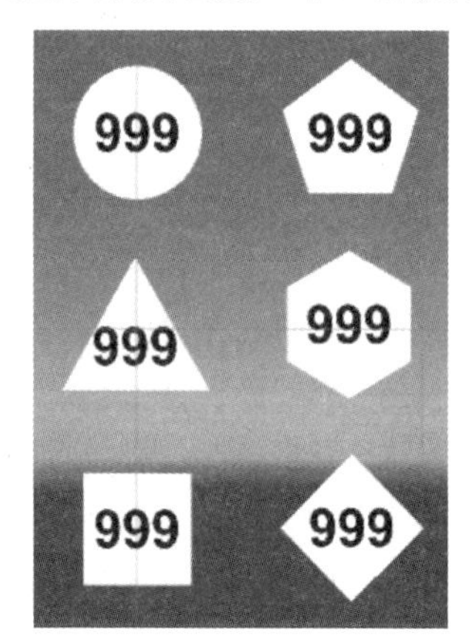

2. 都添加上 2D 碰撞器，三角形、五边形、六边形、菱形使用 PolygonCollider2D 作为碰撞器，它的作用是根据精灵外形自行匹配碰撞器的形状。

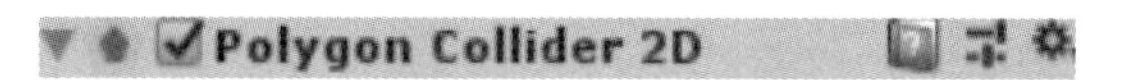

3. 把刚才创建的 2D 物理材质添加到每个几何图形的碰撞器内。

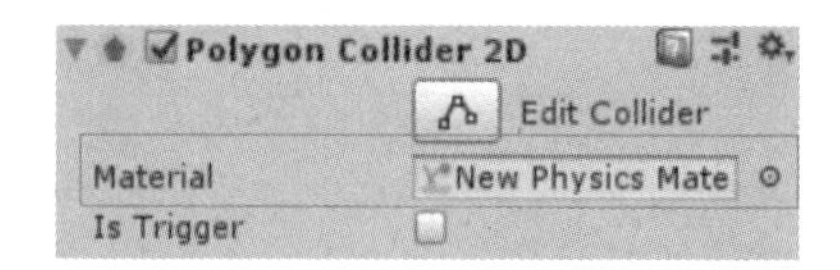

4. 创建一个几何图形的脚本，添加给每一个几何图形，脚本内容如下。

```
using System;
using System.Collections;
using System.Collections.Generic;
using UnityEngine;
```

```
using UnityEngine.UI;
/// <summary>
/// 挂在每个几何体上
/// </summary>
public class Enemy : MonoBehaviour
{
    Text number; //声明数字
    private void Start()
    {
        number = GetComponentInChildren<Text>(); //找到子物体(数字)
    }
    private void Update()
    {
        if (Convert.ToInt32(number.text) < 1) //如果数字小于 1 时
            Destroy(gameObject); //销毁几何体自身
    }
}
```

5. 几何图形都创建好了，脚本也给它们挂上了，那就把它们做成预制件吧，创建关卡的时候再来生成实例。

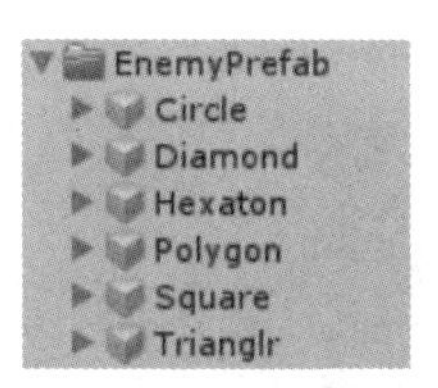

13.3.7　创建关卡

1. 几何图形预制件都创建好了，现在我们来创建关卡。关卡这一块相对比较复杂，我们每次从最下面一排生成物体，一排最多只能生成 6 个物体（仅限于本游戏中），那么我们可以把这 6 个物体看成 6 个格子，在每个格子里随机生成物体。

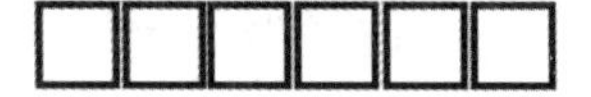

2. 高度共有 9 层（仅限于本游戏中）。

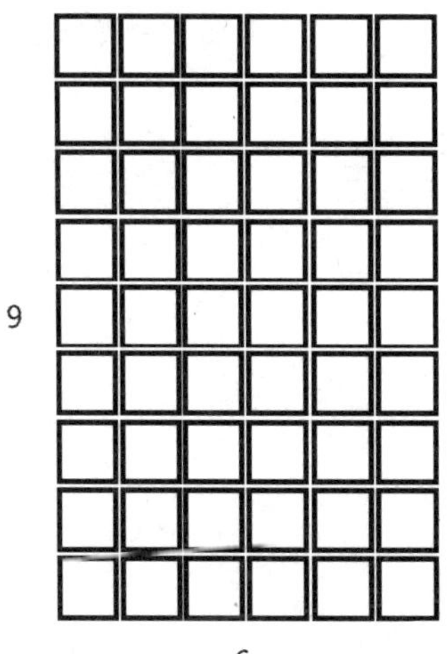

3. 当每过一个回合，关卡下层会往上走一层，而最顶层又会回到最底层的空白处。

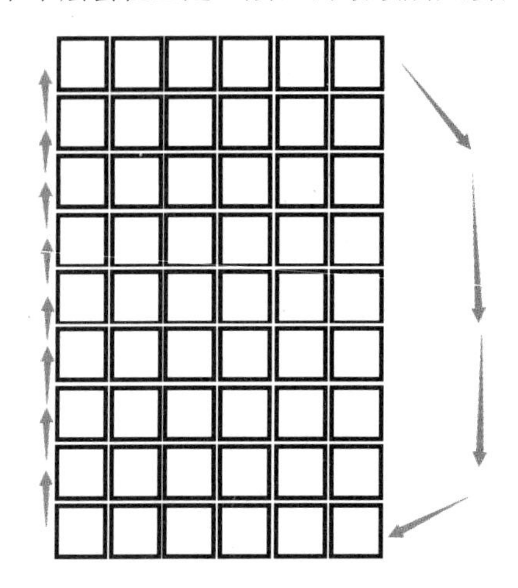

4. 在场景里创建 6×9 个小格子来表示关卡，并进行分层管理，游戏运行时每个回合在底层随机生成一次物体，生成的物体为该层的子物体，随该层往上移动。

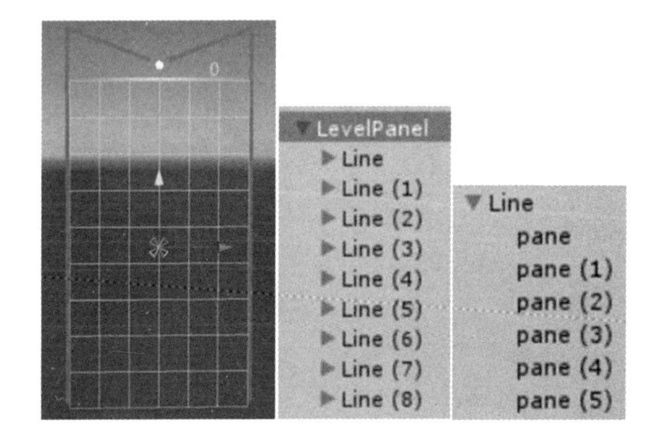

注意：为了让教程更加直观，上图中的绿色格子使用 2D 碰撞器来表示，实际上它们都是空物体，碰撞器没有任何用处，一定要移除，我们需要的只是小格子的位置，作为物体创建的生成点。

5. 通过上面的描述，我们大概就知道关卡的运行方式了，接下来就是在脚本中实现，而在创建关卡、运行脚本之前，我们先来创建一个关卡运行状态机，代码如下。

```
using System.Collections;
using System.Collections.Generic;
using UnityEngine;
/// <summary>
/// 关卡运行状态
/// </summary>
public enum LevelState
{
    life,  //运行中
    pause, //暂停
    die, //游戏结束
}
```

6. 编写关卡运行的脚本，关卡有两个功能，一个是生成物体，另一个是往上升。我们先来写生成物体，在本项目中，生成物体需要遵循以下规则。

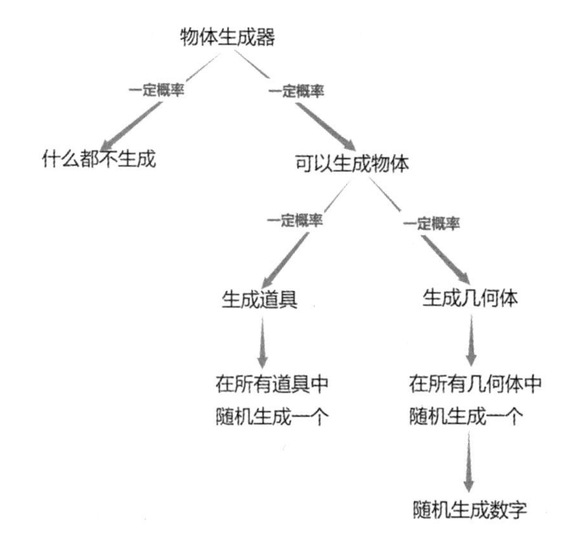

脚本中的代码如下。

```
using System.Collections;
using System.Collections.Generic;
using UnityEngine;
using UnityEngine.UI;
/// <summary>
/// 挂在 LevelPanel 上
/// </summary>
public class LevelCreate : MonoBehaviour
{
    //在编辑器中将当前分数 ScoreText 拖进去
    public Text scoreText;
    //所有种类的几何体,在编辑器里把所有几何体预制件拖进去
    public Transform[] Enemys;
    //所有种类的道具,在编辑器里把所有道具预制件拖进去
    public Transform[] stunts;

    //物体生成器,决定格子里是否生成东西（几率可自行设定）
    public Transform PaneFactory()
    {
        int chance = Random.Range(0, 4);
        if (chance < 3)          //75%不产生东西,
            return null;
        else                    //25%产生东西
            return PaneManage();
    }
    //决定格子里该产生什么东西
    Transform PaneManage()
    {
        int chance = Random.Range(0, 3);
        if (chance < 2)          //66%产生几何体
            return CreateEnemy();
        else                     //33%产生道具
            return CreateStunt();
    }
    //随机生成道具
    Transform CreateStunt()
```

```
        {
            //随机产生一个道具数组索引
            int index = Random.Range(0, stunts.Length);
            //生成该索引处的道具
            return Instantiate(stunts[index]);
        }
        //随机生成敌人
        public Transform CreateEnemy()
        {
            //随机产生一个几何体数组索引
            int index = Random.Range(0, Enemys.Length);
            //生成该索引处的几何体
            Transform enemy = Instantiate(Enemys[index]);
            //给几何体一个随机颜色
            enemy.GetComponent<Renderer>().material.color = new Color(Random.value,
Random.value, Random.value);
            //给几何体一个随机旋转角度
            enemy.rotation = Quaternion.Euler(0, 0, Random.Range(0, 90));
            //获取几何体子物体数字的 Transform 组件
            Transform tf = enemy.GetComponentInChildren<Text>().transform;
            //子物体不旋转
            tf.rotation = Quaternion.Euler(0, 0, 0);
            //获取当前分数
            int score = System.Convert.ToInt32(scoreText.text);
            if (score < 100) //如果当前分数不超过 100 分
                //如果几何体数字在 1~9 的范围内随机生成
                enemy.GetComponentInChildren<Text>().text = Random.Range(1, 10).ToString();
            else //当前分数超过 100 分
                //几何体数字在 1~当前分数/10 的范围内随机生成
                enemy.GetComponentInChildren<Text>().text = Random.Range(1, score /
10).ToString();
            return enemy;
        }
    }
```

7. 编写关卡上升的脚本，规则如下。

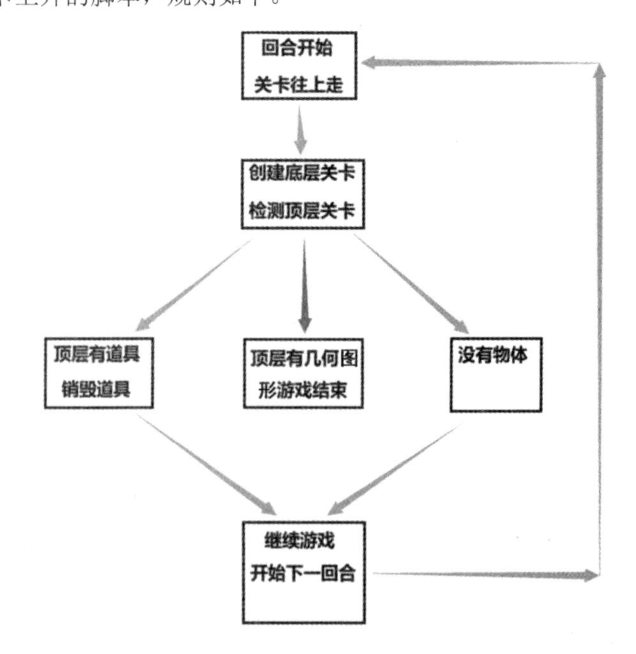

脚本内容如下。

```
using System.Collections;
using System.Collections.Generic;
using UnityEngine;
using UnityEngine.UI;
/// <summary>
/// 挂 LevelPanel 上
/// </summary>
public class LevelMove : MonoBehaviour
{
    //需要做一个菜单，在游戏人物死亡时弹出，在编辑器里把死亡菜单拖进来
    public GameObject deathPanel;
    //游戏人物初始状态为存活
    public LevelState levelState = LevelState.life;
    //声明一个关卡集合用来管理每层关卡
    List<Transform> lineList = new List<Transform>();
    LevelCreate levelcreate; //声明创建物体的类
    private void Start()
    {
        levelcreate = GetComponent<LevelCreate>(); //获取创建关卡类
        lineList = GetAllChild(transform); //获取第一层子物体(关卡)，添加进关卡集合中
        CreateLevel(); //游戏开始时创建一次底层的物体
    }
    private void Update()
    {
        //在游戏运行时按 Esc
        if (levelState == LevelState.life && Input.GetKeyDown(KeyCode.Escape))
        {
            levelState = LevelState.pause; //游戏状态变为暂停
            deathPanel.SetActive(true); //启用菜单
            Time.timeScale = 0; //游戏暂停
        }
        //在暂停状态时按 Esc
        else if (levelState == LevelState.pause && Input.GetKeyDown(KeyCode.Escape))
        {
            levelState = LevelState.life; //游戏状态变为运行
            deathPanel.SetActive(false); //禁用菜单
            Time.timeScale = 1; //游戏恢复
        }
    }
    List<Transform> GetAllChild(Transform fatherObj) //获取所有第一层子物体
    {
        //声明一个集合来存放第一层的所有子物体
        List<Transform> sonList = new List<Transform>();
        int number = fatherObj.childCount; //获取第一层子物体的数量
        for (int i = 0; i < number; i++)
        {
            //将所有第一层子物体添加进集合中
            sonList.Add(fatherObj.GetChild(i));
        }
        return sonList; //返回第一层子物体集合
    }
    void CreateLevel() //创建底层关卡
    {
        Transform last = lineList[lineList.Count - 1]; //获取底层关卡，物体将从该层产生
        List<Transform> sonList = GetAllChild(last); //获取底层所有小方格
        //生成一个几何体（每次创建关卡至少有一个几何体）
        Transform enemy = levelcreate.CreateEnemy();
```

```
        int index = Random.Range(0, last.childCount); //随机定位一个格子
        enemy.position = last.GetChild(index).position; //将几何图形创建在该格子内
        enemy.parent = last.GetChild(index); //几何图形作为该格子的子物体可随关卡层移动

        //然后在其他格子里随机生成物体
        for (int i = 0; i < sonList.Count; i++)
        {
            if (i != index) //除刚才已经有敌人的格子外
            {
                //声明一个变量接受生成的物体
                Transform obj = levelcreate.PaneFactory();
                if (obj != null) //如果成功生产出东西
                {
                    obj.position = sonList[i].position; //将该东西生产在此方格
                    obj.parent = sonList[i]; //作为该方格的子物体随关卡层移动
                }
            }
        }
    }
    //关卡往上走一层(第一层跳到最后)
    public void LevelGetUp()
    {
        Vector3 tempPos = lineList[lineList.Count - 1].position; //获取最后层的坐标
        //遍历所有关卡层
        for (int i = lineList.Count - 1; i >= 0; i--)
        {
            if (i == 0) //如果是顶层
                lineList[i].position = tempPos; //直接跳到底层
            else //如果是其他层
                lineList[i].position = lineList[i - 1].position;//移动到自己的上一层
        }
        DestroyStunt(); //销毁顶层道具
        lineList.Add(lineList[0]); //将第一层添加到集合最后
        lineList.RemoveAt(0); //再移除第一层
        CreateLevel(); //创建一次关卡
        if (Death()) //判断是否死亡
        {
            levelState = LevelState.die; //状态变为死亡
            deathPanel.SetActive(true); //调用菜单
        }
    }
    void DestroyStunt() //销毁顶层特技
    {
        //获取该层所有子物体
        Transform[] lineSon = lineList[0].GetComponentsInChildren<Transform>();
        for (int i = 0; i < lineSon.Length; i++) //遍历所有子物体的标签
        {
            if (lineSon[i].tag == "Stunt") //如果是道具
            {
                Destroy(lineSon[i].gameObject); //销毁该子物体
            }
        }
    }
    bool Death() //死亡判断
    {
        //获取顶层所有子物体
        Transform[] lineSon = lineList[0].GetComponentsInChildren<Transform>();
        for (int i = 0; i < lineSon.Length; i++) //遍历所有子物体的标签
```

```
            {
                if (lineSon[i].tag == "Enemy") //如果发现有几何图形
                    return true; //游戏结束
            }
            return false; //如果一个都没有,游戏继续
        }
    }
```

13.3.8　发射

好的，敌人有了，小球有了，道具有了，关卡有了，我们可以来试着发射小球（从枪口往鼠标方向发射）了。

1. 制作瞄准线，我们使用 LineRenderer 组件来实现瞄准线，并把它挂到枪口物体上。

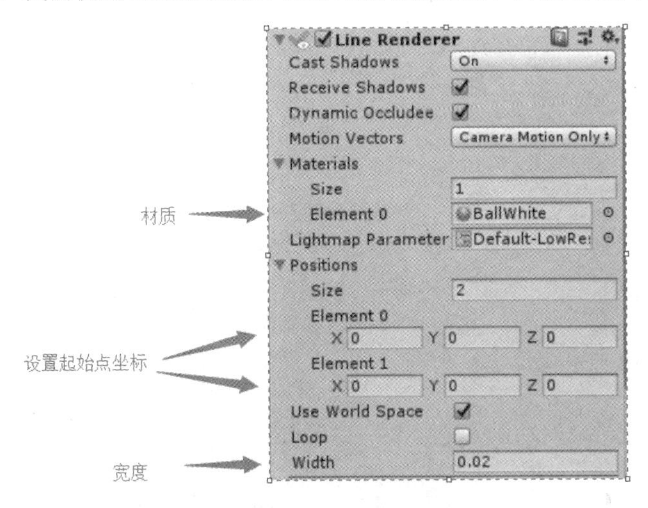

2. 设定小球的发射范围，如果不设定范围，则会出现以下情况。

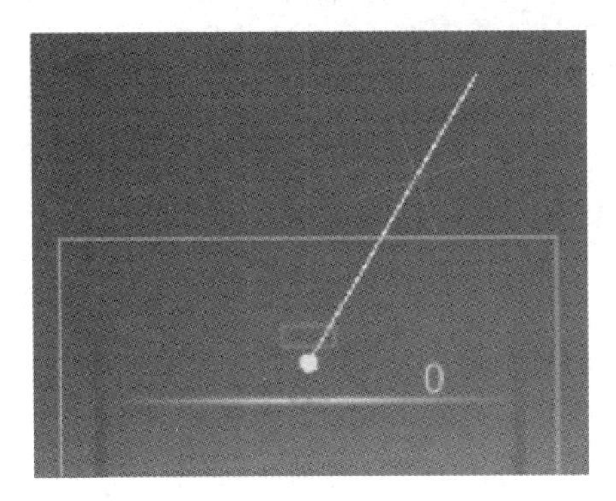

3. 我们需要在左右两边设定边界。

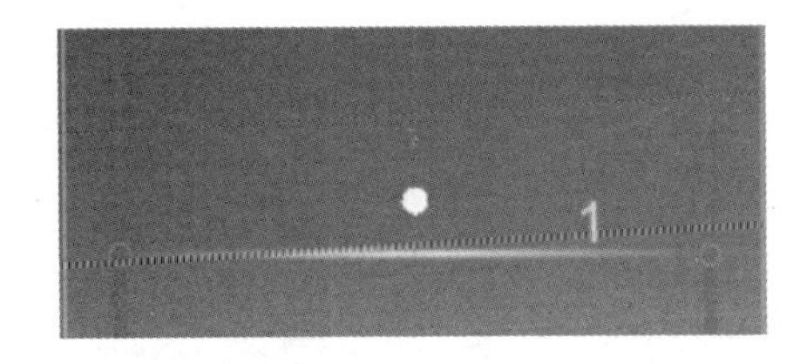

4. 边界用两个空物体来做就可以了，主要是获取它们的坐标来限制发射范围。

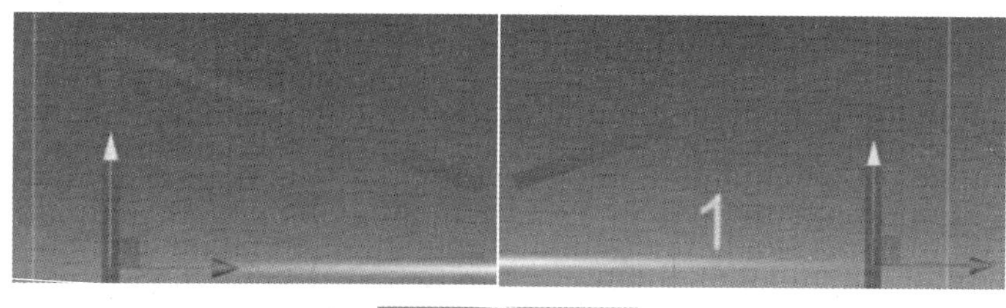

5. 小球的发射使用回合制，小球发射一次，关卡上升一层，结合之前游戏运行状态机和小球状态机的思路，小球发射脚本可以像下面这样来写，之后挂到枪口上。

```
using System.Collections;
using System.Collections.Generic;
using UnityEngine;
using UnityEngine.UI;
public class Aim : MonoBehaviour //挂在枪口 Muzzle 上
{
    public GameObject balls; //把 Balls 拖进去
    Rigidbody2D[] allBall; //声明一个数组来管理所有的小球
    LineRenderer aimLine; //声明瞄准线
    public Transform CriticalPointLeft; //把左边界拖进去
    public Transform CriticalPointRight; //把右边界拖进去
    public float shootingSpeed = 3.5f; //设置小球的发射速度
    public GameObject levelPanel; //把 LevelPanel 拖进去
    bool levelStop; //判断关卡是否已上升
    void Start()
    {
        Time.timeScale = 1; //游戏时间正常
        allBall = balls.GetComponentsInChildren<Rigidbody2D>();//初始化(获取当前所
        有小球)
        aimLine = GetComponent<LineRenderer>(); //获取枪口上的 LineRenderer 组件
    }
    void Update()
    {
        //当游戏状态为活着时
        if (levelPanel.GetComponent<LevelMove>().levelState == LevelState.life)
        {
            if (Homing()) //如果所有小球都进入准备状态了
            {
                allBall = balls.GetComponentsInChildren<Rigidbody2D>(); //再次获取
                所有小球
                if (levelStop) //如果关卡处于未上升状态
                {
                    levelPanel.GetComponent<LevelMove>().LevelGetUp(); //调用关卡上
                    升方法
                    levelStop = !levelStop; //如果关卡处于已上升状态
                }
                else
                    AimLaunch(); //关卡上升完成后可进行瞄准发射
            }
        }
    }
    //判断所有小球是否都进入准备状态
```

```
public bool Homing()
{
    //发现任何小球不在准备状态都返回 False
    for (int i = 0; i < allBall.Length; i++)
    {
        if (allBall[i].GetComponent<BallMove>().state != BallState.Ready)
            return false;
    }
    return true; //未发现不在准备状态的小球，返回 True
}
void AimLaunch() //瞄准发射
{
    if (Input.GetMouseButtonDown(0)) //单击鼠标左键
    {
        aimLine.SetPosition(0, transform.position); //在枪口处生成瞄准线起点
    }
    if (Input.GetMouseButton(0)) //按住鼠标左键不放
    {
        //获取鼠标光标的坐标
        Vector3 v = Camera.main.ScreenToWorldPoint(Input.mousePosition);
        //限制瞄准范围
        v = DirectionRestriction(v, CriticalPointLeft, CriticalPointRight);
        //将被限制过的鼠标光标的坐标实时传给瞄准线结束点
        aimLine.SetPosition(1, new Vector2(v.x, v.y));
    }
    if (Input.GetMouseButtonUp(0)) //抬起鼠标左键
    {
        StartCoroutine(LineLaunch(transform.position)); //启动协程，发射小球
        aimLine.SetPosition(1, transform.position); //让结束点和起点重合(撤销瞄
        准线)
        levelStop = !levelStop; //关卡标记为可上升状态
    }
}

IEnumerator LineLaunch(Vector3 muzzlePos) //用协程排队发射小球
{
    Vector3 pos1 = aimLine.GetPosition(1);//获取瞄准线结束点的坐标
    Vector3 directionAttack = (pos1 - muzzlePos).normalized;//获取瞄准结束点与
    枪口的方向向量
    for (int i = 0; i < allBall.Length; i++) //挨个发射小球
    {
        //被发射的小球变为战斗状态
        allBall[i].GetComponent<BallMove>().state = BallState.Battle;
        //球往瞄准结束点方向寻路移动
        allBall[i].AddForce(directionAttack * shootingSpeed * Time.deltaTime);
        yield return new WaitForSeconds(0.1f); //每隔 0.1 秒发射一个
    }
}
//限定枪口瞄准方向
Vector3 DirectionRestriction(Vector3 v, Transform left, Transform right)
{
    //最左不能超过左边界
    if (v.x < left.position.x)
        v.x = left.position.x;
    //最右不能超过右边界
    if (v.x > right.position.x)
        v.x = right.position.x;
    //高度不能超过边界
    if (v.y > left.position.y)
```

```
            v.y = left.position.y;
        return v; //返回被限制后的坐标
    }
}
```

13.3.9 小球寻路

小球发射出去后怎样重新回到枪口位置呢？这是一个问题。

1. 设定好小球回到枪口的路径。

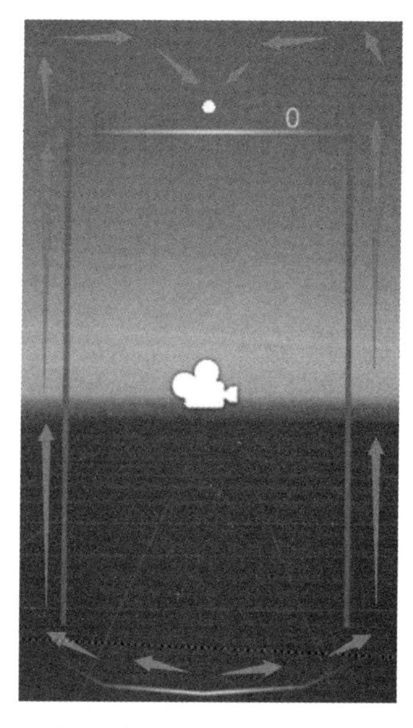

2. 在相应位置做好寻路触发器(做几个空物体，添加 2D 碰撞器，然后勾选 Is Trigger 选项)，做一个空物体 FindTheWays 来管理它们。

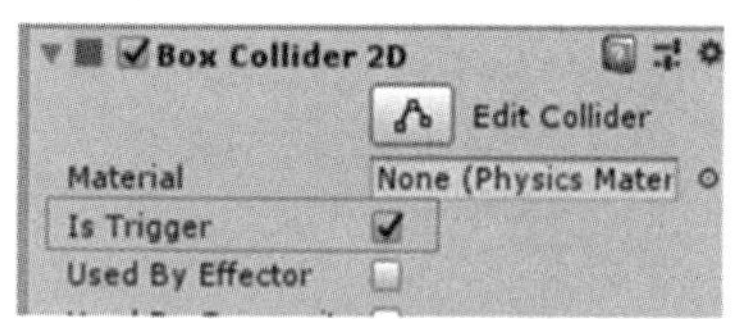

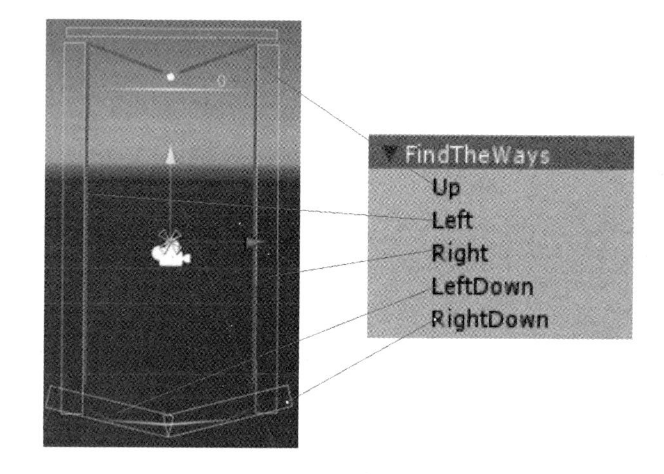

3. 每个寻路触发器主要做一件事：让小球往某个方向移动，所以可以创建一个通用脚本挂在每个寻路触发器上，而只有顶上的触发器需要让小球准确回到枪口的位置。

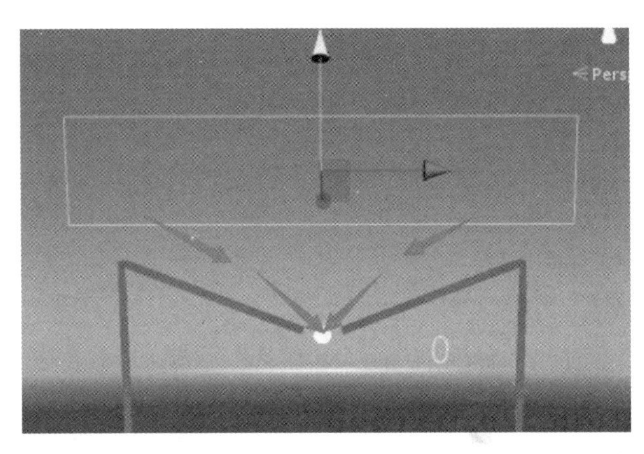

那么这个脚本可以像下面这样写。

```
/// FindTheWays 下的所有寻路碰撞器都挂一个
/// </summary>
public class BallFindWay : MonoBehaviour
{
    public Transform muzzle; //在编辑器把枪口拖进去，我们需要枪口的坐标
    public float boreSpeed=0.2f; //上膛速度
    private void OnTriggerStay2D(Collider2D ball) //触发时持续调用
    {
        //获取小球的刚体
        Rigidbody2D r2d = ball.GetComponent<Rigidbody2D>();
        switch (name) //根据寻路碰撞器的名字决定施加力的方向
        {
            case "LeftDown":
                r2d.AddForce(-transform.right * 0.002f);
                break;
            case "RightDown":
                r2d.AddForce(transform.right * 0.003f);
                break;
            case "Left":
            case "Right":
                r2d.AddForce(transform.up * 0.002f);
                break;
            case "Up":
                //启动协程寻路（上膛）
                StartCoroutine(MoveToMuzzle(ball.transform, muzzle));
                //打开小球触发器,使小球能越过枪口阀门
                ball.GetComponent<CircleCollider2D>().isTrigger = true;
                break;
        }
    }
    //使用协程寻路让小球朝枪口处移动
    public IEnumerator MoveToMuzzle(Transform ball, Transform muzzle)
    {
        ball.GetComponent<BallMove>().state = BallState.Bore; //将小球状态改为上膛状态
        while (ball.GetComponent<BallMove>().state == BallState.Bore) //如果是上膛状态
        {
            //小球往枪口处寻路,完成上膛
            ball.position = Vector3.MoveTowards(ball.position, muzzle.position,
            boreSpeed * Time.deltaTime);
            yield return new WaitForFixedUpdate(); //每次循环间隔 1 帧
            //如果小球位置和枪口位置接近
            if ((ball.position - muzzle.position).sqrMagnitude <= 0.001f)
```

```
            {
                ball.GetComponent<BallMove>().state = BallState.Ready; //小球进入准备阶段
                ball.position = muzzle.position; //将小球定在枪口位置
            }
        }
    }
}
```

4. 完成以上的工作后，游戏基本功能就算完成了，可是有没有感觉还少点什么？是的，一般的游戏都会有一个菜单面板，我们接下来做一个菜单面板。

13.3.10 菜单面板

1. 使用 UGUI 搭建一个菜单面板。

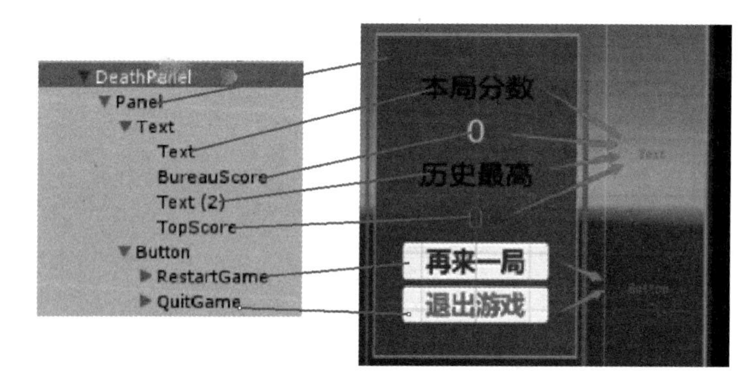

2. 创建脚本并挂在 DeathPanel 上，代码如下。

```
using UnityEngine;
using UnityEngine.SceneManagement;
using UnityEngine.UI;
/// <summary>
/// 挂在 DeathPanel 上
/// </summary>
public class DeathBalance : MonoBehaviour
{
    public Text score; //把当前分数 ScoreText 拖进去
    public Text bureauScore; //把本局分数 BureauScore 拖进去
    public Text topScore; //把最高分数 TopScore 拖进去
    private void OnEnable()
    {
        bureauScore.text = score.text; //结算本局分数
        if (PlayerPrefs.HasKey("分数")) //如果已经存储了分数
            topScore.text = PlayerPrefs.GetString("分数"); //就获取上次存储的最高分数
        //让本局分数和最高分数做比较，如果本局分数比最高分数的数值大
        if (Convert.ToInt32(bureauScore.text) > Convert.ToInt32(topScore.text))
        {
            topScore.text = bureauScore.text; //更新最高分数
            PlayerPrefs.SetString("分数", bureauScore.text); //存储最高分数
        }
    }
    public void RestartGame() //重新开始,挂在 RestartGame 按钮上
```

```
        {
            SceneManager.LoadScene("ElasticBall"); //加载场景(提前保存一个场景)
        }
        public void QuitGame() //退出游戏,挂 QuitGame 按钮上
        {
            Application.Quit();
        }
    }
```

3. 如果我们单击“再来一局”按钮，就会执行脚本里的 RestartGame 方法，那么它们两个是怎么“搭上线”的呢？过程很简单，首先在编辑器里找到按钮这个物体，在它的 Button 组件里有一个添加事件面板，如下图所示。

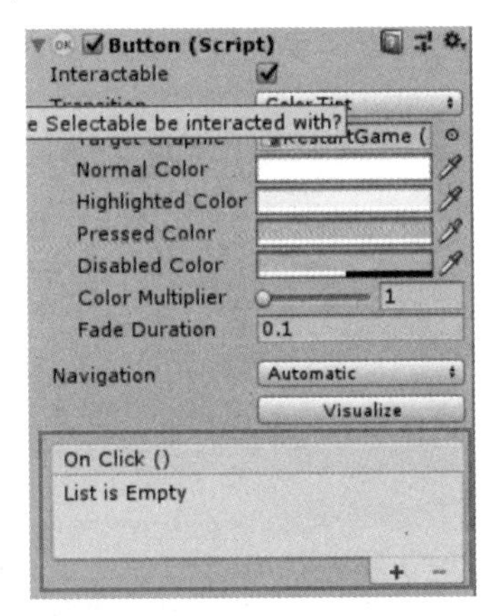

4. 单击“+”号，把挂有这个脚本的物体放在这个小筐里。

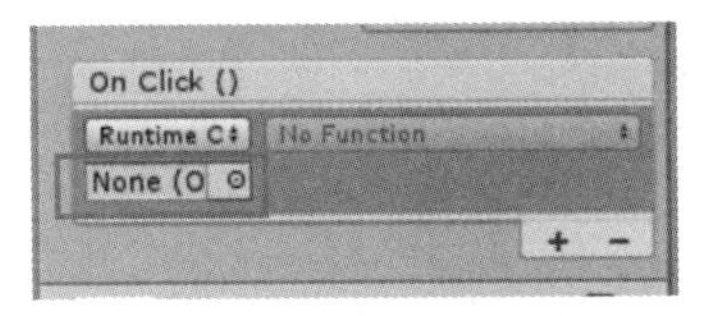

5. 在箭头所指位置寻找相应的脚本，继而找到相应的方法。

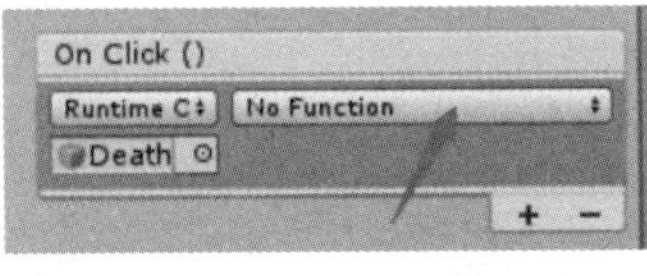

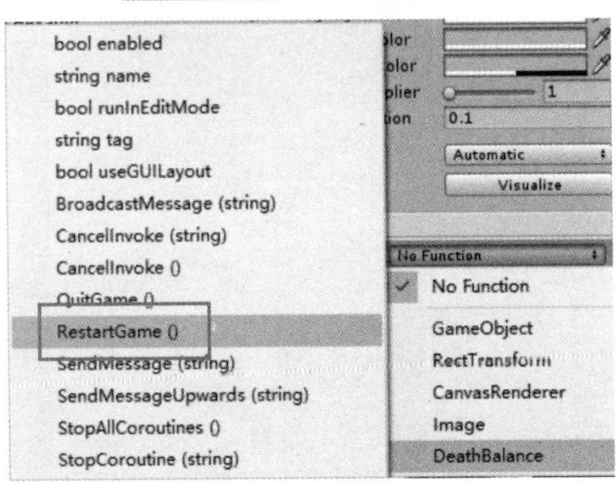

6. 完成后，当我们单击该按钮，就会执行该方法了。

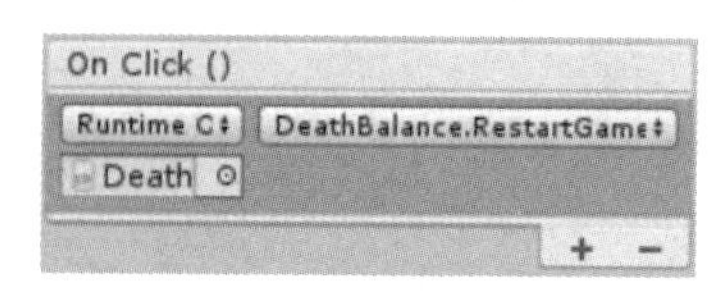

7. 之前的一些脚本会调用该菜单面板，如挂在 LevelPanel 上的 LevelMove 脚本，在编辑器里将菜单面板拖进去

13.3.11 总结

整个项目基本上算是完成了，游戏数值可以根据个人喜好自行设定，如生成图形的概率、数值等。

弹球游戏看似是一个非常简单的小游戏，实际上实现起来不仅用到了 Unity 的很多的物理组件的脚本操作，还给我们的关卡架构、游戏实现机制带来了不小的挑战。相信通过这个示例教程，我们能对开发 Unity 的 2D 游戏有更深的认识，能够更好地运用 2D 物理系统。